Grundlagen der Betriebswirtschaftslehre für Ingenieure

David Müller

Grundlagen der Betriebswirtschaftslehre für Ingenieure

Mit 83 Abbildungen und 70 Tabellen

 Springer

Professor Dr. David Müller
Juniorprofessur für Allgemeine Betriebswirtschaftslehre
Fakultät für Wirtschaftswissenschaften
TU Ilmenau
Helmholtzplatz 3
98693 Ilmenau
david.mueller@tu-ilmenau.de

ISBN-10   3-540-32194-2 Springer Berlin Heidelberg New York
ISBN-13   978-3-540-32194-1 Springer Berlin Heidelberg New York

Bibliografische Information Der Deutschen Bibliothek
Die Deutsche Bibliothek verzeichnet diese Publikation in der Deutschen Nationalbibliografie;
detaillierte bibliografische Daten sind im Internet über <http://dnb.ddb.de> abrufbar.

Springer ist ein Unternehmen von Springer Science+Business Media

springer.de

Umschlaggestaltung: Design & Production, Heidelberg

SPIN 11671022   88/3153-5 4 3 2 1 0 – Gedruckt auf säurefreiem Papier

Vorwort

Ingenieure tragen wesentlich zur Erreichung von Unternehmenszielen bei und beeinflussen den wirtschaftlichen Erfolg von Unternehmen in erheblichem Maße. Um als Ingenieur im Unternehmen erfolgreich sein zu können, ist ein Verständnis des Zusammenhangs von Ingenieurstätigkeit und wirtschaftlichen Konsequenzen sowie unternehmerischen Rahmenbedingungen erforderlich. Ziel des vorliegenden Lehrbuches ist die Vermittlung des dafür notwendigen Basiswissens.

Aufgrund des begrenzten Umfangs kann keine vollständige Darstellung aller betriebswirtschaftlich relevanten Fragestellungen erfolgen, weshalb lediglich die wichtigsten Unternehmensbereiche ausgewählt wurden. Themen mit dem größten Bezug zur Ingenieurstätigkeit erhielten mehr Raum, so dass neben den ingenieur-affin, quantitativ gestalteten Kapiteln Produktion, Rechnungswesen und Investitionsrechnung auch der Bereich der Unternehmensführung ausführlich dargestellt wurde. Dies geschah vor dem Hintergrund der gestiegenen Anforderungen an die Teamfähigkeit, Sozialkompetenz und Führungsfähigkeit von Ingenieuren in Unternehmen.

Aus den Eigenschaften von Erkenntnisobjekten der Ingenieurswissenschaften folgt ein Konsens in Bezug auf die Definition von Begriffen und Berechnungs weisen, festgehalten in Normen und Richtlinien. Die Einbindung der themenrelevanten Normen und Richtlinien integriert das dort vorhandene Wissen in das Lehrbuch und bietet dem Leser einen vertrauten Hintergrund.

Das vorliegende Buch ist aufgrund häufiger Anfragen von Studenten der Ingenieurswissenschaften der TU Ilmenau entstanden. Um die zur Vorlesung angebotenen Seminare zu unterstützen, enthält das Buch zu jedem Kapitel ausgewählte Übungsaufgaben. Lösungen bzw. Lösungsskizzen sind auf der für das Lehrbuch konzipierten Internetplattform (http://www.wilabbw.de) zu finden. Deshalb ist das Buch sowohl für Studenten als auch für Praktiker geeignet. Darüber hinaus bietet die Plattform weiterführende Fallstudien und einen Kontakt zum Autor. Hinweise auf Fehler, die trotz aller Sorgfalt möglicherweise in den Darstellungen verblieben sind, sowie weitere Anregungen können Sie ebenfalls auf dieser Plattform geben.

Ich möchte an dieser Stelle all jenen herzlich danken, die mich bei der Erstellung des Lehrbuches unterstützt haben. Frau Dr. J. Brauweiler, Herrn Prof. Dr. H. Lutze, Herrn Prof. Dr. G. Höhne, Herrn Prof. Dr. H.-C. Brauweiler, Herrn Dipl.-Wirtsch.-Ing. M. Rickes, Herrn Dipl.-Wirtsch.-Ing. H. Fischäder und Herrn P. Jagodzinski danke ich für die inhaltlichen Anregungen und Beiträge. Frau Dipl.-Kffr. Y. Nechilla und Herr S. Linser zeichneten für die souveräne Umsetzung in LaTeX verantwortlich, wofür ich mich ebenfalls bedanke. Den Unternehmensvertretern sei für die fruchtbare und unkomplizierte Kooperation gedankt. Schließlich bedanke ich mich bei Frau Dipl-Volksw. K. Wetzel-Vandai, M. A. für die engagierte Unterstützung von Seiten des Verlags.

Ilmenau, Februar 2006   David Müller

Inhaltsverzeichnis

1

Wesen, Rechtsform und Standort des Unternehmens

1.1 Unternehmen und andere wirtschaftliche Akteure

1.1.1 Grundlagen des Wirtschaftens und Träger der Wirtschaft

Ein wichtiger Ausgangspunkt menschlichen Handelns sind Bedürfnisse. Ein Bedürfnis ist ein Mangelempfinden, verbunden mit dem Wunsch nach Befriedigung. Bedürfnisse werden nach ihrer Dringlichkeit in physiologische Bedürfnisse, Sicherheitsbedürfnisse, soziale Bedürfnisse, Wertschätzungsbedürfnisse und Selbstverwirklichungsbedürfnisse unterschieden.[1] Bei Existenz von Kaufkraft wird aus dem Bedürfnis ein Bedarf, welcher auch als Nachfrage bezeichnet wird. Zur Bedürfnisbefriedigung dienen Güter. Diese umfassen Gegenstände, Tätigkeiten bzw. Rechte, die in materielle Güter (Sachgüter) und in immaterielle Güter (Dienstleistungen) unterteilt werden. Güter die fast unbegrenzt verfügbar sind, werden als freie Güter bezeichnet. Dazu zählen z. B. Sonnenlicht und Wind. Nur begrenzt verfügbare Güter werden als knappe Güter bezeichnet und sind gegen Bezahlung zu erwerben.

Da die menschlichen Bedürfnisse unbegrenzt, die Mehrzahl der Güter jedoch begrenzt sind, folgt die Notwendigkeit zum planmäßigen Einsatz knapper Güter. Der planmäßige Einsatz knapper Güter zur Bedürfnisbefriedigung wird als wirtschaftliches Handeln bezeichnet. Wirtschaftliches Handeln unterliegt dem Rationalprinzip, welches fordert:

- entweder ein gegebenes Ziel mit minimalem Mitteleinsatz zu erreichen (Minimalprinzip) oder

- mit den gegebenen Mitteln die Zielgröße zu maximieren (Maximalprinzip).

Das ökonomische Prinzip stellt die wirtschaftliche Ausprägung des allgemeinen Vernunftprinzips (Rationalprinzip) dar, welches fordert, ein gegebenes

---

[1] Vgl. S. 334.

Ziel unter Einsatz möglichst geringer Mittel zu erreichen. Darüber hinaus ist das ökonomische Prinzip wertneutral und systemunabhängig, da es lediglich die Durchführung wirtschaftlichen Handelns charakterisiert, nicht jedoch die damit verfolgten Ziele.

Gegenstand der Betriebswirtschaftslehre sind Betriebe und Unternehmen. Grundsätzliches Merkmal des Betriebs ist die Zusammenführung von Personen in einer rechtlichen und wirtschaftlichen Einheit, in der Sachgüter hergestellt bzw. Dienstleistungen erstellt werden. Einheiten können dann als Betrieb bezeichnet werden, wenn die erstellten Güter zur Deckung des Bedarfes anderer Personen bzw. Institutionen dienen. Die Leistungserstellung erfolgt durch die Kombination unterschiedlicher Produktionsfaktoren nach dem ökonomischen Prinzip, dessen Einhaltung unabhängig von dem herrschenden Wirtschaftssystem ist. Strebt eine Einheit im marktwirtschaftlichen System einen Gewinn an, ist diese ebenso zur Einhaltung des ökonomischen Prinzips gezwungen wie eine Einheit in einem planwirtschaftlichen System, welche ein vorgegebenes Planziel zu erreichen hat. Darüber hinaus ist jede Wirtschaftseinheit nur dann existenzfähig, wenn diese in der Lage ist, den Zahlungsverpflichtungen termingerecht nachzukommen. Zusammenfassend ist ein Betrieb:

- eine rechtliche und wirtschaftliche Einheit,

- in der durch die Kombination von Produktionsfaktoren Sachgüter bzw. Dienstleistungen zur Fremdbedarfsdeckung erstellt,

- das ökonomische Prinzip berücksichtigt und

- das finanzielle Gleichgewicht aufrecht erhalten wird.

Unternehmen stellen eine spezifische Ausprägung von Betrieben in der Marktwirtschaft dar. Wesentliche Kennzeichen von Unternehmen sind das Privateigentum an Produktionsmitteln sowie die Autonomie bei der Erstellung der Wirtschaftspläne. Betriebe der Marktwirtschaft können selbst entscheiden, welches Produkt sie für welchen Markt herstellen und welche Produktionsfaktoren dabei verwendet werden. Damit ist gleichzeitig die Übernahme des Marktrisikos verbunden, d.h. der Betrieb hat das Risiko zu tragen, dass die erstellten Güter nicht abgesetzt werden können. Neben diesem Autonomieprinzip unterliegt ein Unternehmen dem erwerbswirtschaftlichen Prinzip. Ziel des Unternehmens ist die Erwirtschaftung eines Einkommens für die Eigentümer des Unternehmens, der als Gewinn bezeichnet werden kann. Hohe Gewinne führen zu einer Erhöhung, sinkende Gewinne hingegen zu einer Verringerung des Angebotes. Dieser marktwirtschaftliche Anpassungsprozess führt dazu, dass die beste Versorgung mit Sachgütern und Dienstleistungen dann erreicht wird, wenn jedes Unternehmen ein möglichst hohes Einkommen aus seinem Unternehmenseigentum, also einen möglichst großen Gewinn anstrebt. Als weiteres Beschreibungsmerkmal eines Unternehmens ist deshalb die Gewinnmaximierung zu nennen. Unternehmen streben langfristig die Maximierung des Gewinns unter Berücksichtigung rechtlicher, sozialer und ökologischer Nebenbedingungen an (vgl. Abbildung 1.1).

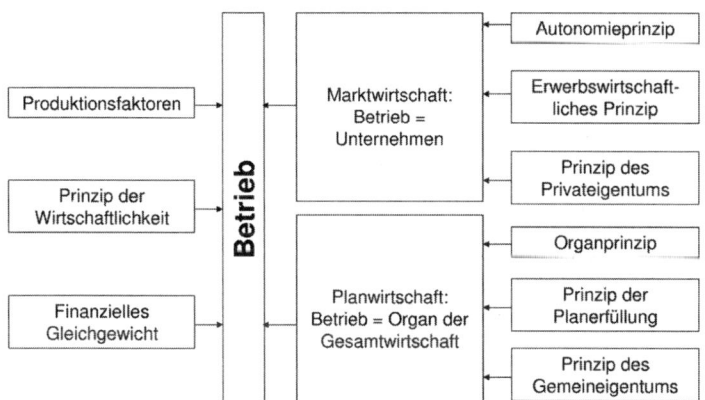

Abbildung 1.1. Bestimmungsfaktoren von Betrieb und Unternehmen[2]

Der Leistungserstellungsprozess besteht in der Kombination von Produktionsfaktoren. Menschliche Arbeit, Betriebsmittel und Werkstoffe werden so kombiniert, dass als Ergebnis Sachgüter oder Dienstleistungen entstehen. Menschliche Arbeit wird im Betrieb in Form ausführender und dispositiver Arbeit verrichtet (vgl. Abbildung 1.2). Die dispositive Arbeit beinhaltet Leitung, Planung, Organisation und Überwachung des Prozesses der Leistungserstellung. Im Gegensatz dazu ist die ausführende Arbeit objektbezogen und beinhaltet Tätigkeiten, die in unmittelbarem Zusammenhang mit der Leistungserstellung stehen.

Alle Einrichtungen und Anlagen, die der Leistungserstellung dienen, werden als Betriebsmittel bezeichnet. Zu den Betriebsmitteln zählen Maschinen, Anlagen, Grundstücke, Gebäude sowie Transport- und Büroeinrichtungen. Werkstoffe umfassen alle Güter, aus denen durch Umformung, Substanzänderung, Verbrauch, Gebrauch bzw. Einbau andere Güter hergestellt werden. Dazu gehören

- Rohstoffe: Stoffe, die als Hauptbestandteil in die Fertigfabrikate eingehen, z. B. Mehl bei der Backwarenherstellung.

- Hilfsstoffe: diese gehen in das Fertigfabrikat ein, sind jedoch so geringwertig, dass eine Erfassung pro Stück nicht wirtschaftlich ist, z. B. Leim in der Möbelproduktion.

---

[2] Vgl. Wöhe (2002, S. 10).

- Betriebsstoffe: Stoffe, die während der Produktion verbraucht werden, jedoch nicht in das Produkt eingehen, z. B. Elektroenergie, Kohle.

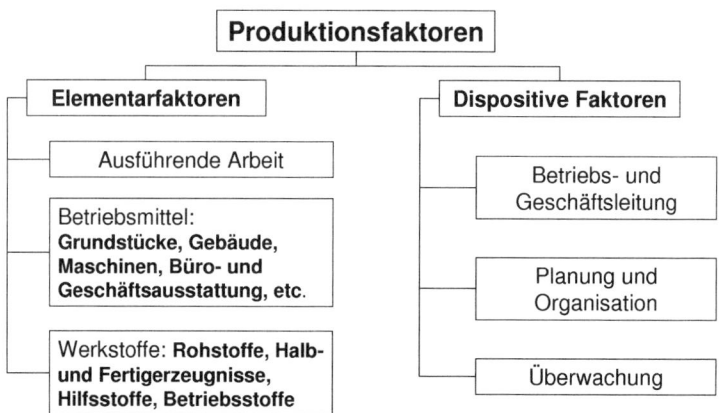

Abbildung 1.2. System betrieblicher Produktionsfaktoren

Die Einteilung in Produktionsfaktoren und Güter ist vom betrachteten Betrieb abhängig. Während Kohle für ein Bergbauunternehmen ein herzustellendes Gut darstellt, ist diese für ein Energieversorgungsunternehmen ein Produktionsfaktor. Andererseits bildet die vom Energieversorgungsunternehmen erzeugte Elektroenergie für dieses Unternehmen das zu erstellende Gut, für das Bergbauunternehmen hingegen wiederum einen Produktionsfaktor.

Während das Ziel der Betriebe in der Fremdbedarfsdeckung besteht (Produktion), ist es das Ziel von Haushalten, den eigenen Bedarf durch die Konsumtion der Leistungen der Betriebe zu decken. Es existieren öffentliche Haushalte, welche ihren Bedarf kollektiv decken, und private Haushalte, die ihren Bedarf individuell decken. Haushalte und Betriebe stellen demzufolge die grundsätzlichen Träger der Wirtschaft dar.

1.1.2 Funktionsbereiche und Anspruchsgruppen des Unternehmens

Jedes Unternehmen verfügt über unterschiedliche Funkfunktionsbereiche, in denen der Prozess der Leistungserstellung vollzogen wird. Aufgaben, Umfang und Bedeutung dieser Bereiche sind abhängig vom Wirtschaftszweig, dem das Unternehmen zuzurechnen ist. In Industrieunternehmen ist die Bedeutung des Material- und Produktionsbereiches eine andere als in einem Handelsunternehmen.

Grundsätzlich kann festgestellt werden, dass in einem Unternehmen unterschiedliche Produktionsfaktoren kombiniert und im Rahmen der Produktion transformiert werden.[3] Betriebsmittel, Werkstoffe und Arbeitskräfte sind der Ausgangspunkt des physischen Transformationsprozesses, in dem sie zusammengeführt und anschließend in Sachgüter bzw. Dienstleistungen umgewandelt werden. Die Zielsetzung, Koordination und Umsetzung dieses Prozesses erfolgt durch den dispositiven Faktor.

Im Verlauf des Leistungserstellungsprozesses werden Sachgüter bzw. Dienstleistungen durch eine physische Transformation der Produktionsfaktoren erstellt, welche als Produktion bezeichnet wird.[4] In Abhängigkeit von der Unternehmenstätigkeit beschreibt die Produktion verschiedene Arten des Leistungserstellungsprozesses. In einem Fertigungsbetrieb besteht die Produktion in der Herstellung von Erzeugnissen, wohingegen in einem Dienstleistungsbetrieb die Ausführung von Dienstleistungen als Produktion anzusehen ist. Entscheidungen zur Vorbereitung und zum Ablauf des Produktionsprozesses unter Beachtung des Wirtschaftlichkeitsprinzips sind Gegenstand der Produktionswirtschaft. Konkretisiert wird diese Aufgabenstellung durch die Zielstellung einer kostengünstigen, umweltfreundlichen, flexiblen Produktion, die zu einer hohen Qualität der Erzeugnisse führt und die zeitlichen Rahmenvorgaben der Kunden sowie soziale Arbeitsstandards für die Mitarbeiter erfüllt.

Die Produktionsfaktoren sind in ausreichender Qualität, Quantität und zum richtigen Zeitpunkt am richtigen Ort unter Beachtung des Wirtschaftlichkeitsprinzips bereitzustellen. Die Beschaffung von Werkstoffen, Teilen und Baugruppen erfolgt im Rahmen der Materialwirtschaft. In diesem Zusammenhang ist die Lieferung und Lagerhaltung der Werkstoffe so zu gestalten, dass möglichst geringe Kosten entstehen, der Leistungserstellungsprozess jedoch jederzeit reibungslos durchgeführt werden kann.

Betriebsmittel sind langfristige Bestandteile des Leistungserstellungsprozesses und binden ebenso langfristig finanzielle Mittel in größerem Umfang. Eine Beurteilung der Wirtschaftlichkeit des Erwerbs, der Installation und der Nutzungsdauer von Betriebsmitteln findet im Rahmen der Investitionsrechnung statt.[5] Neben dieser Analyse ist der wirtschaftlich optimale Ersatzzeitpunkt von Betriebsmitteln festzulegen, die bereits im Unternehmen installiert sind.

Die Bereitstellung von ausreichend qualifiziertem Personal in richtiger Anzahl zu bestmöglichen Konditionen ist Aufgabe des Personalwesens. Die Forderung des Unternehmens nach optimaler Versorgung mit geeigneten Mitarbeitern ist mit den Bedürfnissen dieser Mitarbeiter nach Betreuung, Entwicklung, Führung, Verwaltung und Entlohnung durch das Personalwesen in Einklang zu bringen.[6] Neben der ausführenden Arbeit ist dispositive Arbeit er-

---

[3] Vgl. VDI 2234.
[4] Vgl. Kapitel 2, S. 31.
[5] Vgl. Kapitel 5, S. 215.
[6] Vgl. Kapitel 7, S. 291.

forderlich, um einerseits das Unternehmen selbst in seinem Umfeld zu steuern und andererseits, um in dem Unternehmen als sozialem System die einzelnen Tätigkeiten zu koordinieren und an den Unternehmenszielen auszurichten. Zur Erfüllung dieser Aufgaben erfolgen im Rahmen der Unternehmensführung die strategische und operative Planung und Kontrolle, die Organisation des Unternehmens sowie die Mitarbeiterführung.

Erstellte Sachgüter und Dienstleistungen sind dazu bestimmt, auf einem Markt abgesetzt zu werden. Alle Tätigkeiten, welche im Zusammenhang mit der Verwertung der erstellten Leistungen stehen, werden in dem Unternehmensbereich Absatz durchgeführt. Dazu gehören die Suche nach Abnehmern und die physische Distribution der Güter. Auch wenn der Absatz physisch nach der Produktion erfolgt, beginnen die Tätigkeiten der Leistungsverwertung schon vor der Leistungserstellung, z. B. mit der Marktforschung oder durch Vertragsverhandlungen.[7]

Finanzielle Mittel sind in zwei Dimensionen für das Unternehmen von Bedeutung: Zum einen werden für den Erwerb von Produktionsfaktoren finanzielle Mittel benötigt, zum anderen resultieren aus dem Absatz der erstellten Leistungen Zuflüsse von finanziellen Mitteln in das Unternehmen. Sind im Unternehmen keine ausreichenden Finanzmittel zur Beschaffung von Produktionsfaktoren verfügbar, müssen diese auf dem Geld- bzw. Kapitalmarkt aufgenommen, verzinst und zu einem späteren Zeitpunkt wieder zurückgezahlt werden. Die Suche und Identifikation von Finanzierungsquellen unter Beachtung des Wirtschaftlichkeitsprinzips ist Aufgabe der Finanzierung. Daneben sind die aus der Leistungsverwertung resultierenden Finanzmittel durch die Finanzierung schnellstmöglich in das Unternehmen zu führen. Oberstes Ziel der Finanzierung ist die Sicherstellung der Zahlungsfähigkeit des Unternehmens zu jedem Zeitpunkt, was eine Existenzbedingung von Unternehmen darstellt. Daneben ist die Autonomie des Unternehmens zu sichern und die Verschuldungsstruktur zu optimieren.[8]

Die mit dem Prozess der Leistungserstellung und -verwertung verbundenen Ströme an Geld und Leistungen werden im Unternehmen erfasst, verarbeitet, gespeichert und weitergegeben. Auf diese Weise werden Informationen über die wirtschaftlichen Effekte der Güter- und Dienstleistungsströme gewonnen, die für die Steuerung des Unternehmens erforderlich sind. Sämtliche Tätigkeiten, die in diesem Zusammenhang durchgeführt werden, sind im betrieblichen Rechnungswesen zusammengefasst. Als Adressaten dieser Informationen kommen sowohl interne (z. B. Produktionsleiter, Geschäftsführung) als auch externe (z. B. Banken, Steuerbehörden) Personen und Institutionen in Frage.[9]

---

[7] Vgl. Kapitel 3, S. 89.
[8] Vgl. Kapitel 6, S. 263.
[9] Vgl. Kapitel 4, S. 117.

Der Leistungserstellungs- und -verwertungsprozess bewirkt vielfältige Beziehungen des Unternehmens (z. B. finanzwirtschaftlich, güterwirtschaftlich, ökologisch, rechtlich, sozial) zu dessen Umwelt (vgl. Abbildung 1.3).

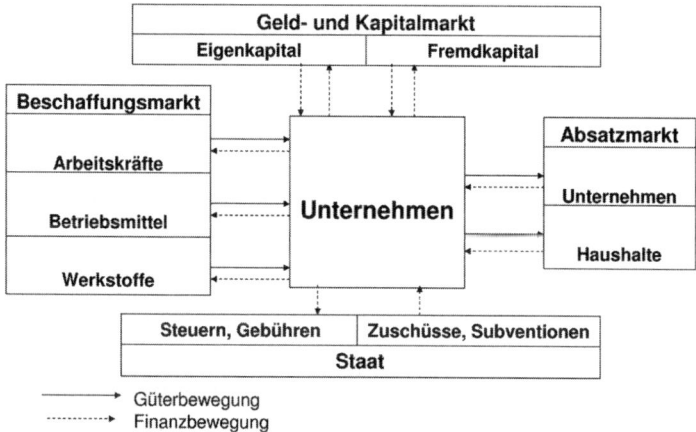

Abbildung 1.3. Güter- und Finanzströme des Unternehmens[10]

Aus den dargestellten externen und internen Beziehungen entstehen Ansprüche gegen das Unternehmen. Eine Anspruchsgruppe (stakeholder) ist eine Gruppe, welche einen Anspruch gegenüber dem Unternehmen besitzt, weil die Gruppe von dem Verhalten des Unternehmens beeinflusst wird und selbst auf den Leistungserstellungsprozess einwirken kann. Stakeholder sind z. B. Kunden, Lieferanten, Arbeitnehmer, Öffentlichkeit, Eigenkapitalgeber (shareholder) und Fremdkapitalgeber (bondholder) (vgl. Tabelle 1.1). Demgegenüber stehen Interessengruppen zwar in Beziehung zu dem Unternehmen, können dieses jedoch nicht direkt beeinflussen. Anspruchsgruppen sind durch folgende Merkmale gekennzeichnet:

- Ansprüche: Ansprüche werden durch die Zielsetzung von Personen bzw. Institutionen geprägt, welche diese mit ihrer Aktivität anstreben. Arbeitnehmer z. B. haben einen Anspruch auf Entlohnung sowie auf eine adäquate Arbeitsplatzgestaltung. Kreditgebende Banken hingegen haben Anspruch auf Rückzahlung des Darlehens und damit verbundene Zinszahlungen.

- Verfügbare Machtbasis: Zur Durchsetzung der Ansprüche verfügen die Anspruchsgruppen über unterschiedliche Formen von Macht. So sind Unternehmen durch gesetzliche oder vertragliche Regelungen bestimmter An-

---

[10] In diese Abbildung wurden weitere Ströme, z. B. Informationen oder Emissionen, aus Gründen der Übersichtlichkeit nicht aufgenommen.

spruchsgruppen gebunden, wie z. B. geltende Rechtsvorschriften des Staates oder vertragliche Beziehungen zu Lieferanten. Diese Anspruchsgruppen verfügen demzufolge über Bindungsmacht. Darüber hinaus besitzten Anspruchsgruppen Sanktionsmacht, die ausgeübt wird, wenn sich das Unternehmen so verhält, dass die Ansprüche einer Gruppe nicht erfüllt werden. Beispiel hierfür sind die Streikmöglichkeiten der Arbeitnehmer. Über Substitutionsmacht verfügen Anspruchsgruppen, welche die Beziehung zum Unternehmen abbrechen können, ohne dadurch selbst Nachteile zu erleiden. Typisches Beispiel dafür sind Kunden, die zu einem anderen Unternehmen wechseln können. Anspruchsgruppen, die keine dieser Machtformen besitzten oder diese nicht einsetzen wollen, können sich jedoch durch Koalition die Unterstützung einer Gruppe sichern, welche über eine der drei Machtformen verfügt.

• Getragenes Risiko: Das von den jeweiligen Anspruchsgruppen getragene Risiko ist sehr unterschiedlich. Beispielsweise tragen Arbeitnehmer das Risiko des Arbeitsplatzverlustes, Eigenkapitalgeber das Risiko des Kapitalverlustes und Banken das Kreditausfallrisiko. Die Intensität, mit welcher eine Gruppe ihre Ansprüche vertritt, ist abhängig von dem relativen Risiko, also von der Höhe des Risikos aus Sicht der Gruppenvertreter.

Tabelle 1.1. Ausgewählte Anspruchsgruppen von Unternehmen

Anspruchs-gruppen	Anspruch gegenüber dem Unternehmen	Machtbasis
Eigenkapitalgeber	- Wertsteigerung und Verzinsung des eingesetzten Kapitals	- Stimmrechtsausübung - Entzug des Kapitals
Fremdkapitalgeber	- Verzinsung - vertragsgemäße Rückzahlung des zur Verfügung gestellten Kapitals	- Vorzeitige Fälligstellung von Krediten - Schlechtere Einstufung der Kreditwürdigkeit verbunden mit höheren Kreditzinsen
Arbeitnehmer	- leistungsgerechte Entlohnung - motivierende Arbeitsbedingungen	- gesetzliche bzw. tarifliche Mitbestimmung im Unternehmen - Streikmöglichkeiten
Lieferanten	- zuverlässige Bezahlung - langfristige Verträge	- Lieferung an Wettbewerber - Verweigerung von Lieferungen bzw. nicht vertragsgemäße Lieferung
Kunden	- gutes Preis-Leistungs-Verhältnis der Produkte - guter Service nach dem Kauf	- Wechsel zum Wettbewerber - Diktat von Abnahmekonditionen im Fall von Großabnehmern
Öffentlichkeit	- Information über alle Ereignisse, die relevant für die Gesundheit, das Wohlbefinden und die ökologische Umwelt sind	- gezielte Verbreitung von ausgewählten Informationen

Aus den Darstellungen wird deutlich, dass die Aktivitäten eines jeden Unternehmens von verschiedenen Anspruchsgruppen beeinflusst werden, deren Einflussnahme von der Machtbasis und dem relativen Risiko abhängig ist. Die Anspruchsgruppen tragen durch ihre Leistung zum Bestand des Unternehmens bzw. zur Zielerreichung bei, weshalb sie ein Recht auf angemessene Gegenleistung haben. Das Unternehmen wird mit unterschiedlichsten Ansprüchen konfrontiert, die gegeneinander abgewogen und zusammengeführt werden müssen, damit das Unternehmen langfristig existieren kann.

1.2 Unternehmensrechtsform

1.2.1 Grundlagen

Die Wahl der Rechtsform ist eine Entscheidung mit weit reichenden Konsequenzen für das Unternehmen, die sich häufig im Zusammenhang mit der Gründung, der Teilung oder dem Zusammenschluss von Unternehmen ergibt. Mit der Rechtsform sind die rechtlichen (z. B. Haftung, Vertretungs- und Führungsvollmacht) und finanziellen (z. B. Kapitalbeschaffung, Gewinnverteilung, Steuerbelastung) Handlungsspielräume eines Unternehmens festgelegt. Für das Unternehmen stellt die Rechtsform daher keinen irreversiblen Zustand dar, sondern muss auf seine Zweckmäßigkeit ausgewählt, hinterfragt und gegebenenfalls angepasst werden. Die bei der Rechtsformwahl zu berücksichtigenden Aspekte und Kriterien leiten sich aus den übergeordneten Unternehmenszielen und dem Geschäftsgegenstand ab. Folgende Aspekte sind im Rahmen der Rechtsformwahl zu beachten:

- Haftung,
- Leitungsbefugnis (Vertretung, Geschäftsführung und Mitbestimmung),
- Gewinn- und Verlustbeteiligung sowie Entnahmerecht,
- Kapitalbeschaffungsmöglichkeiten (Eigen- und Fremdkapital),
- Flexibilität in der gesellschaftsrechtlichen Vertragsgestaltung,
- steuerliche Belastung,
- Gründungs- und Kapitalerhöhungskosten sowie
- Publizitätspflichten.

Für die Rechtsformwahl hat der Gesetzgeber eine Reihe von alternativen Rechtsformen vorgegeben, welche die Rechtsbeziehungen eines Unternehmens im Innen- und Außenverhältnis vorschreiben. Diese Grundlagen sind nicht in einem separaten Gesetzbuch geregelt, sondern ergeben sich u.a. aus den folgenden Rechtsquellen:

- Handelsgesetzbuch (HGB),
- Bürgerliches Gesetzbuch (BGB),
- Aktiengesetz (AktG),
- GmbH-Gesetz (GmbHG),
- Genossenschaftsgesetz (GenG) sowie
- Partnergesellschaftsgesetz (PartGG).

Es lassen sich im Wesentlichen Personengesellschaft und Kapitalgesellschaft unterscheiden (vgl. Abbildung 1.4).

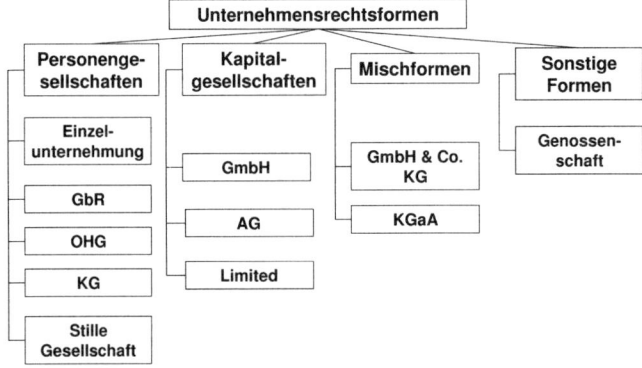

Abbildung 1.4. Wesentliche Unternehmensrechtsformen

Während bei Personengesellschaften die Existenz des Unternehmens eng mit der Person des Gesellschafters verbunden ist, zielt die Kapitalgesellschaft auf eine wirtschaftliche Mitgliedsbeziehung, die ein erleichtertes Ausscheiden bzw. Hinzutreten von Gesellschaftern und Gesellschafterkapital ermöglicht. Aus diesen zwei grundlegenden Rechtsformen sind Mischformen entstanden, welche bestimmte Merkmale beider Rechtsformgruppen verbinden.

1.2.2 Personengesellschaften

Einzelunternehmung

Die Einzelunternehmung ist die einfachste, billigste und am wenigsten reglementierte Rechtsform. Die Gründung erfolgt formlos. Die Firma besteht aus dem Familiennamen und mindestens einem ausgeschriebenen Vornamen.[11] Die

---

[11] Die Firma ist der Name, unter dem der Kaufmann seine Geschäfte betreibt.

Finanzierungsmöglichkeiten der Einzelunternehmung sind begrenzt. Gewinne unterliegen der Einkommenssteuer. Der Einzelunternehmer

- haftet allein und unbeschränkt mit seinem Privatvermögen,
- trägt das gesamte Risiko,
- verfügt über die alleinige Entscheidungsbefugnis und
- kann frei über den Gewinn verfügen.

Gesellschaft bürgerlichen Rechts

Die Gesellschaft bürgerlichen Rechts (GbR, auch als BGB-Gesellschaft bezeichnet) ist ein Zusammenschluss von Personen zu einem gemeinsamen Zweck auf einer vertraglichen Basis. Der Zweck kann ideeller oder wirtschaftlicher Natur sein, grundsätzlich aber kommt jeder erlaubte Zweck als Inhalt eines Gesellschaftsvertrages in Frage. Einzig das Betreiben eines Handelsgewerbes ist als Gesellschaftszweck nicht zulässig, da für diesen Zweck der Gesetzgeber eine Offene Handelsgesellschaft (OHG) vorsieht. Der Vertrag kann mündlich oder schriftlich geschlossen werden, ein Eintrag in das Handelsregister ist nicht erforderlich.

Für die Gründung einer GbR wird kein Mindestkapital als Gesellschafterkapital benötigt. Das Risiko für Geschäftspartner der GbR wird dahingehend gemildert, dass die Gesellschafter der GbR über das Gesellschaftsvermögen hinaus unmittelbar und unbeschränkt mit ihrem Privatvermögen haften. Die Gesellschafter können Gläubiger daher nicht zuerst auf das Gesellschaftsvermögen verweisen, sondern müssen für die Gesellschaftsschulden gesamtschuldnerisch einstehen.

Die Gewinn- und Verlustbeteiligung erfolgt, soweit der Gesellschaftsvertrag keine abweichende Vereinbarung enthält, nach gleichen Teilen. Eine Berücksichtigung nach Art und Größe der jeweiligen Gesellschaftsanteile der Gesellschafter erfolgt nicht.

Offene Handelsgesellschaft

Bei der offenen Handelsgesellschaft (OHG) handelt es sich um den Zusammenschluss von unbeschränkt haftenden Personen, deren gemeinsamer Zweck allerdings auf den Betrieb eines Handelsgewerbes unter gemeinsamer Firma gerichtet ist. Bei der OHG muss zumindest einer der Gesellschafternamen und eine Bezeichnung, die Aufschluss über das Gesellschaftsverhältnis gibt, im Firmennamen enthalten sein.

Die Gesellschaft kann selbst für Verbindlichkeiten haften, daneben haften die Gesellschafter der OHG unbeschränkt, unmittelbar und gesamtschuldnerisch für die Gesellschaftsschulden mit ihrem gesamten Privatvermögen. Der Gläubiger hat dann ein Wahlrecht, ob einer der Gesellschafter oder die Gesellschaft für die Begleichung der Verbindlichkeiten herangezogen wird.

Soweit der Gesellschaftsvertrag keine anderweitige Regelung vorsieht, sind alle Gesellschafter zur Geschäftsführung berechtigt und verpflichtet. Die Gewinn- und Verlustbeteiligung erfolgt gemäß den gesellschaftsvertraglichen Vereinbarungen. Liegt keine vertragliche Regelung vor, findet eine Beteiligung in Höhe von 4 % der jeweiligen Kapitaleinlage statt. Der noch verbleibende Gewinn wird nach Köpfen aufgeteilt. Durch die Aufnahme neuer Gesellschafter ist es dem Unternehmen möglich, die Eigenkapitalbasis zu verbessern. Das Ausscheiden eines Gesellschafters kann entweder auf einvernehmlichem Wege durch Zustimmung aller Gesellschafter erfolgen, oder durch die einseitige Kündigung mit einer Frist von 6 Monaten zum Ende des Geschäftsjahres.

Kommanditgesellschaft

Die Kommanditgesellschaft (KG) unterscheidet sich im Wesentlichen von der OHG durch eine Differenzierung beim Gesellschafterstatus. Es sind zwei Arten von Gesellschaftern zu unterscheiden:

- Komplementär: Person, die analog einem Gesellschafter der OHG mit dem gesamten Privatvermögen unbeschränkt, unmittelbar und gesamtschuldnerisch für die Gesellschaftsschulden haftet.

- Kommanditist: Person, deren Haftung auf eine im Handelsregister festgeschriebene Kapitaleinlage beschränkt ist.

Im Firmennamen muss der Name mindestens eines Komplementärs sowie ein Zusatz, der auf die Rechtsform schließen lässt, enthalten sein. Die Vertretung der Gesellschaft im Innen- und Außenverhältnis gestaltet sich analog zur OHG, wobei der Kommanditist grundsätzlich keine Befugnis zur Geschäftsführung und Vertretung besitzt.

Die Verteilung der Gesellschaftsgewinne erfolgt durch eine 4%-ige Verzinsung der getätigten Kapitaleinlagen. Die Verteilung des verbleibenden Gewinns kann auf Grund der beschränkten Haftung der Kommanditisten nicht zu gleichen Teilen auf die Gesellschafter erfolgen. Es ist daher eine Aufteilung zu erzielen, die dem erhöhten Risiko der Vollhafter entspricht.

Durch den Ausschluss der Vollhaftung für Kommanditisten verfügt die Kommanditgesellschaft über einen Vorteil gegenüber der OHG bezüglich der Eigenkapitalbeschaffung. Für Kapitalgeber besteht so die Möglichkeit, als Kommanditist am Erfolg der Unternehmung zu partizipieren und im Falle von Verlusten nur begrenzt zu haften.

Stille Gesellschaft

Eine stille Gesellschaft entsteht durch die Beteiligung mit einer Vermögenseinlage an einem Unternehmen, wobei diese Beteiligung nach außen nicht bekannt wird. Die stille Gesellschaft ist eine reine Innengesellschaft und wird nicht in das Handelsregister eingetragen. Der stille Gesellschafter kann sowohl eine natürliche als auch eine juristische Person sein und ist grundsätzlich von

Geschäftsführung und Vertretung ausgeschlossen. Die stille Gesellschaft eignet sich für Gesellschafter, die

- eine kurzfristige Geldanlage wünschen,
- keine enge Bindung an das Unternehmen anstreben,
- anonym bleiben wollen.

Die Merkmale der beschriebenen Personengesellschaften sind in der Tabelle 1.2 zusammengefasst.

Tabelle 1.2. Merkmale ausgewählter Personengesellschaften[12]

Merkmale	OHG	KG	Stille Gesellschaft	BGB-Gesellschaft
Eigentümerbezeichnung	Gesellschafter	- Komplementäre - Kommanditisten	Geschäftsinhaber	Gesellschafter
Mindestanzahl der Gründer	Zwei	Ein Komplementär und ein Kommanditist	Zwei	Zwei
Bezeichnung des Eigenkapitals	Kapitaleinlage	Kapitaleinlage des Komplementärs, Kommanditeinlage des Kommanditisten	Vermögenseinlage des stillen Gesellschafters	Beitragskapital
Beschaffung des Eigenkapitals	Abhängig vom Privatvermögen, durch Einlagenerhöhung bzw. Aufnahme neuer Gesellschafter	durch Einlagenerhöhung bzw. Aufnahme neuer Gesellschafter	durch Einlagenerhöhung bzw. Aufnahme neuer Gesellschafter	Abhängig vom Privatvermögen, durch Einlagenerhöhung bzw. Aufnahme neuer Gesellschafter
Erfolgsbeteiligung	4 % nach Einlagen, Rest nach Köpfen	4 % nach Einlagen, Rest angemessen	Angemessener Anteil für stillen Gesellschafter	Alle Gesellschafter zu gleichen Teilen
Haftung	Unbeschränkt, unmittelbar, gesamtschuldnerisch	Vor Eintragung ins HR: Gesellschafter unbeschränkt Nach Eintragung ins HR: Komplementäre wie in der OHG, Kommanditisten bis zur Höhe der Einlage	Haftung des Geschäftsinhabers richtet sich nach Rechtsform der Gesellschaft.	Unbeschränkt, unmittelbar, gesamtschuldnerisch
Steuerliche Behandlung	Einkommenssteuer, keine Körperschaftsteuer			

---

[12] Vgl. Schäfer (2002, S. 153).

1.2.3 Kapitalgesellschaften

Kapitalgesellschaften basieren auf der strikten Trennung zwischen Kapital und Personen. Die persönlichen Gesichtspunkte der Gesellschafter treten hinter die der Kapitalgesellschaft als eigener Rechtspersönlichkeit zurück. Während bei Personengesellschaften Eigentum und Führung des Unternehmens häufig bei ein und derselben Person vereint sind, erfolgt die Führung bei Kapitalgesellschaften durch gesetzlich vorgeschriebene Führungsorgane, die von den Eigentümern bestellt werden.

Generell ist für alle Kapitalgesellschaften festzustellen, dass die Gesellschafter lediglich mit einem begrenzten Betrag haften und dass Gläubiger nur die Gesellschaft verklagen können, nicht jedoch die Gesellschafter. Da Gesellschafterwechsel vorgesehen und auch beabsichtigt sind, ist die Fortführung von Kapitalgesellschaften langfristig möglich und nicht von der Existenz aktueller Gesellschafter abhängig. Als wichtigste Gesellschaftsformen werden die Aktiengesellschaft (AG) und die Gesellschaft mit beschränkter Haftung (GmbH) sowie aufgrund der aktuellen Entwicklung die Rechtsform der Limited vorgestellt.

GmbH

Eine Gesellschaft mit beschränkter Haftung kann grundsätzlich zu jedem nicht verbotenen Zweck durch einen oder mehrere Gesellschafter gegründet werden. Die Gründung bedarf einer notariell beglaubigten Satzung, die Folgendes enthalten muss:

- die Firma,
- den Sitz des Unternehmens,
- den Gegenstand des Unternehmens und
- den Betrag der von jedem Gesellschafter auf das Stammkapital zu leistenden Einlage.

Das Stammkapital, mit dem die Gesellschaft ihren Gläubigern gegenüber haftet, beträgt mindestens 25.000,- €, wovon mindestens 25 % bzw. 12.500,- € als Bar- oder Sacheinlagen zur Gründung erforderlich sind. Im Zusammenhang mit der Einbringung von Sacheinlagen ist die Frage von deren Bewertung zu klären. Die Gesellschaft entsteht als juristische Person durch Eintragung in das Handelsregister, davor besteht die Gesellschaft als Vor-GmbH. Wurde bereits im Namen der Gesellschaft am Rechtsverkehr teilgenommen, haften die Gesellschafter unbeschränkt. Mit dem Eintrag im Handelsregister ist die Haftung der Gesellschafter auf das Stammkapital beschränkt.

Die GmbH verfügt über mindestens einen Geschäftsführer, der die Gesellschaft nach außen vertritt und die Geschäfte führt, sowie über die Gesellschafterversammlung. Dieser obliegt die Feststellung des Jahresabschlusses und der

Verwendung des Reingewinns sowie die Änderung der Satzung. Fakultativ kann ein Aufsichtsrat gebildet werden, wenn dies in der Satzung vorgesehen ist. Eine GmbH mit mehr als 500 Arbeitnehmern ist durch das Betriebsverfassungsgesetz zur Bildung eines Aufsichtsrates verpflichtet. Die Gewinnbeteiligung erfolgt nach den jeweiligen Kapitaleinlagen der Gesellschafter oder nach einem in der Satzung festgelegten Schlüssel. Die GmbH als eine juristische Person ist somit auch ein selbständiges Steuerobjekt und unterliegt der Körperschaftssteuer auf das Einkommen (vgl. Tabelle 1.3). Die Gründung einer Ein-Personen-GmbH ist zulässig und bietet dem Inhaber den Vorteil der beschränkten Haftung.

Aktiengesellschaft

Wesentliches Merkmal der AG ist die Zerlegung des Grundkapitals (Mindestnennbetrag 50.000,- €) in Aktien. Eine Aktie ist ein Wertpapier und verbrieft Teilhaberrechte an einer AG. Jeder Aktionär (shareholder) ist mit dem Nennwert seiner Aktie(n) am Grundkapital der AG beteiligt. Damit bietet sich diese Rechtsform in erster Linie für Großunternehmen oder Unternehmen mit einem hohen Bedarf an Finanzmitteln an. Durch die Aufteilung des Grundkapitals in Aktien kann eine große Zahl von Gesellschaftern an der AG beteiligt werden, um so eine möglichst große Kapitalbasis für das Unternehmen zu schaffen. Die AG stellt die Rechtsform mit der geringsten Bindungsintensität zwischen Gesellschaft und Gesellschaftern dar. Ein Teilhaberwechsel vollzieht sich durch den An- oder Verkauf von Aktien und entspricht damit dem Gedanken der wirtschaftlichen Mitgliedschaft (vgl. Tabelle 1.3).

Tabelle 1.3. Merkmale von GmbH und AG[13]

Merkmale	GmbH	AG
Eigentümerbezeichnung	Gesellschafter	Aktionär
Mindestanzahl der Gründer	einer	fünf
Bezeichnung des Eigenkapitals	- Stammkapital - gezeichnetes Kapital	- Grundkapital - gezeichnetes Kapital
Beschaffung des Eigenkapitals	- Ausgabe von Gesellschaftsanteilen - Aufnahme neuer Gesellschafter - Einlagenerhöhung	- Ausgabe von Aktien - Kapitalerhöhung
Erfolgsbeteiligung	Nach Höhe der Geschäftsanteile	Nach Anteil am Grundkapital
Mindestkapital und -anteil	- Stammkapital mind. 25.000,- € - Mindestanteil 100,- €, höhere Anteile durch 50 teilbar	- Grundkapital mind. 50.000,- € - Mindestnennbetrag einer Aktie 1,- €
Steuerliche Behandlung	Körperschaftssteuer	
Haftung	Gesellschaftsvermögen haftet in voller Höhe.	

---

[13] Vgl. Schäfer (2002, S. 156).

Die Gründung der AG erfolgt durch die notarielle und gerichtliche Beurkundung des Gesellschaftervertrags (Satzung) sowie die Übernahme der Aktien durch die Gründer. In der Satzung sind festzuschreiben:

- Firma und Sitz der Gesellschaft,

- Gegenstand der Unternehmung,

- Höhe des Grundkapitals,

- Stückelung des Aktienkapitals (Zahl und Nennwert der Aktien und Aktiengattungen),

- Fungibilität der Aktien (Inhaber- oder Namensaktien),

- Anzahl der Vorstandsmitglieder oder die Regeln, nach denen diese gewählt werden sowie

- die Form der Bekanntmachung.

Aktien werden bei der Gründung einer AG bzw. KGaA, Kapitalerhöhungen dieser Gesellschaftsformen und bei der Umwandlung von Personengesellschaften, GmbH oder anderen Rechtsformen in eine AG ausgegeben. Der Aktionär verfügt über folgende Rechte:

- Beteiligung am Gewinn,

- Teilnahme an der Hauptversammlung,

- Stimmrecht in der Hauptversammlung,

- Auskunft durch den Vorstand,

- Bezug junger Aktien sowie

- Anteil am Liquidationserlös.

Gesetzlich vorgeschriebene Organe der AG sind der Vorstand, der Aufsichtsrat und die Hauptversammlung. Die Hauptversammlung, bestehend aus den Aktionären, ist das oberste Organ der AG und bestellt den Aufsichtsrat sowie entlastet die Mitglieder des Aufsichtsrates und des Vorstandes. Der Hauptversammlung obliegt die Verwendung des Bilanzgewinns, die Bestellung der Abschlussprüfer, Satzungsänderungen und Maßnahmen zur Kapitalbeschaffung und -herabsetzung. Der Aufsichtsrat wird von der Hauptversammlung gewählt und besteht aus natürlichen Personen, welche nicht Mitglied des Vorstandes sind. Wesentliche Aufgaben des Aufsichtsrates sind die Überwachung der Geschäftsführung sowie die Prüfung des Jahresabschlusses und der Bericht darüber in der Hauptversammlung. Der Vorstand einer AG besteht aus einer oder mehreren natürlichen Personen und wird durch den Aufsichtsrat bestellt. Die Leitungsbefugnis des Unternehmens liegt allein beim Vorstand, der vom Aufsichtsrat für die Dauer von fünf Jahren bestimmt und überwacht wird.

Private Limited Company

Der Europäische Gerichtshof hat in den Jahren 2003 und 2004 festgelegt, dass eine Gesellschaft, die in einem Mitgliedsstaat gegründet wurde, in allen anderen Mitgliedsstaaten der Europäischen Union anzuerkennen ist. Daraus ergeben sich weitere Gestaltungsmöglichkeiten der Rechtsform von in Deutschland tätigen Unternehmen. Als ausländische Unternehmensrechtsform erfreut sich vor allem die englische Limited immer größerer Beliebtheit, weshalb diese kurz vorgestellt wird.

Die Private Limited Company by shares (Limited oder Ltd.) ist eine Kapitalgesellschaft und ähnelt der deutschen GmbH. Die Gründung erfolgt in England durch den Eintrag in das Handelsregister und die Aushändigung der Gründungsurkunde durch die Registerbehörde. Eine notarielle Beurkundung des Gesellschaftervertrags ist nicht erforderlich. Die Limited muss in England selbst keine Geschäftstätigkeit aufnehmen, kann jedoch unter Beibehaltung dieser Rechtsform in Deutschland Zweigniederlassungen gründen. Auch wenn die Gesellschaft in England keine Geschäftstätigkeit ausübt, muss sie dort ein registered office unterhalten, in welchem die Möglichkeit zur Einsicht in die Geschäftsunterlagen gewährt wird. Der Jahresabschluss und der Geschäftsbericht sind jährlich dem englischen Register vorzulegen. Vorteile der Limited im Vergleich zur GmbH sind:

- Zur Gründung ist lediglich ein Mindestkapital in Höhe von 1,- £ erforderlich.
- Die Gründung erfolgt äußerst kurzfristig (innerhalb weniger Tage).
- Die Gründungskosten belaufen sich auf ca. 500,- €. Da keine notarielle Beurkundung erforderlich ist, entfallen die Notargebühren.
- Die Limited unterliegt dem englischen, firmenfreundlichen Gesellschaftsrecht (z. B. wird bei Satzungsänderungen kein Notar benötigt).

Diese Vorteile lassen die Rechtsform der Limited als besonders attraktiv erscheinen. Neben den vorteilhaften Aspekten sind folgende Nachteile im Vergleich zur GmbH zu berücksichtigen:

- Potenzielle Geschäftspartner und Financiers begegnen der neuen Rechtsform bisher eher mit Misstrauen, das zum einen auf der Annahme bassiert die Limited werde nur aufgrund der geringen Haftungsbeschränkung gegründet. Zum anderen ist die Rechtsform wenig bekannt bzw. es bestehen rechtliche Unklarheiten, so dass die Geschäftspartner und Financiers ihre Rechte schlecht einschätzen können.
- Unwissenheit in Bezug auf das englische Recht kann zu Fehlverhalten führen bzw. zusätzliche Rechtsberatungskosten bewirken.

- Da es sich bei der Limited um eine englische Gesellschaftsform handelt, bewegt sich der deutsche Gründer zwischen zwei Rechtssystemen: Gesellschaftsrechtlich gilt englisches Recht, steuerlich und bilanziell gelten sowohl deutsches als auch englisches Recht.

Mit der Limited ist es ebenfalls möglich, in Anlehnung an die GmbH & Co. KG eine Limited & Co. KG zu gründen, bei der die Limited die Komplementärfunktion der KG übernimmt. Es bleibt abzuwarten, in welchem Maße die Rechtsform der Limited für die in Deutschland tätigen Unternehmen langfristig eine geeignete Rechtsform darstellt.

1.2.4 Mischformen und andere Gesellschaftsformen

In der Praxis häufig anzutreffende Mischformen aus Personal- und Kapitalgesellschaften sind die GmbH & Co. KG und die KGaA.

GmbH & Co. KG

Bei der GmbH & Co. KG handelt es sich um eine KG, als deren persönlich haftender Gesellschafter eine GmbH auftritt. Diese haftet nur mit dem Stammkapital, die Kommanditisten haften nur bis zur Höhe ihrer Einlage. Vorteile dieser Rechtsform sind:

- Risikobeschränkung,

- gezielte Beeinflussung der Gewinnbesteuerung,

- Erleichterung bei Nachfolgeproblemen.

Kommanditgesellschaft auf Aktien

Die Kommanditgesellschaft auf Aktien (KGaA) ist eine KG, bei welcher ein oder mehrere Komplementäre persönlich haften und die Kommanditaktionäre an dem in Aktien zerlegten Grundkapital beteiligt sind, ohne persönlich zu haften. Diese Rechtsform verfügt, ähnlich wie die AG, über einen Vorstand, eine Hauptversammlung und einen Aufsichtsrat. Geschäftsführung und Vertretung liegen allein bei den persönlich haftenden Gesellschaftern, welche den nicht abberufbaren Vorstand bilden. Die Hauptversammlung ist das Entscheidungsorgan der Kommanditaktionäre. Der Aufsichtsrat wird von der Hauptversammlung gewählt und hat die selben Aufgaben wie der Aufsichtsrat einer AG.

Eingetragene Genossenschaft

Neben diesen Rechtsformen ist die eingetragene Genossenschaft (eG) eine weit verbreitete Unternehmensrechtsform. Der Zweck einer Genossenschaft besteht nicht in der Gewinnerzielung, sondern in der Selbsthilfe der Mitglieder. Die

Gründung erfolgt durch mindestens sieben Genossen, welche eine Satzung festlegen. In der Satzung ist festzuschreiben:

- Höhe der maximalen Einlage,
- Höhe der Mindesteinlage sowie
- Möglichkeit des Erwerbs mehrerer Anteile.

Mitglieder einer Genossenschaft können natürliche und juristische Personen sein. Die Genossen sind untereinander ohne Rücksicht auf die Höhe ihrer Kapitalbeteiligung gleichberechtigt. Die Genossenschaft ist eine juristische Person, die ihre Rechtsfähigkeit mit der Eintragung in das Genossenschaftsregister erhält. Im Gegensatz zu den Kapitalgesellschaften ist kein Mindestkapital vorgeschrieben. Gläubigern gegenüber haftet nur das Genossenschaftsvermögen. Organe der Genossenschaft sind der Vorstand, der Aufsichtsrat und die Generalversammlung, die gleichzeitig das oberste Organ der Genossenschaft darstellt.

Der Vorstand besteht aus mindestens zwei Genossen und wird von der Generalversammlung gewählt. Der Aufsichtsrat besteht aus mindestens drei Genossen, welche keine Vorstandsmitglieder sein dürfen, und überwacht den Vorstand bei der Geschäftsführung. Genossenschaften können nach der Art der wirtschaftlichen Tätigkeit unterteilt werden in Förderungsgenossenschaft (z. B. Absatzgenossenschaft), Produktivgenossenschaft, Kreditgenossenschaft und sonstige Genossenschaften.

1.3 Unternehmensstandort

Als Standort wird der geografische Ort bezeichnet, an dem Produktionsfaktoren kombiniert und zur Erstellung betrieblicher Leistungen eingesetzt werden. Die Standortwahl gehört wie die Rechtsformwahl zu den grundlegenden Führungsentscheidungen, da diese durch die intensive räumliche und zeitliche Bindung von Kapital nur schwer revidierbar ist und damit die langfristig gültigen Rahmenbedingungen für zahlreiche Folgeentscheidungen setzt. Des Weiteren basiert die Standortentscheidung auf der Vorhersage zukünftiger Ereignisse und Entwicklungen und stellt demnach eine Entscheidung unter Unsicherheit[14] dar. Eine Standortentscheidung ist:

- mit langfristigen Folgen verbunden,
- durch Unsicherheit in Bezug auf die zukünftige Entwicklung gekennzeichnet sowie

---

[14] Vgl. S. 305.

- kapitalintensiv und nicht bzw. nur durch zusätzliche Kosten rückgängig zu machen.

Aus diesen Gründen stellt sich die Standortfrage daher in der Regel im Rahmen der Neugründung, der Standortverlagerung oder der Standortspaltung eines Unternehmens. Ziel der Standortentscheidung ist die Identifizierung des optimalen Standortes, d.h. desjenigen Ortes, aus dessen Wahl ein höherer Zielerreichungsgrad resultiert als bei vergleichbaren Standorten. Die Standortanforderungen werden durch die Unternehmensziele und den Unternehmensgegenstand bestimmt. So ist in einigen Industriezweigen die Standortwahl durch den Unternehmensgegenstand und die damit verbundenen materiellen Anforderungen von vornherein stark eingeschränkt, z. B. im Fall von Reedereien der Zugang zu schiffbaren Gewässern oder im Fall des Bergbaus die Existenz von Bodenschätzen. Die Bestimmung des optimalen Standortes verläuft wie folgt:

- Wahrnehmungsphase: Auslösung des Willensbildungsprozesses durch die Wahrnehmung des Standortproblems und Festlegung des Anspruchsniveaus bezüglich des zukünftigen Standortes. Das Anspruchsniveau beschreibt die Ziele, welche mit dem zukünftigen Standort erreicht werden sollen.

- Orientierungsphase: Suche, Bewertung und Beurteilung potenzieller Standorte.

- Entschlussphase: Konkrete Festlegung des Standortes.

Das Anspruchsniveau wird aus den Unternehmenszielen abgeleitet. Da die Unternehmensziele in der Regel ein mehrdimensionales System bilden,[15] kann es bei konkurrierenden Zielsetzungen zu Zielkonflikten zwischen den Standortfaktoren kommen. So steht z. B. das Ziel einer geringen Gewerbesteuerbelastung in Konkurrenz zu dem Wunsch nach einer möglichst zentralen Lage.

Zur Bestimmung des optimalen Standortes sind zuerst die entscheidungsrelevanten Standortfaktoren herauszustellen, die im daran anschließenden Schritt erfasst und bewertet werden. Sämtliche Merkmale, wie z. B. politische, ökonomische, technische, ökologische und rechtliche Merkmale, welche die ökonomische Aktivität des Unternehmens beeinflussen können, werden als Standortfaktoren bezeichnet. Standortfaktoren können wie folgt unterteilt werden:

- Standortfaktoren, welche die Aktivitäten der Unternehmen insgesamt betreffen. Dazu zählen u.a.:
  - politische Stabilität,
  - Ausgestaltung des Rechtssystems,

---

[15] Vgl. S. 293.

- Lebensqualität,

- Regelung bzw. Einschränkung der unternehmerischen Leistungserstellung durch rechtliche Vorschriften (z. B. Nachtflugverbot, Fahrverbot an Sonntagen),

- Mitsprache- und Mitbestimmungsrechte der Arbeitnehmer,

- Wettbewerbsrecht und -politik,

- Steuern und Steuerpolitik (einschließlich der Subventionen).

• Standortfaktoren, welche die Verfügbarkeit und die Kosten der eingesetzten Produktionsfaktoren sowie des Produktionsprozesses beeinflussen, wie z. B.:

- geologische und klimatische Verhältnisse,

- die Existenz und Transportmöglichkeiten von Roh-, Hilfs- und Betriebsstoffen,

- die Existenz und geografische Lage von Zulieferern,

- Verfügbarkeit, Lage, Beschaffenheit und Preis von Grundstücken und Gebäuden,

- die Arbeitskosten, bestehend aus Löhnen, Gehältern und Sozialkosten (z. B. Arbeitgeberanteile an Renten-, Kranken-, Pflege- und Arbeitslosenversicherung),

- Vorschriften bezüglich der Vermeidung und Verringerung von Emissionen sowie der Vermeidung, Verringerung, Verwertung und Entsorgung von Abfällen,

- Verfügbarkeit, Flexibilität, Mobilität und Qualifikation von Arbeitskräften,

- Verfügbarkeit und Kosten von Dienstleistungen wie Infrastruktur, Kommunikation und Transport,

- Verfügbarkeit und Kosten von Kapital in Verbindung mit den Möglichkeiten des Kapitalimportes und Wechselkurseinflüssen.

• Standortfaktoren, die den Absatz der erstellten Sachgüter und Dienstleistungen beeinflussen. Dazu gehören u.a.:

- Nachfragefaktoren wie Bedarf der Endverbraucher, Bevölkerungszahl und -wachstum, Einkommensniveau und -verteilung, Bedarf anderer Unternehmen und des Staates;

- Wettbewerbsfaktoren wie Zahl und Größe von Konkurrenten, Intensität des Wettbewerbs, wettbewerbsrechtliche Beschränkungen;

- Exportmöglichkeiten;

- Herkunfts-Bonus durch Herstellungs- und Produktionstraditionen bestimmter Regionen. So können z. B. Spreewälder Gurken nur im Spreewald und Dresdner Stollen nur in Dresden hergestellt werden.

Als Beispiel für den Verlauf der Standortsuche und die verwendeten Standortkriterien wird der Such- und Entscheidungsprozess zur Errichtung eines neuen BMW-Werkes in den Jahren 2000/2001 betrachtet.[16] Nach der gescheiterten Rover-Übernahme konzentrierte sich der BMW-Konzern auf das Premium-Segment. In diesem Zusammenhang wurde im Jahr 2000 eine neue Modellreihe konzipiert, zu deren Produktion jedoch keine Kapazitäten verfügbar waren. Im Juli 2000 veröffentlichte BMW einen Aufruf an Kommunen zur Angebotsabgabe, der jedoch keine detaillierten Anforderungen enthielt. Auf diesen Aufruf hin meldeten sich ca. 250 Bewerber, an welche im Anschluss Erhebungsdatenblätter versendet wurden. Die Auswertung dieser Erhebungsblätter führte im September 2000 zu einer Reduzierung der Auswahl auf 30 potenzielle Standorte, welche in weiteren Bewertungsrunden bis zum Juni 2001 auf folgende 5 potenzielle Standorte reduziert wurden: Arras (F), Augsburg, Collin (CZ), Leipzig, Schwerin. Mit diesen Kommunen wurden Verhandlungen aufgenommen, in deren Ergebnis die Stadt Leipzig im Juli 2001 als optimaler Standort ausgewählt wurde. Im Rahmen des Bewertungsprozesses wurden fünf Kriterienbereiche untersucht:

- Erwerbbarkeit, Kaufpreis, Baurecht,

- Erschließung und Bebauung,

- Umweltverträglichkeit,

- Personalverfügbarkeit sowie

- Fördermittel, Steuern, Zölle.

Diese Bereiche wurden in den folgenden Kriteriengruppen konkretisiert (vgl. Tabelle 1.4 auf S. 23). Von den letzten 5 potenziellen Standorten haben alle diese Anforderungen erfüllt. Ausschlaggebende Punkte für den Standort Leipzig waren:

- Finanzielle Förderung in Höhe von 363 Mio. € durch Bund und Land bei einem Investitionsvolumen von 1,2 Mrd. €.

- Günstige Grundstückskosten: Die Stadt Leipzig erwarb und erschloss erforderliche Grundstücke für Gesamtkosten in Höhe von 73 Mio. €, welche dann an BMW für 27 Mio. € verkauft wurden. Damit ergibt sich ein Preis von ca. 13 €/m², der im Vergleich zum durchschnittlichen Grundstückspreis in Leipzig und Umgebung von 30-50 €/m² sehr günstig ist.

- Flexible Arbeitszeiten sowie großes Arbeitskräftepotenzial: Die vereinbarten Arbeitszeitmodelle für das Leipziger Werk variieren von 4 Tagen in der Woche bis zu 6 Tagen in der Woche im 2- oder 3-Schichtbetrieb mit unterschiedlichen Schichtlängen. Das ermöglicht eine flexible Betriebszeit des Werkes zwischen 60 h/Woche und 140 h/Woche, die in Ausnahmefällen bis

---

[16] Vgl. dazu die ausführliche Studie von Kampermann (2003).

auf 168 h/Woche erweitert werden kann. Diese Vereinbarungen ermöglichen eine hohe Flexibilität von Arbeitszeit- und Betriebsstrukturen, die über die in anderen BMW-Werken getroffenen Vereinbarungen hinausgeht.

- Geografisch günstige Einbindung in bestehendes Standortnetzwerk: Leipzig ist nur etwa vier bis sechs Lkw-Stunden vom bayerischen Werkeverbund entfernt, so dass Komponenten aus diesen Werken fertigungssynchron angeliefert werden können. Außerdem kann in Leipzig weitgehend auf die bestehende Zulieferstruktur aus dem süddeutschen Raum zurückgegriffen werden. Im Zusammenhang mit der großen Zahl gut ausgebildeter Facharbeiter kann durch die Eingliederung in den Werkeverbund ein schneller Produktionsanlauf erreicht werden.

Tabelle 1.4. Berücksichtigte Standortfaktoren

Kriterium	geforderte Ausprägung
Grundstücksgröße	200 bis 250 ha Fläche, vorzugsweise in Form eines Rechtecks
Grundstückstopographie	relativ eben und waagerecht, außerhalb von Überschwemmungszonen
Technische Ver- und Entsorgung	- Stromversorgung: 10 kV/40 MW - Gasversorgung: 6.600 m^3/h - Wasserversorgung: 450 m^3/h - Entsorgung Schmutzwasser: 250 m^3/h - Müllentsorgung (Feststoffe: 2.000 t/a; Schlämme und Fette: 1.500 t/a; Verdünner: 95 t/a)
Verkehrsanschließung	Gleisanschluss am Grundstück, Autobahn innerhalb von 5 km
Umgebungsbebauung	- Nächstes Wohngebiet mind. 800 m entfernt - Keine Anlagen, die Rauch, Staub, Schmutz o.ä emittieren (z. B. Zementwerk) - Keine Anlagen mit Katastrophenpotenzial
Flughafen	max. eine Autostunde entfernt
Grundstücksgeologie	Tragfähigkeit für Industriebebauung, keine Unterhöhlung, keine Altlasten, kein Erdbebengebiet, keine Beeinträchtigung unter- und oberirdischer Leitungen
Baurecht	Herstellbarkeit der Planungssicherheit bis Anfang 2002
Arbeitskräfte	ausreichend viele qualifizierte bzw. qualifizierbare Arbeitskräfte
Lebensumfeld	Wohnmöglichkeiten für Mitarbeiter, Existenz von Schulen und geeigneten Freizeiteinrichtungen
Grunderwerb	Eigentumserwerb

Dieses Beispiel zeigt, dass Standortentscheidungen auf Basis eines Bündels unterschiedlicher Standortfaktoren getroffen werden. In welchem Ausmaß die einzelnen Standortfaktoren entscheidungsrelevant sind, ist unternehmens- und situationsspezifisch festzulegen. Der systematischen Aufstellung folgt die Bewertung der Standortfaktoren. Den Ausgangspunkt für die Bewertungsverfahren stellt eine begrenzte Anzahl von Standortalternativen dar. Als Standortanforderungen sind i.d.R. qualitative und quantitative Kriterien zu berücksichtigen, weshalb quantitative und qualitative Verfahren eingesetzt werden können. Zu den quantitativen Verfahren gehören die kontinuierliche und die diskrete Standortoptimierung, Investitionsrechenverfahren, Simulationsverfahren und spieltheoretische Ansätze.

Im Rahmen der kontinuierlichen Standortoptimierung wird von einer homogenen Fläche ausgegangen, auf der eine unendliche Anzahl möglicher Standorte existiert. Ein grundlegendes Verfahren dieser Modellgruppe ist das Standortmodell nach STEINER/WEBER, das von folgenden Voraussetzungen ausgeht:

- Die vom Unternehmen produzierten Güter können an verschiedenen Orten abgesetzt werden, wobei die abzusetzende Menge bekannt ist.

- Die vom Unternehmen benötigten Materialien werden von verschiedenen Angebotsorten bezogen, wobei die Bedarfsmenge bekannt ist.

- Die Transportkosten k pro Gewichtseinheit und Entfernungseinheit sind konstant und für Güter und Materialien identisch.

Zielfunktion dieses Ansatzes ist die Minimierung der Transportkosten. Danach liegt der optimale Produktionsstandort an dem Punkt mit den geringsten Transportkosten K_T, die beim Transport zwischen Produktionsstandort und den Beschaffungs- und Absatzstandorten anfallen. Die gesamten Transportkosten ergeben sich als Summe aus den einzelnen Transportkosten zwischen den Beschaffungs- und Absatzstandorten und dem zu bestimmenden Produktionsstandort. Die Transportkosten k_T sind einzig von der Menge (m_i) und der Länge des Transportweges (s_i) des i-ten zu transportierenden Gutes abhängig. Es folgt: $k_T = km_is_i$ und somit $K_T = k \sum_{i=1}^{n} m_is_i$.

Standorte werden durch ihre Lage in einem Koordinatensystem mit den Koordinaten (x,y) beschrieben. Die x-Achse bezeichnet den Längengrad und die y-Achse den Breitengrad der jeweiligen Standorte. Die Länge des Transportweges s_i zwischen einem möglichen Standort (x_s, y_s) und dem Absatz- bzw. Beschaffungsort (x_i, y_i) lässt sich dann wie folgt bestimmen:

$$s_i = \sqrt{(x_s - x_i)^2 + (y_s - y_i)^2}.$$

Für die gesamten Transportkosten ergibt sich somit folgende Zielfunktion:

$$K_T = k \sum_{i=1}^{n} m_i \sqrt{(x_s - x_i)^2 + (y_s - y_i)^2} \to min$$

Da die Einheitstransportkosten keinen Einfluss auf die Lösungskoordinaten des optimalen Standortes ausüben, werden diese im weiteren Verlauf vernachlässigt. Zur analytischen Lösung des Problems werden die partiellen Ableitungen nach x und y gleich Null gesetzt und umgestellt. Es ergeben sich folgende Darstellungen:

$$x = \frac{\sum\limits_{i=1}^{n} \dfrac{m_i x_i}{\sqrt{(x_s - x_i)^2 + (y_s - y_i)^2}}}{\sum\limits_{i=1}^{n} \dfrac{m_i}{\sqrt{(x_s - x_i)^2 + (y_s - y_i)^2}}} \qquad y = \frac{\sum\limits_{i=1}^{n} \dfrac{m_i y_i}{\sqrt{(x_s - x_i)^2 + (y_s - y_i)^2}}}{\sum\limits_{i=1}^{n} \dfrac{m_i}{\sqrt{(x_s - x_i)^2 + (y_s - y_i)^2}}}$$

Die Gleichungen sind nur teilweise nach x und y auflösbar, weshalb sich die Notwendigkeit einer iterativen Lösung ergibt. Als Anfangswerte (x_s^0, y_s^0) des Iterationsverfahrens werden die Koordinaten des Schwerpunktes herangezogen:

$$x_s^0 = \frac{\sum\limits_{i=1}^{n} m_i x_i}{\sum\limits_{i=1}^{n} m_i} \qquad y_s^0 = \frac{\sum\limits_{i=1}^{n} m_i y_i}{\sum\limits_{i=1}^{n} m_i}$$

Diese Werte werden in die rechte Seite der Gleichungen eingesetzt, woraus die Werte der 1. Iteration folgen. Dieses Verfahren wird fortgesetzt, bis die Veränderungen der Koordinaten einen vorgegebenen Grenzwert unterschreiten.

Zur Veranschaulichung wird ein Unternehmen betrachtet, welches bereits über 4 Standorte verfügt und nun einen neuen Standort zu errichten hat (vgl. Abbildung 1.5). An diesem Standort werden bisher fremdbezogene Teile selbst gefertigt und an die entsprechenden Standorte geliefert. Die Investitionskosten sind standortunabhängig, die Einheitstransportkosten und die zu transportierenden Mengen sind bekannt.

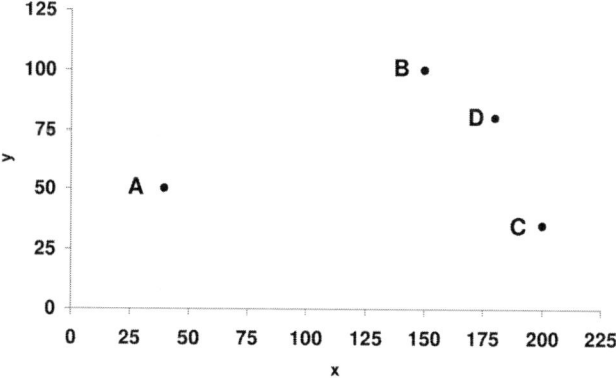

Abbildung 1.5. Lagebild des Standortproblems

Die Ortskoordinaten und die Transportmengen sind in der Tabelle 1.5 zusammengefasst.

Tabelle 1.5. Ortskoordinaten und Transportmengen des Standortproblems

Standort	Koordinaten		Mengen	$x_i m_i$	$y_i m_i$
	$x_i(km)$	$y_i(km)$	$m_i(t)$		
A	40	50	200	8.000	10.000
B	150	100	150	22.500	15.000
C	200	35	200	40.000	7.000
D	180	80	120	21.600	9.600
Summe			670	92.100	41.600

Als Koordinaten des Schwerpunktes ergeben sich $x_s^0 = \frac{92.100}{670} = 137,46$ und $y_s^0 = \frac{41.600}{670} = 62,09$. Aus diesen Werten resultieren folgende Iterationsergebnisse:

Tabelle 1.6. Iterationsergebnisse

$x_s^1 = 150,06$	$y_s^1 = 69,58$
$x_s^2 = 155,89$	$y_s^2 = 72,52$
$x_s^3 = 158,46$	$y_s^3 = 73,47$
$x_s^4 = 159,71$	$y_s^4 = 73,66$
$x_s^5 = 160,37$	$y_s^5 = 73,61$
$x_s^6 = 160,75$	$y_s^6 = 73,53$

Für das vorliegende Beispiel werden die Änderungen von der fünften zur sechsten Iteration als ausreichend gering eingeschätzt, so dass das Verfahren an dieser Stelle abgebrochen wird. Es bleibt kritisch zu bemerken, dass in dem Modell die Standortwahl nur von den Faktoren Transportmenge und Transportentfernung abhängig gemacht wird und keine weiteren Faktoren in das Standortkalkül mit einbezogen werden. Darüber hinaus sind die Orte auf einer homogenen Fläche verteilt, die geographischen und geologischen Strukturen des Raumes sowie die vorhandene Infrastruktur werden vernachlässigt. Die Vorgehensweise ist deshalb vornehmlich in transportkostenintensiven Unternehmen einsetzbar, bei denen andere Standortfaktoren eine untergeordnete Rolle spielen.

Ein Verfahren, mit dem qualitative und quantitative Standortanforderungen berücksichtigt werden können, ist die Nutzwertanalyse.[17] Im Rahmen dieses Verfahrens werden die Ausprägungen aller Standortalternativen bezüglich der

---

[17] Vgl. VDI 2800.

relevanten, mit Zielgewichtungen versehenen Standortfaktoren in Zahlenwerte transformiert und anschließend zusammengefasst. Als Bewertungsskala wird eine Nutzenskala verwendet, mit der die Zielerreichungsgrade abgebildet werden. Dabei findet folgende Vorgehensweise Anwendung:

1. Zielkriterienbestimmung (z. B. Steuerbelastung, Wachstumsmöglichkeiten und Entsorgung).

2. Zielkriteriengewichtung,

3. Teilnutzenbestimmung,

4. Nutzwertermittlung,

5. Beurteilung der Vorteilhaftigkeit.

Als Beispiel wird ein Unternehmen aus der Halbleiterindustrie betrachtet, welches einen neuen Produktionsstandort errichten möchte. Es wurden folgende entscheidungsrelevante Standortfaktoren festgelegt: Grundstückspreise, Arbeitsmarktpotenzial, Zulieferungen, Verkehrsanbindung, Entsorgung, Absatzmarktnähe und Lohnkosten. Zur Auswahl stehen die drei Standorte Ilmenau, Berlin oder Wrocław in Polen. Zur Bewertung steht eine Skala mit Werten von 0-10 zur Verfügung, wobei der Wert 0 angibt, dass der Standort das Kriterium nicht erfüllt und der Wert 10 angibt, dass der Standort das Kriterium vollständig erfüllt. In der Tabelle 1.7 sind die Zielkriteriengewichte sowie die Bewertungen und Teilnutzenwerte abgebildet.

Tabelle 1.7. Nutzwertanalyse zur Standortauswahl

Zielkriterien	Gewichtung	Ilmenau		Berlin		Wrocław	
		W	Teilnutzen	W	Teilnutzen	W	Teilnutzen
Grundstückspreise	0,05	10	0,5	5	0,25	10	0,5
Arbeitsmarktpotenzial	0,3	10	3	10	3	5	1,5
Zulieferungen	0,05	5	0,25	8	0,4	3	0,15
Verkehrsanbindung	0,15	10	1,5	10	1,5	1	0,15
Entsorgung	0,05	6	0,3	6	0,3	10	0,5
Absatzmarktnähe	0,1	3	0,3	10	1	3	0,3
Lohnkosten	0,3	6	1,8	3	0,9	10	3
Nutzwert			**7,65**		**7,35**		**6,1**

Aus der Darstellung ergibt sich Ilmenau als vorteilhafter Standort. Die Nutzwertanalyse ist ein relativ einfaches Verfahren zur Entscheidungsfindung im Rahmen der Standortwahl. Die Verwendung der Nutzwertanalyse führt zu einer systematischen Strukturierung des Standortproblems. Zu kritisieren ist die subjektive Bestimmung der Zielkriterien, Gewichtungen und Zielerreichungswerte.

1.4 Übungsaufgaben

1. Ordnen Sie in der Antworttabelle die Einsatzgrößen den betriebswirtschaftlichen Produktionsfaktoren zu!

Einsatz-größen	Arbeit	Betriebs-mittel	Hilfsstoffe	Dispositiver Faktor	Betriebs-stoffe	Rohstoffe
LKW						
Bereichs-leiter						
Elektro-energie						
Bürohaus						
Schrauben						
Bleche in der Automobil-produktion						

2. Beschreiben Sie in je einem Satz die zwei charakteristischen Ausprägungen des Wirtschaftlichkeitsprinzips!

3. Grenzen Sie die Begriffe „Betrieb" und „Unternehmen" voneinander ab!

4. Nennen Sie fünf wesentliche Anspruchsgruppen von Unternehmen, deren Beitrag zum Unternehmen sowie deren Machtbasis!

5. Nennen Sie mindestens 6 Faktoren, welche die Wahl der Unternehmensrechtsform wesentlich beeinflussen!

6. Seit einiger Zeit besteht für Unternehmen in Deutschland die Möglichkeit, eine Privat Limited Company nach englischem Recht zu gründen.

   a) Erläutern Sie die Merkmale dieser Rechtsform!

   b) Welche Vor- und Nachteile bietet diese Rechtsform im Vergleich mit der GmbH nach deutschem Recht?

7. Ordnen Sie in der Antworttabelle die Merkmale den jeweiligen Gesellschaftern zu!

	Haftung		Vertretung	
	beschränkt	unbeschränkt	berechtigt	nicht berechtigt
Aktionär				
Einzelunternehmer				
Stiller Gesellschafter				
OHG-Gesellschafter				
Komplementär				
Kommanditist				

8. Was sind Standortfaktoren und nach welchen Kriterien lassen sich diese in drei Gruppen unterteilen?

9. Ein Unternehmen mit drei Standorten möchte ein Zentrallager errichten. Die Koordinaten und jährlichen Transportmengen der einzelnen Standorte sind der folgenden Tabelle zu entnehmen:

Standort	Koordinaten		Mengen
	$x_i(km)$	$x_i(km)$	$m_i(t)$
A	280	150	2000
B	50	100	1500
C	230	350	2500

Das Unternehmen möchte die Entscheidung auf der Basis der Minimierung der Transportkosten fällen.

a) Treffen Sie die erforderlichen Annahmen, um dieses Problem mit dem Ansatz von STEINER/WEBER lösen zu können!

b) Lösen Sie das Problem mit dem Ansatz von STEINER/WEBER und ermitteln Sie die Ergebnisse der 2. Iteration!

1.5 Zitierte und weiterführende Literatur

Bankhofer, U. (2001): Industrielles Standortmanagement. Wiesbaden: DUV.

Hansmann, K.-W. (1999): Industrielles Management. München: Oldenbourg.

Kampermann, M.-T. (2003): Die Standortentscheidung des BMW-Konzerns für Leipzig: Suchprozess, Standortfaktoren und Entscheidungsgründe. Universität Dortmund: Arbeitspapiere zur Gewerbeplanung, Nr. 7.

Kutschker, M./Schmid, S. (2004): Internationales Management. München: Oldenbourg.

Schäfer, H. (2002): Unternehmensfinanzen: Grundzüge in Theorie und Management. Heidelberg: Physica.

Schick, S. (2003): Rechts- und Unternehmensformen. Baden-Baden: Nomos.

Schweitzer, M. (1994): Industriebetriebslehre. München: Vahlen.

Wöhe, G. (2005): Einführung in die Allgemeine Betriebswirtschaftslehre. München: Vahlen.

Normen und Richtlinien

VDI 2234 (01/90): Wirtschaftliche Grundlagen für den Konstrukteur

VDI 2800 (05/00): Wertanalyse

2

Produktion

2.1 Grundlagen

Im Rahmen der Produktion erfolgt die Kombination und Transformation von Produktionsfaktoren zur Erstellung der betrieblichen Leistung. Produktion ist das Ergebnis zielgerichteten menschlichen Handelns, indem Einsatzgüter in einem Transformationsprozess zu Produkten (Sachgüter oder Dienstleistungen) umgewandelt werden. In Abhängigkeit von der Unternehmenstätigkeit umfasst die Produktion verschiedene Arten der Leistungserstellung. In einem Fertigungsbetrieb besteht die Produktion in der Herstellung von Erzeugnissen, wohingegen in einem Dienstleistungsbetrieb die Ausführung von Dienstleistungen als Produktion anzusehen ist. Die im Folgenden beschriebene Produktion in einem Fertigungsbetrieb wird in die Funktionsbereiche Materialwirtschaft und Fertigung unterteilt. Zur Fertigung erforderliche Materialien sind zu beschaffen, zu lagern und im Unternehmen zu transportieren. Diese Aufgaben werden der Materialwirtschaft zugewiesen (vgl. Kapitel 2.2). Die Ver- und Bearbeitung der Materialien erfolgt in der Fertigung. Dabei sind der Materialfluss und die Bearbeitungsschritte inhaltlich, räumlich und zeitlich festzulegen (vgl. Kapitel 2.3).

2.1.1 Produktionsfunktionen und Anpassungsformen

Ausgangspunkt der Produktion sind Produktionsfaktoren,[1] welche in der Produktion so kombiniert werden, dass Produkte entstehen. Für das Unternehmen sind die funktionalen Zusammenhänge zwischen der Menge der eingesetzten Produktionsfaktoren und der Ausbringungsmenge von Interesse. Der funktionale Zusammenhang zwischen Faktoreinsatzmenge und Ausbringungsmenge wird durch die Produktionsfunktion $x = f(inp_1, inp_2, ..., inp_n)$ dargestellt,

---

[1] Vgl. Abb. 1.2, S. 4.

wobei x die Ausbringung (in Stück, kg, t, etc.) und $inp_1, inp_2, ... inp_n$ die eingesetzten Mengen unterschiedlicher Produktionsfaktoren beschreiben.

In Abhängigkeit des möglichen Einsatzverhältnisses der Produktionsfaktoren ist zwischem substitutionalem und limitationalem Faktoreinsatz zu unterscheiden. Können Produktionsfaktoren zur Erstellung einer definierten Ausbringungsmenge gegeneinander ersetzt werden, so liegt ein substitutionales Faktoreinsatzverhältnis vor. In diesem Fall ist festzustellen, ob die Faktoren komplett ersetzt werden können (alternative Substitution), oder ob der Einsatz einer Mindestmenge jedes Produktionsfaktors erforderlich ist (begrenzte Substitution). Im Gegensatz dazu existieren Produktionsprozesse, im Rahmen derer die Produktionsfaktoren nicht gegeneinander ersetzt werden können. Es existiert nur eine mögliche Faktorkombination zur Erzeugung einer definierten Ausbringungsmenge.

Es wurde eine Reihe von Produktionsfunktionen entwickelt,[2] von denen im Folgenden lediglich die Gutenberg-Produktionsfunktion dargestellt wird. Ausgangspunkt der Gutenberg-Produktionsfunktion sind folgende Annahmen:

- Produktionsfaktoren sind limitationaler Art.

- Produktionsfaktoren werden in Potenzialfaktoren (Gebrauchsfaktoren wie z. B. Maschinen und Anlagen) und in Repetierfaktoren (Verbrauchsfaktoren wie z. B. Roh-, Hilfs- und Betriebsstoffe) unterteilt.

- Repetierfaktoren können in mittelbarem oder in unmittelbarem Zusammenhang mit der Ausbringungsmenge stehen. Bei den Potenzialfaktoren besteht kein direkter, sondern ein indirekter Zusammenhang zwischen der Faktoreinsatzmenge und der Ausbringungsmenge. Die technischen Eigenschaften eines Betriebsmittels sowie die Intensität, mit der dieses betrieben wird, bestimmen die benötigten Faktoreinsatzmengen zur Erstellung einer definierten Ausbringungsmenge. Dieser indirekte Zusammenhang wird durch Verbrauchsfunktionen abgebildet.

Eine Verbrauchsfunktion bildet die funktionale Abhängigkeit der Faktoreinsatzmenge für eine Ausbringungseinheit von den technischen Eigenschaften und der Intensität (Leistung) eines Betriebsmittels ab. Die Leistung des Betriebsmittels λ wird durch die während der Einsatzzeit t erbrachte Ausbringungsmenge x wie folgt beschrieben:

$$\lambda = \frac{x}{t}$$

Der Verbrauch an Faktoreinsatzmengen je Ausbringungsmenge ist abhängig von den Eigenschaften und der Leistung des Betriebsmittels. Aus der darge-

---

[2] Vgl. zu einer ausführlichen Darstellung unterschiedlicher Modelle von Produktionsfunktionen Corsten (2004, S. 71-114).

stellten Beziehung ergibt sich die Verbrauchsfunktion des Betriebsmittels für den Produktionsfaktor i in Abhängigkeit von der Intensität λ:

$$f_i(\lambda) = \frac{inp_i}{x}$$

Aus der Verbrauchsfunktion wird die Faktoreinsatzfunktion $inp_i = f_i(\lambda)x$ gebildet. Diese Funktion gibt die Abhängigkeit der Einsatzmenge in Abhängigkeit von der Ausbringungsmenge sowie von der Intensität der Betriebsmittel an. Die Höhe der Ausbringungsmenge x im Betrachtungsintervall $[0, T]$ ist abhängig von der Einsatzzeit einer jeden in der Produktion eingesetzten Anlage, von der Anzahl der eingesetzten Anlagen S sowie von der Intensität, mit welcher die Anlagen betrieben werden. Das wird durch die Leistungsfunktion $x = \lambda t S$ deutlich. In Verbindung mit der Faktoreinsatzfunktion ergibt sich die Faktoreinsatzmenge in Abhängigkeit dieser Einflussgrößen: $inp_i = f_i(\lambda)\lambda t S$. Bei dieser Darstellung wird vernachlässigt, dass jede Anlage durch spezifische technische Leistungsparameter gekennzeichnet ist. Diese bestimmen ebenfalls die Ausbringungsmenge und die erforderliche Faktoreinsatzmenge, können i.d.R jedoch kurzfristig nicht beeinflusst werden bzw. sind konstant.

Ziel wirtschaftlicher Produktion ist die Ermittlung der kostenminimalen Intensität bzw. Faktoreinsatzmenge für einen Produktionsprozess. Für die Ermittlung dieser Kombination ist nicht die mengenmäßige, sondern die wertmäßige Darstellung relevant, da Kosten der mit Preisen bewertete Faktorverbrauch sind.[3] Dazu werden für jedes Betriebsmittel die einzelnen Verbrauchsfunktionen ermittelt (z. B. für Elektroenergie, Wasser und Schmiermittel). Im Anschluss daran werden die einzelnen Produktionsfaktoren mit Preisen bewertet, woraus sich die Kosten für jeden Produktionsfaktor ergeben. Auf diese Weise können die Verbrauchsfunktionen vergleichbar und addierbar gemacht und die Optimalintensität für eine gegebene Ausbringungsmenge bestimmt werden. Die optimale Intensität eines Betriebsmittels wird durch das Minimum der Gesamtkosten pro Ausbringungseinheit determiniert.

Die Beziehung $x = \lambda t S$ verdeutlicht drei Alternativen zur Änderung der Ausbringungsmenge: die Änderung der Intensität, der Betriebsstunden und der Anzahl der Aggregate (vgl. Abbildung 2.1).

Die intensitätsmäßige Anpassung ist besonders für kontinuierliche Produktionsprozesse, die aufgrund der Prozesseigenschaften generell im 24-Stunden-Betrieb aufrechterhalten werden müssen, von besonderer Bedeutung. In diesen Fällen ist eine zeitmäßige Anpassung nicht möglich. Neben der Realisierung entweder ausschließlich zeitlicher oder ausschließlich intensitätsmäßiger Anpassungsmaßnahmen sind auch kombinierte Maßnahmen möglich. Ziel aller Anpassungsmaßnahmen ist die Minimierung der Summe der Durchschnittskosten für die veränderte Ausbringungsmenge.

---

[3] Vgl. zum Kostenbegriff S. 120.

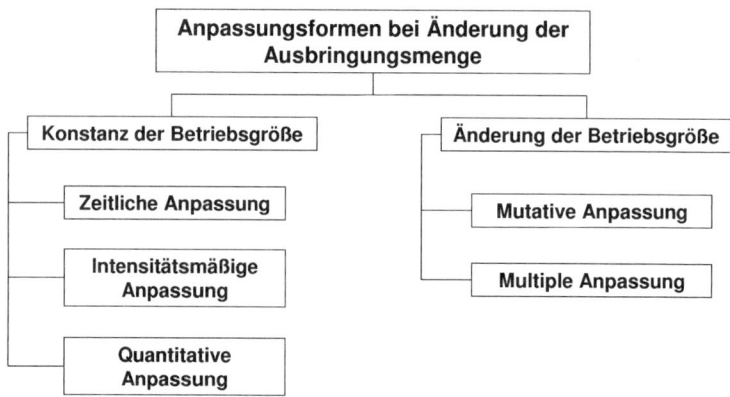

Abbildung 2.1. Anpassungsformen an Beschäftigungsschwankungen

Neben der Anpassung auf der Basis vorhandener Betriebsmittel sind der Erwerb und die Installation zusätzlicher bzw. die Stilllegung und Aussonderung bestehender Aggregate möglich. Werden Aggregate mit denselben technischen Leistungsparametern zusätzlich installiert, handelt es sich um eine multiple Anpassung. Werden hingegen Aggregate mit anderen Leistungsparametern als den bisher verwendeten installiert, liegt eine mutative Anpassung vor.

Im Folgenden wird die Ermittlung der optimalen Intensität am Beispiel einer Drehmaschine vorgestellt. Wichtige Kenngrößen des Spanens sind der Vorschub f in $[mm]$ je Umdrehung, die Schnitttiefe a_p in $[mm]$ sowie die Schnittgeschwindigkeit v_c in $[m/min]$. Die Schnittgeschwindigkeit ist die Umfangsgeschwindigkeit eines Punktes am Werkstückumfang und ergibt sich mit dem Werkstückdurchmesser d und der Drehzahl der Spindel n pro Minute aus: $v_c = d\pi n$. Der Vorschub beschreibt den Weg des Werkzeugs längs zur Drehrichtung, die Schnitttiefe gibt die Tiefe der Bearbeitung senkrecht zur Arbeitsebene an.

Die Kosten der Fertigung werden durch die Werkzeugkosten, die Maschinen- und Lohnkosten beeinflusst. Je schneller ein Werkstück auf der Maschine bearbeitet wird, desto geringer sind die Maschinen- und Lohnkosten je Werkstück, aber umso größer sind die Werkzeugkosten je Werkstück. Die Werkzeugkosten hängen von den Einflussfaktoren Vorschub, Schnitttiefe und Schnittgeschwindigkeit ab, da diese den Werkzeugverschleiß und damit die Standzeit beeinflussen.[4] Die Standzeit bezeichnet den Zeitraum, in dem das Werkzeug unter Ausschaltung von Hilfszeiten bis zum Erreichen des gewählten Standkriteriums (Verschleißmarkenbreite oder Kolktiefe) im Einsatz sein kann.

---

[4] Neben diesen Faktoren bestimmen die Geometrie der Schneide, der Werkstoff, der Schneidstoff und die Verwendung von Hilfsstoffen den Verschleiß.

Zur Ermittlung der Beziehung von Standzeit und Schnittgeschwindigkeit wird experimentell ein Verschleißdiagramm ermittelt, welches den Verschleißfortschritt in Abhängigkeit von der Drehzeit widerspiegelt. Aus diesem Verschleißdiagramm lassen sich für ein gewähltes Verschleißkriterium die Standzeitwerte bestimmen, auf deren Basis das Standzeitdiagramm abgeleitet wird. Neben dem Einfluss der Schnittgeschwindigkeit lässt sich auch der Einfluss der anderen Spanungsgrößen auf diese Weise ermitteln. Die Beziehung von Standzeit und Schnittgeschwindigkeit lässt sich durch die Taylor-Gleichung folgendermaßen darstellen: $T = C_v v_c^{-y}$ bzw. $T^{\frac{1}{y}} v_c = C_T$. Dabei ergibt sich der Faktor y als Tangens des Steigungswinkels der Standzeitgeraden und der Term C stellt eine Stoffkonstante dar, bei deren Verwendung eine vorgegebene Standzeit erreicht wird.[5]

Die Zeit, welche erforderlich ist, um einen unmittelbaren Fortschritt im Sinne des Fertigungsauftrags zu erreichen, wird als Hauptzeit t_H bezeichnet. Für das Drehen ergibt sich die Hauptzeit aus:

$$t_H = \frac{l}{nf} \text{ und } n = \frac{v_c}{d\pi}$$

mit l als Vorschubweg. Damit ergibt sich:[6]

$$t_H = \frac{l d\pi}{1000 v_c f}.$$

Mit dem Werkzeug können

$$\frac{T}{t_H}$$

Werkstücke gefertigt werden. Die zur Werkzeugein- und -ausspannung erforderliche Zeit wird mit t_W bezeichnet. Der Zeitanteil je Werkstück, der für das Ein- und Ausspannen des Werkzeugs erforderlich ist, wird als Nebenzeit t_N bezeichnet und ergibt sich aus:

$$t_N = \frac{t_W t_H}{T}.$$

Die Fertigungskosten K_F in € eines Werkstücks auf einer Drehmaschine ergeben sich aus:[7]

$K_F = K_L + K_M + K_{WT} + K_X$ mit

K_L als Lohnkosten, K_M als Maschinenkosten, K_{WT} als Werkzeugkosten und K_X als Rest-Fertigungsgemeinkosten. Lohnkosten, Maschinenkosten und Rest-Fertigungsgemeinkosten lassen sich als Maschinen- und Lohnkostensatz K_{ML} in € je Stunde ausdrücken und wie folgt zusammenfassen:

---

[5] Vgl. Tönshoff/Denkena (2004, S. 123-127).
[6] Vgl. Weber/Loladze (1986, S. 188-190).
[7] Vgl. VDI 3321.

$$K_{ML} = K_{LH} + K_{MH} + K_{XH}.$$

Die Fertigungskosten je Werkstück ergeben sich aus:

$$k_F = t_H K_{ML} + \frac{t_H t_W K_{ML}}{T} + \frac{t_H}{T} K_{WT}, \text{ mit}$$

t_W als Werkzeugwechselzeit in $[min]$

K_{ML} als Maschinen- und Lohnkostensatz je Minute

K_{WT} als Werkzeugkosten.

Wird der Term $\dfrac{ld\pi}{1000f}$ als konstant angesehen und mit M_0 bezeichnet, folgt $t_H = \dfrac{M_0}{v_c}.$

Mit $v_c = \dfrac{C}{T^{\frac{1}{y}}}$ resultiert: $t_H = \dfrac{M_0 T^{\frac{1}{y}}}{C}.$

Die Gleichung für die Fertigungskosten ergibt sich dann mit:

$$k_F = \frac{M_0 T^{\frac{1}{y}}}{C} K_{ML} + \frac{M_0 T^{\frac{1}{y}} K_{ML} t_W}{C \quad T} + \frac{M_0 T^{\frac{1}{y}} K_{WT}}{C \quad T}.$$

Ableiten nach der Standzeit führt zu:

$$\frac{dk_F}{dT} = \frac{1}{y} T^{\left(\frac{1}{y}-1\right)} K_{ML} + \left(\frac{1}{y}-1\right) T^{\left(\frac{1}{y}-2\right)} K_{ML} t_W + \left(\frac{1}{y}-1\right) T^{\left(\frac{1}{y}-2\right)} K_{WT}.$$

Null setzen und Umstellen nach T ergibt die kostenoptimale Standzeit:

$$T_{opt,k} = (y-1)t_W + (y-1)\frac{K_{WT}}{K_{ML}}$$

$$T_{opt,k} = (y-1)\left(t_W + \frac{K_{WT}}{K_{ML}}\right).$$

Die kostenoptimale Schnittgeschwindigkeit und somit die kostenoptimale Intensität unter Berücksichtigung der Schnittgeschwindigkeit als einziger Einflussgröße resultiert dann aus:

$$v_{opt,k} = \sqrt[y]{\frac{C}{(y-1)\left(t_W + \frac{K_{WT}}{K_{ML}}\right)}}.$$

Als Beispiel werden die Werkstoff-Schneidstoff-Kombination 41Cr4-P10, P20 und folgende Eingangswerte betrachtet:

f [mm/U]	K_{WT} [€]	K_{ML} [€/min]	l [mm]	d [mm]	y	t_W [min]	C
1	$3,00$	$1,00$	500	20	$4,0107$	5	$4,576 \cdot 10^8$

Zuerst werden die kostenoptimale Standzeit und Schnittgeschwindigkeit bei konstantem Vorschub ermittelt. Die kostenoptimale Standzeit ergibt sich mit:

$$T_{opt,k} = (y-1)\left(t_W + \frac{K_{WT}}{K_{ML}}\right)$$
$$= 3,0107\left(5min + \frac{3,00€}{1,00€/min}\right)$$
$$= 24,086 \; min.$$

Die kostenoptimale Schnittgeschwindigkeit resultiert dann aus:

$$v_{opt,k} = \sqrt[y]{\frac{C}{T_{opt,k}}}$$
$$= \sqrt[4,0107]{\frac{4,576 \cdot 10^8}{24,086}}$$
$$= 65,29 \; m/min.$$

Die bei Verwendung dieser Geschwindigkeit resultierende Hauptzeit folgt aus:

$$t_H = \frac{ld\pi}{1000 v_{opt,k} \; f}$$
$$= \frac{20mm \cdot 500mm \cdot \pi}{1mm \cdot 1000 \cdot 65,29mm}min$$
$$= 0,4812 \; min.$$

Die Fertigungskosten je Werkstück bei Verwendung der kostenoptimalen Standzeit ergeben sich aus:

$$k_F = t_H K_{ML} + \frac{t_H t_W K_{ML}}{T} + \frac{t_H}{T}K_{WT}$$
$$= t_H K_{ML} + \frac{t_H}{T}(t_W K_{ML} + K_{WT})$$
$$= 1,00\frac{€}{min} \cdot 0,4812min + \frac{0,4812min}{24,086min}\left(1,00\frac{€}{min} \cdot 5min + 3,00€\right)$$
$$= 0,641 \; €.$$

Die Beziehung zwischen der Schnittgeschwindigkeit, den variablen Fertigungskosten, den variablen Werkzeugkosten und den variablen Maschinen- sowie Lohnkosten je Stück ist in der folgenden Abbildung dargestellt:

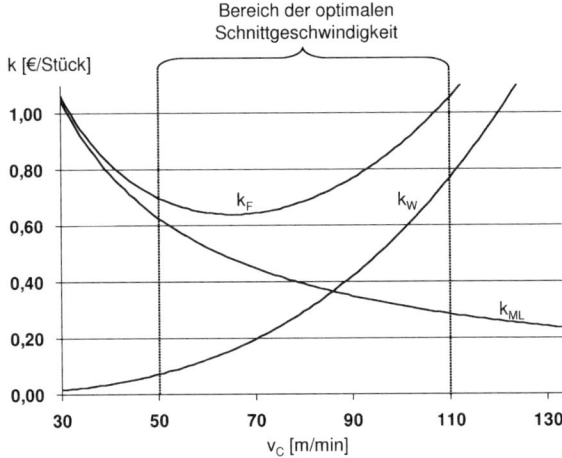

Abbildung 2.2. Einfluss der Schnittgeschwindigkeit auf die variablen Fertigungsstückkosten

Die Verschleißentwicklung und damit die kostenminimale Schnittgeschwindigkeit in der betrieblichen Praxis unterliegen starken Streuungen, selbst wenn Werkstoffe gleicher Normbezeichnungen mit gleichen Werkzeugen unter identischen Einstellbedingungen bearbeitet werden. Die Ursachen dafür liegen in den geometrischen Abweichungen der Rohteile, dynamisch bedingten Verhältnissen und chemischen sowie physikalischen Eigenschaftsschwankungen von Werkstoffen und Schneidstoffen. Die dadurch bedingten Streuungen der Werkzeugstandzeiten können ca. ± 20 % bis 90 % betragen. Deshalb trifft die optimale Schnittgeschwindigkeit nicht für jede Situation exakt zu und es ist ein kostenoptimaler Bereich um die optimale Schnittgeschwindigkeit abzugrenzen, der entsprechende Abweichungen berücksichtigt. Um anderen Einflussfaktoren Rechnung zu tragen, wurden aus der ursprünglichen Taylor-Gleichung weitere Formen entwickelt, von denen im Folgenden zur Ermittlung der Standzeit in Abhängigkeit von Schnittgeschwindigkeit und Vorschub die Form $T = A_3 v_c^{A_2} f^{A_4}$ verwendet wird.[8] In dieser Darstellung wird neben der Schnittgeschwindigkeit auch der Vorschub als Einflussfaktor auf den Verschleiß und die Fertigungskosten berücksichtigt. Aus Richtwerttabellen wird für die angegebene Werkstoff-Schneidstoff-Kombination der Exponent

---

[8] Vgl. Degner/Lutze/Smejkal (2002, S. 89).

des Vorschubs in der erweiterten Taylor-Gleichung $A_4 = -1,8040$ ermittelt.[9] Werden die Kosten für den Werkzeugverschleiß und den Werkzeugwechsel zu $K_{VW} = t_W K_{ML} + K_{WT}$ zusammengefasst, lässt sich die Stückkostenfunktion wie folgt formulieren:

$$k_F = t_H K_{ML} + \frac{t_H}{T} K_{VW} \text{ bzw. } k_F = \frac{\pi l d}{1000} \left[\frac{K_{ML}}{v_c f} + \frac{K_{VW}}{T v_c f} \right]$$

Unter Verwendung der erweiterten Taylor-Gleichung ergibt sich die Kostenfunktion in Abhängigkeit von der Schnittgeschwindigkeit und des Vorschubs:

$$k_F(v_c, f) = \frac{\pi l d}{1000} \left[\frac{K_{ML}}{v_c f} + \frac{K_{VW}}{A_3 v_c^{A_2+1} f^{A_4+1}} \right].$$

Dieser Zusammenhang ist mit den Eingangsdaten von Seite 37 in der folgenden Darstellung zu sehen:

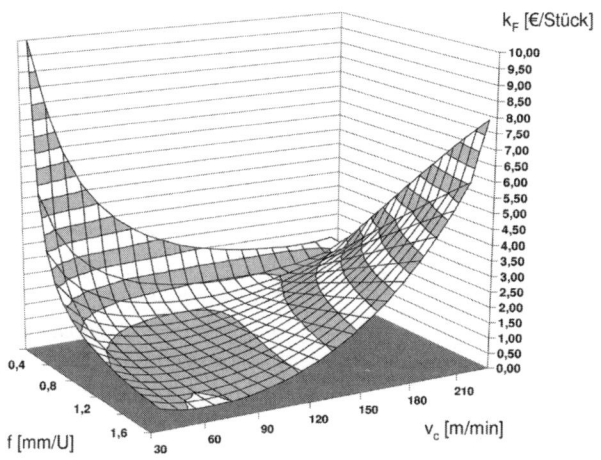

Abbildung 2.3. Einfluss von Schnittgeschwindigkeit und Vorschub

In der Darstellung ist zu erkennen, dass derselbe Betrag an Fertigungsstückkosten durch unterschiedlichste Schnittgeschwindigkeit-Vorschub-Kombinationen erreicht werden kann. Diese Linien gleicher Kosten werden als Kostenisoquanten bezeichnet. Darüber hinaus wird aus der Darstellung deutlich, dass die Scheitellinie des Funktionsgebirges die kostenminimalen Kombinationen aus Schnittgeschwindigkeit und Vorschub beschreibt. Mit steigendem

---

[9] Vgl. Degner/Lutze/Smejkal (2002, S. 291). Die Werte gelten für eine Schnitttiefe von $a_p = 5\ mm$ und eine Verschleißmarkenbreite von $VB_m = 0,8\ mm$.

Vorschub sinkt dieses Minimum stetig, weshalb die technischen Grenzen von Werkstück, Werkzeug und Werkzeugmaschine zur Bestimmung des Minimums heranzuziehen sind. Zu diesen Restriktionen zählen:

- minimaler bzw. maximaler Vorschub,
- minimale bzw. maximale Schnittgeschwindigkeit,
- maximal zulässige Leistung an der Arbeitsspindel sowie
- minimal bzw. maximal zulässige Standzeit.

Diese Restriktionen ergeben sich im Wesentlichen aus den technischen Grenzen von Drehmaschine, Werkstück und Werkzeug. Daneben ist als Restriktion für den maximal zulässigen Vorschub die vorgegebene Qualitätsanforderung an die resultierende Oberfläche zu beachten, welche mit der Rauheit beschrieben wird. Für Vorschübe von $f > 0,1\ mm/U$ gilt $R_m = \dfrac{f^2}{8r_\epsilon}$, wobei r_ϵ die Werkzeug-Eckenrundung bezeichnet. Die Tabelle 2.1 enthält eine Übersicht über die Bestimmungsgleichungen der Restriktionen.

Tabelle 2.1. Darstellung der Restriktionsgleichungen[10]

Restriktion	Bestimmungsgleichung	Bedeutung
R_{f1}	$f \geq f_{min}$	minimal einstellbarer Vorschub
R_{f2}	$f \leq \sqrt{R_m 8r_\epsilon}$	maximal zulässiger Vorschub in Abhängigkeit von der vorgegebenen Rauheit R_m
	$f \leq f_{max}$	maximal einstellbarer Vorschub
R_{v3}	$v_c \geq \dfrac{dn_{min}}{318,3099}$	minimale Schnittgeschwindigkeit mit n_{min} als minimal einstellbarer Drehzahl
R_{v4}	$v_c \leq \dfrac{dn_{max}}{318,3099}$	maximale Schnittgeschwindigkeit mit n_{max} als maximal einstellbarer Drehzahl
R_{P5}	$P_A \leq P_{A\ max}$	$P_{A\ max}$ als maximal zulässige Antriebsleistung der Maschine
R_{T6}	$T \geq 10$	minimal zulässige Standzeitgrenze
	$T \leq 500$	maximal zulässige Standzeitgrenze

Das Kostenminimum ist in dem auf diese Weise beschriebenen Lösungsfeld angesiedelt (vgl. Abbildung 2.4). Die Eigenschaften des Aggregates bestimmen im Zusammenhang mit der Werkstoff-Schneidstoff-Kombination, und der gewählten Produktionsintensität (Vorschub, Schnitttiefe und Schnittgeschwindigkeit) das realisierbare Kostenminimum. An diesem Beispiel sind Vor-

---

[10] Vgl. Weber/Loladze (1986, S. 224).

gehensweise und Spezifika der Ermittlung der kostenoptimalen Intensität aus den technischen Daten der Aggregate sowie die Ermittlung des Kostenminimums bei Berücksichtigung technischer Restriktionen deutlich geworden.

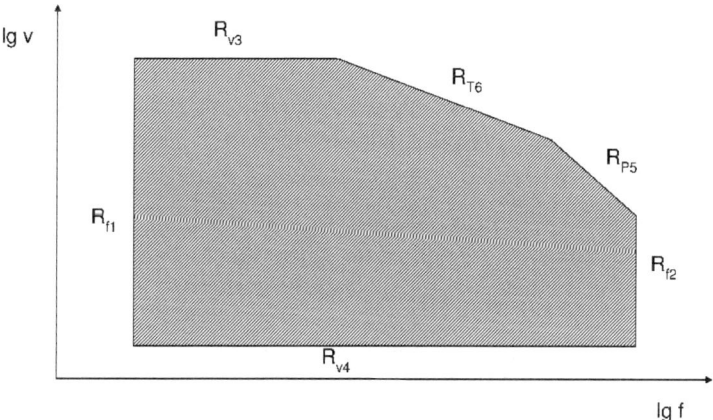

Abbildung 2.4. Lösungsfeld der Optimierung

2.1.2 Layout-Planung

Grundlage für die Gestaltung eines Produktionssystems ist das langfristige Produktionsprogramm in seiner Breite und Tiefe. Das Produktionsprogramm umfasst Art und Menge der vom Unternehmen in einer Periode zu fertigenden Produkte. Im Verlauf der strategischen Planung wird festgelegt, welche Produkte bzw. Produktgruppen das Unternehmen auf welchen Märkten absetzen möchte. Für die Produktion leiten sich aus der strategischen Produktionsprogrammplanung folgende Entscheidungen ab:[11]

- Festlegung der Geschäftsfelder und daraus resultierend der Produkte und deren Eigenschaften,
- Auswahl des Produktionsverfahrens und des Fertigungstyps,
- Entscheidung über die Wertschöpfungs- bzw. Fertigungstiefe, die im Unternehmen umgesetzt werden soll,
- Festlegung der notwendigen Kapazitäten.

Die Festlegung des Fertigungsverfahrens und der Organisation der Fertigung erfolgt im Rahmen der langfristigen Produktionsprogrammplanung, da das

---

[11] Vgl. zur ausführlichen Darstellung der Vorgehensweise und Instrumente der strategischen Planung Kapitel 7.

Unternehmen auch an diese Entscheidungen langfristig gebunden ist.[12] In Abhängigkeit vom Unterscheidungsmerkmal lassen sich unterschiedliche Arten der Fertigung differenzieren. Werden Fertigungsverfahren nach der Anzahl der hergestellten Produktarten differenziert, ergibt sich folgende Unterteilung:

- Einzelfertigung: Von dem Produkt wird nur eine Einheit hergestellt.

- Serienfertigung: Mehrere Einheiten unterschiedlicher Produkte werden auf verschiedenen Fertigungsanlagen hergestellt.

- Sortenfertigung: Es werden mehrere Einheiten unterschiedlicher Produkte auf denselben Fertigungsanlagen hergestellt.

- Massenfertigung: Ein oder mehrere Produkte werden über einen langen Zeitraum in hoher Stückzahl ohne einen Wechsel des Produktionsprogramms auf denselben Fertigungsanlagen produziert.

Ein weiteres wichtiges Unterscheidungskriterium ist die organisatorische Gestaltung des Fertigungsablaufes, die mit der räumlichen Anordnung der Betriebsmittel und der Arbeitsmittel verbunden ist. Werden die Betriebsmittel im Hinblick auf die Optimierung einzelner Arbeitsgänge angeordnet, liegt Werkstattfertigung vor. Bei dieser Fertigungsform werden die Betriebsmittel und Arbeitsplätze nach dem Verrichtungsprinzip zu einzelnen Werkstätten wie beispielsweise Tischlerei, Lackiererei oder Schlosserei zusammengefasst.

Wird die räumliche Anordnung der Betriebsmittel am Fertigungsablauf einzelner Produkte orientiert, liegt Fließfertigung vor. Betriebsmittel und Arbeitsplätze werden dann so angeordnet, dass ein Produkt die Fertigung möglichst ohne Unterbrechung und mit möglichst wenigen Zwischentransporten durchläuft. Die konsequente Ausprägung der Fließfertigung ist die Fließbandfertigung.

Eine Mischform dieser beiden Organisationsformen der Fertigung besteht in der Gruppenfertigung. Bei dieser Fertigungsform werden die Produktionsmittel für einzelne Fertigungsschritte ähnlich der Werkstattfertigung zu Gruppen zusammengefasst, innerhalb derer jedoch eine Aufstellung nach dem Arbeitsgang (Objektorientierung wie bei der Fließfertigung) erfolgt.

Die Bestimmung des Fertigungsprogramms und -verfahrens schafft die Grundlage für die Planung der innerbetrieblichen Strukturen, die auch als Layout-Planung bezeichnet wird (vgl. Abbildung 2.5). Ziel der Anordnungsplanung ist die kostenminimale Festlegung der innerbetrieblichen Struktur von Organisationseinheiten und Beziehungen zwischen diesen. Ausgehend von der Organisationsform und der Fertigungsart werden im Rahmen der Organisation[13] die Abteilungen und Fertigungsbereiche gebildet. Für die kostenminimierende Zuordnung der Betriebsmittel sind:

---

[12] Vgl. VDI 3637.
[13] Vgl. Kapitel 7.3.

- Anzahl, Art und Abmessungen der Betriebsmittel,
- Abmessungen der zur Verfügung stehenden Flächen,
- Matrix der Transportintensitäten

zu bestimmen.

Abbildung 2.5. Ablauf der Layout-Planung[14]

Die Matrix der Transportintensitäten umfasst den Materialfluss der zweiten und dritten Stufe.[15] Die Art der Erfassung des Materialflusses hängt von dem zu lösenden Planungsproblem ab. Es ist zu unterscheiden zwischen der Verbesserung eines vorhandenen Materialflusses, der Materialflussplanung für eine Erweiterung oder der Materialflussplanung für einen Neubau.[16] Für die Umstellungsplanung kann der Materialfluss direkt aus dem Ist-Zustand abgeleitet werden. Im Rahmen der Planung einer Erweiterung oder eines Neubaus sind die Materialflussdaten indirekt aus den Stücklisten und Arbeitsplänen abzuleiten. Die Transportintensität des Materialflusses beschreibt die in einem Zeitraum zwischen zwei Betriebsmitteln stattfindenden Transporte in Mengen- bzw. Gewichtseinheiten. Wird die Transportintensität mit der Entfernung zwischen den Betriebsmitteln multipliziert, resultiert daraus die Transportleistungskennziffer. Die Erfassung des Materialflusses ist auf diejenigen Materialien zu konzentrieren, die den Großteil der Transport- und Zwischenlagerkosten

---

[14] In Anlehnung an Dangelmaier (1999, S. 324).
[15] Vgl. S. 51 sowie VDI 3595.
[16] Vgl. VDI 2498.

verursachen. Zur Feststellung dieser Materialien lässt sich die ABC-Analyse einsetzen.[17]

Auf der Basis dieser Daten kann das ideale Funktionsschema erstellt werden, das den Produktionsablauf für die Organisationseinheiten und deren gegenseitige Beziehungen unter Vernachlässigung der existierenden räumlichen Situation darstellt. Das ideale Funktionsschema wird im Anschluss daran in das flächenmaßstäbliche Funktionsschema überführt. Auf der Basis dieses Schemas werden verschiedene, alternative Anordnungspläne erstellt, die unterschiedliche Schwerpunkte setzen und Lösungsprinzipien verwenden.

Aus einem Anordnungsplan werden der ideale und der reale Anordnungsplan abgeleitet. Der ideale Anordnungsplan enthält Form und Flächeninhalte einzelner Organisationseinheiten, berücksichtigt jedoch noch nicht die realen Gegebenheiten. Der ideale Anordnungsplan stellt den Soll-Zustand dar und visualisiert die Standortanforderungen, die wie folgt spezifiziert werden können:[18]

- Werkstücke: Die technisch-materiellen Dimensionen (z. B. Gewicht, Abmessungen, Materialzusammensetzung) der Werkstücke (z. B. Transportwege, Transportmittel, Lagerflächen).

- Produktionsorganisation: Von dieser hängen Art und Anordnung der Betriebsmittel sowie der eingesetzten Materialien ab.

- Betriebsmittel: Betriebsmittel erfordern bestimmte Ausstattungsmerkmale bzw. Gebäudemerkmale, wie z. B. Raumhöhe, Bodentragfähigkeit, Ver- und Entsorgung.

- Arbeitskräfte: Der Einsatz von Arbeitskräften ist bestimmten Restriktionen unterworfen, so z. B. in Bezug auf Unfall- und Gesundheitsschutz, Beleuchtung, ergonomische Merkmale.

Dieser Soll-Zustand wird den tatsächlichen Gegebenheiten des Standortes gegenübergestellt, woraus der reale Anordnungsplan resultiert. Bauliche Gegebenheiten und rechtliche Vorschriften werden so in den idealen Anordnungsplan integriert und der tatsächlich umsetzbare Anordnungsplan erstellt. In diesem Schritt wird festgestellt, welcher der alternativ entworfenen Anordnungspläne und Lösungsprinzipien am besten mit den realen Gegebenheiten in Einklang zu bringen ist und deshalb die vorteilhafte Variante darstellt. Als Beispiel für die Layout-Planung wird der Entscheidungsprozess des Unternehmens Gira betrachtet. Gira gehört zu den Premium-Herstellern der elektrotechnischen Industrie. Am Standort Radevormwald im Bergischen Land werden Schalter und Steckdosen produziert, aber auch Systemkomponenten für die intelligente Gebäudetechnik, beispielsweise Geräte für den EIB-Instabus, sowie Alarmsysteme und Jalousiesteuerungen. Über verschiedene

---

[17] Vgl. S. 53.
[18] Vgl. Corsten (2004, S. 469).

Designplattformen wachsen bei Gira zudem immer neue Technologien mit der Elektroinstallation zusammen und werden zu Bestandteilen der Schalterwelt, etwa Telekommunikationsanschlüsse, ein Unterputz-Radio und das neue Gira Türkommunikations-System. Gira bietet über 5.000 verschiedene Produkte an, welche bis auf ca. 350 Produkte, die Handelsware sind, just in time zusammengestellt werden. Grundsätzlich werden Lieferungen an den Zwischenhändler in 24 Stunden zugesagt. Um die sich aus einer geringeren Anzahl an Einzelelementen (Blenden, Rahmen und Unterbauten) zusammenzustellenden Produkte schnell liefern zu können, hat man sich entschieden, die Verantwortung für diese Gesamtproduktpalette auf 8 einzelne Arbeitsgruppen, sog. Fraktale, aufzuteilen. Jedes Fraktal ist eigenverantwortlich für die termingerechte Konfektionierung der Lieferung nach Eingang der Bestellung zuständig. Durch diese Arbeitsweise soll ein unnötiges Maß an Vormontage und Lagerung vermieden werden.

Im Jahr 1999 traf das Unternehmen die Entscheidung, die räumliche Situation für die Produktion durch eine Neukonzeption zu verbessern. Ausgangspunkt für die Konzeption war die Bestandsanalyse der vorhandenen Gebäude und der kürzlich abgeschlossene Kauf des benachbarten Grundstücks. Darüber hinaus waren die Standortanforderungen und der globale Flächenbedarf des Unternehmens bekannt. Als Ergebnis der Bestandsanalyse wurde die im Innenhof befindliche Stahlhalle aus den 1960er Jahren als das Gebäude identifiziert, welches aufgrund seiner Bausubstanz und seines funktionalen Zusammenhangs den größten Widerspruch zum idealen Funktionsschema darstellte. Die in diesem Bereich zum damaligen Zeitpunkt befindlichen Funktionen ,Formenbau' und ,Formenlager' waren nur fußläufig mit den restlichen Produktionsflächen verbunden, der Materialfluss funktionierte nur über den Außenbereich (vgl. Abbildung 2.6).

Im Rahmen der Layout-Planung wurden zwei Varianten untersucht und sowohl technisch als auch wirtschaftlich bewertet. Die Variante 1 sah vor, die Fraktale im Neubau anzusiedeln, jedoch ohne vorhandene Fertigungsbereiche zu verlagern. In der Planung der Variante 2 hingegen sollten die Fraktale im Altbau belassen und die Produktionsbereiche entsprechend umstrukturiert werden. Die Materialflussuntersuchungen ergaben erheblich kürzere Materialflusswege bei Variante 2 im Vergleich zur Variante 1. Zusätzlich zu der Materialflussrechnung wurden eine Kostenvergleichsrechnung und eine Nutzwertanalyse durchgeführt, in deren Ergebnis die Variante 2 als relativ vorteilhaft identifiziert wurde. Der ideale Anordnungsplan sieht den Neubau von 4 Produktionsgebäuden vor (vgl. Abbildung 2.7).

Als Restriktionen des Umbaus waren die Aufrechterhaltung der laufenden Produktion während der zweijährigen Bauzeit sowie städtebauliche Anforderungen zu beachten. Auf Basis dieser Rahmenbedingungen wurde entschieden, für die ersten Produktionsabschnitte Formbau, Formlager, Kunststoffversorgung und Kunststofffertigung zwei Gebäude mit jeweils drei Geschossen zu

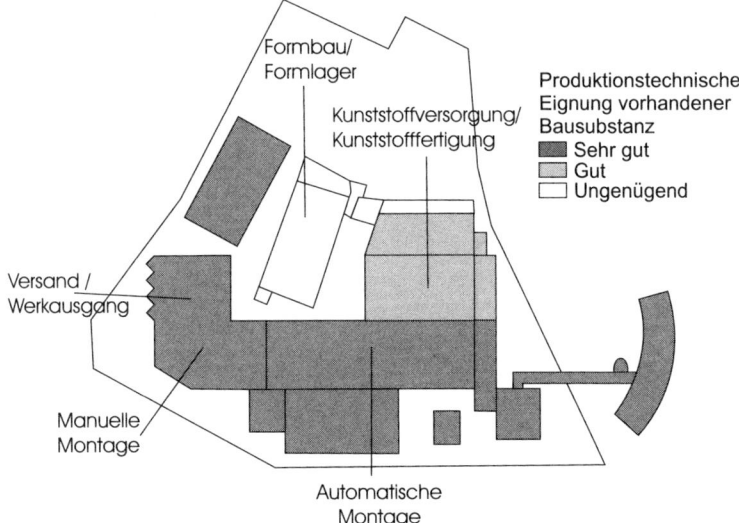

Abbildung 2.6. Ausgangssituation der Layout-Planung

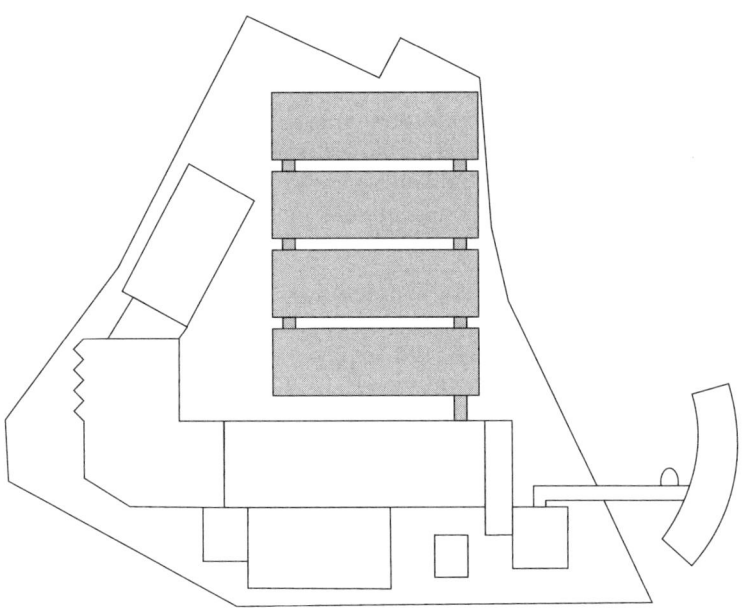

Abbildung 2.7. Idealtypischer Anordnungsplan

errichten (vgl. Abbildung 2.8). Der Bau von mehr als drei Geschossen schied aufgrund der funktionalen, wirtschaftlichen und städtebaulichen Rahmenbedingungen aus. Mit der Fertigstellung des Baus konnten einzelne Bereiche umgesiedelt und die frei werdenden Flächen im Bestandsbereich sukzessive saniert und bezogen werden. Nach der damit einhergehenden Verlagerung der weiteren Montageabläufe wurde zum Schluss die Fläche für die Montage frei. Diese Fläche ist nun optimal direkt neben dem Versand angeordnet.

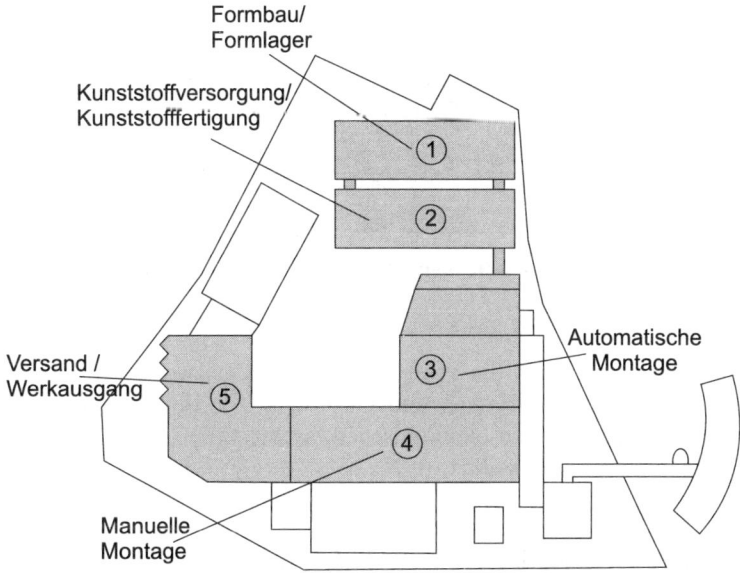

Abbildung 2.8. Realtypischer Anordnungsplan

Nach der Errichtung der ersten zwei Gebäude können zu einem späteren Zeitpunkt die zwei weiteren Gebäuderiegel errichtet werden. Im Bereich des Altbaus ist ein alle Bereiche verbindender interner Produktionsweg vorhanden, der ringförmig um die Produktionsflächen herumführt. Die Verlängerung dieses Weges in den Neubau führt zu der heutigen kammartigen Unterverteilung.

Nach Klärung der Gebäudeanordnung war die Kubatur der Gebäude festzulegen. Statische und konstruktive Untersuchungen führten zu dem in Beton hergestellten Keller und der darüber gesetzten Decke aus Stahlkammerbeton über dem Erdgeschoß. Um die verfügbare Fläche im Innenraum zu maximieren, geht die angeschrägte Außenfassade über biegesteife Ecken in die Dachkonstruktion über. Diese Ecken sind gebogen und verglast, um möglichst viel Tageslicht in das Gebäudeinnere zu lassen.

Im Anschluss daran mussten die Fertigungsbereiche innerhalb des Neubaus zugeordnet werden. Die ausschließlich versorgenden Bereiche wie die Kunststoffversorgung, das Formenlager, die Umkleiden und die elektrischen Zentralen wurden im Untergeschoß positioniert. Die Kunststoffproduktion, welche die schwersten Maschinen erfordert, befindet sich im Erdgeschoss. Im Obergeschoß wurden die Flächen für die zugehörigen Bürobereiche des Geschäftsbereiches, die Materialprüfung und der Formenbau nebst den zugehörigen Konstruktionsbüros untergebracht (vgl. Abbildung 2.9).

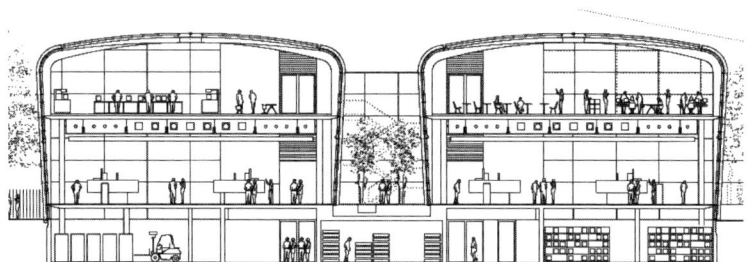

Abbildung 2.9. Schnitt durch den Gebäudeneubau

Das Beispiel verdeutlicht die realtypische Vorgehensweise im Rahmen der Layout-Planung. Anforderungen und Gegebenheiten des Standortes wurden unter Berücksichtigung von ökonomischen, architektonischen und rechtlichen Zielsetzungen zusammengeführt.

2.1.3 Ermittlung des kurzfristigen Produktionsprogramms

Auf Basis der langfristigen Rahmenvorgaben ist das kurzfristige Produktionsprogramm abzuleiten. Kennzeichen der kurzfristigen Produktionsprogrammplanung ist, dass die Kapazität der Betriebsmittel nicht veränderbar ist und die Eigenschaften der zu produzierenden Produkte festgelegt sind. Ergeben sich Veränderungen in der abzusetzenden Stückzahl der Produkte, kann das Unternehmen kurzfristig nicht mit der Installation zusätzlicher Aggregate reagieren. Übersteigt die Anzahl der zu fertigenden Produkte die Maximalkapazität eines Betriebsmittels, liegt ein Engpass vor. Ziel der kurzfristigen Produktionsprogrammplanung ist die optimale, d.h. gewinnmaximale Nutzung des Betriebsmittels, an welchem ein Engpass vorliegt. Darüber hinaus ist es möglich, dass vorhandene Kapazitäten nicht vollständig ausgelastet sind. In diesem Fall ist zu prüfen, ob durch die vorzeitige Produktion anderer Produkte die Auslastung der Betriebsmittel erhöht werden kann.

Eine Entscheidung über die Zusammensetzung des kurzfristigen Produktionsprogramms wird auf der Basis des Deckungsbeitrags als entscheidungsrelevanter Größe getroffen. Diese Vorgehensweise wird gewählt, da die Fixkosten in der kurzfristigen Betrachtung nicht beeinflusst werden können und deshalb nicht entscheidungsrelevant sind. Der Deckungsbeitrag je Erzeugniseinheit db ergibt sich aus der Differenz zwischen dem Verkaufspreis p und den variablen Stückkosten k_{var} aus $db = p - k_{var}$.[19] Ziel der Programmgestaltung ist die Maximierung des Gesamtdeckungsbeitrags, daraus folgt $DB = \sum_{j=1}^{n} db_j x_j \to max$.

Als Nebenbedingung ist die begrenzte Kapazität der Aggregate u_i zu beachten. Unter Darstellung der Bearbeitungszeit eines Erzeugnisses j durch ein Betriebsmittel i mit t_{ij} folgt die Nebenbedingung: $\sum_{j=1}^{n} t_{ij} x_j \leq u_i$. Da negative Mengen ökonomisch nicht sinnvoll sind, ist als zusätzliche Nebenbedingung festzuhalten, dass $x_j \geq 0$.

Als Beispiel wird folgende Situation betrachtet: Zwei Produkte P_1 und P_2 werden auf 4 Maschinen gefertigt. Die jeweilige Bearbeitungszeit und Kapazität der Maschinen ist der Tabelle 2.2 zu entnehmen.

Tabelle 2.2. Ausgangsdaten zur kurzfristigen Programmplanung

Maschine	t_{i1} in h/Stück	t_{i2} in h/Stück	u_i in h
1	6	2	480
2	5	5	500
3	1	4	280
4	2	10	600

Erzeugnis P_1 erzielt einen Stückdeckungsbeitrag von 10,- € und das Erzeugnis P_2 erzielt einen Stückdeckungsbeitrag von 20,- €, womit sich folgende zu maximierende Zielfunktion ergibt: $DB = 10x_1 + 20x_2$.

Nebenbedingungen in Bezug auf die Kapazität ergeben sich aus der Darstellung mit:

$$6x_1 + 2x_2 \leq 480$$
$$5x_1 + 5x_2 \leq 500$$
$$1x_1 + 4x_2 \leq 280$$
$$2x_1 + 10x_2 \leq 600$$

Zusätzlich gilt $x_1 \geq 0$ und $x_2 \geq 0$. Die Ungleichungen werden durch Einführen von Schlupfvariablen zu folgenden Gleichungen umgeformt:

$$6x_1 + 2x_2 + y_1 = 480$$
$$5x_1 + 5x_2 + y_2 = 500$$
$$1x_1 + 4x_2 + y_3 = 280$$
$$2x_1 + 10x_2 + y_4 = 600$$

---

[19] Vgl. Kapitel 4.4 auf S. 178.

Zur Lösung wird auf das Simplexverfahren zurückgegriffen. Das Ausgangstableau des geschilderten Problems ist folgendes:

Tabelle 2.3. Ausgangstableau des Simplexverfahrens

x_1	x_2	y_1	y_2	y_3	y_4	RS
6	2	1	0	0	0	480
5	5	0	1	0	0	500
1	4	0	0	1	0	280
2	10	0	0	0	1	600
-10	-20	0	0	0	0	0

Grundlegende Operation des Simplexverfahrens ist die Pivotoperation. Das Pivot-Element im Ausgangstableau befindet sich in der vierten Zeile der zweiten Spalte. Nach der ersten Iteration resultiert folgendes Simplextableau:

Tabelle 2.4. Simplextableau nach der ersten Iteration

x_1	x_2	y_1	y_2	y_3	y_4	RS
5,6	0	1	0	0	-0,2	360
4	0	0	1	0	-0,5	200
0,2	0	0	0	1	-0,4	40
0,2	1	0	0	0	0,1	60
-6	0	0	0	0	2	1200

Aus diesem Tableau ergibt sich das Pivot-Element in der zweiten Zeile der ersten Spalte. Mit der Pivot-Operation folgt das Tableau der zweiten Iteration:

Tabelle 2.5. Simplextableau nach der zweiten Iteration

x_1	x_2	y_1	y_2	y_3	y_4	RS
0	0	1	-1,4	0	0,5	80
1	0	0	0,25	0	-0,125	50
0	0	0	-0,05	1	-0,375	30
0	1	0	-0,05	0	0,125	50
0	0	0	1,5	0	1,25	1500

Die optimale Lösung besteht in der Produktion von jeweils 50 Einheiten des Produktes x_1 und x_2, da die Summe des Deckungsbeitrags in diesem Fall 1.500,- € beträgt. Von der Kapazität der Maschine 1 sind noch 80 Stunden und von der Kapazität der Maschine 3 noch 30 Stunden nicht genutzt. Die restlichen zwei Maschinen sind komplett belegt.

Auf Basis des kurzfristigen Produktionsprogramms werden die erforderlichen Materialien ermittelt und die Fertigungsplanung durchgeführt. Aufgaben und Instrumente dieser Bereiche werden deshalb in den folgenden Kapiteln vorgestellt.

2.2 Materialwirtschaft

Die Materialwirtschaft umfasst Einkauf, Lagerhaltung und Transport der für die Leistungserstellung in einem Unternehmen erforderlichen Materialien vom Lieferanten bis zum Ende des Leistungserstellungsprozesses. Aufgabe der Materialwirtschaft ist die Beschaffung der erforderlichen Werkstoffe (Roh-, Hilfs- und Betriebsstoffe), Teile und Baugruppen:

- in der erforderlichen Menge,
- mit der richtigen Qualität,
- zur rechten Zeit und
- am rechten Ort

unter Beachtung des Wirtschaftlichkeitsprinzips.[20] Die benötigten Materialien sind zu disponieren, zu beschaffen, zu lagern und zu transportieren. In diesem Zusammenhang werden vier Stufen des Materialflusses unterschieden:[21]

- 1. Stufe: Transport zwischen einem Betrieb und seinen Lieferanten sowie Abnehmern.
- 2. Stufe: Transport innerhalb des Betriebsgeländes zwischen den verschiedenen Bereichen.
- 3. Stufe: Transport zwischen den Abteilungen eines Bereiches und innerhalb der Abteilungen zwischen den Betriebsmitteln.
- 4. Stufe: Bewegungen des Materials am Arbeitsplatz selbst.

Für die Materialwirtschaft gelten folgende Zielstellungen:

- gutes Preis-Leistungs-Verhältnis der beschafften Materialien,
- geringe Bindung von finanziellen Mitteln in den Lagern,
- hohe Lieferbereitschaft und Flexibilität.

---

[20] Vgl. S. 1.
[21] Vgl. Dangelmaier (1999, S. 49).

Diese Ziele stehen teilweise in Konkurrenz zueinander. So führen z. B. große Abnahmemengen über einen hohen Mengenrabatt zu einem günstigen Einkaufspreis. Können diese Mengen jedoch anschließend nicht sofort verarbeitet werden, sondern müssen für längere Zeit gelagert werden, entstehen höhere Lagerhaltungskosten durch die Kapitalbindung bzw. die physische Lagerhaltung. Ziel der Materialwirtschaft ist die Sicherstellung der Produktion durch die Bereitstellung der erforderlichen Materialien bei einer Minimierung aller mit der Materialbereitstellung verbundenen Kosten. Materielle Güter werden in Fließgüter und Stückgüter unterschieden. Fließgüter sind Schüttgüter, Flüssigkeiten, Gase oder Gemische, die beliebig teil- und dosierbar sind. Stückgüter hingegen können nicht beliebig geteilt werden, da diese aus konstruktiv festgelegten Einheiten bzw. Aggregaten bestehen. Im Rahmen der Materialbereitstellung werden folgende grundsätzliche Prinzipien unterschieden:

- Einzelbeschaffung im Bedarfsfall: Selten benötigtes Material wird erst beschafft, wenn durch einen Auftrag ein Bedarf gegeben ist. Eine Lagerung ist nicht erforderlich und somit entstehen keine Lagerkosten.

- produktionssynchrone Bereitstellung: Häufig benötigtes Material wird in Abstimmung mit der Produktion so beschafft, dass dieses sofort verbraucht bzw. verarbeitet werden kann. Dabei ist zu unterscheiden zwischen Materialien, welche über Versorgungsnetze bereitgestellt werden (z. B. Elektroenergie, Wasser, Gas) und Materialien, die nicht über solche Netze verfügbar sind. In beiden Fällen erfolgt keine Lagerung im Unternehmen, so dass auch keine Lagerkosten anfallen. Jedoch entstehen Kosten für die Bereitstellung und Wartung der Versorgungsnetze. Die produktionssynchrone Bereitstellung nicht netzfähiger Güter wird als Just-in-Time (JIT) Bereitstellung bezeichnet.

- Vorratshaltung: Die Beschaffung von Materialien erfolgt unabhängig vom Produktionsverbrauch, weshalb die beschafften Materialien vor dem Verbrauch einzulagern sind.

Dem Verarbeitungsprozeß entsprechend ist zunächst der Materialbedarf zu ermitteln. Anschließend ist zu klären, zu welchen Zeitpunkten welche Mengen bereitgestellt werden. Daraus resultieren die zwei Teilgebiete der Materialwirtschaft, die Bedarfsplanung sowie die Bestands- und Beschaffungsplanung.

2.2.1 Bedarfsplanung

Im Rahmen der Bedarfsplanung werden Art, Menge und Zeitpunkt des Materialbedarfes ermittelt. Ausgangspunkt der Materialbedarfsplanung bildet das Produktionsprogramm und der daraus resultierende Primärbedarf an

Enderzeugnissen. Aus dem Primärbedarf wird auf der Basis von Erzeugnisstrukturen ein Teil des Bruttosekundärbedarfs ermittelt (programmgebundene Bedarfsermittlung) (vgl. Abbildung 2.10). Ein anderer Teil des Bruttosekundärbedarfes wird aus historischen Verbrauchsdaten abgeleitet (verbrauchsgebundene Bedarfsermittlung). Der Bruttosekundärbedarf wird durch Berücksichtigung von Beständen und erwarteten Ausschussmengen in den Nettosekundärbedarf (Nettobedarf) überführt. Neben dem Sekundärbedarf ist der Tertiärbedarf festzustellen, welcher Hilfs- und Betriebsstoffe sowie Verschleißwerkzeuge umfasst, die zur Produktion erforderlich sind.

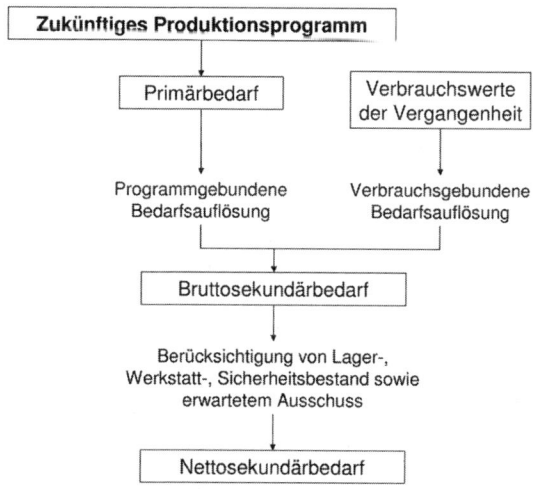

Abbildung 2.10. Bedarfsermittlung[22]

Ziel der Bedarfsermittlung ist die möglichst präzise Bestimmung des Bedarfes. Mit steigendem Präzisionsgrad der Prognosen wächst auch der dafür erforderliche Planungsaufwand. Da nicht für jedes Material derselbe Präzisionsgrad erforderlich ist, wird das Material so klassifiziert, dass die Materialien festgestellt werden, für welche eine hohe Prognosequalität erforderlich ist. Dazu kann Material nach der wertmäßigen Bedeutung oder nach dem Bedarfsverlauf klassifiziert werden.

Um die Materialien zu ermitteln, die im Hinblick auf das darin gebundene Kapital eine aufwändige Bedarfsprognose erfordern, können Materialien entsprechend ihrer Wertigkeit in Gruppen zusammengefasst werden. Ein Instrument zur wertmäßigen Klassifikation ist die Ermittlung der Werthäufigkeitsverteilung, auch als ABC-Analyse bezeichnet. Im Rahmen dieses Verfahrens wird ein Verbrauchszeitraum gewählt und ermittelt, welchen Anteil eine Material-

---

[22] In Anlehnung an Schneider/Buzacott/Rücker (2005, S. 32).

art am Gesamtwert der in diesem Zeitraum verbrauchten Materialien besitzt. Dazu wird der Periodenverbrauchswert der Materialarten ermittelt und diese dann in absteigender Reihenfolge geordnet. Die einzelnen Materialarten werden abschließend wie folgt in drei Wertgruppen unterteilt:

• Gruppe A: Materialien mit hohem Wertanteil, jedoch mit niedrigem Mengenanteil.

• Gruppe C: Materialien mit geringem Wertanteil, jedoch mit hohem Mengenanteil.

• Gruppe B: Materialien mit ungefähr ausgeglichenem Mengen- und Wertanteil.

Die Zuordnung eines Materials in eine Gruppe ist abhängig von den subjektiv festzulegenden Grenzwerten. Häufig wird die Einstufung so vorgenommen, dass der Gruppe A Materialien zugeordnet werden, die ca. 80 % des Gesamtwertes, jedoch nur ca. 10 % der Menge ausmachen. Materialien der Gruppe B verkörpern ca. 15 % des Gesamtwertes und nur ca. 20 % der Menge, die restlichen Wert- und Mengenanteile werden der Gruppe C zugeordnet. In der Tabelle 2.6 ist eine Werthäufigkeitstabelle abgebildet, aus welcher hervorgeht, dass 40 Materialarten (ca. 8 % der Gesamtmenge) einen Anteil am Gesamtwert von ca. 78 % ausmachen. Die restlichen 440 Materialarten (ca. 92 %) verkörpern lediglich 22 % des Gesamtwertes.

Tabelle 2.6. Werthäufigkeitstabelle

Gruppe	Anzahl der Material- arten	Anteil an der Gesamtzahl	Anteil kumu- liert	Verbrauchs- wert in €	Anteil an dem Ver- brauchswert	Anteil kumuliert
A	40	8,33	8,33	180.000	78,26	78,26
B	80	16,67	25	40.000	17,39	95,65
C	360	75	100	10.000	4,35	100
Summe	480	100		230.000	100	

Für die Teile der A-Gruppe empfiehlt sich eine möglichst exakte Prognose des Materialbedarfs auf Basis programmgebundener Verfahren, wohingegen für Materialien der B-Gruppe ein geringerer Prognoseaufwand erforderlich ist, weshalb dafür verbrauchsgebundene Verfahren eingesetzt werden können. Materialien der C-Gruppe können auf Basis gröberer Schätzungen disponiert werden.

Neben der wertorientierten Klassifikation ist eine Einteilung nach dem Verbrauchsverlauf möglich. Dazu wird der bisherige Verlauf des Materialbedarfs analysiert, um charakteristische Verbrauchsmuster zu identifizieren. Die Materialien lassen sich dann entsprechend des Verbrauchsverlaufes klassifizieren in:

- R-Materialien: Material mit regelmäßigem Bedarfsverlauf

- S-Materialien: Material mit saisonal schwankendem bzw. trendförmigem Bedarfsverlauf,

- U-Materialien: Material mit unregelmäßigem Bedarfsverlauf.

Im Ergebnis dieser Analyse (RSU-Analyse) wird für R-Materialien die einsatzsynchrone Anlieferung, für S-Materialien die Vorratshaltung und für U-Materialien die Bereitstellung im Bedarfsfall empfohlen.

Nach der Feststellung des erforderlichen Prognoseaufwands erfolgt die Bedarfsermittlung, wofür programmgebundene oder verbrauchsgebundene Verfahren zur Auswahl stehen. Im Rahmen programmgebundener Verfahren wird der Materialbedarf auf der Basis von klar definierten Stücklisten bzw. Rezepturen ermittelt. Verbrauchsgebundene Verfahren basieren auf der Extrapolation vergangener Verbrauchsmengen für zukünftige Planungsperioden (vgl. Tabelle 2.7).

Tabelle 2.7. Programm- und verbrauchsgebundene Bedarfsermittlung[23]

	Programmgebundene Bedarfsermittlung	Verbrauchsgebundene Bedarfsermittlung
Vorgehensweise	Bedarfsermittlung für Materialien auf Basis klar definierter Stücklisten/Rezepturen	Bedarfsermittlung für Materialien durch Extrapolation vergangener Verbrauchsmengen für zukünftige Planungsperioden
Anwendung	Rohstoffe und Vorprodukte, Materialien der A- bzw. B-Gruppe	Hilfs- und Betriebsstoffe, Materialien der C-Gruppe
Benötigte Information	Produktionsprogramm und Erzeugnisstruktur	Verbrauchsentwicklung vergangener Perioden
Vorteile	Exakte Ableitung, dadurch relativ geringe Lagerbestände	Aufgrund einfacher Prognoseverfahren geringer Aufwand nötig
Nachteile	Hoher Planungsaufwand bei vielen End- und Vorprodukten	Hohe Lagerhaltungskosten, wenn hohe Lieferbereitschaft aufrecht erhalten werden soll; Risiko fehlerhafter Bedarfsprognosen

---

[23] Vgl. Hoitsch (1993, S. 359).

2.2.1.1 Verbrauchsgebundene Verfahren

Grundlage der verbrauchsorientierten Verfahren ist die Analyse historischer Zeitreihen, welche in die Zukunft extrapoliert werden. Die Verfahren sind für die Bedarfsermittlung regelmäßiger Verbrauchsverläufe geeignet. Für einen regelmäßigen Bedarfsverlauf eignen sich die einfache und die gleitende Mittelwertbildung sowie die exponenzielle Glättung erster Ordnung. Im Rahmen der einfachen Mittelwertbildung wird aus den bekannten Verbrauchswerten g_t sämtlicher Teilperioden n das einfache arithmetische Mittel $\bar{g}_{te}$ errechnet: $\bar{g}_{te} = \frac{1}{n} \sum_{t=1}^{n} g_t$. Bei dieser Methode werden alle Vergangenheitsdaten gleich gewichtet, so dass jüngere Daten bei einer steigenden Anzahl an Teilperioden einen geringeren Einfluss auf die Prognose haben. Um diesen Effekt zu beseitigen, werden bei der Bildung des gleitenden Durchschnitts $\bar{g}_{tg}$ nicht mehr sämtliche Vergangenheitswerte, sondern nur eine Anzahl von Werten aus h Perioden berücksichtigt: $\bar{g}_{tg} = \frac{1}{h} \sum_{t=n-h+1}^{n} g_t$. Die Auswahl des Wertes h ist für die Prognosegüte von entscheidender Bedeutung. Je kleiner dieser Wert gewählt wird, desto schneller reagiert die Prognose auf Änderungen des Bedarfsverlaufes. Wird der Wert jedoch zu gering gewählt, besteht die Gefahr, dass Zufallsschwankungen nicht ausgeglichen werden.

Im Rahmen der Bildung des einfachen und des gleitenden Durchschnitts werden die Vergangenheitswerte mit demselben Gewicht in die Ermittlung integriert. Demgegenüber basiert die exponenzielle Glättung auf den folgenden Überlegungen:

- der aktuelle Prognosefehler wird in einem bestimmten Maß zur Korrektur der zukünftigen Prognose eingesetzt und

- das Gewicht vergangener Zeitreihenwerte für die Prognose nimmt mit wachsendem Abstand vom aktuellen Prognosezeitpunkt ab.

Der Fehler einer Prognose e_t ergibt sich aus der Differenz des tatsächlich eingetretenen g_t und des prognostizierten Wertes $\hat{g}_t$ wie folgt: $e_t = g_t - \hat{g}_t$. Der Prognosewert des folgenden Zeitpunktes wird unter Berücksichtigung eines Bruchteils α des Prognosefehlers ermittelt, es folgt: $\hat{g}_{t+1} = \hat{g}_t + \alpha e_t$, wobei $0 < \alpha \leq 1$. Es resultiert: $\hat{g}_{t+1} = \hat{g}_t + \alpha(g_t - \hat{g}_t)$ bzw. $\hat{g}_{t+1} = \alpha g_t + (1 - \alpha)\hat{g}_t$.

Zum Beginn des Prognoseprozesses ist ein Startwert erforderlich, der aus der Durchschnittsbildung gewonnen werden kann oder dem ersten Beobachtungswert entspricht. Der Gewichtungsfaktor α wird i.d.R. mit einem Wert zwischen 0,1 und 0,3 gewählt. Die Höhe des Faktors α beeinflusst,

- in welchem Ausmaß die Zeitreihenwerte unterschiedlicher Zeiträume berücksichtigt werden,

- die Glättung der Zeitreihe sowie

- die Anpassungsgeschwindigkeit der Prognosewerte an Verschiebungen des Niveaus.

Ein Wert von 1 bedeutet, dass der Prognosewert für die folgende Periode gleich dem Zeitreihenwert der letzten Periode ist und die übrige Vergangenheit nicht berücksichtigt wird. In der Tabelle 2.8 sind beispielhaft Verbrauchsdaten eines Betrachtungsjahres und die daraus resultierenden Prognosewerte abgebildet, die mit $\alpha = 0,20$ sowie dem Startwert $g_{1ex} = 500$ gewonnen wurden.

Tabelle 2.8. Beispiel für exponenzielles Glätten 1. Ordnung

Monat	1	2	3	4	5	6	7	8	9	10	11	12
g_t	500	520	485	490	570	550	515	520	495	535	470	540
$\hat{g}_t$		500	504	500	498	513	520	519	519	514	518	509

2.2.1.2 Programmgebundene Verfahren

Basis der programmgebundenen Verfahren der Bedarfsermittlung ist das Produktionsprogramm, welches unter Verwendung von bekannten Erzeugnisstrukturen in einzelne Einheiten (Stückgüter) bzw. Stoffmengen (Fließgüter) zerlegt wird. Für Fließgüter lässt sich der Nettosekundärbedarf für das Produktionsprogramm aus dem Nettomaterialverbrauch pro Erzeugniseinheit ableiten, wobei anfallende Abfälle (Zerspanungsabfälle, Verschnitt, Ausschuss) mit zu berücksichtigen sind. Beispiele hierfür sind die Nahrungsgüterindustrie und die chemische Industrie.

Basis der Bedarfsermittlung für Erzeugnisse, die aus mehreren, zu verarbeitenden Stückgütern bestehen, ist die Erzeugnisstruktur. Diese zeigt auf, aus welchen Baugruppen bzw. Einzelteilen das zu fertigende Produkt besteht. Einfache Erzeugnisstrukturen können durch einen sogenannten Gozintographen dargestellt werden,[24] bei dem die einzelnen Bauteile eines Erzeugnisses der jeweiligen Fertigungsstufe zugeordnet sind und an dessen Kanten der Bedarf einer Einheit der nachgelagerten Komponente an vorgelagerten Komponenten aufgetragen ist. Die Zahlen an den Pfeilen geben die benötigten Mengen für eine Einheit des Erzeugnisses an. Das Beispiel der Abbildung 2.11 zeigt, dass zur Herstellung des Produktes P_1 drei Einheiten des Einzelteiles ET_1 und jeweils eine Einheit von ET_2 und BG_1 benötigt werden. Nachteilig an dieser

---

[24] Die Darstellungsform der Erzeugnisstruktur als Graph wurde 1964 von A. Vaszonyi als Gozintograph bezeichnet. Vaszonyi zitiert dabei den fiktiven italienischen Mathematiker Zeparzat Gozinto, dessen Name ein Wortspiel aus der Bezeichnung „the part that goes into" darstellt.

Darstellungsform ist, dass lediglich der Direktbedarf für jede Fertigungsstufe direkt ermittelt werden kann, nicht jedoch der Gesamtbedarf. Aus einem Gozintographen kann der Gesamtbedarf mit Hilfe eines linearen Gleichungssystems oder durch Matrizenrechnung festgestellt werden.

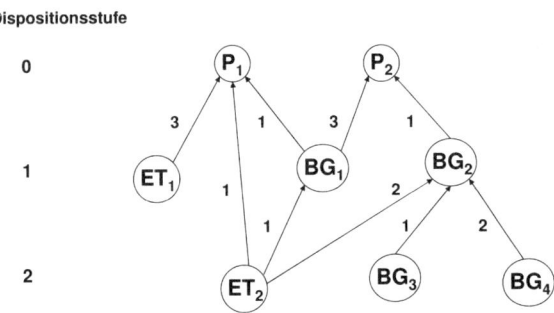

Abbildung 2.11. Darstellung der Erzeugnisstruktur als Gozintograph

Zur Ermittlung des Bruttosekundärbedarfes mit dem linearen Gleichungssystem wird für jedes Bauteil bzw. Einzelteil aus dem Graphen entnommen, wie viele Einheiten dieses Einzelteiles bzw. der Baugruppe direkt in eine Einheit anderer Bauteile, Einzelteile oder Produkte eingehen. Im dargestellten Beispiel gehen jeweils eine Einheit des Einzelteiles ET_2 direkt in das Endprodukt P_1 und in eine Einheit der Baugruppe BG_1. Darüber hinaus gehen zwei Einheiten von ET_2 in eine Einheit BG_2 ein. Daraus folgt:
$ET_2 = P_1 + BG_1 + 2BG_2$

Für die übrigen Einzelteile bzw. Baugruppen folgt:
$ET_1 = 3P_1; \quad BG_3 = BG_2; \quad BG_1 = P_1 + 3P_2; \quad BG_4 = 2BG_2; \quad BG_2 = P_2$

Auf der Basis vorgegebener Primärbedarfsmengen lässt sich dann der Bruttosekundärbedarf ermitteln. Werden sowohl von P_1 als auch von P_2 jeweils 50 Stück benötigt, ergibt sich folgender Gesamtbedarf:
$BG_1 = 200; \quad BG_2 = 50; \quad BG_3 = BG_2 = 50; \quad BG_4 = 100;$
$ET_1 = 150; \quad ET_2 = 350$

Zur Ermittlung des Bruttosekundärbedarfes x_i^{brutto} mittels Matrizenrechnung wird von dem Primärbedarf $x_i^{primär}$ ausgegangen. Zusätzlich wird aus dem Gozintograph die Direktbedarfsmatrix $\underline{D}$ abgeleitet, in der d_{ij} die Verwendung der Komponente i für die direkt übergeordneten Komponenten j darstellt. In den Spalten ist der Bedarf einer Komponente j an den direkt untergeordneten Komponenten i eingeordnet. Es resultiert:

$$x_i^{brutto} = \sum_{j=1}^{n} d_{ij} x_j^{brutto} + x_i^{prim}.$$

In Matrizenschreibweise folgt: $x_i^{brutto} = \underline{D} x_j^{brutto} + x_i^{prim}$.

Auflösen nach dem Bruttosekundärbedarfsvektor x_i^{brutto} und Subtraktion der Direktbedarfsmatrix $\underline{D}$ von einer Einheitsmatrix $\underline{E}$ ergibt die Technologiematrix $(\underline{E} - \underline{D})$. Deren Inversion führt zur Verflechtungsmatrix $\underline{V}$, welche durch Multiplikation mit dem Primärbedarfsvektor x_i^{prim} den Bruttosekundärbedarfsvektor x_i^{brutto} ergibt: $x_i^{brutto} = (\underline{E} - \underline{D})^{-1} x_i^{prim}$

Für das skizzierte Beispiel (vgl. Abbildung 2.11) wird aus dem Gozintographen folgende Beziehung abgeleitet:

Erzeugnis Komponente i \ j	BG_4	BG_3	BG_2	BG_1	ET_2	ET_1	P_2	P_1
BG_4	0	0	2	0	0	0	0	0
BG_3	0	0	1	0	0	0	0	0
BG_2	0	0	0	0	0	0	1	0
BG_1	0	0	0	0	0	0	3	1
ET_2	0	0	2	1	0	0	0	1
ET_1	0	0	0	0	0	0	0	3
P_2	0	0	0	0	0	0	0	0
P_1	0	0	0	0	0	0	0	0

Daraus ergibt sich die Direktbedarfsmatrix $\underline{D}$:

$$\underline{D} = \begin{pmatrix} 0 & 0 & 2 & 0 & 0 & 0 & 0 & 0 \\ 0 & 0 & 1 & 0 & 0 & 0 & 0 & 0 \\ 0 & 0 & 0 & 0 & 0 & 0 & 1 & 0 \\ 0 & 0 & 0 & 0 & 0 & 0 & 3 & 1 \\ 0 & 0 & 2 & 1 & 0 & 0 & 0 & 1 \\ 0 & 0 & 0 & 0 & 0 & 0 & 0 & 3 \\ 0 & 0 & 0 & 0 & 0 & 0 & 0 & 0 \\ 0 & 0 & 0 & 0 & 0 & 0 & 0 & 0 \end{pmatrix}$$

Es resultieren die Technologiematrix $\underline{T}$ und daraus die Verflechtungsmatrix $\underline{V}$:

$$\underline{T} = \underline{E} - \underline{D} \begin{pmatrix} 1 & 0 & -2 & 0 & 0 & 0 & 0 & 0 \\ 0 & 1 & -1 & 0 & 0 & 0 & 0 & 0 \\ 0 & 0 & 1 & 0 & 0 & 0 & -1 & 0 \\ 0 & 0 & 0 & 1 & 0 & 0 & -3 & -1 \\ 0 & 0 & -2 & -1 & 1 & 0 & 0 & -1 \\ 0 & 0 & 0 & 0 & 0 & 1 & 0 & -3 \\ 0 & 0 & 0 & 0 & 0 & 0 & 1 & 0 \\ 0 & 0 & 0 & 0 & 0 & 0 & 0 & 1 \end{pmatrix} \qquad \underline{V} = \underline{T}^{(-1)} \begin{pmatrix} 1 & 0 & 2 & 0 & 0 & 0 & 2 & 0 \\ 0 & 1 & 1 & 0 & 0 & 0 & 1 & 0 \\ 0 & 0 & 1 & 0 & 0 & 0 & 1 & 0 \\ 0 & 0 & 0 & 1 & 0 & 0 & 3 & 1 \\ 0 & 0 & 2 & 1 & 1 & 0 & 5 & 2 \\ 0 & 0 & 0 & 0 & 0 & 1 & 0 & 3 \\ 0 & 0 & 0 & 0 & 0 & 0 & 1 & 0 \\ 0 & 0 & 0 & 0 & 0 & 0 & 0 & 1 \end{pmatrix}$$

Der Bruttosekundärbedarfsvektor x_i^{brutto} ergibt sich aus dem Produkt der Verflechtungsmatrix und des Primärbedarfsvektors x_i^{prim} folgendermaßen:

$$\begin{pmatrix} 1 & 0 & 2 & 0 & 0 & 0 & 2 & 0 \\ 0 & 1 & 1 & 0 & 0 & 0 & 1 & 0 \\ 0 & 0 & 1 & 0 & 0 & 0 & 1 & 0 \\ 0 & 0 & 0 & 1 & 0 & 0 & 3 & 1 \\ 0 & 0 & 2 & 1 & 1 & 0 & 5 & 2 \\ 0 & 0 & 0 & 0 & 0 & 1 & 0 & 3 \\ 0 & 0 & 0 & 0 & 0 & 0 & 1 & 0 \\ 0 & 0 & 0 & 0 & 0 & 0 & 0 & 1 \end{pmatrix} \cdot \begin{pmatrix} 0 \\ 0 \\ 0 \\ 0 \\ 0 \\ 0 \\ 50 \\ 50 \end{pmatrix} = \begin{pmatrix} 100 \\ 50 \\ 50 \\ 200 \\ 350 \\ 150 \\ 50 \\ 50 \end{pmatrix}$$

Es resultieren die Ergebnisse für die Einzelteile und Baugruppen:

$BG_4 = 100$; $BG_3 = 50$; $BG_2 = 50$; $BG_1 = 200$; $ET_2 = 350$; $ET_1 = 150$

Produkte mit umfangreicheren Erzeugnisstrukturen können nicht mehr als Gozintograph dargestellt werden. Zur Bedarfsermittlung werden Stücklisten eingesetzt, welche alle für eine Einheit des Endproduktes erforderlichen Einzelteile bzw. Baugruppen beinhalten. Es sind zu unterscheiden:

- Mengenübersichtslisten: In der Mengenübersichtsliste ist die für die Herstellung eines Erzeugnisses erforderliche Gesamtmenge an Bauteilen bzw. Komponenten zusammengefasst. Der wesentliche Vorteil der Mengenübersichtsliste besteht in der einfachen Ermittlung von Gesamtbedarfsmengen.

- Strukturstücklisten: Die Strukturstückliste enthält eine Aufstellung sämtlicher Produktbestandteile eines Erzeugnisses unter Berücksichtigung der Erzeugnisstruktur und damit der entsprechenden Dispositionsstufen. Einzelteile bzw. Bauteile, die in mehreren Dispositionsstufen verwendet werden, erscheinen auch mehrfach in der Strukturstückliste, was sich nachteilig auf die Übersichtlichkeit auswirkt.

- Baukastenstücklisten: Die Baukastenstückliste enthält diejenigen Einzelteile und Baugruppen, welche direkt in eine übergeordnete Einheit eingehen. Damit wird die Unübersichtlichkeit der Strukturstückliste vermieden, gleichzeitig jedoch sind Aussagen zur Struktur des Erzeugnisses möglich.

2.2.2 Bestands- und Beschaffungsplanung

Nachdem der für die Erstellung des Produktionsprogramms notwendige Materialbedarf festgestellt wurde, ist zu klären, zu welchen Zeitpunkten welche Materialmengen bereitzustellen sind. Im Rahmen der strategischen Produktionsplanung wird festgelegt, welche Wertschöpfungstiefe im Unternehmen selbst realisiert werden soll.[25] Auf Basis dieser Entscheidung und auf Grundlage der Ermittlung des Nettosekundärbedarfs erfolgt die Beschaffung der erforderlichen Materialien entweder durch Fremdbezug oder durch Eigenfertigung, die folgende Strukturmerkmale aufweisen:

Tabelle 2.9. Strukturmerkmale von Eigenfertigung und Fremdbezug[26]

Merkmal der Eigenfertigung	entspricht	Merkmal des Fremdbezugs
Losgröße		Bestellmenge
Produktionszeitpunkt		Bestellzeitpunkt
Produktionszeit		Lieferzeit
Herstellkosten		Beschaffungskosten
Kapazitätsrestriktionen		Beschaffungsrestriktionen

Ziel der Bestands- und Beschaffungsplanung ist die reibungslose Versorgung der Produktion mit Material und Halbfabrikaten bei minimalen Kosten. Im Zusammenhang damit muss festgelegt werden, in welcher Größenordnung Lager angelegt und unterhalten werden sollen. Güter, welche zu einem späteren Zeitpunkt verwendet werden, jedoch schon vor dem Zeitpunkt der Verwendung in dem Unternehmen zur Verfügung stehen, werden als Lagerbestand bezeichnet. Es werden folgende Arten von Lagern unterschieden:

- zeitlich vor der Produktion befindliche Roh-, Hilfs- und Betriebsstofflager,
- zeitlich mit dem Produktionsprozess verlaufende Zwischenlager,
- zeitlich nach der Produktion verlaufende Fertigwarenlager.

Die zeitlich vor der Produktion befindlichen Lager haben die Aufgabe, einen reibungslosen Ablauf der Fertigung dadurch zu ermöglichen, dass die von der Fertigung benötigten Materialien bereitgestellt werden.

Die zeitlich mit dem Produktionsprozess verlaufenden Zwischenlager dienen dazu, gefertigte Zwischenerzeugnisse dann aufzunehmen, wenn ein Fertigungsbereich einen Ausstoß hat, der zeitlich und mengenmäßig von dem im Ferti-

---

[25] Vgl. Kapitel 7.2.2, S. 306.
[26] In Anlehnung an Corsten (2004, S. 445).

gungsablauf nachfolgenden Bereich nicht aufgenommen und weiterverarbeitet werden kann. Je nach Fortschreiten des Produktionsprozesses werden beispielsweise bei der Fließbandfertigung unterschiedliche Mengen an Einbauten und Hilfsstoffen zur Montage benötigt.

Bestimmte Produkte bedürfen während der Fertigung eines Zeitraums, in dem sie nicht bearbeitet werden, sondern einen Reifeprozess durchlaufen. Die Halbfertigprodukte werden dem Lager meist in einem noch nicht verarbeitungsfähigen Zustand zugeführt und verlassen dieses dann mit einer qualitativen Veränderung, um in einer darauf folgenden Produktionsstufe verarbeitet oder dem Absatz direkt zugeführt zu werden. Typisch dafür sind Gärungs- und Reifeprozesse bei Bier, Wein, Käse oder Gerbeprozesse beim Leder.

Zeitlich nach dem Produktionsprozess befindliche Lager sind Fertigwarenlager im üblichen Sinne. Die Aufgabe dieser Lager besteht in der Überbrückung des Zeitraums zwischen Produktion und Absatz.

Neben den Hauptzweck des Lagers, die Sicherstellung der Produktion, kann noch die Spekulation als eine weitere Zielsetzung treten. Erwartet z. B. ein Unternehmen in Zukunft steigende Rohstoffpreise, kann es zum jetzigen Zeitpunkt Lager anlegen, um den noch günstigeren Einstandspreis zu erzielen. Zusammenfassend ergeben sich somit die grundsätzlichen Funktionen von Lagern:

- Versorgungs- und Sicherungsfunktion,
- Ausgleichs- und Koordinationsfunktion,
- Veredelungsfunktion sowie
- Spekulationsfunktion.

Mit der Lagerung von Gütern sind Kosten verbunden, die als Lagerhaltungskosten bezeichnet werden. Lagerhaltungskosten setzen sich aus den folgenden Komponenten zusammen:

- Raumkosten: wie z. B. Abschreibungen, Zinsen, Versicherung der Räume bzw. Gebäude.

- Güterbehandlungskosten: Kosten der Behandlung, Erhaltung und Versicherung wie z. B. Pflege, Kühlung, Heizung oder Trocknung der Materialien.

- Lagerbestandskosten: Mit dem gelagerten Material ist Kapital gebunden, wodurch Kapitalbindungskosten entstehen. Deren Höhe ergibt sich aus der Summe des in dem Lager gebundenen Kapitals, aus der Dauer der Kapitalbindung und aus der Höhe des Zinssatzes. Neben der Kapitalbindung ergeben sich Kosten durch Verderb, Schwund und Güteminderung des Bestands.

- Personalkosten: Kosten der Lagerverwaltung.

Im Rahmen der Bestandsplanung werden unterschiedliche Bestandsarten unterschieden. Der Lagerbestand ist der Bestand, welcher sich zum Planungszeitpunkt im Lager befindet. Davon zu unterscheiden sind der Meldebestand und der Sicherheitsbestand. Als Meldebestand wird derjenige Bestand bezeichnet, bei dessen Erreichen bzw. Unterschreiten eine Bestellung ausgelöst wird. Der Bestand, welcher auf keinen Fall geplant unterschritten werden darf, ist der Sicherheitsbestand. Mit dem Sicherheitsbestand werden Unsicherheiten in Bezug auf den Bedarf, die Lieferzeit und den Bestand selbst abgedeckt.

Die Bestandsplanung erfolgt im Zusammenhang mit der Beschaffungsplanung in Abhängigkeit von der Unsicherheit über die Eingangsdaten (z. B. Zulieferzeiten oder Absatzmengen) und die Schwankungen im Materialverbrauch. Grundsätzliches Ziel ist die Minimierung der Kosten von Beschaffung und Lagerhaltung bei Aufrechterhaltung einer reibungslosen Fertigung. Neben den Lagerhaltungskosten sind folgende Kosten der Beschaffung zu berücksichtigen:

- Anschaffungskosten (unmittelbare Beschaffungskosten): Anschaffungskosten resultieren aus dem Produkt von Einstandspreis pro Mengeneinheit und beschaffter Menge.

- Bestellabwicklungskosten (mittelbare Beschaffungskosten): Bestellabwicklungskosten entstehen unabhängig von der bestellten Menge mit jedem Bestellvorgang, weshalb diese auch als bestellfixe Kosten bezeichnet werden.

- Fehlmengenkosten: Werden keine Materialien bestellt und gelagert, entstehen auch keine damit verbundenen Kosten. Jedoch kann in diesem Fall auch nicht produziert werden, wodurch negative Wirkungen hervorgerufen werden, die entweder direkt messbar sind (z. B. Einnahmeausfall durch nicht verkaufte Erzeugnisse, Konventionalstrafe bei Nichterfüllung von Lieferverträgen) oder die indirekt auf den Unternehmenserfolg wirken (z. B. Imageschaden des Unternehmens). Diese Wirkungen werden als Fehlmengenkosten bezeichnet und sind im Rahmen der Ermittlung der Beschaffungskosten zu berücksichtigen.

Wenn Material fremdbezogen wird, ist zu klären, welche Mengen pro Bestellung zu beschaffen sind. Die Bestellmenge, bei der die Gesamtkosten der Beschaffung minimal sind, wird als optimale Bestellmenge bezeichnet. Deren Ermittlung dient der kostenminimierenden Aufteilung eines bekannten Periodenbedarfes. Der Ermittlung der optimalen Bestellmenge liegt folgende Überlegung zugrunde: Bestellt ein Unternehmen für einen längeren Zeitraum größere Mengen, so ergeben sich durch Mengenrabatte und günstigere Lieferungs- und Zahlungsbedingungen niedrigere Beschaffungspreise als bei häufigerem Einkauf in kleineren Mengen. Dem steht der Nachteil steigender Lagerkosten gegenüber. Mit größeren Beschaffungsmengen nehmen die

Lagerkosten und die Kapitalbindungskosten zu, wohingegen bei mehrmaliger Beschaffung in kleineren Mengen die Lager- und Kapitalbindungskosten niedriger, die Beschaffungskosten dafür aber höher sind. Der Ermittlung der optimalen Bestellmenge liegen folgende Annahmen zugrunde:

- Es wird nur eine Materialart betrachtet.
- Der Materialbedarf je Zeiteinheit ist konstant.
- Es wird von konstanter Materialqualität ausgegangen, es existiert kein Verderb oder Schwund.
- Beschaffungspreise werden als konstant angenommen, es existieren keine Mengenrabatte.
- Es existieren keine Fehlmengen und damit verbundene Fehlmengenkosten.
- Beschaffungsmengen sind beliebig teilbar.
- Es bestehen keine Beschränkungen in Bezug auf Beschaffungs- oder Lagermengen.
- Es existieren keine Lagerraumbeschränkungen.
- Die Beschaffungsgeschwindigkeit ist unendlich groß.

Es werden folgende Bezeichnungen verwendet:

JB = gesamter Jahresbedarf [Stk]

p = Einstandspreis je Einheit [€/Stk]

i = Zinssatz für gebundenes Kapital in % p.a.

ls = primäre Lagerkosten in % p.a.

m = Bestellmenge [Stk]

m_{opt} = optimale Bestellmenge [Stk]

k_B = Kosten pro Bestellung [€]

K_L = Lagerhaltungskosten [€]

K_{Best} = Bestellabwicklungskosten [€]

K_{KB} = Kapitalbindungskosten [€]

K_{An} = Anschaffungskosten [€]

K_{Ges} = gesamte Bestellkosten [€]

Die Anschaffungskosten ergeben sich aus $K_{An} = JB\ p$ und die Bestellabwicklungskosten aus $K_{Best} = \frac{k_B\ JB}{m}$. Die bestellfixen Kosten werden umso geringer - bezogen auf eine Mengeneinheit -, je größere Mengen pro Bestellung beschafft werden. Mit zunehmender Bestellmenge besteht damit eine Kostendegression. Bestellfixe Kosten sind z. B. Verwaltungskosten sowie Reise-,

Schreib-, Porto- und Telefonkosten. Auf der anderen Seite steigen die Lagerhaltungskosten mit zunehmender Bestellmenge proportional an. Wenn davon ausgegangen wird, dass das eingelagerte Material durchschnittlich zur Hälfte gebunden und demzufolge zu verzinsen und physisch einzulagern ist, ergeben sich Kapitalbindungskosten mit $K_{KB} = \frac{mp}{2}i$.

Unter Berücksichtigung der primären Lagerkosten resultieren Lagerhaltungskosten von $K_L = \frac{mp}{2}ls$.

Die gesamten Bestellkosten ergeben sich damit aus:

$$K_{Ges} = K_{An} + K_{Best} + K_L + K_{KB}$$
$$= JBp + \frac{k_B JB}{m} + \frac{mp}{2}ls + \frac{mp}{2}i$$

Da das Kostenminimum in Abhängigkeit von der bestellten Menge gesucht wird, folgt:[27]

$$\frac{dK_{Ges}}{dm} = -\frac{k_B JB}{m^2} + \frac{p}{2}(i + ls).$$

Weiteres Umformen ergibt die Formel zu Ermittlung der optimalen Bestellmenge:

$$m_{opt} = \sqrt{\frac{2k_B JB}{p(i + ls)}}$$

Als Beispiel wird hier ein Unternehmen betrachtet, welches von einer Materialart in einem Jahr 5.000 Stück benötigt. Die bestellfixen Kosten betragen 50,- € je Bestellung, der Einstandspreis liegt bei 0,40 € pro Stück. Der Zinssatz für das gebundene Kapital beträgt 5 % pro Jahr, Kosten für alle Aktivitäten der physischen Lagerung werden mit 15 % pro Jahr veranschlagt. Die optimale Bestellmenge beträgt 2.500 Stück, womit Gesamtkosten in Höhe von 2.200,- € verbunden sind. Die Entwicklung der gesamten Bestellkosten und der einzelnen Kostenbestandteile wird aus Abbildung 2.12 ersichtlich.

Die Ermittlung der optimalen Bestellmenge in der dargestellten Form ist aufgrund der verwendeten restriktiven Prämissen für den Einsatz in der Praxis eher kritisch zu beurteilen. Für das Verständnis der einzelnen Kostenbestandteile und die Beeinflussung der Gesamtkosten liefert die grundsätzliche Vorgehensweise jedoch Ansatzpunkte praktischer Problemlösungen (vgl. Abbildung 2.13).

Die Darstellung verdeutlicht, dass mit einem sinkenden Lagerkostensatz und steigenden Bestellkosten die Bestellung großer Mengen vorteilhaft ist. Steigende Lagerkosten hingegen führen zu geringeren Bestellmengen und zur Vorteilhaftigkeit der fertigungssynchronen Beschaffung (Just-in-time-Prinzip) dieser Mengen.

---

[27] Für alle $m > 0$ ist auch die zweite Ableitung positiv.

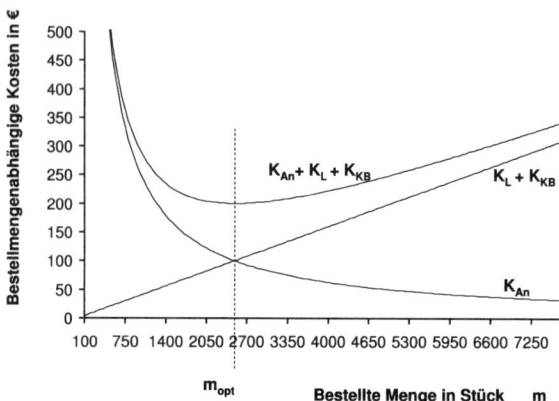

Abbildung 2.12. Graphische Ermittlung der optimalen Bestellmenge

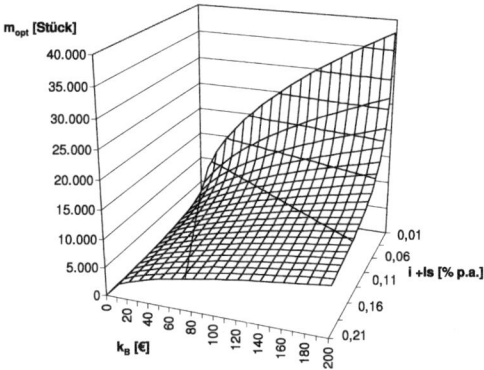

Abbildung 2.13. Optimale Bestellmenge in Abhängigkeit vom Lagerkostensatz und den bestellfixen Kosten

Werden benötigte Einzelteile bzw. Baugruppen nicht fremdbezogen, sondern selbst hergestellt, ist zu klären, welche geschlossenen Auftragsmengen zu produzieren sind. Die Menge an Produktionseinheiten, welche ohne Unterbrechung an einer Produktionsstelle erzeugt wird, wird als Losgröße bezeichnet. Während die optimale Bestellmenge die kostenminimale Menge an zu bestellenden Zulieferteilen bzw. -baugruppen darstellt, ist im Fall der Eigenfertigung die optimale Losgröße zu ermitteln. Mit der optimalen Losgröße wird die kostenminimale Anzahl an Fertigungseinheiten bezeichnet, welche ohne Unterbrechung zu fertigen sind. Die zu berücksichtigenden Kostenkomponenten der Eigenfertigung sind:

- variable Produktionskosten,
- Rüstkosten sowie
- Lagerkosten.

Diese Aufstellung verdeutlicht die Analogien der Kostenbestimmungsfaktoren sowohl bei der Bestellmengen- als auch der Losgrößenoptimierung. Die variablen Produktionskosten der Losgrößenoptimierung entsprechen den Anschaffungskosten der Bestellmengenoptimierung. Rüstkosten entstehen, wenn ein Betriebsmittel zur Erfüllung der Arbeitsaufgaben vorzubereiten (umzurüsten oder in den Ursprungszustand zurückzuversetzen) ist. Ein Großteil der Rüstkosten wird durch die mit dem Rüstvorgang verbundene Arbeitszeit verursacht. Wie auch im Fall der Bestellabwicklungskosten sinken die Rüstkosten bezogen auf eine Produkteinheit, wenn die Losgröße steigt. Unter Verwendung der Prämissen zur Ermittlung der optimalen Bestellmenge werden folgende Bezeichnungen verwendet:

k_{var} = variable Produktionskosten je Stück [€/Stk]

k_R = Rüstkosten je Los [€/los]

los_{opt} = optimale Losgröße [Stk]

Daraus resultiert die optimale Losgröße los_{opt} mit:

$$los_{opt} = \sqrt{\frac{2k_R \ JB}{k_{var}(i+ls)}}.$$

Mit diesem Modell werden die Bestellmenge bzw. Losgröße, die Bestellhäufigkeit und der Bestellrhythmus festgelegt. Die restriktiven Prämissen des Modells schränken die Anwendung in der Praxis jedoch stark ein. Aus diesem Grund werden heuristische Lagerhaltungspolitiken eingesetzt, welche die Unsicherheit über die Eingangsdaten und deren stochastische Entwicklung berücksichtigen. Es können sowohl Zeit- als auch Mengenkomponenten fix oder variabel bestimmt werden, woraus sich folgende Verfahren ergeben (vgl. Tabelle 2.10):

- Verfahren der Mengensteuerung: Es werden fixe oder variable Bestellmengen festgelegt.
- Verfahren der Zeitsteuerung: Es werden fixe oder variable Zeitpunkte festgelegt.

Tabelle 2.10. Grundformen heuristischer Lagerhaltungspolitiken[28]

		Bestelltermin t	
		fix	variabel
Bestellmenge m	fix	t,m - Politk	MB,m - Politik
	variabel	t,SB - Politik	MB,SB - Politik
MB - Meldebestand			
SB - Sollbestand			

- t,m - Politik: In konstanten Zeitintervallen wird eine konstante Menge bestellt. Bei größeren Bedarfsschwankungen führt diese Politik jedoch dazu, dass Nachfragen nicht befriedigt werden können oder dass sich größere Bestände aufbauen.

- MB,m - Politik: Es wird ein Meldebestand definiert und nach jeder Materialentnahme geprüft, ob der Lagerbestand den Meldebestand erreicht bzw. unterschritten hat. Wenn das der Fall ist, wird eine konstante Menge bestellt.

- MB,SB - Politik: Es wird ein Meldebestand definiert und nach jeder Materialentnahme geprüft, ob der Lagerbestand den Meldebestand erreicht bzw. unterschritten hat. Wenn das der Fall ist, wird das Lager bis zum Sollbestand aufgefüllt.

- t,SB - Politik: In regelmäßigen Abständen wird das Lager bis auf den Sollbestand aufgefüllt. Die Bestellmenge ist abhängig von der Differenz zwischen Lagerbestand und Sollbestand. Bei diesem Verfahren können auch Fehlmengen auftreten.

2.3 Fertigungsplanung

2.3.1 Ziele der Fertigungsplanung

Die Fertigungsplanung ist operativer Natur. Strategische Entscheidungen in Bezug auf die Fertigung werden im Rahmen der strategischen Planung und im Zuge der Layout-Planung getroffen.[29] Die Fertigungsplanung strebt die Minimierung der kurzfristig entscheidungsrelevanten Kosten der Fertigung an. Diese setzen sich zusammen aus:

---

[28] In Anlehnung an Corsten (2004, S. 463).
[29] Vgl. zur Layout-Planung S. 41 sowie zur strategischen Planung S. 306.

- Fertigungskosten: Kosten für die Erzeugung auf den Betriebsmitteln.

- Leerkosten: Leerkosten K_{Leer} sind der Teil der Fixkosten K_{Fix},[30] die durch die tatsächliche Auslastung x_i im Verhältnis zur geplanten Auslastung x_p des Betriebsmittels (mangelnde Auslastung) nicht genutzt wird. Es gilt: $K_{Leer} = K_{Fix}\left(1 - \frac{x_i}{x_p}\right)$. Im Gegenteil dazu sind Nutzkosten der Teil der Fixkosten, welcher durch die Auslastung des Betriebsmittels genutzt wird. Da die Fixkosten in kurzfristiger Betrachtung nicht veränderlich sind, ist die Auslastung der vorhandenen, nicht abbaubaren Kapazitäten besonders wichtig.

- Zwischen- bzw. Endlagerkosten: Die zur Zwischen- oder Endlagerung der Halbfertig- oder Fertigerzeugnisse erforderlichen Kosten.

- Finanzierungskosten: Je schneller die Umwandlung von Produktionsfaktoren in das Erzeugnis stattfindet, desto geringer ist die Zeitspanne, in welcher das Unternehmen die Produktionsfaktoren mit eigenen oder fremden Mitteln finanzieren muss. Dieses Problem tritt besonders im Rahmen längerfristiger Auftragsfertigungen und Spezialanfertigungen auf. Da in diesen Fällen die Finanzierungskosten enorm steigen, sind in den entsprechenden Branchen (z. B. Schiffbau) umfangreiche Anzahlungen üblich.[31]

- Anpassungs- bzw. Fehlmengenkosten: Kosten, die durch kurzfristige Anpassungsmaßnahmen entstehen, mit denen Vertragsstrafen durch nicht erfolgte Lieferung vermieden werden sollen, wie z. B. die zeitliche oder intensitätsmäßige Anpassung.[32] Können die negativen externen Konsequenzen nicht vertragsgemäßer Erfüllung der Lieferverpflichtungen nicht verhindert werden, sind diese vom Unternehmen in Form von Fehlmengenkosten zu tragen.

Aus diesen Fundamentalzielen der Fertigungsplanung werden folgende Instrumentalziele abgeleitet:

- Durchlaufzeitenminimierung führt zu:

  - Kürzeren Liegezeiten für Materialien und Halbfabrikate, die zwischen den einzelnen Fertigungsstationen lagern, und somit zur Minimierung von Lagerkosten.

  - Einer schnelleren Veräußerung des Produktes und damit zu einem schnellen Eingang der Zahlung, was eine Minimierung der Finanzierungskosten bewirkt.

  - Einem sinkenden Risiko von Terminüberschreitungen, womit die Minimierung bzw. Vermeidung von Anpassungs- bzw. Fehlmengenkosten erreicht wird.

---

[30] Zum Begriff der Fixkosten vgl. S. 147.
[31] Vgl. S. 279.
[32] Vgl. S. 34.

- Maximierung der Kapazitätsauslastung: Die Maximierung der Kapazitätsauslastung führt zur Verringerung der Leerkosten.

- Minimierung von Terminabweichungen: Mit der Vermeidung bzw. Minimierung von Terminabweichungen wird sichergestellt, dass vertraglich vereinbarte Lieferzeiten eingehalten und auf diese Weise Anpassungs- bzw. Fehlmengenkosten vermieden werden.

Um diese Ziele zu erreichen, wird die Fertigungsplanung in die Terminplanung und in die Reihenfolgeplanung unterteilt. Im Rahmen der Terminplanung wird die Durchlaufzeit der Aufträge bestimmt (Durchlaufterminierung) sowie die vorhandene Kapazität mit der erforderlichen Kapazität abgestimmt (Kapazitätsterminierung). Auf Basis dieser Grobplanung wird in der Reihenfolgeplanung die Auslastung einzelner Aggregate konzipiert.

2.3.2 Terminplanung

Im Rahmen der Terminplanung erfolgt die Festlegung der zeitlichen Abfolge der Produktionsschritte in den Fertigungsbereichen und -abteilungen. Die Start- und Endtermine der Produktionsaufträge sind festzulegen und anhand der verfügbaren Produktionskapazitäten ist die Realisierbarkeit der Produktionstermine zu prüfen. Zur Terminplanung zählen die Durchlaufterminierung und die Kapazitätsterminierung.

2.3.2.1 Durchlaufterminierung

Die Zeitspanne, in der ein Werkstück bei der Fertigung und Montage vom Beginn des ersten bis zum Abschluss des letzten Arbeitsvorgangs verweilt, wird als Durchlaufzeit bezeichnet. Im Rahmen der Durchlaufterminierung werden ohne Berücksichtigung von verfügbaren Kapazitäten vorläufige Start- und Endtermine für die Aufträge ermittelt. Aufgabe der Durchlaufterminierung ist es, für jeden Arbeitsvorgang die Bearbeitungszeit festzustellen, woraus sich der Anfangs- und Endtermin für jeden Auftrag ableiten lässt. Die Durchlaufzeit setzt sich aus unterschiedlichen Komponenten zusammen (vgl. Abbildung 2.14).

Die Bearbeitungszeit umfasst die Zeit, welche zur Durchführung eines Arbeitsvorganges erforderlich ist. Die Zeit, in welcher das Betriebsmittel für den nächsten Arbeitsgang vorbereitet wird, wird als Rüstzeit bezeichnet. Die Summe aus Bearbeitungs- und Rüstzeit ergibt die Belegungszeit.[33] Derjenige Zeitraum, welchen die zu bearbeitende Einheit im System verbringt, ohne

---

[33] Vgl. VDI 3423.

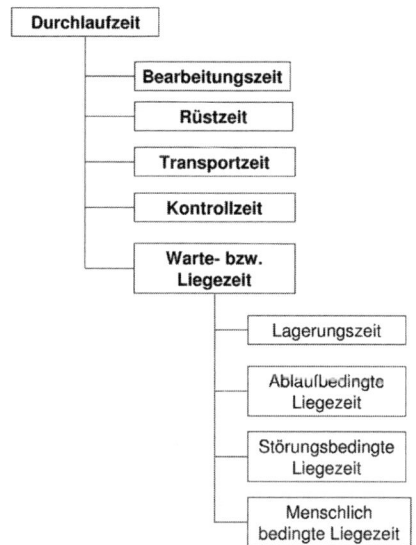

Abbildung 2.14. Komponenten der Durchlaufzeit[34]

dass eine Weiterentwicklung- bzw. -bearbeitung erfolgt, wird als Liege- oder Wartezeit bezeichnet. Dieser Bestandteil beträgt oftmals mehr als die Hälfte der gesamten Durchlaufzeit. Während die Bearbeitungs- und die Rüstzeiten gut erfassbar und demzufolge auch planbar sind, erweisen sich die Liege- und Wartezeiten als schwer planbar bzw. vollkommen unplanbar. Die Summe aus Transportzeit, Kontrollzeit und Liege- bzw. Wartezeit ergibt die Übergangszeit.

Leerkosten entstehen, wenn die Betriebsmittel nicht genutzt werden. Um Leerkosten zu vermeiden, können zusätzliche Aufträge angenommen werden, so dass sich die Kapazitätsauslastung erhöht. Die zusätzlichen Aufträge können die Auslastung bisher nicht vollständig genutzter Maschinen erhöhen, jedoch auch Arbeitsgänge auf anderen Maschinen erfordern, welche schon vor der Annahme zusätzlicher Aufträge vollständig ausgelastet waren. Die Durchlaufzeit der Aufträge erhöht sich deshalb. Auf diese Weise kann es zur Konkurrenz der Zielstellungen „Minimierung der Durchlaufzeit" und „Maximierung der Kapazitätsauslastung" kommen, was als Dilemma der Ablaufplanung bezeichnet wird.

Folgende Prinzipien der Durchlaufterminierung sind zu unterscheiden:

---

[34] Vgl. Dangelmaier/Warnecke (1997, S. 386).

- Vorwärtsterminierung: Ausgehend von einem festgelegten Starttermin der Auftragsbearbeitung werden die frühestmöglichen Zwischen- und Endtermine ermittelt.

- Rückwärtsterminierung: Von einem gegebenen Liefertermin ausgehend werden die spätestmöglichen Zwischen- und Starttermine berechnet.

- Engpassterminierung: Wird ein Betriebsmittel festgelegt, dessen Auslastung maximiert werden soll, liegt Engpassterminierung vor. Nach der Festlegung der auf diesem Betriebsmittel durchzuführenden Arbeitsgänge werden die Starttermine der vorgelagerten Fertigungsschritte (upstream) mittels Rückwärtsterminierung und die Endtermine der nachgelagerten Fertigungsschritte (downstream) durch Vorwärtsterminierung ermittelt.

Zur Durchführung der Terminplanung unter Verwendung dieser Prinzipien können verschiedene Instrumente eingesetzt werden. Bei der Terminplanung in der Einzel- und Baustellenproduktion wird oftmals die Netzplantechnik eingesetzt, unter der alle Verfahren zusammengefasst werden, welche zur Analyse, Beschreibung, Planung, Steuerung und Überwachung von Abläufen auf der Grundlage der Graphentheorie dienen. Die grundsätzlichen Begriffe und Darstellungen sind weitgehend DIN-genormt.[35] Bekannteste Formen sind die Critical Path Method (CPM), die Metra Potential Method (MPM) sowie die Project Evaluation and Review Technique (PERT). Aufgrund der großen Verbreitung wird im Folgenden die MPM detailliert vorgestellt. Der gesamte Fertigungsprozess wird in Vorgänge zerlegt, welche dann in einem Strukturplan hinsichtlich ihrer Abfolgebeziehung angeordnet werden. Die MPM ist ein Verfahren der Vorgangsknotentechnik, d.h. die Vorgänge werden jeweils in einer Tabelle, dem sog. Vorgangsknoten abgebildet und durch Pfeile miteinander verbunden, welche eine Anordnungsbeziehung beschreiben. Zur Durchlaufterminierung wird die Dauer jedes Vorgangs, also die Zeitspanne vom Anfang bis zum Ende des Vorgangs, benötigt. Diese kann aus den Arbeitsvorbereitungsunterlagen entnommen werden. Dabei ist zwischen der optimistischen Dauer (Dauer eines Vorgangs unter besonders günstigen Bedingungen), der häufigsten Dauer (Dauer eines Vorgangs unter üblichen Bedingungen) sowie der pessimistischen Dauer (Dauer eines Vorgangs unter besonders ungünstigen Bedingungen) zu unterscheiden.

Ziel der MPM ist die Bestimmung der kürzestmöglichen Gesamtdurchlaufzeit sowie die Ermittlung der Pufferzeit. Unter der Pufferzeit ist die Zeitspanne zu verstehen, um die unter bestimmten Bedingungen die Lage eines Vorgangs bzw. die Dauer des Vorgangs verändert werden kann, ohne den Endtermin zu beeinflussen. Um die Pufferzeit zu ermitteln, sind die Anfangs- und Endtermine der Vorgänge zu bestimmen. Der frühestmögliche Endzeitpunkt eines Vorgangs (FEZ) ergibt sich aus dem frühestmöglichen Anfangszeitpunkt (FAZ) zuzüglich der Dauer des Vorganges: $FEZ = FAZ + D$. Der spätestmögliche

---

[35] Vgl. DIN 69900-1 sowie DIN 69900-2.

Endzeitpunkt (SEZ) resultiert aus dem spätestmöglichen Anfangszeitpunkt (SAZ) zuzüglich der Dauer des Vorgangs: $SEZ = SAZ + D$.

Als Beispiel wird im Folgenden die Errichtung eines Lagergebäudes als MPM-Netzplan dargestellt. Zu Beginn der Analyse wird der Prozess der Leistungserstellung in 12 Vorgänge zerlegt (vgl. Tabelle 2.11).

Tabelle 2.11. Tätigkeitsliste der Errichtung einer Lagerhalle

Nr.	Tätigkeit	Dauer in Tagen	Vorgänger	Nachfolger
1	Aushubarbeiten	2	-	2.
2	Fundamenterstellung	5	1.	4.
3	Teilebeschaffung	8	-	4.
4	Gerüst stellen	4	2., 3.	5.
5	Wände setzen	2	4.	6.
6	Dach setzen	2	5.	7., 9.
7	Sanitärinstallation	1	6.	8., 11.
8	Heizkörper montieren	3	7.	12.
9	E-Leitungen legen	2	6.	10.
10	Leuchtkörper montieren	1	9.	12.
11	Fußboden legen	4	7.	12.
12	Abnahme	1	10., 8., 11.	-

Zur Vorwärtsterminierung werden ausgehend vom Startpunkt alle Vorgänge bis zum Ende der Fertigstellung zeitlich eingeordnet. Auf diese Weise wird die Durchlaufzeit ermittelt. Im Rahmen der Vorwärtsterminierung werden die frühestmöglichen Anfangs- und Endzeitpunkte der Arbeitsgänge, FAZ_j und FEZ_j ermittelt. Der frühestmögliche Endzeitpunkt des letzten Arbeitsganges ist gleichzeitig der frühestmögliche Liefer- bzw. Abschlusstermin. Die Ergebnisse der Vorwärtsterminierung sind in der Abbildung 2.15 zu sehen. Die Durchlaufzeit des Auftrags beträgt 22 Tage.

Im Rahmen der Rückwärtsterminierung werden ausgehend vom Endknoten die spätestmöglichen Anfangs- und Endtermine SAZ_j und SEZ_j ermittelt. Nächster Schritt innerhalb der Durchlaufterminierung ist die Ermittlung von Pufferzeiten. Die Gesamtpufferzeit (GPZ) ergibt sich aus der Differenz zwischen spätestmöglichen und frühestmöglichen End- bzw. Anfangszeitterminen: $GPZ = SAZ - FAZ = SEZ - FEZ$.

Alle Vorgänge, deren Beginn nicht verzögert werden kann, ohne die Durchlaufzeit zu verlängern, werden als „kritisch" eingestuft, wobei der kritische Weg die Aufeinanderfolge von kritischen Vorgängen bezeichnet. In dem dargestellten Beispiel setzt sich der kritische Weg aus den Arbeitsgängen zusammen, welche keine Pufferzeit aufweisen, also $3 \to 4 \to 5 \to 6 \to 7 \to 11 \to 12$. Die

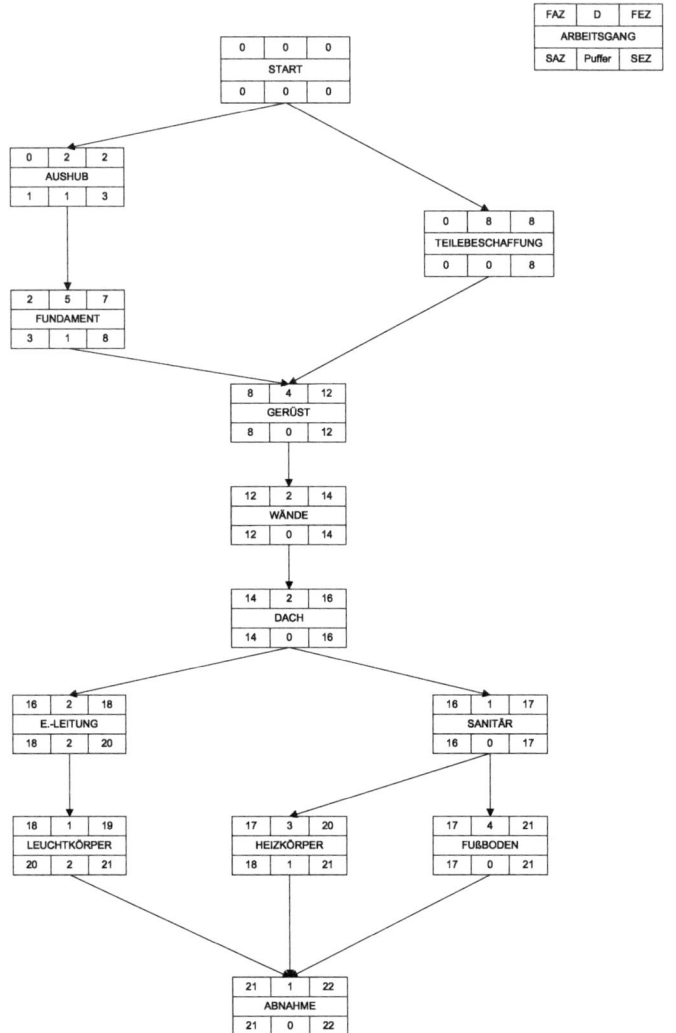

Abbildung 2.15. MPM-Netzplan

Pufferzeit der Arbeitsgänge kann als Zeitreserve betrachtet werden, um die der Vorgang ausgedehnt bzw. verschoben werden kann, ohne den Endtermin zu beeinflussen. Die Netzplantechnik ist besonders für die Durchlaufterminierung im Rahmen der Einzel-, Baustellen-, Kleinserien- und Werkstattproduktion geeignet. Für die Durchlaufterminierung von Serien- und Massenfertigung ist diese Vorgehensweise wenig relevant, da in diesen Fertigungssystemen auf Vorrat gearbeitet wird und die Terminplanung keinen derartig hohen Stellenwert besitzt.

Wird festgestellt, dass die Durchlaufzeit zu lang ist, weil z. B. bei einem vorgegebenen Liefertermin der spätest mögliche Anfangszeitpunkt schon in der Vergangenheit liegt, sind Maßnahmen zur Reduzierung der Durchlaufzeit zu ergreifen. Neben der Veranlassung von Überstunden sind folgende Alternativen durchführbar:

- Verringerung der Übergangszeit: Diese Variante der Durchlaufzeitreduktion zielt auf die Reduktion der Übergangszeit (Summe aus Kontroll-, Transport- und Liege- bzw. Wartezeit). Ein Teil der Liegezeiten ist organisatorisch bedingt und kann durch Änderungen in diesem Bereich verringert werden.

- Überlappung: In diesem Fall wird von einem in Bearbeitung befindlichen Los ein bereits fertig bearbeiteter Teil abgespalten und an die nächste Bearbeitungsstation transportiert.

- Splitting: Wenn der gesamte Fertigungsauftrag in mehrere Teilaufträge aufgespalten wird, die zeitgleich an mehreren gleichartigen Betriebsmitteln bearbeitet werden, wird ebenfalls eine Verkürzung der Durchlaufzeit erreicht. Diese ist jedoch mit erhöhten Rüstkosten verbunden. Voraussetzung für das Splitting ist, dass mehrere gleichartige Betriebsmittel vorhanden und nicht vollständig ausgelastet sind.

- Losteilung: Wird von einem gegebenen Fertigungslos ein Teillos abgespalten, welches als Eilauftrag den Fertigungsprozess durchläuft, während das Restlos von der Fertigung zurückgestellt wird, handelt es sich um Losteilung.

2.3.2.2 Kapazitätsterminierung

Im Zuge der Durchlaufterminierung wurde festgestellt, wie lang die Durchlaufzeiten für jeden Auftrag sind. Werden alle Aufträge einer Planungsperiode zusammengefasst, ergibt sich der Kapazitätsbedarf für die Fertigungsstelle bzw. für die Betriebsmittel. Die Kapazitätsterminierung hat die Aufgabe, den Kapazitätsbedarf (Sollkapazität) mit der verfügbaren Ist-Kapazität zu vergleichen und Maßnahmen zum Ausgleich von Soll- und Ist-Kapazität zu identifizieren.

Unter Kapazität wird das Leistungsvermögen einer wirtschaftlichen oder technischen Einheit in einem Zeitabschnitt verstanden. Es ist zwischen qualitativer und quantitativer Kapazität zu unterscheiden. Die qualitative Kapazität bezieht sich auf die Art und Güte des Leistungsvermögens (z. B. Präzision, Flexibilität), wohingegen die quantitative Kapazität das mengenmäßige Leistungsvermögen in einem Zeitabschnitt beschreibt. Die quantitative Kapazität wird durch die Faktoren Intensität, Nutzungszeit sowie Kapazitätsquerschnitt bestimmt. Die Zeit, in welcher das Betriebsmittel für Produktionszwecke genutzt wird, ist in der Regel geringer als der Zeitraum, während dessen das Betriebsmittel installiert ist. Demzufolge ist die Nutzungszeit geringer als die Betriebsmittelzeit (vgl. Abbildung 2.16). Die Hauptnutzungszeit stellt die Zeit dar, in welcher das Betriebsmittel für den Produktionsvorgang selbst genutzt wird, während die Nebennutzungszeit zur Vorbereitung, zum Rüsten, Beschicken oder Entleeren des Betriebsmittels erforderlich ist. Die zusätzliche Nutzung von Betriebsmitteln charakterisiert eine Nutzung, deren Vorkommen oder Ablauf nicht vorausbestimmt werden kann.

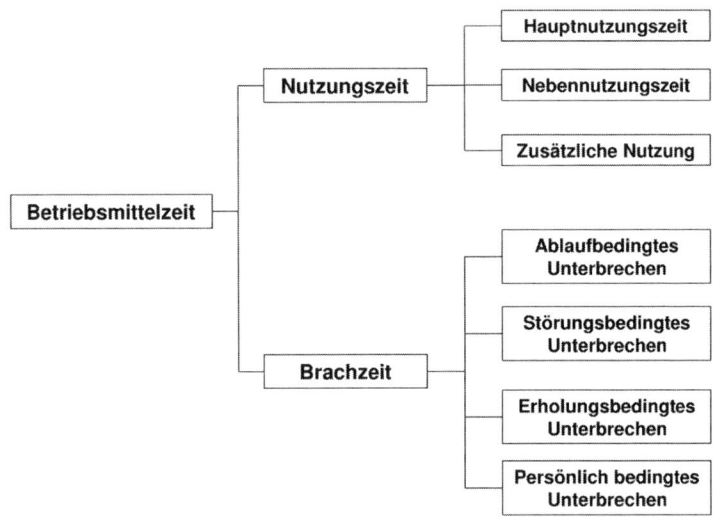

Abbildung 2.16. Aufteilung der Betriebsmittelzeit[36]

Unterbrechungen der Nutzung können planmäßig oder außerplanmäßig erfolgen. Planmäßige Unterbrechungen sind durch den Produktionsablauf bedingt (z. B. An- oder Abtransport des zu bearbeitenden Werkstückes) oder durch die notwendigen Erholungszeiten der bedienenden Arbeitskraft verursacht. Außerplanmäßig wird die Nutzung durch technische bzw. organisatorische Störungen oder durch den Menschen unterbrochen.

Die Ist-Kapazität eines Betriebsmittels (Kapazitätsangebot) wird in der Regel auf der Basis von Zeiteinheiten, also z. B. in Maschinenstunden pro Arbeitstag ermittelt. Dabei werden zunächst normale Produktionsverhältnisse zugrundegelegt und folglich von der Möglichkeit von Überstunden, Zusatzschichten usw. abgesehen. Der Ist-Kapazität wird anschließend der ebenfalls

---

[36] In Anlehnung an REFA (1997, S. 49).

in Zeiteinheiten umgerechnete Kapazitätsbedarf (Sollkapazität) für dieselbe Planungsperiode gegenübergestellt. Treten zwischen Kapazitätsangebot und -nachfrage Diskrepanzen auf, sind Abstimmungsmaßnahmen durchzuführen. Dazu kann die Ist-Kapazität verändert werden, wobei zu beachten ist, dass Anzahl und Ausstattung der Betriebsmittel kurzfristig nicht veränderbar sind, oder die Kapazitätsnachfrage wird angepasst. Die grundsätzlichen Möglichkeiten zur Kapazitätsanpassung wurden im Zusammenhang mit der Vorstellung der Gutenberg-Produktionsfunktion schon skizziert.[37] Im Rahmen der Kapazitätsterminierung sind Maßnahmen der intensitätsmäßigen oder zeitlichen Anpassung auszuwählen, welche das Kapazitätsangebot an die Kapazitätsnachfrage anpassen (vgl. Abbildung 2.17). Die zeitliche Anpassung kann durch Überstunden oder Kurzarbeit erfolgen. In Bezug auf Überstunden sind psychologische und physiologische Faktoren der Arbeitskräfte zu berücksichtigen, welche diese Form der Anpassung begrenzen. Für eine Anpassung mittels Intensitätsänderung ist zu prüfen, in welchem Maße diese technisch-technologisch möglich ist. Im Hinblick auf die Arbeitskräfte unterliegt die Intensitätserhöhung denselben Restriktionen wie die Realisierung von Überstunden, so dass eine Intensitätserhöhung nur in geringerem Umfang und für eine kurze Dauer möglich ist.

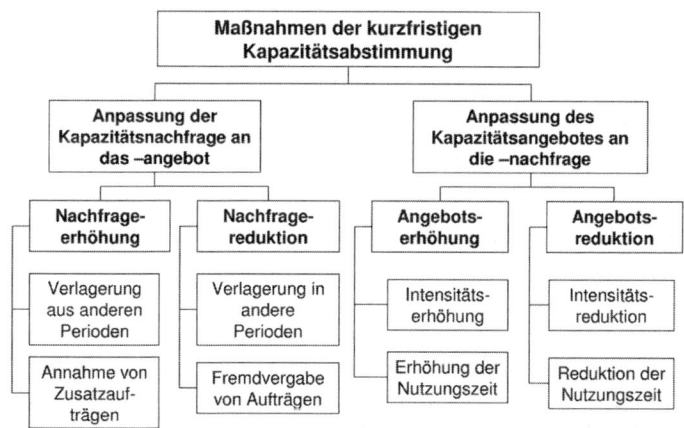

Abbildung 2.17. Maßnahmen der kurzfristigen Kapazitätsabstimmung

Die Anpassung der Nachfrage an das Angebot erfolgt in Abhängigkeit von der Entscheidungssituation durch die Erhöhung oder Reduktion der Kapazitätsnachfrage. Eine Nachfrageerhöhung wird durch das Vorziehen von Produktionsaufträgen aus anderen Planungsperioden oder die Übernahme zusätzlicher

---

[37] Vgl. Abb. 2.1, S. 34.

Aufträge erreicht. Umgekehrt wird durch die Verlagerung aktueller Produktionsaufträge in die Zukunft oder durch die Fremdvergabe von ursprünglich selbst zu fertigenden Aufträgen die Nachfrage verringert.

2.3.3 Reihenfolgeplanung

Im Zuge der Terminplanung wurde festgelegt, in welchen Zeitabschnitten die Aufträge die einzelnen Fertigungsstellen durchlaufen sollen. Mit der Kapazitätsterminierung wurde sichergestellt, dass die notwendigen Kapazitäten zur Verfügung stehen. Auf dieser Basis werden die Aufträge nicht mehr Werkstätten oder Fertigungsstellen, sondern den einzelnen Maschinenarbeitsplätzen zugeordnet, weshalb die Reihenfolgeplanung auch als Maschinenbelegungsplanung bezeichnet wird.

Das Problem der Maschinenbelegungsplanung im Rahmen der Werkstattfertigung besteht darin, dass in der Regel jeder Auftrag eine individuelle technologische Bearbeitungsreihenfolge aufweist. Für eine bestimmte Menge an Aufträgen, welche auf einer festgelegten Anzahl an Maschinen zu bearbeiten ist, wird ein Maschinenbelegungsplan erarbeitet, der bezüglich einer Zielgröße möglichst optimal ist. Folgende Prämissen werden verwendet:

- Jeder Auftrag durchläuft eine technologisch vorgegebene Maschinenfolge, die für jeden Auftrag unterschiedlich sein kann.

- Ein Auftrag kann einen anderen Auftrag überholen.

- Jeder Arbeitsvorgang wird an einer anderen Maschine durchgeführt.

- Rüst-, Bearbeitungs- und Transportzeiten sind bekannt und konstant, die Rüstzeiten sind unabhängig von der Reihenfolge.

Ziel der Maschinenbelegungsplanung ist es, sowohl die Maschinenfolge als auch die Auftragsfolge zu ermitteln. Die Lösung kann in Form eines Maschinenbelegungsdiagramms oder eines Auftragsfolgendiagramms dargestellt werden. Die Maschinenfolgematrix $\underline{\Theta}$ beschreibt die Reihenfolge, in welcher die einzelnen Aufträge an den Maschinen bearbeitet werden müssen. Die Matrix der Auftragszeiten $\underline{\Omega}$ enthält Informationen zu den erforderlichen Bearbeitungszeiten auf den einzelnen Maschinen. Auf Basis dieser Informationen kann der Maschinenbelegungsplan erstellt werden, welcher angibt, wie lange die Maschinen mit welchem Auftrag belegt sind und in welcher Reihenfolge die Aufträge bearbeitet werden. Als Beispiel wird von folgenden Ausgangsinformationen ausgegangen:

$$\underline{\Theta} = \begin{pmatrix} 123 \\ 213 \\ 321 \end{pmatrix} \qquad \underline{\Omega} = \begin{pmatrix} 242 \\ 332 \\ 434 \end{pmatrix}$$

Mit diesen Ausgangsdaten ergibt sich ein Maschinenbelegungsdiagramm in Form eines Gantt-Diagramms (vgl. Abbildung 2.18). Aus diesem ist ersichtlich, wie lange die einzelnen Maschinen mit Aufträgen belegt sind und in welcher Reihenfolge die Aufträge bearbeitet werden.

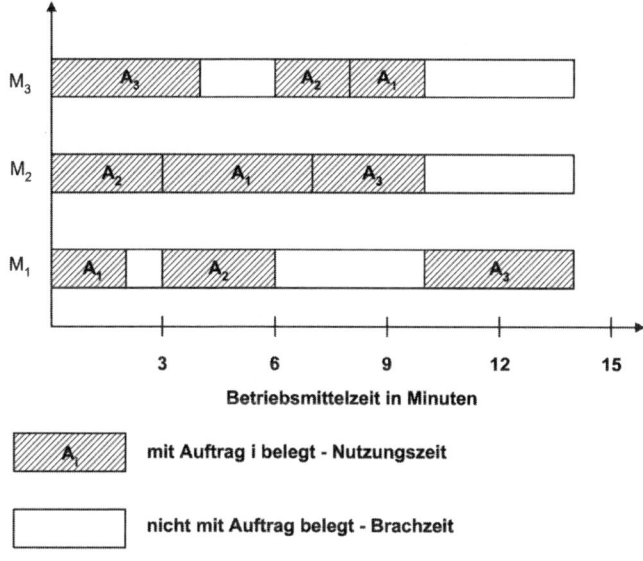

Abbildung 2.18. Maschinenbelegungsdiagramm

Aufgrund der Komplexität der möglichen Reihenfolgevarianten werden zur Lösung des Maschinenbelegungsproblems bei einer größeren Anzahl an Maschinen und Aufträgen heuristische Verfahren verwendet. Diese Verfahren werden als Prioritätsregeln bezeichnet und basieren auf der Annahme, dass die abzuarbeitenden Aufträge vor einer Maschine eine Warteschlange bilden. Die Bearbeitung dieser Aufträge erfolgt nach einer Prioritätsregel. Jedem Auftrag wird ein Zahlenwert zugeordnet, der als Priorität bezeichnet wird. Die Prioritätsregel stellt eine Vorschrift dar, nach welcher die Aufträge ausgewählt werden. Es ist nicht erforderlich, dass an jeder Maschine dieselben Prioritätsregeln angewendet werden. In der Tabelle 2.12 sind die am meisten verbreiteten Prioritätsregeln dargestellt. Dabei handelt es sich um Basis-Prioritätsregeln, die lediglich ein Kriterium berücksichtigen. Welche Prioritätsregel ausgewählt wird, ist abhängig von der Wertigkeit der Zielstellungen:

• Minimierung der Durchlaufzeit,

• Maximierung der Kapazitätsauslastung,

• Minimierung der Zwischenlagerungskosten oder

• Minimierung der Terminabweichung.

Tabelle 2.12. Ausgewählte Basis-Prioritätsregeln[38]

Benennung	Kurzbeschreibung: Als nächster Auftrag ist derjenige Auftrag zu bearbeiten,
- Kürzeste Operationszeit (KOZ)	welcher die kürzeste Bearbeitungszeit aufweist.
- Längste Operationszeit (LOZ)	der die längste Bearbeitungszeit aufweist.
- Schlupfzeitregel (SZ)	bei welchem die Differenz zwischen Liefertermin und Restbearbeitungszeit (Schlupf) am geringsten ist.
- Dynamische Wertregel (DWR)	welcher den höchsten Produktwert verkörpert.
- Kürzeste Fertigungsrestzeitregel (KFRZ)	welcher die kürzeste verbleibende Arbeitszeit auf allen noch benötigten Maschinen beansprucht.
- Längste Fertigungsrestzeitregel (LFRZ)	welcher die längste verbleibende Arbeitszeit auf allen noch benötigten Maschinen beansprucht.
- Frühester Liefertermin (FLT)	der den frühesten Liefertermin aufweist.
- Größte Gesamtbearbeitungszeit (GGB)	der die größte Gesamtbearbeitungszeit auf allen Maschinen beansprucht.
- Kleinste Gesamtbearbeitungszeit (KGB)	der die geringste Gesamtbearbeitungszeit auf allen Maschinen beansprucht.
- First-Come-First-Serve (FCFS)	welcher zuerst an der Maschine ankommt.

Die Anwendung der Prioritätsregeln führt lediglich zu einer teilweisen Erfüllung der unterschiedlichen Optimierungskriterien (vgl. Tabelle 2.13). Die KOZ-Regel führt zu einer Vermeidung des Dilemmas der Ablaufplanung, da sowohl die Kapazitätsauslastung maximiert als auch die Durchlaufzeit minimiert wird.

Die in der Tabelle 2.13 dargestellte Zieleffizienz der Prioritätsregeln ist jedoch nicht allgemeingültig, sondern unternehmens- und situationsspezifisch zu überprüfen. Der Zielerreichungsgrad hängt von den verfolgten Zielen, den organisatorisch-technischen Gegebenheiten sowie vom Fertigungsprogramm ab.

---

[38] Vgl. Hoitsch (1993, S. 480); Corsten (2004, S. 505).

Tabelle 2.13. Zieleffizienz ausgewählter Prioritätsregeln[39]

Prioritätsregel \\ Optimierungskriterium	KOZ	FRZ	DWR	SZ
Maximale Kapazitätsauslastung	Sehr gut	Gut	Mäßig	Gut
Minimale Durchlaufzeit	Sehr gut	Gut	Mäßig	Mäßig
Minimale Zwischenlagerungskosten	Gut	Mäßig	Sehr gut	Mäßig
Minimale Terminabweichungen	Schlecht	Mäßig	Mäßig	Sehr gut

Als Beispiel werden die in der folgenden Tabelle angegebenen Aufträge betrachtet, die zur Bearbeitung an einer Maschine anstehen. Alle Aufträge sind zum Zeitpunkt $t = 0$ freigegeben worden. Jeder Auftrag wird unmittelbar nach seiner Bearbeitung an die nächste Produktionsstufe weitergegeben.

Auftrag	Bearbeitungszeit in min	Lieferzeit in min
1	12	15
2	6	24
3	14	20
4	3	8
5	7	6

Zum Vergleich wird die Ablaufplanung sowohl mit der KOZ-Regel als auch mit der FLT-Regel durchgeführt. Zur Beurteilung der relativen Vorteilhaftigkeit der Regeln werden die mittlere Durchlaufzeit, die mittlere Verspätung und der mittlere Auftragsbestand ermittelt. Die mittlere Durchlaufzeit DLZ_m ergibt sich aus $DLZ_m = \frac{1}{P} \sum_{p=1}^{P} \{FT_p - VT_p\}$ mit VT_p als Verfügbarkeitstermin des Auftrags p an der Maschine, FT_p als tatsächlicher Fertigstellungstermin des Auftrags p und P als Summe der Aufträge.

Für die mittlere Verspätung VSG_m resultiert:

$$VSG_m = \frac{1}{P} \sum_{p=1}^{P} max\{FT_p - WT_p\},$$

wobei WT_p den gewünschten Fertigstellungstermin des Auftrags p beschreibt. Der mittlere Bestand an wartenden Aufträgen MiB_m errechnet sich aus

$$MiB_m = \frac{\sum_{p=1}^{P} \{FT_p - VT_p\}}{\max_p\{FT_p\} - \max_p\{VT_p\}}.$$

---

[39] Vgl. Schweitzer (1994, S. 700).

Es ergeben sich folgende Reihenfolgen und Durchlaufkennzahlen:

KOZ-Regel				
Auftrag	Start	Ende	Durchlaufzeit	Verspätung
4	0	3	3	0
2	3	9	9	0
5	9	16	16	10
1	16	28	28	13
3	28	42	42	22

$$DLZ_m^{KOZ} = \frac{98}{5} = 19,6 \ min; \ VSG_m^{KOZ} = \frac{45}{5} = 9 \ min;$$

$$Mib_m^{KOZ} = \frac{98}{42} = 2,33$$

FLT-Regel				
Auftrag	Start	Ende	Durchlaufzeit	Verspätung
5	0	7	7	1
4	7	10	10	2
1	10	22	22	7
3	22	36	36	16
2	36	42	42	18

$$DLZ_m^{FLT} = \frac{117}{5} = 23,4 \ min; \ VSG_m^{FLT} = \frac{44}{5} = 8,8 \ min;$$

$$Mib_m^{FLT} = \frac{117}{42} = 2,79$$

Nach der Terminplanung mit Durchlauf- und Kapazitätsterminierung wird ein Produktionsauftrag für die Werkstatt freigegeben. Vor der Freigabe des Auftrags ist zu prüfen, ob die folgenden erforderlichen Produktionsfaktoren verfügbar sind:

• Einzelteile und Baugruppen gemäß Arbeitsplan und Stückliste,

• Betriebsmittel,

• Personal,

• Informationen wie z. B. Arbeitspläne, Zeichnungen u.a.

Sind die im Vorfeld ermittelten Durchlaufzeiten kürzer als die tatsächlich erreichten, werden Aufträge häufig aus Sicherheitsgründen schon früher freigegeben als notwendig. Dadurch entstehen vor den Betriebsmitteln längere

Warteschlangen, was eine steigende Durchlaufzeit bewirkt, da die Aufträge länger im Produktionssystem verweilen. Das führt dazu, dass nachfolgende Aufträge noch früher freigegeben werden, was wiederum zu noch längeren Wartezeiten vor den Betriebsmitteln führt usw. Die so entstandene Situation wird als Durchlaufzeiten-Syndrom bezeichnet.

2.4 Übungsaufgaben

1. Die folgende Abbildung zeigt den Gozintographen einer Montagefertigung. In dem betrachteten Zeitraum sollen von Produkt P_1 50 Stück, von Produkt P_2 100 Stück und von Produkt P_3 50 Stück gefertigt werden. Ermitteln Sie den Bruttosekundärbedarf!

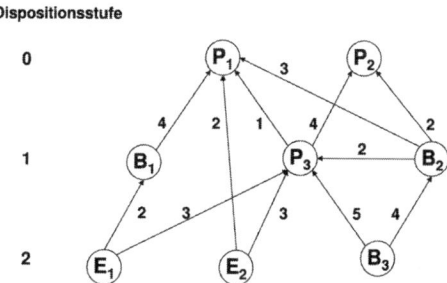

2. Die folgende Abbildung zeigt den Gozintographen einer Montagefertigung. In dem betrachteten Zeitraum sollen von Produkt P_1 10 Stück, von Produkt P_2 10 Stück, von Produkt P_3 50 Stück und von Produkt P_4 50 Stück gefertigt werden. Ermitteln Sie den Bruttosekundärbedarf!

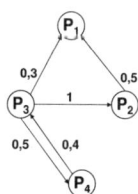

3. Zur Produktion der Produkte P_1 und P_2 sind folgende Informationen verfügbar:

Maschine	t_{i1} in h/Stück	t_{i2} in h/Stück	u_i in h
1	6	12	750
2	3	4	600
3	10	5	500

Der Stückdeckungsbeitrag des Produktes P_1 beträgt 40,- €, der Stückdeckungsbeitrag von P_2 beträgt 35,- €. Ermitteln Sie das Produktionsprogramm, bei welchem der Gesamtdeckungsbeitrag maximiert wird!

4. Die Statistik des Lagers der Huber AG weist folgende Werte aus:

Materialart	Jährlicher Verbrauchswert in €	Anzahl der Teile
1	3.000.000	40
2	1.700.000	20
3	3.220.000	38
4	2.700.000	18
5	1.600.000	37
6	1.130.000	45

Entscheiden Sie auf Basis der ABC-Analyse, für welche Materialarten die Bedarfsermittlung programmgebunden oder verbrauchsgebunden zu erfolgen hat!

5. Einem Unternehmen liegen folgende Verbrauchswerte des letzten Halbjahres vor:

Monat	1	2	3	4	5	6
g_t	1.570	1.920	1.885	1.690	1.770	1.850

Ermitteln Sie eine Prognose für den 7. Monat mittels exponenzieller Glättung 1. Ordnung! Verwenden Sie $\alpha = 0,15$ sowie einen Startwert von 1.500!

6. Im Rahmen der operativen Fertigungsplanung erfolgt die kurzfristige Planung der Bearbeitungsreihenfolge und der Maschinenbelegung.

   a) Geben Sie die entscheidungsrelevanten Kostenarten der Fertigung an!

   b) Leiten Sie aus dem Fundamentalziel „Reduktion der Fertigungskosten" die drei wesentlichen Instrumentalziele der Fertigungsplanung ab!

7. Für das Drehen eines Werkstücks sind folgende Werte gegeben:

$f\,[mm/U]$	$K_{WT}\,[\text{€}]$	$K_{ML}\,[\text{€}/min]$	$l\,[mm]$	$d\,[mm]$	C	y	$t_w\,[min]$
0,60	1,50	2,00	500	15	$2,969 \cdot 10^7$	4,0107	3

Ermitteln Sie auf Basis der einfachen Taylor-Gleichung:

a) die kostenoptimale Schnittgeschwindigkeit!

b) die bei Verwendung dieser Geschwindigkeit entstehenden Stückkosten!

8. In einer Werkstatt stehen die in der folgenden Tabelle angegebenen Aufträge zur Bearbeitung an. Alle Aufträge sind zum Zeitpunkt $t = 0$ freigegeben worden. Jeder Auftrag wird unmittelbar nach seiner Bearbeitung an die nächste Produktionsstufe weitergegeben.

Auftrag	Bearbeitungszeit	Liefertermin
1	3	15
2	9	23
3	6	8
4	2	6
5	9	44
6	8	18
7	11	38

Bestimmen Sie die Bearbeitungsreihenfolge der Aufträge an der Maschine, sowie jeweils die mittlere Durchlaufzeit, die mittlere Verspätung und den mittleren Auftragsbestand nach der

a) KOZ-Regel,

b) FLT-Regel,

c) FCFS-Regel!

Für die FCFS-Regel unterstellen Sie, dass die Nummerierung der Aufträge ihrer Ankunftsreihenfolge an der Maschine entspricht.

9. Gegeben sind die Maschinenfolgematrix $\underline{\Theta}$ und die Auftragszeitmatrix $\underline{\Omega}$ mit folgenden Werten:

$$\underline{\Theta} = \begin{pmatrix} 123 \\ 213 \\ 321 \end{pmatrix} \qquad \underline{\Omega} = \begin{pmatrix} 443 \\ 335 \\ 423 \end{pmatrix}$$

Ermitteln Sie das zeitminimale Maschinenbelegungsdiagramm!

10. Für einen Auftrag sind die in der folgenden Abbildung dargestellten Montage- und Produktionsaufträge für untergeordnete Baugruppen und Einzelteile durchzuführen. Die Ziffern beschreiben die auftragsbezogenen Bearbeitungszeiten.

Bestimmen Sie den frühestmöglichen Fertigstellungstermin sowie den kritischen Weg mit der MPM-Netzplantechnik!

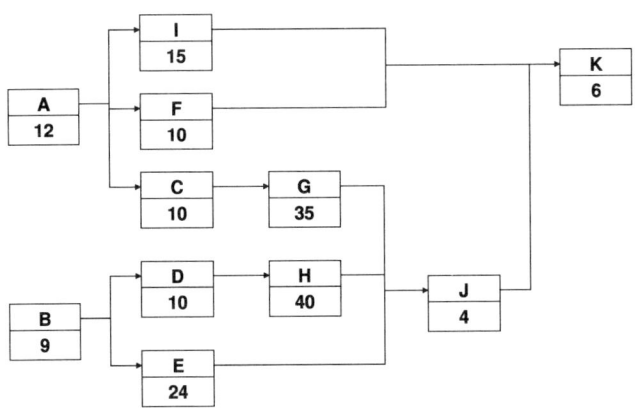

11. In Ihrem Unternehmen sind Sie kurzfristig für die Materialdisposition verantwortlich geworden. Sie erhalten folgende Daten für die Teile eines Bereiches:

Artikel	Jahresverbrauch in Stück	Stückpreis in €	Jährliche Bestellungen
A	20.000	30,-	12
B	12.000	50,-	4
C	5.000	15,-	6
D	1.500	5,-	12

a) Ermitteln Sie die optimale Bestellmenge und die optimale Bestellhäufigkeit!

b) Ermitteln Sie die Einsparungen, wenn Sie die optimale Bestellmenge tatsächlich realisieren!

12. Lager sind wichtige Bestandteile des Produktionsablaufes.

a) Unterscheiden Sie drei wesentliche Lagerarten!

b) Geben Sie vier Funktionen von Lagern an!

13. Ein Unternehmen, welches Möbel herstellt, benötigt in einem Jahr 15.000 Stück Türgriffe, die fremdbezogen werden. Die bestellfixen Kosten betragen 500,- € je Bestellung, der Einstandspreis liegt bei 4,50 € pro Stück. Der Zinssatz für das gebundene Kapital beträgt 5 % pro Jahr, Kosten für alle Aktivitäten der physischen Lagerung werden mit 15 % pro Jahr veranschlagt.

    a) Welche Annahmen liegen der Ermittlung der optimalen Bestellmenge zugrunde?

    b) Ermitteln Sie die optimale Bestellmenge!

    c) Ermitteln Sie die dabei anfallenden Kosten je Bestellung!

2.5 Zitierte und weiterführende Literatur

Corsten, H. (2004): Produktionswirtschaft: Einführung in das industrielle Produktionsmanagement. München: Oldenbourg.

Dangelmaier, W. (1999): Fertigungsplanung: Planung von Aufbau und Ablauf der Fertigung - Grundlagen, Algorithmen und Beispiele. Berlin u.a.: Springer.

Dangelmaier, W./Warnecke, H.-J. (1998): Fertigungslenkung: Planung und Steuerung des Ablaufs der diskreten Fertigung. Berlin u.a.: Springer.

Degner, W./Lutze, H./Smejkal, E. (2002): Spanende Formung - Theorie, Berechnung, Richtwerte. München u.a.: Hanse.

Hansmann, K.-W. (1999): Industrielles Management. München: Oldenbourg.

Hoitsch, H.-J. (1993): Produktionswirtschaft: Grundlagen einer industriellen Betriebswirtschaftslehre. München: Vahlen.

Jacobs, H.-J. (1977): Spanungsoptimierung. Berlin: Verlag Technik.

REFA (1997): Datenermittlung - Methodenlehre der Betriebsorganisation. München: Hanser.

Schneider, H./Buzacott, J./Rücker, T. (2005): Operative Produktionsplanung und -steuerung. München: Oldenbourg.

Schweitzer, M. (1994): Industriebetriebslehre: Das Wirtschaften in Industrieunternehmen. München: Vahlen.

Tönshoff, H.-K./Denkena B. (2004): Spanen - Grundlagen. Berlin u.a.: Springer.

Weber, H./Loladze, T. (1986): Grundlagen des Spanens. Berlin: Verlag Technik.

Normen und Richtlinien

VDI 2498 (12/78): Vorgehen bei einer Materialflussplanung

VDI 3206 (10/94): Auslegung von Drehprozessen

VDI 3321 (03/94): Schnittwertoptimierung - Grundlagen und Anwendung

VDI 3423 (02/02): Verfügbarkeit von Maschinen und Anlagen

VDI 3595 (06/99): Methoden zur materialflussgerechten Zuordnung von Betriebsbereichen und -mitteln

VDI 3637 (09/96): Datenermittlung für langfristige Fabrikplanung

DIN 6583 (09/81): Standbegriffe

DIN 69900-1 (08/87): Netzplantechnik - Begriffe

DIN 69900-2 (08/87): Netzplantechnik - Darstellungstechnik

3

Absatz und Marketing

3.1 Grundlagen

Marketing beinhaltet die konsequente Ausrichtung der Unternehmenstätigkeiten auf die Bedürfnisse des Absatzmarktes. Für die Entwicklung des Marketings war maßgeblich der Marktstrukturwandel von einem Verkäufer- zu einem Käufermarkt verantwortlich. Während bei einem Verkäufermarkt ein Nachfrageüberhang besteht, ist bei einem Käufermarkt das Gegenteil der Fall. Dies bedeutet, dass der Nachfrager aus einer Fülle von Angeboten dasjenige auswählen kann, welches am besten geeignet ist, seine Bedürfnisse zu befriedigen. Demgemäß verlagerte sich der Engpass der meisten Unternehmen von der Produktion auf den Absatz. Darüber hinaus beeinflussen weitere Veränderungen den Stellenwert des Marketings, wie z. B. Änderungen im Käuferverhalten, stagnierende Märkte, technologischer Wandel, Verkürzung der Produktlebenszyklen, Wegfall der Grenzen zwischen Märkten, Globalisierung, Ressourcenverknappung, sowie weitere gesellschaftliche und ökologische Anforderungen. Damit Unternehmen sich an diese Veränderungen anpassen können, werden Marketing-Konzeptionen aufgestellt (vgl. Abbildung 3.1).

Genau wie die Teilziele anderer Funktionsbereiche leiten sich auch die Marketingziele aus den Unternehmenszielen ab. Dabei dürfen Marketingziele den Unternehmenszielen nicht widersprechen und sind mit den anderen funktionalen Ziele zu koordinieren.[1] Marketingziele sind umso bedeutender, je stärker das Unternehmen seine Aktivitäten am Absatzmarkt ausrichtet. Es werden zwei Arten von Marketingzielen unterschieden: die marktpsychologischen und die marktökonomischen.

Um den Absatz zu erhöhen und damit den Engpass der meisten produzierenden Unternehmen zu beseitigen, ist die Beeinflussung des Käuferverhaltens

---

[1] Vgl. S. 293.

Abbildung 3.1. Konzeptionspyramide[2]

ein Ziel von Unternehmen. So steht anfänglich die Erlangung psychologischer Effekte im Vordergrund. Bei den marktpsychologischen Zielen stehen die nicht direkt messbaren Vorgänge innerhalb des Kaufentscheidungsprozesses im Zentrum der Betrachtung, d. h. die Prozesse, die zwischen der Bedürfnisaktivierung und der tatsächlichen Kaufentscheidung liegen. Von grundlegender Bedeutung sind die Zielgrößen Markenbekanntheit, Image, Erzielung von Kaufabsichten, Kundenzufriedenheit und Kundenbindung.

Im Gegensatz zu den marktpsychologischen sind die marktökonomischen Ziele direkt durch Markttransaktionen (z. B. den Kauf) zu messen. Die wichtigsten marktökonomischen Ziele beziehen sich auf den Umsatz, den Absatzpreis und die Absatzmenge, den Marktanteil, den Deckungsbeitrag und die Kosten.[3] Um die Marketingziele zu erreichen, werden Strategien definiert, welche mittel- bis langfristige Entscheidungen beinhalten, die den Einsatz des Marketingmixes bestimmen.

---

[2] Vgl. Becker (1998, S. 4).
[3] Zur Ermittlung des Deckungsbeitrags vgl. S. 178 und zur Kostenkalkulation von Produkten vgl. S. 172.

3.2 Absatzpolitische Strategien

Im Rahmen der strategischen Unternehmensführung werden Gesamtstrategien abgeleitet.[4] Schwierigkeiten bereitet es, aus der umfangreichen Palette strategischer Optionen ein möglichst stimmiges Set an Marketingstrategien zu bilden bzw. auszuwählen. Da sich Unternehmen einer Vielzahl von Anspruchsgruppen[5] gegenübersehen, können Marketingstrategien als anspruchsgruppengerichtete Strategien bezeichnet werden. Als besonders hervorzuhebende Unterkategorien existieren abnehmergerichtete Wettbewerbsstrategien und konkurrenzgerichtete Strategien. Je nach Orientierung des Unternehmens werden Analysen, z. B. Zielgruppen- oder Konkurrenzanalysen, für die Unterstützung der Strategiewahl in unterschiedlich umfassendem Maß durchgeführt. Die Ausgestaltung der hier vorgestellten Strategieebenen (vgl. Tabelle 3.1) hangt in der Regel nicht nur von einer Anspruchsgruppe ab.

Tabelle 3.1. Marketingstrategisches Grundraster[6]

Strategieebene	Art der strategischen Festlegung	Strategische Basisoptionen
1. Marktfeldstrategien	Festlegung der Produkt-Markt-Kombination(en)	Gegenwärtige oder neue Produkte in gegenwärtigen oder neuen Märkten
2. Markstimulierungsstrategien	Bestimmung der Art und Weise der Marktbeeinflussung	Qualitäts- oder Preiswettbewerb
3. Marktparzellierungsstrategien	Festlegung des Grades der Differenzierung der Marktbearbeitung	Massenmarkt- oder Segmentierungsmarketing
4. Marktarealstrategien	Bestimmung des Markt- bzw. Absatzraumes	Nationale oder internationale Absatzpolitik

3.2.1 Marktfeldstrategien

Ausgangspunkt für die Strategiefestlegung ist die Enscheidung auf welchen Märkten das Unternehmen mit welchen Produkten tätig sein will. Die hieraus entstehenden Strategiemöglichkeiten können, unterschieden nach dem Neuheitsgrad von Markt bzw. Produkt, in einer Matrix (vgl. Tabelle 3.2) abgebildet werden. Abhängig von dem Unternehmen und seinen Produkten können

---

[4] Vgl. S. 306.
[5] Vgl. S. 8.
[6] Vgl. Becker (1998, S. 148).

sowohl einzelne wie auch mehrere Marktfelder parallel oder zeitlich nacheinander besetzt werden.

Tabelle 3.2. Produkt-Markt-Matrix[7]

Märkte / Produkte	Gegenwärtig	Neu
Gegenwärtig	Marktdurchdringung	Marktentwicklung
Neu	Produktentwicklung	Diversifikation

Die Marktdurchdringungsstrategie zielt auf die Ausnutzung des Potenzials bestehender Märkte durch vorhandene Produkte. Diese Strategie bietet drei Möglichkeiten, um die Absatzmenge bzw. die Marktanteile und damit die Ertragslage des Unternehmens zu verbessern:

- Verstärkung der Produktverwendung bei bestehenden Kunden (z. B. durch Produktmodifikation, zusätzliche Verkaufsfördermaßnahmen, Veränderung der Verkaufseinheit oder der Distribution),

- Gewinnung von Kunden, durch Abwerben von der Konkurrenz (z. B. durch Produktverbesserungen, Preisveränderungen) und

- Gewinnung bisheriger Nicht-Kunden (z. B. durch Verteilung von Produktproben, Aktivierung neuer Absatzkanäle).

Die Strategie der Marktentwicklung dient der Aufdeckung von Möglichkeiten für bereits existierende Produkte. Auch hier bieten sich drei Ansatzpunkte an:

- Erschließung von geographisch neuen Märkten (z. B. durch regionale, nationale oder internationale Ausdehnung),

- Eindringen in Zusatzmärkte (z. B. durch Funktionserweiterungen und damit Schaffung neuer Anwendungsbereiche und Einsatzfelder),

- Erschließung neuer Absatzwege und Gewinnung neuer Abnehmer (z. B. durch Produktvariationen, verstärkte Nutzung von für die Abnehmer charakteristischen Medien).

Im Zentrum der Produktentwicklungsstrategie steht die Entwicklung neuer Produkte, wobei zwischen Innovationen[8] und Entwicklung von Produktversionen unterschieden wird. Die mit dieser Strategie einhergehende ständige Verbesserung bestehender Produkte sowie die Entwicklung von echten Marktneuheiten stellt die Unternehmen vor die Notwendigkeit, veraltete Produkte vom Markt zu nehmen.

---

[7] Vgl. Becker (1998, S. 148).
[8] Vgl. Abbildung 3.5, Seite 100.

Die Diversifikationsstrategie bezweckt die Entwicklung neuer Produkte für neue Märkte, wofür das Unternehmen bereits vorhandene Erfahrungen oder Kenntnisse nutzt. Grundlegende Ziele sind die Sicherung von Wachstumspotenzialen und die Risikostreuung, wobei zwischen drei Diversifikationsarten unterschieden wird:

- Horizontale Diversifikation: Ausweitung des Produktprogramms um sachverwandte Produkte.

- Vertikale Diversifikation: Ausweitung des Produktprogramms um Produkte der vor- oder nachgelagerten Wertschöpfungsstufe.

- Laterale Diversifikation: Vordringen in neue Produkt- oder Marktbereiche ohne sachlichen Zusammenhang zu den bisherigen Produkten.

Die laterale Diversifikation wird als die risikoreichste Variante angesehen, wobei zu beachten ist, dass keine klare Trennung der einzelnen Diversifikationsarten existiert. Für eine eindeutige Zurechnung ist die strittige Frage zu klären, wie stark sich altes und neues Produkt voneinander unterscheiden.

3.2.2 Marktdifferenzierung

Ausgangspunkt der Marktdifferenzierung ist die grundsätzliche Unternehmensstrategie (Differenzierung, Kostenführerschaft oder Nischenstrategie),[9] woraus sich die Marktstimulierungsstrategie ergibt. Auf dieser Basis werden die zu bearbeitenden Märkte nach dem Grad der Marktabdeckung, nach dem Differenzierungsgrad der Abnehmer und nach geographischen Kriterien differenziert. Diese Differenzierung bildet die Grundlage für den Einsatz der absatzpolitischen Instrumente.

Im Rahmen der Marktparzellierung wird entschieden, welcher Teil des Absatzmarktes mit welchem Differenzierungsgrad bearbeitet wird. Viele Unternehmen sehen sich der Tatsache gegenüber, dass auf den von ihnen bedienten Märkten die Kundenbedürfnisse in einem mehr oder weniger hohen Grad voneinander abweichen. Zwangsläufig müssen sich die Unternehmen entscheiden, die Marketinginstrumente auf alle oder nur auf bestimmte Abnehmerschichten, differenziert nach deren Ansprüchen, anzuwenden. Dies beinhaltet eine mögliche Aufteilung des Marktes in Teilmärkte, sowie die Bestimmung der Zielgruppen, indem sich die Unternehmen entweder auf Standardprodukte und damit auf eine umfassende Bedürfnisbefriedigung oder auf zugeschnittene Produkte und damit auf eine spezielle Bedürfnisbefriedigung konzentrieren. Dabei sind die in Tabelle 3.3 dargestellten Möglichkeiten unterscheidbar:

---

[9] Vgl. S. 314.

Tabelle 3.3. Grundlegende Möglichkeiten der Marktparzellierung

Differenzierungsgrad Marktabdeckung	Undifferenziert	Differenziert
Vollständig	Undifferenziertes Marketing	Differenziertes Marketing
Teilweise	Konzentriert-undifferenziertes Marketing	Selektiv-differenziertes Marketing

Daraus ergibt sich, dass in einem ersten Schritt die Art der Marktbearbeitung beschlossen wird, wobei zwei Alternativen zur Auswahl stehen:

- Massenmarktstrategie (= undifferenziertes Marketing)
- Marktsegmentierungsstrategie (= differenziertes Marketing)

Darauf aufbauend werden Entscheidungen zum Grad der Marktabdeckung getroffen. Bei der Wahl der Marktparzellierungsstrategie muss das Unternehmen den Wandel der Märkte bezüglich Größe und Struktur beachten. Viele Märkte stellen sich zu Beginn als Massenmärkte für Massenzielgruppen dar, welche sich im Laufe der Zeit in differenzierte Märkte hinsichtlich der Produktangebote und Preise wandeln. Zu beachten ist, dass es vielen Unternehmen allein schon aufgrund beschränkter Ressourcen nicht möglich ist, sämtliche Zielgruppen auf allen Teilmärkten zu bedienen.

Im Mittelpunkt der Massenmarktstrategie stehen nicht die unterschiedlichen Ansprüche und Bedürfnisse der Abnehmer, sondern vielmehr das, was sie verbindet. Indem Unternehmen das Augenmerk auf diese Gemeinsamkeiten richten, versuchen sie, eine maximale Abnehmerzahl zu erreichen. Die Verwirklichung großer Absatzmengen, verringert die Herstellkosten und erlaubt ein Anbieten der Produkte zu einem niedrigen Preis. Diese Marketingstrategie ist auf eine möglichst umfassende Marktpotenzialausschöpfung ausgerichtet. Der Massenmarktstrategie können folgende Vor- und Nachteile zugesprochen werden:

- Vorteile: Kostenvorteile, Marktpotenzialausschöpfung
- Nachteile: Eingeschränkte Preisspielräume, Gefahr des Preiswettbewerbs, Gefahr der Vernachlässigung anderer lukrativer Bereiche

Eine Unterscheidung innerhalb dieser Strategie kann dahingehend getroffen werden, ob das Unternehmen sog. Grundmärkte bedient (undifferenziertes Marketing), oder ob bereits Abgrenzungskriterien Anwendung finden, die grundsätzliche Bedarfsunterschiede berücksichtigen (konzentriert-undifferenziertes Marketing).

Mit der Marktsegmentierung versucht das Unternehmen unterschiedliche Abnehmerschichten zu identifizieren, um ihre Bedürfnisse mit an sie angepassten Produkten zu befriedigen. Das Unternehmen teilt also den Markt in verschiedene Teilmärkte auf, die aus Abnehmern mit gleichen Bedürfnissen bestehen. Dabei handelt es sich nicht nur um eine Produktdifferenzierung, sondern für jedes dieser Segmente kommt, abhängig von den Verbraucherwünschen, ein anderer Marketing-Mix zur Anwendung. Die gebildeten Segmente sollen dem Anspruch genügen, in sich möglichst homogon zu sein. Das Ziel der Marktsegmentierung besteht darin, ein hohes Ausmaß an Identität zwischen dem Produkt und den Verbrauchern zu erreichen. Auch bei dieser Strategie ist der Grad der Marktabdeckung von Bedeutung. Eine Marktsegmentierung mit vollständiger Marktabdeckung (differenziertes Marketing) kommt aufgrund der hohen Kosten nur für Großunternehmen in Frage. Im Vergleich zum Massenmarketing führt diese Strategie auf Märkten mit verschiedenartigen Verbraucherbedürfnissen regelmäßig zu höheren Umsätzen. Daneben existiert die Marktsegmentierung mit teilweiser Marktabdeckung (selektiv-differenziertes Marketing), welche es dem Unternehmen erlaubt, sich mit Produkt und Marketing-Mix ausschließlich auf den gewählten Teilmarkt zu konzentrieren. Um einen Markt in Teilmärkte aufzuspalten, werden Segmentierungskriterien herangezogen, welche sich in folgende drei Bereiche gliedern lassen:

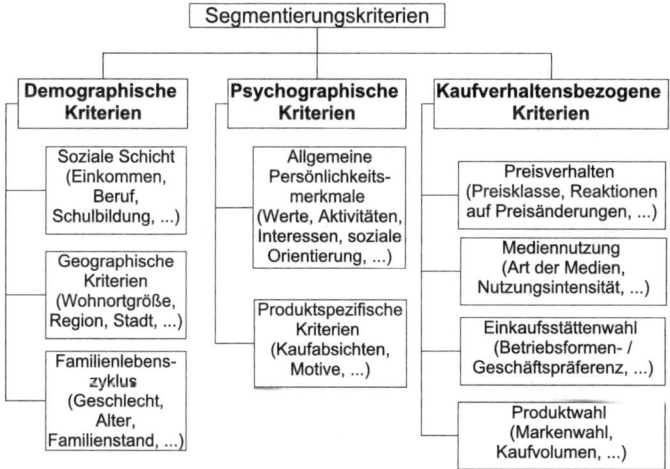

Abbildung 3.2. Systematik von Segmentierungskriterien

Die Segmentierungsstrategie bietet folgende Vor- und Nachteile:

- Vorteile: Erfüllung differenzierter Abnehmerwünsche, Preisspielräume
- Nachteile: Gefahr zu starker Aufzuspaltung der Märkte, Gefahr der Vernachlässigung vielversprechender Segmente

Neben der Marktparzellierung ist der zu bearbeitende Markt nach geographischen Kriterien abzugrenzen (Marktarealstrategie). Dabei wird zwischen nationalen und übernationalen Strategien unterschieden. Nationale Strategien beinhalten die lokale, regionale, überregionale und nationale Markterschließung, während zu den übernationalen Strategien die multinationale, internationale und globale Erschließung zählen.

In der Regel bildet der lokale Absatzmarkt den Ausgangspunkt für die Tätigkeiten des Unternehmens. Dies ist vor allem für kleine und mittelständische Unternehmen der Fall. In einem darauf aufbauenden Prozess erfolgt die Erschließung von regionalen bzw. überregionalen (d. h. mehrere Bundesländer einschließenden) Märkten bis hin zum nationalen Markt. Der Ausbau der Marktabdeckung kann für jedes Unternehmen einen unterschiedlich großen Zeitraum in Anspruch nehmen und aus diversen Gründen (z. B. steigender Preis- und Wettbewerbsdruck) auf einer der Stufen enden. Die Kriterien für die Wahl des Absatzmarktes, werden danach unterschieden, ob sie sich unmittelbar (Handel, Kunden, Wettbewerber) oder mittelbar (Umfeld, Infrastruktur, Unternehmensbedingungen) auf die Marktpartner beziehen.

Viele Unternehmen sind über die nationalen Grenzen hinaus aktiv. Gründe für die Bedienung übernationaler Märkte stellen z. B. der gesättigte inländische Markt, Risikostreuungs- und Kapazitätsauslastungsversuche, sowie Image-Gründe dar. Das internationale Marketing beinhaltet drei Basisstrategien, die wiederum ein charakteristisches Verhalten des Unternehmens nach sich ziehen:

- Multinationale Strategie: Versuch, unmittelbar benachbarte ausländische Absatzmärkte zu erschließen.

- Internationale Strategie: Aufgabe der einseitigen Heimatland-Orientierung bzw. ihre signifikante Erweiterung durch eine Gastland-Orientierung.

- Weltmarktstrategie.

3.3 Absatzpolitische Instrumente

Nach der Zielbestimmung und Festlegung der zu verfolgenden Wege muss das Unternehmen die dafür notwendigen Marketinginstrumente bestimmen. Folgende Instrumente stehen zur Auswahl:

- Produktpolitik,

- Preispolitik,

- Kommunikationspolitik und

- Distributionspolitik.

Um die Bedeutung der einzelnen Instrumente für das Unternehmen zu bestimmen, werden u. a. die Branche, die Art der Produkte, das Verhalten der Marktteilnehmer (insb. das Abnehmerverhalten), der Produktlebenszyklus[10] sowie die Konjunkturphasen betrachtet.

3.3.1 Produkt- und Programmpolitik

Die Produktpolitik befasst sich mit sämtlichen Maßnahmen, die in Zusammenhang mit dem Absatzprogramm oder einzelnen Produkten stehen. Dabei bezeichnet der Begriff „Produkt" für Unternehmen nicht nur die materielle Leistung, die das Ergebnis des Planungs- und Konstruktionsprozesses ist. Vielmehr beinhaltet dieser Begriff sämtliche Produkteigenschaften, also die Leistung des Unternehmens insgesamt, die der Kunde wahrnimmt, die seine Nutzenerwartungen erfüllt, die ihm bei der Befriedigung seiner Ansprüche hilft und in seine Kaufentscheidung einfließt. Damit hängt der Unternehmenserfolg maßgeblich von der Produktleistung eines Unternehmens ab.

a) Produktplanung

Die Planung und Entwicklung eines Produktes erfolgt in mehreren Schritten. Als Beispiel soll hier ein Planungs- und Konstruktionsprozess dienen (vereinfachte Darstellung in Abbildung 3.3), welcher sich speziell auf den Maschinenbau bezieht und auf Grundlage der VDI-Richtlinien 2221 und 2222, die das generelle Vorgehen beim Entwickeln und Konstruieren beschreiben, entwickelt wurde. Abbildung 3.3 stellt die Hauptarbeitsschritte und die Arbeitsergebnisse dar, welche wiederum Grundlage weiterer Hauptarbeitsschritte sind.

b) Produktgestaltung

Die Produktgestaltung ist entscheidend, um eine Produktleistung zu erbringen, die dem Markt angepasst ist. Die Entscheidungen diesbezüglich legen fest, welche Leistungen ein Unternehmen seinen Kunden anbietet und in welcher Art (vgl. Abbildung 3.4).

Mit der Produktplanung und -entwicklung sind bereits die ersten Entscheidungen zu der Produktgestaltung gefallen. Das Produktinnere beschreibt die Qualität eines Produktes und steht damit in direktem Zusammenhang zu der Problemlösungsfähigkeit. Die Produktqualität hängt von der Gestaltung des Produktkerns (beschreibt die Zusammensetzung des Produktes und stellt damit das eigentliche Produkt dar) und den Produktfunktionen (Verwendung und Ge- bzw. Verbrauch des Produktes) ab.

Das Produktäußere hingegen beinhaltet sämtliche Elemente, die das Erscheinungsbild des Produktes ausmachen, wie sein Aussehen oder seine Verpackung. Vor allem bei nicht formfesten Produkten (z. B. Parfüm) kommt der

---

[10] Vgl. S. 198.

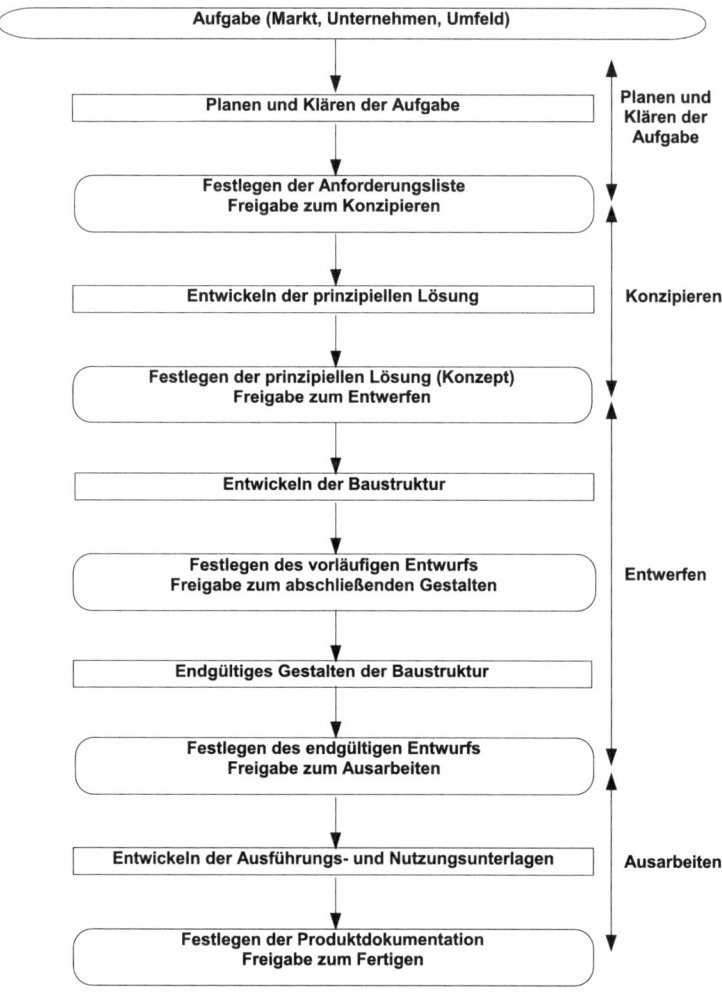

Abbildung 3.3. Planungs- und Konstruktionsprozess[11]

Verpackung eine besondere Bedeutung zu. Aufgrund des stärker werdenden Wettbewerbsumfeldes müssen Unternehmen zunehmend versuchen, den Zusatznutzen über das Produktäußere zu erbringen. Die Verpackung eines Produktes kann dabei wesentliche Funktionen bezüglich des Schutzes, des Transportes, der Werbung, der Identifizierung und der Information erfüllen.

---

[11] Vgl. Pahl/Beitz (1997, S. 86).

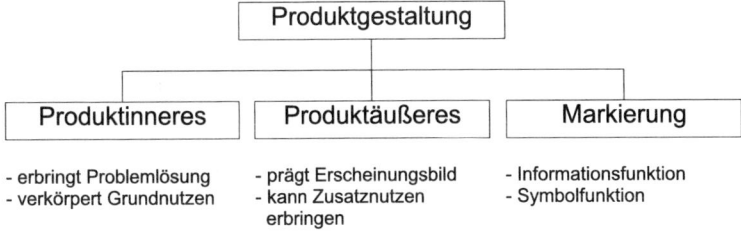

Abbildung 3.4. Produktgestaltung

Die Markierung[12] stellt einen zentralen Ansatzpunkt innerhalb der Produktpolitik dar. Der Aufbau und die Etablierung einer Marke dienen dem Unternehmen dazu, Produkte für die Verbaucher unterscheidbar gegenüber Konkurrenzprodukten zu machen sowie das Unternehmensimage zu verbessern. Zu einer Marke und damit zur Charakterisierung eines Produktes gehören aber nicht nur der Name des Produktes, sondern sämtliche Elemente, die mit der Wiedererkennung dieses Namens verbunden sind. Dabei treten Marken entweder als Einzelmarke für ein Produkt (z. B. Persil von Henkel) oder als Dachmarke für mehrere Produkte (z. B. IBM in der Computerbranche) auf. Der Markierung werden u. a. folgende Funktionen zugesprochen:

- Kommunikationsfunktion,
- Differenzierungsfunktion,
- Hilfe zur Präferenzbildung,
- Orientierungsfunktion für die Verbraucher und
- Wiedererkennungsfunktion.

Ein immer wichtigerer Bestandteil für die Produktkonzeption ist, neben den eben behandelten Basiselementen, das Erbringen von produktnahen Dienstleistungen. Auch hiermit wird dem Kunden ein Zusatznutzen gewährt, der die Attraktivität des Produktes steigern und die Kundenzufriedenheit nach dem Kauf gewährleisten soll. Produktnahe Dienstleistungen können unter dem Oberbegriff Kundendienst zusammengefasst werden und beinhalten die Kaufberatung sowie Entscheidungen zu Umfang und Dauer der Garantie, Wartungsarbeiten und Ersatzteillieferungen.

c) Produktprogramm

Wie stark sich ein Unternehmen mit den einzelnen Produktgestaltungsmerkmalen auseinandersetzt, hängt von Faktoren wie z. B. Marktbedingungen und Unternehmenszielen ab. Jede dieser Entscheidungen wirkt sich aber nicht nur auf ein bestimmtes Produkt aus, sondern muss im Hinblick auf die Auswirkungen bezüglich aller Produkte betrachtet werden, die ein Unternehmen anbieten

---

[12] Vgl. S. 316.

kann und die in ihrer Gesamtheit als Produktprogramm bezeichnet werden. Das Produktprogramm kann durch zwei Dimensionen beschrieben werden, nämlich die Programmbreite (Zahl der Produktarten) und die Programmtiefe (Zahl der Produktlinien). Es ergibt sich also ein direkter Zusammenhang von produktpolitischen zu programmpolitischen Entscheidungen. Für die Zusammensetzung des Produktprogramms ergeben sich die Möglichkeiten der:

- Variation (bisheriges Produkt wird durch neue Ausführung ersetzt.),
- Differenzierung (neben den vorhandenen Produkten werden zusätzliche Ausführungen des Produktes angeboten.),
- Diversifikation (neue Produkte auf neuen Märkten, vgl. S. 92),
- Innovation (Entwicklung neuer Produkte),
- Eliminierung (Einstellung des Absatzes von Produktvarianten, -gruppen oder -linien.)

Produktinnovationen, welche anhand ihres Innovationsgrades voneinander unterschieden werden können (vgl. Abbildung 3.5), werden durch die Veränderung der Nachfrage und durch den technologischen Fortschritt notwendig.

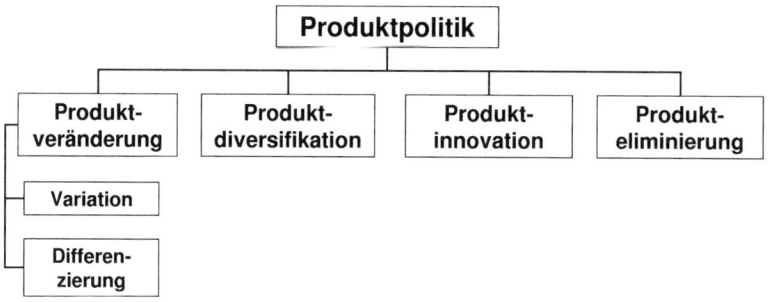

Abbildung 3.5. Varianten der Produktpolitik

Von besonderem Interesse sind echte Produktinnovationen. Aufgrund der Kostenintensität des Produktentwicklungsprozesses ergibt sich dabei ein höheres Risiko für die Unternehmen. Zu beachten ist, dass das Fehlschlagen einer Produktinnovation langfristige negative Folgen für das Unternehmen (z. B. Imageschäden) bewirken kann. Gleichzeitig bergen Produktinnovationen aber auch höhere Chancen und bieten dem Unternehmen damit ein stärkeres Gewinnpotenzial.

Auch wenn Produktinnovationen und -variationen oftmals nicht exakt voneinander zu unterscheiden sind, umfassen Produktvariationen die Änderung dessen, was mit dem Produkt und/oder seinem Erscheinungsbild zu tun hat. Das sich daraus ergebende, veränderte Produkt ersetzt dabei das ursprüngliche. Dabei kann sich die Variation auf die funktionellen Eigenschaften, das Erscheinungsbild (Stil, Farbe), die Nutzenserweiterung und/oder den Namen beziehen.

Neben der Neuentwicklung und Veränderung von Produkten müssen auch Entscheidungen hinsichtlich der Herausnahme nicht (mehr) erfolgreicher Produkte aus dem Absatzprogramm getroffen werden. Um die Entscheidungen in den dargestellten Bereichen entsprechend der Wettbewerbs- und Nachfrageverhältnisse treffen zu können, werden Modelle wie z. B. das des Produktlebenszyklus herangezogen.[13]

3.3.2 Preispolitik

Eng an die Produktpolitik angelehnt ist die Preispolitik. Der Instrumentalbereich der Preispolitik umfasst alle absatzpolitischen Entscheidungen und Maßnahmen, die der ziel- und marktgerechten Gestaltung der Preise von Gütern und Dienstleistungen dienen, inklusive der Entscheidungen zu Rabatten, Liefer- und Zahlungsbedingungen u.ä., welche als Konditionenpolitik bezeichnet werden. Unter den Preis eines Gutes fallen alle monetären Gegenleistungen, die dem Verbraucher entstehen, was auch Nutzungskosten mit einschließt.[14] Dabei ist zu beachten, dass für die Kaufentscheidung des Abnehmers nicht nur der Preis, sondern der Preis im Zusammenhang mit der Nutzenerwartung ausschlaggebend ist. Für die Kaufentscheidung wird der Netto-Nutzen (= Nutzen - Preis) herangezogen. Um die Verbraucher zum Vorziehen des eigenen Produktes gegenüber den Konkurrenzprodukten zu bewegen, besitzt das Unternehmen zwei Möglichkeiten:

- höherer Nutzen zu gleichem Preis oder
- gleicher Nutzen zu niedrigerem Preis.

a) Ansätze zur Preisbestimmung

Unternehmen sind bemüht, für ihre Produkte den optimalen Absatzpreis festzulegen, welcher dann erreicht ist, wenn der höchste Gewinn erzielt wird. Da Faktoren wie die Kosten, der Preis der Konkurrenz und der Nutzen der Nachfrager beachtet werden müssen, existieren unterschiedliche Möglichkeiten der Preisbestimmung (vgl. Abbildung 3.6).

---

[13] Vgl. Kapitel 4.5.3, S. 198.
[14] Vgl. zu den Kosten im Laufe der Produktnutzung Abbildung 4.10, S. 186.

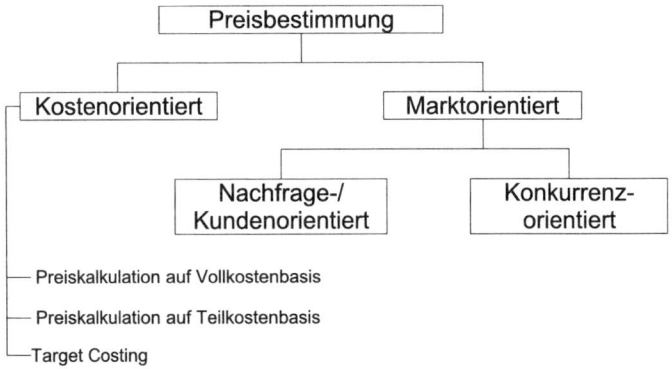

Abbildung 3.6. Arten der Preisbestimmung

Gängige Praxis ist die kostenorientierte Preisbestimmung. Einerseits ist diese auf Grundlage der Kostenträgerrechnung verhältnismäßig leicht durchzuführen, andererseits geht diese auf das generelle Ziel einer jeden Unternehmung zurück, die Existenzsicherung. Die kostenorientierte Preisfestsetzung genügt insofern dem Anspruch, dass die Gesamtkosten eines Unternehmens durch die Umsatzerlöse gedeckt werden.[15]

Abnehmerorientiert ist die Preisbestimmung, wenn der Preis entsprechend der Zahlungsbereitschaft des Kunden festgesetzt wird. In der einfachsten Form kann sich diese Preisfestsetzung an der Nachfrage orientieren, d. h. eine hohe Nachfrage hat hohe Preise zur Folge und umgekehrt. Detaillierter kann die Preisfestsetzung allerdings durch die (direkte) Preiselastizität der Nachfrage vorgenommen werden. Diese sagt aus, wie hoch die prozentuale Nachfragemengenänderung als Reaktion auf die prozentuale Angebotspreisänderung ist.

$$\text{Preiselastizität} = \frac{\text{prozentuale Mengenänderung}}{\text{prozentuale Preisänderung}}$$

$$\varepsilon_{x,p} = \frac{\frac{dx}{x}}{\frac{dp}{p}} = \frac{dx}{dp} \cdot \frac{p}{x}$$

mit $\varepsilon_{x,p}$ als Preiselastizität, x als Menge und p als Preis. Die Preiselastizität der Nachfrage ist gemeinhin negativ, da Verbraucher auf eine Preiserhöhung normalerweise mit einer sinkenden Nachfrage reagieren und umgekehrt. Abbildung 3.7 illustriert die Auswirkung der Elastizität auf die Preispolitik des Unternehmens. Wenn die Preiselastizität z. B. größer als -1 ist und das Unternehmen den Preis senkt, dann resultiert ein Umsatzrückgang, da der Men-

---

[15] Vgl. Kapitel 4.3.1, S. 143 sowie Kapitel 4.5.1, S. 186.

geneffekt den Preiseffekt nicht ausgleichen kann, d. h. das Unternehmen nicht genügend zusätzliche Kunden gewinnen kann.

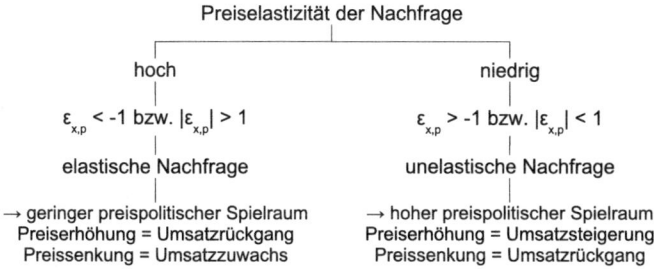

Abbildung 3.7. Preiselastizität der Nachfrage

Als dritte Form existiert die konkurrenzorientierte Preisbestimmung, wobei der Preis im Hinblick auf die Preissetzung der Konkurrenz gewählt wird. Es können drei grundlegende Formen unterschieden werden:

- Preisüberbietung,
- Preisbildung auf dem Niveau des Preisführers oder
- Preisunterbietung.

Einen höheren Preis als die Konkurrenz festzusetzen und damit eine Preisführerschaft auf dem Markt anzustreben, hat dann Aussicht auf Erfolg, wenn das Unternehmen über ein hohes Ansehen am Markt verfügt. Um einem Preiswettbewerb aus dem Weg zu gehen, kann sich das Unternehmen bei der Preisbestimmung am derzeitigen Preisführer orientieren. Prinzipiell bestehen zwei Arten der Preisführerschaft:

- Dominierende Preisführerschaft: Die Unternehmen orientieren sich bei der Preissetzung an einem (bzw. einigen wenigen) Unternehmen, welches Marktführer ist, unabhängig von der eigenen Kostensituation.

- Barometrische Preisführerschaft: Es existiert kein einzelner Marktführer, sondern eine Gruppe von annähernd gleich starken Anbietern. Innerhalb dieser Gruppe wird ein Unternehmen als Preisführer anerkannt, welches einen für die anderen Unternehmen annehmbaren Preis vorgibt, so dass es zu keinem ruinösen Preiskampf kommt. Allerdings ist hier Vorsicht geboten, um nicht gegen das Kartellrecht zu verstoßen.

Das Unternehmen kann den Preis auch unterhalb des Konkurrenzpreises festsetzen. Dieses Verhalten lässt sich vor allem dann beobachten, wenn Unternehmen einen Markt neu betreten. Diese Form der Preisbildung birgt jedoch auch Risiken, wie z. B. die Auslösung eines ruinösen Preiswettbewerbs, die Weigerung der Nachfrager, eine spätere Preiserhöhung zu akzeptieren und die Annahme der Käufer, ein niedriger Preis sei ein qualitätsminderndes Merkmal.

b) Strategische Entscheidungen zur Preispolitik

Die bisher vorgestellten Entscheidungen zur Festlegung des Preises sind meist kurzfristig ausgerichtet. Das bedeutet eine relativ schnelle Wirksamkeit sowie eine relativ einfache Korrektur. Darüber hinaus sind im Rahmen der Preispolitik aber auch Entscheidungen zu treffen, die einen strategischen Charakter aufweisen und damit langfristig ausgerichtet sind. Diese Entscheidungen sind v.a. vor dem Hintergrund zu treffen, dass der Preis eines Produktes für den gesamten Lebenszyklus nicht unverändert bleibt. Dabei kann es z. B. um die Wahl einer Hoch- oder Niedrigpreisstrategie oder um Entscheidungen hinsichtlich der Preisdifferenzierung gehen.

Beispiel für eine Hochpreisstratgegie ist das sog. Skimming-pricing (vgl. Tabelle 3.4), welche auch als Strategie der Marktabschöpfung bezeichnet wird. Für die Markteinführung des Produktes wird ein verhältnismäßig hoher Preis gewählt, welcher mit wachsender Markterschließung und steigendem Konkurrenzdruck stufenweise reduziert wird.

Tabelle 3.4. Skimming-pricing

Ziel der Strategie	- Erzielung eines hohen Markteinführungspreises
Begünstigende Faktoren	- Ausreichend Verbraucher mit zeitweiliger Preisunempfindlichkeit - Produkt mit großem Neuheitsgrad - Gefahr der raschen Produktalterung - Begrenzte Produktions- und/oder Vertriebskapazitäten
Vorteile der Strategie	- Hohe kurzfristige Gewinne - Festigung des Produktimages - Nutzung der Preisunempfindlichkeit der Verbraucher - Hohen Preis als Qualitätsindikator nutzen - Positive Stärkung des Images - Erzeugung eines Preisspielraumes nach unten - Schnelle Abdeckung von F&E-Aufwendungen möglich
Nachteile der Strategie	- Produkte müssen innovativ sein - Aufmerksamkeit der Konkurrenz wird erregt - Hoher Werbeaufwand notwendig

Im Gegensatz zu der Marktabschöpfung handelt es sich bei der Penetrationsstrategie (vgl. Tabelle 3.5), der Strategie der Marktdurchdringung, um eine Niedrigpreisstrategie. Das Produkt wird mit einem niedrigen Preis in den Markt eingeführt, welcher später ein wenig erhöht oder sogar noch weiter reduziert werden kann.

Tabelle 3.5. Penetrationsstrategie

Ziel der Strategie	- Erschließung von Massenmärkten - Erreichung einer marktbeherrschenden Stellung
Begünstigende Faktoren	- Verbraucher sind sehr preisempfindlich - Geringer Neuigkeitsgrad des Produktes → Verbraucher haben Möglichkeit zu Preis- und Nutzenvergleichen - Hohe Kapazitäten stehen zur Verfügung
Vorteile der Strategie	- Erfahrungskurveneffekte können genutzt werden - Rasche Marktdurchdringung - Aufbau einer starken Marktposition - Aufbau von Markteintrittsbarrieren - Verdrängung von Wettbewerbern
Nachteile der Strategie	- Lange Amortisationsdauer - Gefahr, dass Verbraucher niedrigen Preis mit niedriger Qualität gleichsetzen - Geringer preispolitischer Spielraum - Konsumenten akzeptieren spätere Preiserhöhung nicht

Weitere strategische Entscheidungen betreffen die Preisdifferenzierung (vgl. Tabelle 3.6), welche jedes Unternehmen in mehr oder weniger stark ausgeprägtem Umfang betreibt. Preisdifferenzierung bedeutet, dass für eine identische Leistung unterschiedliche Preise verlangt werden.

Tabelle 3.6. Preisdifferenzierung

Ziel der Strategie	- Nutzung der heterogenen Preisakzeptanz der Verbraucher
Voraussetzungen	- Wahrnehmbare Preisempfindlichkeit, um Konsumenten in Gruppen einteilen zu können - Segmentierung der Märkte möglich - Abnehmer werden durch Preisunterschiede nicht diskriminiert - Preisdifferenzierung in der bestehenden Wettbewerbssituation möglich
Mögliche Arten der Preisdifferenzierung	
Räumliche Preisdifferenzierung	Preisdifferenzierung in geographisch unterschiedlichen Gebieten unter Berücksichtigung der Kundenbedürfnisse sowie der Wettbewerbs- und Marktbedingungen
Zeitliche Preisdifferenzierung	Preisdifferenzierung in Abhängigkeit vom Zeitpunkt der Nachfrage
Personelle Preisdifferenzierung	Preisdifferenzierung nach Käufermerkmalen (z. B. Alter, berufliche Merkmale)
Mengenmäßige Preisdifferenzierung	Preisdifferenzierung nach Umfang der Abnahmemenge

c) Konditionenpolitik

Die Konditionenpolitik umfasst die Entscheidungen eines Unternehmens, die sich neben der Preisforderung auf die monetäre Gegenleistung der Kunden auswirken. Dazu zählen z. B. Rabatte sowie Liefer- und Zahlungsbedingungen. Die Liefer- und Zahlungsbedingungen beinhalten die Konditionen, zu denen ein Vertrag abgeschlossen wird. Die Zahlungsbedingungen regeln die Zahlungsverpflichtung des Käufers, wie z. B. Art und Zeitpunkt der Zahlung, Zahlungsfristen u.ä. Die Lieferbedingungen beinhalten Wesen und Art der Pflichten des Anbieters, wie z. B. Lieferzeit, Erfüllungsort oder Garantieleistungen. Beispiele sind die INCOTERMS (International Commercial Terms) und die ZVEI-Lieferbedingungen. Die INCOTERMS bestehen aus 13 Regeln für den internationalen Handel und regeln hauptsächlich den Kosten- und Gefahrenübergang von Verkäufer auf Käufer, also die Rechte und Pflichten beider Parteien. Daneben zeigt Tabelle 3.7 einen Auszug aus den ZVEI-Lieferbedingungen.

Tabelle 3.7. Auszug aus den ZVEI-Lieferbedingungen

Allgemeine Lieferbedingungen für Erzeugnisse und Leistungen der Elektroindustrie zur Verwendung im Geschäftsverkehr gegenüber Unternehmen
(Unverbindliche Konditionenempfehlungen des Zentralverbandes Elektrotechnik- und Elektroindustrie (ZVEI) e.V.)
II. **Preise und Bestimmungen**
1. Die Preise verstehen sich ab Werk ausschließlich Verpackung zuzüglich der jeweils geltenden gesetzlichen Umsatzsteuer
2. Hat der Lieferer die Aufstellung oder Montage übernommen und ist nicht etwas anderes vereinbart, so trägt der Besteller neben der vereinbarten Vergütung alle erforderlichen Nebenkosten wie Reisekosten, Kosten für den Transport des Handwerkszeugs und des persönlichen Gepäcks sowie Auslösungen.
III. **Eigentumsvorbehalt**
1. Die Gegenstände der Lieferungen (Vorbehaltsware) bleiben Eigentum des Lieferers bis zur Erfüllung sämtlicher ihm gegen den Besteller aus der Geschäftsverbindung zustehenden Ansprüche. Soweit der Wert aller Sicherungsrechte, die dem Lieferer zustehen, die Höhe aller gesicherten Ansprüche um mehr als 20% übersteigt, wird der Lieferer auf Wunsch des Bestellers einen entsprechenden Teil der Sicherungsrechte freigeben.
2. Während des Bestehens des Eigentumsvorbehalts ist dem Besteller eine Verpfändung oder Sicherungsübereignung untersagt und die Weiterveräußerung nur Wiederverkäufern im gewöhnlichen Geschäftsgang und nur unter der Bedingung gestattet, dass der Wiederverkäufer von seinem Kunden Bezahlung erhält oder den Vorbehalt macht, dass das Eigentum auf den Kunden erst übergeht, wenn dieser seine Zahlungsverpflichtungen erfüllt hat.

Rabatte bezeichnen Preisabschläge, die einem Konsumenten gewährt werden, wenn er bestimmte Voraussetzungen erfüllt. Es können unterschiedliche Rabattarten unterschieden werden:

- Funktionsrabatte: Diese werden dem Groß- und Einzelhandel für die übernommenen Funktionen (z. B. Lagerung, Verkauf der Produkte, Beratung von Kunden) gewährt.

- Mengenrabatte: Als Anreiz für die Abnahme größerer Mengen werden Mengenrabatte gewährt.

- Zeitrabatte: Bei vorzeitigem Bezug der Ware werden Zeitrabatte gewährt.

- Treuerabatte: Als Belohnung der Abnehmertreue werden Treuerabatte gewährt.

3.3.3 Distributionspolitik

Die Distributionspolitik umfasst sämtliche Entscheidungen, die getroffen werden müssen, damit die Leistung ihren Weg vom Hersteller zum Verbraucher findet. Diese Entscheidungen besitzen meist einen langfristigen Charakter, können also aufgrund ihrer strategischen Natur nur schwer abgeändert werden. Unterschieden wird zwischen der akquisitorischen und der physischen Distribution, wobei Absatzwege, Absatzorganisation und Absatzlogistik die drei grundlegenden Entscheidungsbereiche der Distributionspolitik darstellen (vgl. Abbildung 3.8).

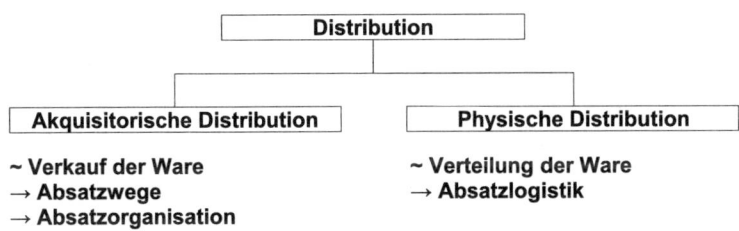

Abbildung 3.8. Akquisitorische und physische Distribution

a) Absatzwege

Die Wahl des Absatzweges verlangt vom Hersteller die Entscheidung, entweder seine Leistung direkt oder indirekt (unter Einschalten von rechtlich selbständigen Absatzorganen) zu vertreiben. Die Beschaffenheit der Produkte, die Art des Produktprogramms, die Unternehmensgröße, sowie die Wettbewerbs-, die Nachfrage- und die Finanzsituation des Unternehmens beeinflussen die Wahl des Absatzweges.

Beim Direktvertrieb treten keine unternehmensfremden Absatzmittler auf, d. h. es besteht eine direkte Verbindung zwischen dem Hersteller und dem Endverbraucher. Diese Form des Absatzes wird vor allem im Dienstleistungssektor gewählt. Für Unternehmen gibt es die Möglichkeit, Absatzhelfer zu entsenden oder eigene Distributionsorgane einzuschalten. Zu den unternehmens-externen Absatzorganen zählen Handelsvertreter und Komissionäre, zu den unternehmensinternen zählen Verkaufsniederlassungen und Reisende. Durch den Fortschritt bei Kommunikations- und Informationstechnologien wird der Direktvertrieb für die Hersteller immer interessanter, da dieser die gezielte Kundenansprache vereinfacht.

Beim indirekten Vertrieb hingegen werden zwischen Hersteller und Endverbraucher rechtlich selbständige Absatzorgane wie z. B. Groß- und Einzelhändler aktiv. Für die Hersteller existieren unterschiedliche Gründe, sich für den indirekten Vertrieb zu entscheiden, wie z. B. möglichst alle Endverbraucher beliefern zu können oder die Vorteile eines Sortimentsverbundes zu nutzen. Tabelle 3.8 zeigt im Überblick prinzipielle Vor- und Nachteile der beiden Absatzwege auf.

Tabelle 3.8. Vor- und Nachteile des direkten und indirekten Vertriebs

	Direktvertrieb	Indirekter Vertrieb
Vorteile	- Hersteller hat bessere Steuerungsmöglichkeiten - Hersteller ist unabhängiger - Hersteller steht mit Endabnehmer im direkten Kontakt	- Geringeres Finanzrisiko für den Hersteller - Schneller zu realisieren - Weitere Verbreitung der Produkte - Absatzorgane übernehmen den Service - Entlastung des Managements
Nachteile	- Großer vertriebsorganisatorischer Aufwand für den Hersteller - Eingeschränkte Verbreitung der Produkte (keine Massendistribution)	- Geringere Erlöse - Geringerer Einfluss, da Abhängigkeiten enstehen - Hersteller ohne direkte Kommunikation mit Endverbrauchern - Zahlung von Beihilfen an den Handel

b) Absatzorganisation

Aufbauend auf der Wahl des Absatzweges müssen weiterführende Entscheidungen bezüglich der Absatzorgane getroffen werden. Von der Wahl des indirekten Vertriebes ausgehend müssen Fragen zu der Steuerung des Absatzkanals beantwortet werden. Dies beinhaltet grundsätzliche Überlegungen zu der Anzahl und Art (Groß- oder Einzelhändler) der Absatzmittler, welche von der Wahl der Distributionsstrategie abhängt (vgl. Abbildung 3.9).

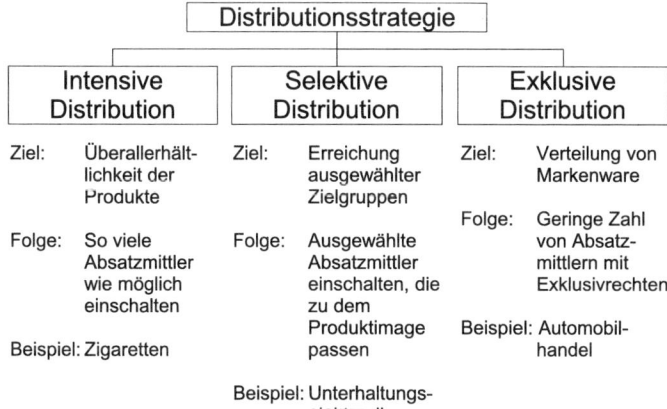

Abbildung 3.9. Intensive, selektive und exklusive Distribution

Für die Wahl der Absatzmittler ziehen Unternehmen Kriterien wie das Sortiment, den Standort, die Unternehmensgröße, die Finanzkraft und das Image heran. Darüber hinaus fallen Entscheidungen, die die vertragliche Bindung (vgl. Abbildung 3.10) zwischen Hersteller und Absatzmittler regeln.

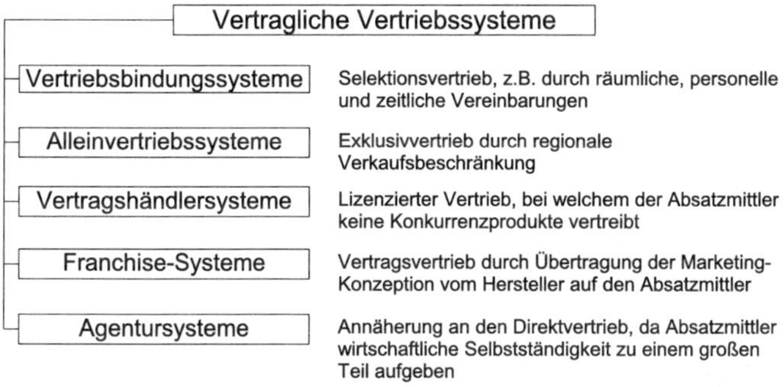

Vertragliche Vertriebssysteme	
Vertriebsbindungssysteme	Selektionsvertrieb, z.B. durch räumliche, personelle und zeitliche Vereinbarungen
Alleinvertriebssysteme	Exklusivvertrieb durch regionale Verkaufsbeschränkung
Vertragshändlersysteme	Lizenzierter Vertrieb, bei welchem der Absatzmittler keine Konkurrenzprodukte vertreibt
Franchise-Systeme	Vertragsvertrieb durch Übertragung der Marketing-Konzeption vom Hersteller auf den Absatzmittler
Agentursysteme	Annäherung an den Direktvertrieb, da Absatzmittler wirtschaftliche Selbstständigkeit zu einem großen Teil aufgeben

Abbildung 3.10. Übersicht über vertragliche Vertriebssysteme

Wählt das Unternehmen den Direktvertrieb, folgen Entscheidungen über eine optimale Außendienstgestaltung. Diese beinhalten die quantitative und personelle Zusammensetzung des Außendienstes, sowie die gezielte Einflussnahme des Unternehmens durch Steuerung und Motivation. Wie bereits erwähnt, können diese Außendiensttätigkeiten durch unternehmenseigene (z. B. Reisende) oder -fremde Organe (z. B. Handelsvertreter) ausgeführt werden.

c) Absatzlogistik

In diesem Abschnitt erfolgt die Behandlung der physischen Distribution (vgl. Abbildung 3.8), worunter z. B. Transportwege und -mittel, sowie Lagerhaltung fallen. Ziel ist es, das richtige Produkt zur richtigen Zeit am richtigen Ort in der gewünschten Menge bereitzustellen, so dass die Bedürfnisse des Kunden befriedigt werden. Neben den logistischen Teilsystemen ist der Lieferservice festzulegen. Abbildung 3.11 zeigt die einzelnen Komponenten des Lieferservices.

Abbildung 3.11. Elemente des Lieferservices

Der Umfang des Lieferservices und die Ausprägung der in Abbildung 3.11 dargestellten Komponenten variieren in Abhängigkeit von verschiedenen Kriterien, wie z. B. den Produkteigenschaften, Kundenwünschen oder dem Lieferservice der Konkurrenten.

3.3.4 Kommunikationspolitik

Zu dem Bereich der Kommunikationspolitik zählen alle Handlungen des Unternehmens, die zum Ziel haben, auf das Verhalten, die Meinung sowie die Haltung der Konsumenten gegenüber dem Unternehmen gewinnbringend einzuwirken. Während es Aufgabe der Produkt- und Preispolitik ist, den Umfang der Leistung des Unternehmens für den Markt zu bestimmen, ist im Rahmen der Distributionspolitik die Bereitstellung und Verfügbarkeit der Produkte zu gewährleisten. Die Kommunikationspolitik schließlich sorgt für die Bekanntmachung der Leistung und den Aufbau eines positiven Images von Produkt und Unternehmen. Dafür stehen unterschiedliche Instrumente zur Verfügung, von denen einige im Folgenden genauer erläutert werden.

a) Werbung

Für die Kommunikation mit den Konsumenten und die Beeinflussung derselben nutzt die Werbung in erster Linie Massenmedien, wozu Presse, Hörfunk
und Fernsehen zählen. Ausgehend von der Marketing-Konzeption läuft die
Werbeplanung in mehreren Schritten ab:

1. Formulierung und Festlegung von Werbezielen: Wie bei den Marketingzielen generell[16] können auch die Werbeziele in marktökonomische und
   marktpsychologische Ziele unterschieden werden. Die Werbeziele können
   u. a. darauf gerichtet sein, eine Leistung bekannt zu machen bzw. über
   sie zu informieren, oder das Vertrauen in das Unternehmen und seine
   Leistungen zu stärken sowie grundlegend die Absatzchancen zu erhöhen.

2. Bestimmung des Werbebudgets: In diesem Schritt erfolgt die Zuweisung
   der für die Werbung vorgesehenen monetären Mittel. Dieses Budget wird
   auf die zur Verfügung stehenden Werbemittel und -medien in einem bestimmten Zeitraum aufgeteilt. Die grundlegende Problematik besteht in
   der Feststellung der optimalen Werbeaufwendungen zur Erreichung der
   angestrebten Werbeziele. Um das Werbebudget für ein Jahr festzulegen,
   orientieren sich Unternehmen in der Praxis häufig am Umsatz, am Gewinn des Vorjahres oder an den Werbeausgaben der Konkurrenten. Diese Vorgehensweisen sind aufgrund der Vernachlässigung der angestrebten
   Werbeziele nicht zu empfehlen. Besser ist ein sukzessives Verfahren, in
   welchem von den Werbezielen ausgehend die benötigten Kosten kalkuliert
   werden.

3. Konkretisierung der Werbeaussagen: Im Rahmen der Festlegung der konkreten Werbebotschaften werden die Inhalte der Werbung bestimmt. Die
   Botschaften sind darauf ausgerichtet, bei den Zielgruppen den Kauf-
   prozess anzustoßen. In einer Basiskonzeption, sog. Copy-Strategie, werden die konkreten Werbebotschaften festgehalten. Innerhalb dieser Copy-
   Strategie werden Aussagen zu

   • Consumer Benefit (= durch ein Produktversprechen dargestellter Pro-
     duktnutzen),

   • Reason Why (= Begründungen des Produktversprechens) und

   • Tonality (= Grundton der Werbung)

   formuliert. Unter Zugrundelegung der Kernaussagen der Werbung erfolgt
   die Wahl der Werbeträger.

4. Festlegung von Werbemittel und Werbemedien: Die im vorherigen Schritt
   konkretisierte Werbeaussage wird in einem Werbemittel zusammengefasst
   und dadurch kommuniziert. Die Wahl der Werbemittel ist eng mit der
   Wahl der Werbemedien verknüpft. Für die Wahl der Werbemedien werden

---

[16] Vgl. S. 89.

unterschiedliche Faktoren herangezogen, wie z. B. Kosten, geographische Reichweite oder Anzahl der Personen, im Durchschnitt erreicht werden können.

5. Erfolgskontrolle: Die Erfolgskontrolle dient der Bewertung des Werbeerfolges und der Beurteilung des Maßes, in welchem die Werbeziele durch das Unternehmen erfüllt wurden. Diese Kontrolle gestaltet sich kompliziert, da eine Steigerung des Absatzes auch auf andere Faktoren, wie z. B. Preisreduzierungen, zurückgeführt werden kann. Trotzdem ist eine Kontrolle z. B. durch

- einen Vergleich von Werbetätigkeit und der Entwicklung des Umsatzes,

- die Ermittlung des Bekanntheitsgrades des Unternehmens vor und nach der geschalteten Werbung oder

- die Erhebung des Kundenzufriedenheitsindexes

empfehlenswert.

Neben dem Zurückgreifen auf Massenkommunikationsmittel und damit dem Einsatz klassischer Werbemedien gibt es auch neuere Methoden, wie z. B. das Direct Marketing. Diese Form beschäftigt sich mit den Handlungen eines Unternehmens, welche darauf gerichtet sind, die Zielgruppen gezielt und direkt zu kontaktieren. Ziel ist in erster Linie nicht der Verkauf einer Leistung, sondern der Anstoß eines Dialoges mit der Zielgruppe, wodurch die Werbewirkung besser gemessen werden kann, da eine direkte Reaktion erwartet wird. Weitere Vorteile dieser Methoden liegen in der unmittelbaren Erreichung der Zielgruppe und der Möglichkeit, gezielt Kundendaten sammeln und analysieren zu können.

b) Verkaufsförderung

Die Verkaufsförderung, auch als Sales Promotion bezeichnet, beinhaltet zeitlich begrenzte Maßnahmen des Unternehmens, die durch die Erzeugung weiterer Kaufanreize auf eine Absatzsteigerung ausgerichtet sind, wie z. B. Probierstände und Preisausschreiben. Die Verkaufsförderung kann in Abhängigkeit von den Adressaten und den Zielen dreigeteilt werden (vgl. Abbildung 3.12).

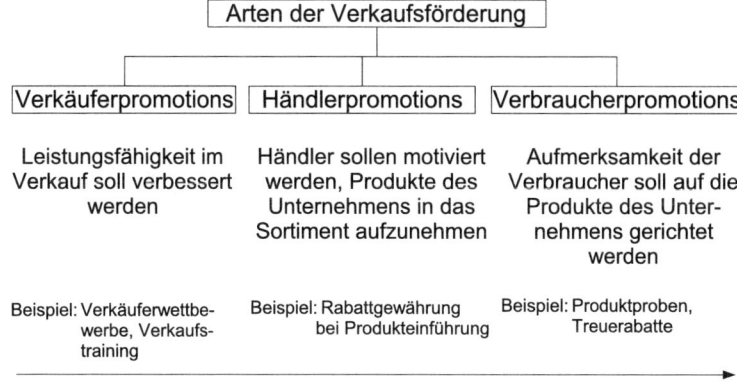

Weg des Produktes vom Hersteller zum Endverbraucher

Abbildung 3.12. Arten der Verkaufsförderung

Als Erklärung für die Bedeutungszunahme von Verkaufsfördermaßnahmen in der Praxis existieren zum Einen unternehmensinterne Gründe, wie z. B. die Möglichkeit, Erfolge kurzfristig zu erzielen. Zum Anderen treten auch unternehmensexterne Gründe auf, wie z. B. die Abnahme der Markentreue und eine zunehmende Überflutung des Konsumenten mit zahlreichen neuen Marken bei homogener Produktqualität. Da die Verkaufsförderung auch mit Risiken verbunden ist (z. B. können Preisnachlässe nicht mehr rückgängig gemacht werden), empfiehlt es sich, die Sales Promotion nicht nur kurzfristig auszurichten, sondern langfristig (z. B. für die Unterstützung bei dem Aufbau des Bekanntheitsgrades) einzusetzen.

c) Public Relations

Werbung und Verkaufsförderung sind in erster Linie auf den Absatzmarkt ausgerichtet, d. h. diese erfüllen die Aufgabe der Bekanntmachung und der Absatzförderung von Produkten und Leistungen des Unternehmens. Die Öffentlichkeitsarbeit (Public Relations) dient als Ergänzung von Werbung und Verkaufsförderung und soll durch die Verbreitung positiver Informationen Vertrauen erzeugen. Ziel ist es, ein Sicherheitsgefühl bei den Anspruchsgruppen zu erzeugen und gesellschaftlichen Anforderungen gerecht zu werden. Public Relations ist also auf ein weit gefächertes Spektrum von Anspruchsgruppen bezogen.[17] Innerhalb der Öffentlichkeitsarbeit kommen unterschiedliche Instrumente zum Einsatz (vgl. Abbildung 3.13).

---

[17] Vgl. S. 7.

Abbildung 3.13. Kategorien von PR-Instrumenten

d) Sponsoring

Sponsoring kommt in der Praxis gemeinsam mit der Öffentlichkeitsarbeit zum Einsatz. Es beinhaltet die Unterstützung von Veranstaltungen, Personen oder Einrichtungen durch monetäre und immaterielle Leistungen. Im Gegenzug wird die Firma als Sponsor explizit genannt. Damit dient das Sponsoring der Steigerung des Bekanntheitsgrades, der Imageverbesserung, sowie der Explizierung gesellschaftlichen Engagements. Sponsoring birgt das Risiko, durch negatives Verhalten der gesponsorten Personen oder Institutionen negative Effekte für das Unternehmen zu bewirken. Dem stehen allerdings auch Vorteile (z. B. Verbesserung des Unternehmensimages oder erleichterter Eintritt in neue Märkte) gegenüber.

e) Product Placement

Beim Product Placement integriert ein Unternehmen seine Produkte gegen Entgelt in den Massenmedien (z. B. Produktüberlassung, materielle oder immaterielle Leistungen), vorzugsweise bei Film und Fernsehen, mit der Absicht, dass der Zuschauer dies nicht als Werbung empfindet. Gründe für den wachsenden Einsatz des Product Placements sind der sinkende Erfolg von klassischer Werbung sowie die wachsende Überflutung der Konsumenten mit Informationen. Beispiel für das Product Placement ist z. B. der Film „Castaway", in welchem die Unternehmen FedEx und Wilson eine herausragende Rolle spielen. Dabei weist das Product Placement die in Tabelle 3.9 dargestellten Vor- und Nachteile auf:

Tabelle 3.9. Vor- und Nachteile des Product Placements

Vorteile	Nachteile
- Hohe Reichweiten - Imagetransfer - Ermöglicht Marketing auf internationaler Ebene - Höhere Glaubwürdigkeit	- Konsumenten können Product Placement als Aufdrängung empfinden - Hohe Kosten - Nur bei bestimmten Produkten anwendbar - Rechtliche Risiken

3.4 Übungsaufgaben

1. Definieren Sie den Begriff der Kundenorientierung und erläutern Sie, welche positiven und negativen Folgen eine intensive Kundenorientierung für ein Unternehmen haben kann!

2. Welchen Anspruchsgruppen sieht sich ein Unternehmen gegenüber und wie können diese die Wahl der Marketingstrategien durch das Unternehmen und deren Ausprägungen beeinflussen?

3. Welche Optionen stehen bei der Festlegung der Marktfeldstrategie zur Auswahl? Geben Sie mindestens drei Beispiele an!

4. Aus welchem Grund nehmen Unternehmen Marktsegmentierungen vor und nach welchen Merkmalen können Märkte segmentiert werden? Geben Sie Produktbeispiele mit einer Marktsegmentierung an!

5. Erläutern Sie die Dimensionen der Produktgestaltung am Beispiel eines Automobilherstellers!

6. Ein Anbieter von Haushaltsgeräten beschließt, den Preis für seine Minikühlschränke von 50,- € auf 54,- € zu erhöhen. Wie hat sich seine Absatzmenge verändert, wenn sich dadurch der Umsatz von 1,5 Mio. € auf 1.879.200,- € erhöht? Welche Preiselastizität der Nachfrage ergibt sich daraus und wie ist diese zu interpretieren?

7. Welche Preisdifferenzierungsarten können unterschieden werden und welche Chancen und Risiken sind mit der Preisdifferenzirung verbunden?

8. Welche Aufgaben erfüllen Liefer- und Zahlungsbedingungen?

9. Welche Vor- und Nachteile gibt es jeweils für den

   • direkten Absatz,

   • indirekten Absatz über Einzelhandel,

   • indirekten Absatz über Großhandel?

10. Für Außendiensttätigkeiten kann ein Unternehmen entweder unternehmenseigene Absatzorgane (z. B. Reisende) oder unternehmensfremde (z. B. Handelsvertreter) einsetzen. Welches dieser beiden Organe ist bei einem erwarteten Umsatz von 50.000,- € und bei Vorliegen der folgenden Daten vorzuziehen:

    • Reisender: Fixes Gehalt von 1.400.-€, Umsatzprovision von 3%

    • Handelsvertreter: Fixes Gehalt von 200.-€, Umsatzprovision von 6%

    Bei welchem Umsatz muss das Unternehmen für den Reisenden genauso viel bezahlen wie für den Handelsvertreter?

11. Definieren Sie die Begriffe Public Relations und Werbung und grenzen Sie diese hinsichtlich Ziel, Inhalt, Mittel und Zielgruppe voneinander ab!

12. Welche langfristigen Folgen können kurzfristige Verkaufsfördermaßnahmen für ein Unternehmen haben?

13. Die Unternehmen Landskron, Gira und BMW sind als Beispiele in dieses Lehrbuch eingebunden. Welche Form der Werbung wird damit genutzt?

3.5 Zitierte und weiterführende Literatur

Becker, J. (1998): Marketing-Konzeption: Grundlagen des strategischen und operativen Marketing-Managements. München: Vahlen.

Fritz, W./v.d. Oelsnitz, D. (1996): Marketing: Elemente marktorientierter Unternehmensführung. Stuttgart: Kohlhammer.

Grill, W./Perczynski, H. (2005): Wirtschaftslehre des Kreditwesens. Troisdorf: Bildungsverlag EINS.

Meffert, H. (1994): Marketing-Management: Analyse - Strategie - Implementierung. Wiesbaden: Gabler.

Pahl, G./Beitz, W. (1997): Konstruktionslehre - Methoden und Anwendung. Berlin, u. a.: Springer.

Scharf, A./Schuber, B. (1997): Marketing: Einführung in Theorie und Praxis. Stuttgart: Schäffer-Poeschel.

Weis, C. (1999): Marketing. Ludwigshafen: Kiehl.

Normen und Richtlinien

VDI 2221 (05/93): Methodik zum Entwickeln und Konstruieren technischer Systeme und Produkte

VDI 2222 Blatt 1 (06/97): Konstruktionsmethodik - Methodisches Entwickeln von Lösungsprinzipien

4
Betriebliches Rechnungswesen

4.1 Aufgaben, Gliederung und Grundbegriffe

Zur Steuerung des Unternehmens und der Leistungserstellungsprozesse sind Informationen über den Verbrauch und die Erstellung von Gütern und Leistungen und den damit verbundenen finanziellen Wirkungen erforderlich. Der Leistungserstellungsprozess ist vom Unternehmer zu planen, zu steuern, zu überwachen, zu kontrollieren und zu dokumentieren. Sämtliche Verfahren, deren Aufgabe es ist, die im Unternehmen auftretenden Ströme an Vermögensgegenständen (z. B. Waren, Finanzmittel, Rohstoffe, Fertigerzeugnisse) mengen- und wertmässig abzubilden, werden unter dem Begriff betriebliches Rechnungswesen zusammengefasst. Betrachtungsgegenstand des betrieblichen Rechnungswesens ist der Leistungsprozess (Beschaffung, Produktion, Absatz). Aus den verschiedenen Blickwinkeln, aus denen dieser Prozess betrachtet wird, resultieren die unterschiedlichen Aufgaben des Rechnungswesens:

- Planungsaufgabe,
- Kontrollaufgabe,
- Dokumentationsaufgabe

Die Auswirkungen künftiger Handlungsalternativen auf den unternehmerischen Zielerreichungsgrad werden in Planungsrechnungen abgebildet. Das Rechnungswesen liefert damit die Grundlagen für kurz-, mittel- und langfristige Entscheidungen. Beispiele für Planungsaufgaben aus der Kosten- und Leistungsrechnung sind:

- Bestimmung von Preisobergrenzen für Produktionsfaktoren,
- Wahl zwischen verschiedenen Bezugsquellen und Beschaffungswegen,
- Bestimmung von Preisuntergrenzen der erzeugten Güter und Dienstleistungen.

Informationen über vergangene Unternehmensabläufe und -zustände werden in Kontrollrechnungen ermittelt. Kontrolle ist ein Lernprozess, der seinen Ursprung in antizipierten oder realisierten Abweichungen hat.[1] Basis des Lernprozesses sind die Feststellung der Abweichungen und die Identifizierung der Ursachen. Die Aufgaben des betrieblichen Rechnungswesens liegen in der Kontrolle der Wirtschaftlichkeit sowie des unternehmerischen Erfolgs.

Gesetzliche Verpflichtungen aus dem Handels- bzw. Steuerrecht und vertragliche Verpflichtungen erfordern die Dokumentation der Abläufe im Unternehmen. Sie werden je nach Stellung der Adressaten in externe und interne Dokumentationsaufgaben des Rechnungswesens unterschieden. Externe Dokumentationsaufgaben bestehen in der Rechenschaftslegung über die Vermögens-, Finanz- und Ertragslage des Unternehmens gegenüber Interessen- und Anspruchsgruppen außerhalb des Unternehmens, z. B. Aktionäre, Steuerbehörden, kreditgebende Banken. Die Aufzeichnung der Geschäftsvorfälle für interne Adressaten (z. B. Geschäftsführung, Einkaufsabteilung, Betriebsrat) ist Gegenstand der internen Dokumentation.

Das betriebliche Rechnungswesen gliedert sich nach dem Kriterium der Stellung der Adressaten zum Unternehmen in das interne und das externe Rechnungswesen. Das externe Rechnungswesen stellt vor allem in der Bilanz sowie in der Gewinn- und Verlustrechnung Informationen für nicht zu dem Unternehmen gehörende Personen oder Institutionen zur Verfügung. Informationen für unternehmenszugehörige Personen werden im internen Rechnungswesen ermittelt, verarbeitet und verbreitet. Entsprechend den unterschiedlichen Interessen der Adressaten sind folgende Betrachtungshorizonte und Rechengrößen zu unterscheiden (vgl. Tabelle 4.1):

• In der Bilanz wird die Vermögenslage des Unternehmens durch die stichtagsbezogene Aufstellung von Vermögen und Schulden dargestellt. Der Zweck einer Bilanz besteht in der Bestimmung des Periodenerfolgs auf Basis der Änderung der Schulden und des Unternehmensvermögens.

• Die Gegenüberstellung von Aufwendungen und Erträgen in der Gewinn- und Verlustrechnung dient der Ermittlung des Periodenerfolgs. Im Unterschied zur Bilanz erfolgt eine Zeitraumbetrachtung, die Auskunft über den Erfolgsbeitrag der einzelnen Unternehmenstätigkeiten gibt.[2]

• Das Ziel der Kosten- und Leistungsrechnung ist die Ermittlung des Periodenerfolgs und des Stückerfolgs einzelner, erstellter Güter und Dienstleistungen. In der Kostenrechnung wird der bewertete Güterverbrauch abgebildet, was lediglich die eine Seite der unternehmerischen Tätigkeit erfasst. Die mit diesem Güterverbrauch erzielten Leistungen werden in der Leistungsrechnung ermittelt, womit ein komplettes Bild der Unternehmenstätigkeit entworfen wird.

---

[1] Vgl. S. 352.
[2] Vgl. Kapitel 4.2.2, S. 135.

Tabelle 4.1. Teilsysteme des Rechnungswesens

	Externes Rechnungswesen		Internes Rechnungswesen
	Bilanz	Gewinn- und Verlustrechnung	Kosten- und Leistungsrechnung
Zeitbezug	Zeitpunkt	Ein-Jahres-Zeitraum	Ein-Jahres-Zeitraum
Entscheidungsziel	Periodenerfolg	Periodenerfolg	Periodenerfolg, Objekterfolg
Recheneinheiten	Vermögen und Schulden	Erträge und Aufwendungen	Kosten und Leistungen

Grundlage der einzelnen Teilsysteme sind die verwendeten Recheneinheiten, welche gleichzeitig die Grundbegriffe des betrieblichen Rechnungswesens darstellen. Zur Bezeichnung der unternehmerischen Zahlungs- und Leistungsvorgänge werden die folgenden vier Begriffspaare verwendet:

- Einzahlung - Auszahlung,
- Einnahme - Ausgabe,
- Ertrag - Aufwand,
- Leistung - Kosten.

Bei allen Bezeichnungen handelt es sich um Strömungsgrößen, also um eine zeitraumbezogene Abbildung. Diese Strömungsgrößen führen zu einer Veränderung von Bestandsgrößen. So resultiert aus Einzahlung, Einnahme, Ertrag und Leistung eine Bestandserhöhung, wohingegen Auszahlung, Ausgabe, Aufwand und Kosten eine Bestandsminderung bewirken. Für eine Begriffsklärung bietet sich demzufolge die Analyse der betreffenden Bestandsgrößen an (vgl. Tabelle 4.2).

Einzahlung - Auszahlung: Zu betrachtende Bestandsgröße ist der Zahlungsmittelbestand, also der Bestand an liquiden Mitteln. Dieser ergibt sich aus den Kassenbeständen und dem jederzeit verfügbaren Bankguthaben. Einzahlungen stellen einen Zufluss an Zahlungsmitteln dar, wohingegen Auszahlungen zur Verringerung des Zahlungsmittelbestandes führen.

Einnahme - Ausgabe: Werden zu dem Zahlungsmittelbestand die übrigen Forderungen und Verbindlichkeiten des Unternehmens hinzugezogen, resultiert das Geldvermögen. Erhöhungen des Geldvermögens stellen dann Einnahmen dar, wenn diese auf Basis des Abgangs von Gütern und Dienstleistungen erzielt wurden. Verminderungen des Geldvermögens sind dann Ausgaben, wenn diese aus dem Einkauf von Gütern und Dienstleistungen resultieren.

Ertrag - Aufwand: Die Erweiterung des Geldvermögens um das Sachvermögen ergibt das Nettovermögen (auch: Reinvermögen). Eine Erhöhung des Netto-

Tabelle 4.2. Begriffe des Rechnungswesens

Begriff	Kurzdefinition	Involvierte Bestandsgrößen
Auszahlung	Ausgang liquider Mittel pro Periode	Zahlungsmittelbestand: Kassenbestand
Einzahlung	Zugang liquider Mittel pro Periode	+ sofort verfügbares Bankguthaben
Ausgabe	Verringerung des Geldvermögens	Geldvermögen: Zahlungsmittelbestand
Einnahme	Erhöhung des Geldvermögens	+ sonstige Forderungen - Verbindlichkeiten
Aufwand	Verringerung des Nettovermögens = Werteverzehr der Abrechnungsperiode	Nettovermögen: Geldvermögen
Ertrag	Erhöhung des Nettovermögens = Wertezuwachs der Abrechnungsperiode	+ Sachvermögen
Kosten	Bewerteter Verbrauch von Gütern und Dienstleistungen	Betriebsnotwendiges Vermögen: Nettovermögen
Leistung	Bewertete, im Produktionsprozess erstellte Güter und Dienstleistungen	- nicht-betriebsnotwendiges Vermögen

vermögens durch den Abgang von erzeugten Gütern und Dienstleistungen einer Periode stellt den Ertrag dar. Aufwand ist durch die Minderung des Nettovermögens, also den Werteverzehr, aufgrund des Verbrauchs von Gütern und Dienstleistungen gekennzeichnet.

Kosten - Leistung: Die bisher betrachteten Größen stammen aus der Finanzbuchhaltung und sind Bestandteil der externen Erfolgsrechnung. Der interne Erfolg ergibt sich aus der Differenz zwischen betrieblichen Kosten und Leistungen. Der Teil des in einer Periode angefallenen Werteverzehrs, der im Zusammenhang mit der Erstellung der gewöhnlichen betrieblichen Leistung sowie zur Aufrechterhaltung der Kapazitäten angefallen ist, stellt Kosten dar. Folgende Merkmale kennzeichnen den Kostenbegriff:

- Es liegt ein Verzehr an Gütern/Dienstleistungen im Rahmen der gewöhnlichen Leistungserstellung in der Abrechnungsperiode vor.

- Dieser Verzehr ist leistungsbezogen, es besteht eine Beziehung zwischen dem Verzehr und der Leistung.

- Der Verzehr ist in Geldeinheiten zu bewerten.

Das Pendant zu den Kosten ist die Leistung, als in Geld bewertete, aus der gewöhnlichen Geschäftstätigkeit einer Abrechnungsperiode resultierende Erstellung von Gütern und Dienstleistungen. Wie auch für Kosten gelten für Leistungen die Zuordnungskriterien Erstellung von Gütern bzw. Dienstleistungen, betriebsbedingte Entstehung in der Abrechnungsperiode sowie Bewertung in Geldeinheiten.

Entsprechend dieser Definitionsmerkmale von Kosten und Leistungen ist die Differenzierung zwischen Ertrag und Leistung sowie zwischen Aufwand und Kosten vorzunehmen. Demzufolge ist zu klären, ob der Werteverzehr bzw. die Leistungserstellung

- betriebsbedingt,

- periodenzugehörig,

- im Rahmen der gewöhnlichen Geschäftstätigkeit

erfolgte. Ist eine der Voraussetzungen nicht erfüllt, handelt es sich um neutralen Aufwand bzw. Ertrag und nicht um Kosten bzw. Leistung. Aber auch wenn diese Bedingungen erfüllt sind, kann nicht von einer automatischen Entsprechung von Ertrag = Leistung, Aufwand = Kosten ausgegangen werden. So existieren Kosten, denen Aufwand in anderer Höhe gegenübersteht, ebenso wie Leistungen, denen Ertrag in anderer Höhe gegenübersteht (vgl. Tabelle 4.3). Dieser Umstand resultiert aus den unterschiedlichen Zielsetzungen der internen und der externen Erfolgsrechnung. Darüber hinaus bestehen Kosten, die keine Aufwendungen (sog. Zusatzkosten) und Leistungen, welche keine Erträge sind.

Tabelle 4.3. Abgrenzung von Aufwand und Kosten

Abgrenzung	Beschreibung	Beispiele
Aufwendungen, die keine Kosten sind (neutraler Aufwand): betriebsfremde, periodenfremde oder außerordentliche Aufwendungen	Nicht notwendiger Verzehr von Gütern und Dienstleistungen, dem keine Kosten gegenüberstehen	Steuernachzahlung, Abschreibung auf Finanzanlagen
Kosten, die Aufwendungen sind	Betriebsnotwendiger Güter- oder Dienstleistungsverzehr, dem Aufwand in gleicher Höhe gegenübersteht	Rohstoffeinsatz, Energiekosten
Kosten, denen Aufwendungen in anderer Höhe gegenüberstehen	Betriebsnotwendiger Güter- oder Dienstleistungsverzehr, der in der internen Erfolgsrechnung anders bewertet wird, als in der externen Erfolgsrechnung	Kalkulatorische Abschreibungen, kalkulatorisches Wagnis, kalkulatorische Zinsen
Kosten, die keine Aufwendungen sind	Betriebsnotwendiger Güter- oder Dienstleistungsverzehr, dem kein Aufwand gegenübersteht	Kalkulatorischer Unternehmerlohn

Nach den Darstellungen der Grundbegriffe des betrieblichen Rechnungswesens werden das externe und das interne Rechnungswesen vorgestellt. Zuerst wird das externe Rechnungswesen mit der Bilanz sowie der Gewinn- und Verlustrechnung erläutert und im Anschluss daran die Systematik des internen Rechnungswesens vorgestellt.

4.2 Jahresabschluss

In der Literatur wird häufig zwischen der Bilanz im engeren Sinne und der Bilanz im weiteren Sinne unterschieden, wobei letztere den Jahresabschluss bezeichnet. Der Jahresabschluss setzt sich aus der Bilanz im engeren Sinne und der Gewinn- und Verlustrechnung (GuV) zusammen. Kapitalgesellschaften haben den Jahresabschluss um einen Anhang zu erweitern sowie einen Lagebericht (kleine Kapitalgesellschaft: Wahlrecht) zu erstellen. In Tabelle 4.4 ist der Umfang der Rechnungslegungspflichten für die verschiedenen Rechtsformen zusammengefasst.

Tabelle 4.4. Umfang der Rechnungslegungspflichten

Rechtsform	Jahresabschluss			Lagebericht
	Bilanz	GuV	Anhang	
Einzelunternehmen Personenunternehmen	Ja		Nein	Nein
Kapitalgesellschaften	Ja, Wahlrecht kleiner Kapitalgesellschaften bezüglich des Jahresberichtes			

4.2.1 Bilanz und Bilanzierung

4.2.1.1 Buchführungs- und Bilanzierungsgrundsätze

Grundlagen von Buchführung und Bilanzierung sind einerseits in Rechtsnormen vorgeschrieben, andererseits jedoch sind diese nicht gesetzlich festgehalten, sondern leiten sich aus allgemein anerkannten Regeln und Praktiken ab. Wesentliche Vorschriften zur Buchführung und zum Jahresabschluss sind im Handelsgesetzbuch (HGB), Einkommenssteuergesetz (EStG) und in der Abgabenordnung (AO) festgehalten. § 238 HGB schreibt vor, dass jeder Kaufmann verpflichtet ist, Handelsbücher zu führen. Darüber hinaus verweist § 238 auf die Grundsätze ordnungsgemäßer Buchführung (GoB), nach denen diese Bücher zu führen sind. Unter den GoB werden allgemein anerkannte Regeln für das Führen von Handelsbüchern und die Jahresabschlusserstellung verstanden, die als Leitsätze gelten und unabhängig von den angewendeten Buchführungssystemen sind. Bei den GoB handelt es sich um einen unbestimmten Rechtsbegriff, da lediglich ein Teil der GoB gesetzlich festgehalten ist, der Begriff selbst jedoch nicht definiert wird. GoB werden unterteilt in:

- Grundsätze ordnungsgemäßer Buchführung im engeren Sinn,
- Grundsätze ordnungsgemäßer Inventur sowie
- Grundsätze ordnungsgemäßer Bilanzierung.

Grundsätze ordnungsgemäßer Buchführung i. e. S. verlangen die Übersichtlichkeit und Klarheit der Bücher und sonstigen Aufzeichnungen sowie die vollständige, zeitgerechte und richtige Erfassung von Geschäftsvorfällen auf den zutreffenden Konten (vgl. § 239 HGB). Zusätzlich ist zu beachten, dass Geschäftsfälle nur dann in der Buchführung erfasst werden, wenn ein Beleg vorliegt.

Die Inventur als Ausgangspunkt der Geschäftstätigkeit und damit der Buchführung fungiert als die mengen-, art- und wertmäßige Erfassung des Vermögens und der Schulden des Kaufmanns (§ 240 HGB), welche zu einem Stichtag zu erfolgen hat. Die Zusammenstellung der Ergebnisse dieser Bestandsaufnahme ist das Inventar, auf dessen Basis die Buchung der Geschäftsvorfälle geschieht. Nach der Inventur zu Beginn des Handelsgeschäftes ist diese regelmäßig am Ende des Geschäftsjahres durchzuführen.

Grundsätze ordnungsgemäßer Inventur bestehen in der vollständigen Einzelerfassung, der Richtigkeit sowie der Nachprüfbarkeit. Demzufolge sind alle Vermögensgegenstände und Schulden einzeln aufzunehmen, die Bestände zutreffend nach Art und Menge zu erfassen und die Bestandsaufnahme und deren Ergebnis zu dokumentieren. Diese Unterlagen sind aufzubewahren. Aus dem Inventar wird die Eröffnungsbilanz abgeleitet, dann werden die Geschäftsvorfälle gebucht und zum Ende des Geschäftsjahres wird auf Basis der erneuten Inventur die Schlussbilanz erstellt. Die Buchbestände der Finanzbuchhaltung nach Ablauf des Geschäftsjahres müssen mit Hilfe der Inventur überprüft werden, wobei die Bestände nach Inventur gegenüber den Beständen der Finanzbuchhaltung Vorrang haben.

Grundsätze ordnungsgemäßer Bilanzierung sollen einen ausreichenden Informationsgehalt des Jahresabschlusses sicherstellen und unterteilen sich in allgemeine Grundsätze, Ansatzgrundsätze und Bewertungsgrundsätze. Der Jahresabschluss hat den GoB und darüber hinaus allgemeinen Grundsätzen der Bilanzierung zu entsprechen. Dazu gehören der Grundsatz der Klarheit und Übersichtlichkeit, der Bilanzwahrheit sowie der Einhaltung der Aufstellungsfristen. Das Prinzip der Bilanzklarheit verlangt eine klare Bezeichnung und eine klare Gliederung der Positionen von Bilanz und Erfolgsrechnung (vgl. § 243 Abs. 2 HGB). Der Grundsatz der Bilanzwahrheit fordert, dass die in der Bilanz ausgewiesenen Positionen und Wertansätze wahr sind. Da es keine objektive Wahrheit gibt, wird der Begriff der Bilanzwahrheit interpretiert als „Richtigkeit" und „Zweckmäßigkeit", d.h. die Bilanzansätze müssen dem jeweiligen Bilanzzweck entsprechen. Der Jahresabschluss ist innerhalb einer angemessenen Frist aufzustellen. Für verschiedene Rechtsformen und Unternehmensgrößen sind unterschiedliche Fristen als angemessen vorgeschrieben (vgl. § 243 Abs. 3 und § 264 Abs. 1 HGB).

Ansatzgrundsätze legen die Prinzipien fest, nach denen Sachverhalte in die Bilanz aufgenommen werden sollen. Dazu zählen folgende Grundsätze:

- Bilanzidentität: Die Schlussbilanz des vorhergehenden Geschäftsjahres ist formell und materiell identisch mit der Eröffnungsbilanz des darauf folgenden Geschäftsjahres (§ 252 Abs. 1 Nr. 1 HGB).

- Vollständigkeit: Sämtliche dem Unternehmen zuzurechnenden Vermögensgegenstände und Kapitalbeträge sind in der Bilanz auszuweisen (§ 246 Abs. 1 HGB). Bei den Vermögensgegenständen kommt es nicht auf das juristische Eigentum, sondern auf die wirtschaftliche Zugehörigkeit (wirtschaftliches Eigentum) an.

- Verrechnungsverbot: Aktiv- und Passivposten, insbesondere Forderungen und Verbindlichkeiten, dürfen nicht saldiert werden (vgl. § 246 Abs. 2 HGB).

- Formelle Bilanzkontinuität: Die gewählte Bilanzgliederung ist beizubehalten (vgl. § 265, Abs. 1 HGB). Auf diese Weise wird die Vergleichbarkeit über einen Zeitabschnitt hinweg ermöglicht.

Die Bilanz muss alle Vermögensgegenstände und alle Schulden des Unternehmens enthalten. Vermögensgegenstände, die im Eigentum Dritter stehen oder die zum Privatvermögen des Unternehmers gehören, sind nicht in die Bilanz aufzunehmen. Vermögensgegenstände sind:[3]

- alle wirtschaftlichen Werte, die

- selbstständig bewertbar und

- selbstständig verkehrsfähig, d.h. einzeln veräußerbar sind.

Werthaltigkeit und Einzelveräußerbarkeit sind damit die wichtigsten Merkmale eines Vermögensgegenstandes. Schulden sind:

- bestehende oder hinreichend sicher erwartete Belastungen des Vermögens, die

- auf einer rechtlichen oder wirtschaftlichen Leistungsverpflichtung des Unternehmens beruhen und

- selbstständig bewertbar sind.

---

[3] Vgl. Coenenberg (2003, S. 78).

Prinzipien, welche Fragen der Bewertung betreffen, sind in den Bewertungsgrundsätzen festgehalten. Der Gläubigerschutz gilt als oberstes Anliegen deutschen Handelsrechts, weshalb das Vorsichtsprinzip (§ 252 Abs. 1 Nr. 4 HGB), aus welchem vier weitere Prinzipien abgeleitet werden, von grundlegender Bedeutung ist. Dieses fordert, Vermögensgegenstände besser zu niedrig als zu hoch (Niederstwertprinzip) und Verbindlichkeiten besser zu hoch als zu niedrig (Höchstwertprinzip) zu bewerten. Darüber hinaus sind alle vorsehbaren Risiken und Verluste, welche bis zum Abschlussstichtag bekannt sind, zu berücksichtigen. Gewinne dürfen erst ausgewiesen werden, wenn diese realisiert sind (Realisationsprinzip). Verluste hingegen müssen berücksichtigt werden, auch wenn diese noch nicht realisiert wurden (Imparitätsprinzip). Neben dem Vorsichtsprinzip gelten folgende Grundsätze:

- Unternehmensfortführung: Bei der Bilanzierung ist davon auszugehen, dass das Unternehmen weiterhin fortgeführt wird, wenn nicht tatsächliche oder rechtliche Gründe entgegenstehen (vgl. § 252 Abs. 1 Nr. 2 HGB).

- Einzelbewertung: Vermögensgegenstände und Schulden sind einzeln zu bewerten (vgl. § 252 Abs. 1 Nr. 3 HGB). Mit diesem Grundsatz werden Rechtssicherheit, Nachprüfbarkeit und Willkürfreiheit der Bilanz sichergestellt. Ausnahmen von dieser Regel sind begrenzt möglich (§ 240 Abs. 3 und 4 HGB).

- Periodengerechte Abgrenzung: Aufwendungen und Erträge sind dem Geschäftsjahr zuzurechnen, in dem diese entstanden sind, und zwar unabhängig vom Zeitpunkt der Zahlung (vgl. § 252 Abs. 1 Nr. 5 HGB).

- Bewertungsstetigkeit: Die im vorhergehenden Jahresabschluss verwendeten Bewertungsmethoden sind beizubehalten (§ 252 Abs. 1 Nr. 6 HGB).

- Anschaffungskostenprinzip: Anschaffungs- bzw. Herstellungskosten bilden die oberste Grenze der Bewertung und dienen als Basis für die Ermittlung der Abschreibungen (§ 253 HGB).

4.2.1.2 Bilanzstruktur und -positionen

Formal wird unter einer Bilanz eine Gegenüberstellung von Werten in gleicher Gesamthöhe verstanden. Die Passivseite zeigt die Herkunft des investierten Kapitals, die Aktivseite enthält das Vermögen. Aktivseite und Passivseite der Bilanz müssen dieselbe Summe (Bilanzsumme, -volumen) ergeben. Maßgebend für den Inhalt der Bilanz und die Höhe der Posten sind bei gesetzlich vorgeschriebenen Bilanzen die zugrunde liegenden Rechtsnormen (z. B. HGB, EStG) und die von ihnen verfolgten Ziele, bei freiwillig erstellten Bilanzen die vom Unternehmen gesetzten Maßstäbe. Bilanzen erfüllen folgende Funktionen:

- Information interner und externer Adressaten,

- interne und externe Rechenschaftslegung gegenüber Eigentümern, Gläubigern und anderen Anspruchsgruppen,

- Dokumentation inner- und außerbetrieblicher Wertbewegungen sowie

- Ermittlung des Unternehmensergebnisses sowie des Vermögens und der Schulden.

Die in der Wirtschaft bedeutsamsten und am häufigsten erstellten Bilanzen sind Handelsbilanzen und Steuerbilanzen. Ihre Funktion besteht vor allem in der Information und Rechenschaft gegenüber den Anteilseignern und den Gläubigern über die wirtschaftliche Entwicklung im abgelaufenen Geschäftsjahr. Diese Zielsetzungen schlagen sich insbesondere auch in den Bestimmungen über die Bewertung nieder, die beherrscht sind vom Prinzip des Gläubigerschutzes und der Vorsicht.

Die Handelsbilanz stellt zugleich die Grundlage für die steuerliche Gewinnermittlung dar. Maßgebend für die Steuerbilanz sind die Wertansätze der Handelsbilanz, die unverändert in die Steuerbilanz übernommen werden, wenn das Steuerrecht nicht zwingend einen anderen Wertansatz vorschreibt. Die Steuerbilanz ist somit keine eigenständige Bilanz, sondern eine unter Beachtung der steuerlichen Bestimmungen aus der Handelsbilanz abgeleitete Bilanz.

Tabelle 4.5. Gliederung der Bilanz nach dem Handelsrecht

Aktiva	Passiva
A. Anlagevermögen	A. Eigenkapital
I. Immaterielle Vermögensgegenstände	I. Gezeichnetes Kapital
II. Sachanlagen	II. Kapitalrücklagen
III. Finanzanlagen	III. Gewinnrücklagen
	IV. Gewinn-/Verlustvortrag
B. Umlaufvermögen	V. Jahresüberschuss/-fehlbetrag
I. Vorräte	
II. Forderungen	B. Rückstellungen
III. Wertpapiere	
IV. Zahlungsmittel	C. Verbindlichkeiten
C. Rechnungsabgrenzungsposten	D. Rechnungsabgrenzungsposten

Die Aktivseite der Bilanz hat sämtliche Vermögensgegenstände auszuweisen und stellt die Verwendung der Finanzmittel dar (vgl. Tabelle 4.5). Die Passivseite hat sämtliche Schulden und das Eigenkapital (als Saldo zwischen Vermögen und Schulden) auszuweisen und repräsentiert die Herkunft der Finanzmittel. Die Bilanzpositionen der Aktiv- bzw. Passivseite lassen sich nach unterschiedlichen Gesichtspunkten anordnen. Als Grundsatz der Bilanzgliederung gelten für alle Kaufleute allgemeine Vorschriften und Ansatzvorschriften. Für Kapitalgesellschaften ist eine Gliederung detailliert vorgeschrieben (vgl. § 266 HGB). Die Gliederung der Aktivseite wird durch das Liquiditätsprinzip dominiert. Nach diesem Grundsatz soll die Vermögensposition an erster Stelle aufgeführt werden, deren Liquidierung in einer sehr fernen Zukunft liegt. Diesem Prinzip gehorchend werden zunächst das Anlagevermögen, danach das Umlaufvermögen und schließlich der Zahlungsmittelbestand bilanziert.

Die Rechtsverhältnisse der Kapitalbereitstellung bestimmen die Grobgliederung der Passivseite: Zuerst wird das Eigenkapital, danach das Fremdkapital ausgewiesen. Rückstellungen als ungewisse Verbindlichkeiten gegenüber Dritten sind dem Fremdkapital zuzuordnen und werden zwischen Eigenkapital und Verbindlichkeiten aufgeführt.

Zum Anlagevermögen zählen immaterielle Vermögensgegenstände, Sachanlagen sowie Finanzanlagen, welche bestimmt sind, dauernd dem Geschäftsbetrieb zu dienen. Immaterielle Vermögensgegenstände sind physisch nicht fassbar, jedoch entsprechend der Definition des Vermögensgegenstandes ein selbstständig veräußerbares Recht.[4] Immaterielle Vermögensgegenstände sind nur bilanzierungsfähig, wenn sie entgeltlich erworben wurden.

Zu den immateriellen Vermögensgegenständen zählen Konzessionen, gewerbliche Schutzrechte und Lizenzen, der Geschäfts- oder Firmenwert und geleistete Anzahlungen. Eine Konzession ist ein behördlich verliehenes Recht zum Betrieb bestimmter Anlagen bzw. Unternehmen. Zu den gewerblichen Schutzrechten gehören Patente, Marken- und Verlagsrechte, Erfindungen, Urheberrechte, Brenn- und Braurechte, Rezepturen und Verfahrensrechte.

Der Geschäfts- oder Firmenwert (auch als Goodwill bezeichnet) ist der über den Substanzwert eines Unternehmens hinausgehende Wert. Werden im Rahmen des Erwerbs von immateriellen Vermögensgegenständen Anzahlungen geleistet, so sind diese in der Bilanz aufzuführen.

Zu der Position der Sachanlagen zählen bebaute und unbebaute Grundstücke, grundstücksgleiche Rechte (z. B. Erbbau- oder Abbaurecht), technische und andere Anlagen, Maschinen, Betriebs- und Geschäftsausstattung, geleistete Anzahlungen zum Erwerb von Sachanlagen sowie Anlagen im Bau.

Finanzanlagen dienen nur mittelbar dem Betriebszweck und zählen dann zum Anlagevermögen, wenn es sich um langfristige Anlagen handelt oder Ausdruck von Eigen- bzw. Fremdkapitalbeziehungen zwischen Unternehmen sind. Zu den Finanzanlagen zählen Anteile an verbundenen Unternehmen (Eigenkapitalanteile), Ausleihungen an verbundene Unternehmen (Kredite an diese Unternehmen), Beteiligungen, Ausleihungen an Unternehmen, mit denen ein Beteiligungsverhältnis besteht sowie Wertpapiere (z. B. Schuldverschreibun-

---

[4] Vgl. S. 124.

gen und fremde Aktien). Bei Finanzanlagen wird ebenfalls davon ausgegangen, dass deren Nutzung zeitlich nicht begrenzt ist.

Obwohl keine handelsrechtliche Legaldefinition des Umlaufvermögens existiert, kann festgestellt werden, dass zum Umlaufvermögen jene Vermögensgegenstände zählen, welche nicht dazu bestimmt sind, dauernd dem Geschäftsbetrieb zu dienen. Zu ihnen gehören also insbesondere Vermögensgegenstände, welche zum Verbrauch, zur Veräußerung oder zur sonstigen Einmalnutzung vorgesehen sind. Zum Umlaufvermögen gehören Vorräte, Forderungen und sonstige Vermögensgegenstände, Wertpapiere sowie liquide Mittel.

Zum Vorratsvermögen zählen Vermögensgegenstände, die zur Be- oder Verarbeitung, zum Verbrauch oder zur Veräußerung bestimmt sind. Dazu zählen Roh-, Hilfs- und Betriebsstoffe, unfertige Erzeugnisse und Lieferungen, fertige Erzeugnisse und Waren sowie geleistete Anzahlungen.

Die Position Forderungen und sonstige Vermögensgegenstände wird in Forderungen gegen verbundene Unternehmen und Beteiligungsunternehmen, in Forderungen aus Lieferungen und Leistungen sowie in sonstige Vermögensgegenstände unterteilt.

Wertpapiere des Umlaufvermögens sind jene Wertpapiere, die nicht zum Anlagevermögen zählen. Ihr Zweck besteht vorrangig in der kurzfristigen Geldanlage oder der Liquiditätsreserve.

Schecks, Kassenbestände, Bundesbankguthaben und Guthaben bei Kreditinstituten werden in der Position liquide Mittel bzw. Zahlungsmittel zusammengefasst.

Als ein Grundprinzip der Bilanzierung wurde die periodengerechte Abgrenzung festgestellt.[5] In der Position der aktiven Rechnungsabgrenzung werden diejenigen Vorfälle erfasst, bei denen die Ausgabe vor dem Bilanzstichtag, damit verbundener Aufwand erst nach dem Stichtag anfällt. Als Beispiel kann hier eine Lohnvorauszahlung dienen, bei welcher der Arbeitnehmer im Dezember des Vorjahres schon den Lohn für Januar erhält.

Die Passivseite der Bilanz setzt sich aus Eigenkapital, Rückstellungen, Verbindlichkeiten und passiven Rechnungsabgrenzungsposten zusammen. Eigenkapital wird als Differenz zwischen Vermögen und Schulden ermittelt. Während Einzelunternehmungen, OHG und KG in der Bilanz das Eigenkapital lediglich gesondert auszuweisen haben (§ 247 Abs. 1 HGB), ist das Eigenkapital der Kapitalgesellschaften und Genossenschaften wie folgt zu untergliedern:

- Gezeichnetes Kapital: ist das Kapital, auf welches die Haftung der Gesellschafter gegenüber den Gläubigern beschränkt ist. Dieser feste Nennbetrag wird bei der GmbH als Stammkapital, bei der AG als Grundkapital bezeichnet.

---

[5] Vgl. S. 125.

- Kapitalrücklagen: Alle über den Nennbetrag hinausgehenden, von außen zugeführten Einlagen werden in der Kapitalrücklage zusammengefasst. Bei gesetzlich genau festgeschriebenen Tatbeständen sind Kapitalgesellschaften verpflichtet, die Einlagen ausschüttungsgesperrt auszuweisen.

- Gewinnrücklagen: Aus dem Ergebnis dürfen Rücklagen gebildet werden, welche der Selbstfinanzierung dienen. Dies können gesetzliche Rücklagen (im Fall der AG), satzungsgemäße Rücklagen (in der Satzung der AG oder GmbH festgelegt), Rücklagen für eigene Anteile (in Höhe der auf der Aktivseite ausgewiesenen eigenen Anteile) oder andere Gewinnrücklagen sein.

- Gewinn- oder Verlustvortrag: Hat die Haupt- bzw. Gesellschafterversammlung im Vorjahr beschlossen, einen Teil des Gewinns bzw. Verlustes in das nächste Jahr zu übertragen, so erscheint diese Summe in dem Gewinnvortrag bzw. Verlustvortrag.

- Jahresüberschuss bzw. -fehlbetrag: Der in der aktuellen Abrechnungsperiode festgestellte Jahresüberschuss bzw. Jahresfehlbetrag erscheint in einer gleichnamigen Bilanzposition. Dieser Betrag stimmt mit dem Ergebnis aus der GuV überein.

Neben dem Eigenkapital ist auf der Passivseite das Fremdkapital aufgeführt, welches aus Rückstellungen und Verbindlichkeiten besteht. Rückstellungen sind dem Verpflichtungsgrund und der Höhe nach ungewisse Verpflichtungen aus Rechtsbeziehungen mit Dritten bzw. solche Aufwendungen, die der abgelaufenen Periode zuzurechnen sind, aber erst später zu Ausgaben führen (vgl. Abbildung 4.1).

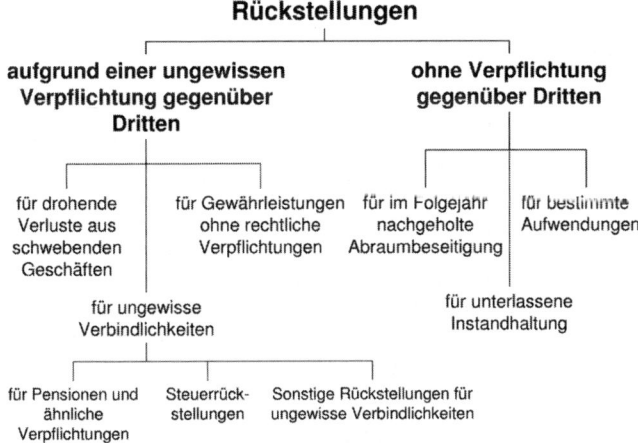

Abbildung 4.1. Arten der Rückstellung

Für alle Unternehmen sind Rückstellungen nur für die in § 249 HGB vorgesehenen Zwecke zulässig. Die einmal gebildete Rückstellung darf nur aufgelöst werden, wenn der für ihre Bildung maßgebliche Grund weggefallen ist. So werden z. B. Steuerrückstellungen für die voraussichtlich zu zahlende Steuer gebildet und dann aufgelöst, wenn deren tatsächliche Höhe durch das Finanzamt festgesetzt wurde.

Schulden, die der Höhe und dem Grunde nach eindeutig festgeschrieben sind, werden als Verbindlichkeiten bezeichnet und als Fremdkapital ausgewiesen.

Die Passivseite kann ebenso wie die Aktivseite Rechnungsabgrenzungsposten ausweisen. Im Unterschied zu den aktiven werden passive Rechnungsabgrenzungsposten gebildet, wenn eine Einnahme in der laufenden Periode erfolgte, der Ertrag jedoch der nächsten Abrechnungsperiode zuzurechnen ist.

4.2.1.3 Bewertungsprinzipien und Abschreibungen

Entgeltlich erworbene Gegenstände werden zu Anschaffungskosten, selbsterstellte Vermögensgegenstände zu Herstellungskosten bewertet.[6] Die handelsrechtlichen Anschaffungskosten (§ 255 Abs. 1 HGB) ergeben sich als Summe von Anschaffungspreis, Anschaffungsnebenkosten und nachträglichen Anschaffungskosten, abzüglich Anschaffungspreisminderungen. Der Anschaffungspreis ist der Nettorechnungspreis (ohne Umsatzsteuer), Anschaffungspreisminderungen sind Rabatte, Skonti oder Boni. Unter Anschaffungsnebenkosten sind alle Aufwendungen zu verstehen, die anfallen, um den Vermögensgegenstand in einen betriebsbereiten Zustand zu versetzen (z. B. Transportaufwand, Transportversicherung und Zölle). Nachträgliche Anschaffungskosten liegen vor, wenn nach Inbetriebnahme des Gegenstandes weitere Zahlungen in Form von nachträglichen Korrekturen des Anschaffungspreises bzw. der Anschaffungsnebenkosten zu leisten sind.

Für die Ermittlung der handelsrechtlichen Herstellungskosten gilt im Grundsatz ein Aktivierungsgebot für alle Einzelkosten im Material- und Fertigungsbereich und ein Aktivierungsverbot für alle Vertriebskosten einschließlich der Gemeinkosten. Ein Aktivierungswahlrecht besteht für die Gemeinkosten im Material-, Fertigungs- und Verwaltungsbereich.

Es existieren Aktiv- bzw. Passivposten, die bei erstmaliger Bilanzierung weder mit Anschaffungs- noch mit Herstellungskosten zu bewerten sind. Als Basiswert kommen in diesen Fällen nach § 253 Abs. 1 HGB folgende Hilfswerte in Betracht:

- Forderungen sind zum Nennbetrag,
- Verbindlichkeiten sind zum Rückzahlungsbetrag,

---

[6] Vgl. zum Anschaffungskostenprinzip S. 125.

- Rentenverpflichtungen sind zum Barwert,

- Rückstellungen sind zu dem nach vernünftiger kaufmännischer Beurteilung notwendigen Betrag zu bewerten.

Anschaffungs- bzw. Herstellungskosten (AHK) bilden in jedem Fall die Wertobergrenze in der Bilanz. Gegenstände des Sachanlagevermögens brauchen nicht bilanziert zu werden, wenn

- die Anschaffungs- bzw. Herstellungskosten 410,- € nicht überschreiten,

- es sich um bewegliche, abnutzbare Gegenstände des Anlagevermögens handelt und

- diese Gegenstände selbstständig genutzt und bewertet werden können.

Gegenstände des Anlagevermögens, deren Nutzung zeitlich begrenzt ist (z. B. technische Anlagen und Maschinen, Gebäude) sind mit den AHK vermindert um planmäßige Abschreibungen bzw. um die Absetzung für Abnutzung zu bilanzieren. Gegenstände des Anlagevermögens, deren Nutzung zeitlich nicht begrenzt ist (z. B. Grundstücke) sind mit den AHK zu bilanzieren, werden also nicht planmäßig abgeschrieben. Eine Abschreibung ist die buchhalterische Erfassung eines Werteverzehrs, welcher folgende Ursachen haben kann:

- Verbrauchsbedingter (technischer) Werteverzehr - dazu zählen technischer Verschleiß, natürlicher Verschleiß (Witterungseinfluss), Substanzverringerung oder Katastrophen.

- Wirtschaftlich bedingter Werteverzehr - bedingt durch Fehlinvestitionen, Bonitätsverlust eines Schuldners oder Nachfragerückgang bei Vorräten.

- Zeitablaufbedingter Werteverzehr, wie z. B. Ablauf von Konzessionen oder Patenten.

Diese Formen des Werteverzehrs können in den planmäßigen und außerplanmäßigen Werteverzehr unterteilt werden. Ein planmäßiger Werteverzehr liegt bei allen Vermögensgegenständen vor, deren Nutzung zeitlich begrenzt ist, wie z. B. maschinelle Anlagen oder Gebäude. Dem planmäßigen Werteverzehr trägt man durch planmäßige Abschreibung Rechnung. In der Steuerbilanz bezeichnet man die planmäßige Abschreibung als Absetzung für Abnutzung (AfA).

Außerplanmäßiger Werteverzehr kann sowohl bei abnutzbaren wie nicht abnutzbaren Vermögensgegenständen (z. B. Forderungen, Wertpapiere, Warenvorräte, Rohstoffe) eintreten. Außerplanmäßiger Werteverzehr wird durch außerplanmäßige Abschreibungen berücksichtigt. Im Folgenden werden ausschließlich die planmäßigen Abschreibungen dargestellt.

Hauptzweck planmäßiger Abschreibung ist nicht der richtige Vermögensausweis, sondern die periodengerechte Erfolgsermittlung. Bei der Aktivierung des abnutzbaren Vermögensgegenstandes ist ein Abschreibungsplan zu erstellen. Im Abschreibungsplan ist

- die Abschreibungsbasis,
- die Nutzungsdauer und
- das Abschreibungsverfahren

festzulegen. Abschreibungsbasis sind die Anschaffungs- bzw. Herstellungskosten. Die Berücksichtigung von Restverkaufserlösen bei der Ermittlung der Abschreibungsbasis ist aus steuerlichen Gesichtspunkten nur in Ausnahmefällen zulässig, so z. B. bei Gegenständen von großem Gewicht oder aus wertvollem Material.

In Bezug auf die Nutzungsdauer ist zwischen technischer, wirtschaftlicher und betriebsgewöhnlicher Nutzungsdauer zu unterscheiden. Die technische Nutzungsdauer bezeichnet die ausschließlich unter technischen Gesichtspunkten ermittelte Nutzungsdauer. Durch Wartung und wiederholte Erneuerung von Einbauteilen kann die technische Nutzungsdauer verlängert werden, was unter wirtschaftlichen Gesichtspunkten nicht immer zweckmäßig ist. Als wirtschaftliche Nutzungsdauer wird der Zeitraum bezeichnet, in welchem es unter wirtschaftlichen Gesichtspunkten sinnvoll ist, eine Anlage zu nutzen. Diese Form der Nutzungsdauer wird im Rahmen der Investitionsrechnung bestimmt.[7] Die betriebsgewöhnliche Nutzungsdauer wird von der Finanzverwaltung für die Bemessung der steuerlichen Abschreibungen in sog. AfA-Tabellen aufgeführt. Diese Tabellen geben für einzelne Anlagegegenstände betriebsgewöhnliche Nutzungsdauern vor, die allerdings nur zur Berechnung der steuerlichen Abschreibung bindend sind.

Mit Ablauf der planmäßigen Nutzungsdauer ist ein Anlagegegenstand auf den Erinnerungswert von $1€$ abgeschrieben. Wird der Gegenstand auch in der Folgeperiode weitergenutzt, dürfen keine weiteren Abschreibungen als Aufwand verrechnet werden. Im Gegensatz zur Kostenrechnung gilt in der Finanzbuchhaltung der Grundsatz, dass die Summe der Abschreibungsbeträge die Anschaffungs- bzw. Herstellungskosten nicht übersteigen darf.[8]

Abschreibungsverfahren lassen sich in zeitbezogene und in leistungsbezogene Verfahren unterteilen. Die zeitbezogenen Verfahren wiederum unterteilen sich in:

- die lineare Abschreibung, welche die Abschreibungsbasis in gleich bleibenden Jahresraten auf die Nutzungsdauer verteilt,

---

[7] Vgl. S. 242.
[8] Vgl. im Gegensatz dazu kalkulatorische Abschreibungen, S. 157.

- die degressive Abschreibung, bei welcher das Abschreibungsvolumen in fallenden Jahresraten verteilt wird und

- die progressive Abschreibung, bei der das Abschreibungsvolumen in steigenden Jahresraten aufgeteilt wird.

Der im Jahresabschluss zu verwendende jährliche lineare Abschreibungsbetrag a_t^{lin} ergibt sich aus:

$$a_t^{lin} = \frac{AHK}{N}$$

mit AHK als den Anschaffungs- bzw. Herstellungskosten und N als Nutzungsdauer in Jahren. Der Vorteil der linearen Abschreibung besteht in der Verrechnung eines gleich bleibenden Periodenaufwands, was die Vergleichbarkeit der Periodenergebnisse ermöglicht. Die lineare Abschreibung ist handels- und steuerrechtlich zulässig. Ein Wechsel vom linearen zum degressiven Verfahren ist steuerrechtlich nicht zulässig.

Im Rahmen der geometrisch-degressiven Abschreibung wird jährlich ein konstanter Prozentsatz ab des Buchwertes der Vorperiode BW_{t-1} abgeschrieben. Die jährlichen Abschreibungsbeträge a_t^{geo} ermitteln sich aus

$$a_t^{geo} = BW_{t-1}ab$$

Die geometrisch-degressive Abschreibung ist für bewegliche Wirtschaftsgüter handels- und steuerrechtlich zulässig. Der Abschreibungsprozentsatz kann vom Unternehmen gewählt werden, darf jedoch steuerrechtlich den Wert von 20 % sowie das Doppelte des Satzes der linearen Abschreibung nicht übersteigen. Beim geometrisch-degressiven Verfahren ist eine vollständige Abschreibung nicht möglich, weshalb ein Wechsel zu einem anderen Verfahren erfolgt. Der Methodenwechsel zur linearen Abschreibung findet in der Periode statt, in welcher das lineare Verfahren eine höhere Jahresabschreibung bewirkt als die Fortführung der geometrisch-degressiven Abschreibung. Der optimale Zeitpunkt des Übergangs von der geometrisch-degressiven zur linearen Methode $t_{\ddot{U}}$ ergibt sich aus:

$$t_{\ddot{U}} = N + 1 - \frac{1}{ab}$$

Die progressive Abschreibung ist die Umkehrvariante degressiver Abschreibung. Die Abschreibungsbeträge sind in den Anfangsperioden sehr gering. Der Restbuchwert liegt anfangs auf hohem Niveau und sinkt erst zum Ende der Nutzungsdauer. Damit steht die Restbuchwertentwicklung im Gegensatz zur tatsächlichen Zeitwertentwicklung der Investitionspraxis. In den meisten Fällen widerspricht die progressive Abschreibung dem handelsrechtlichen Prinzip vorsichtiger Bewertung.[9] Als handelsrechtliches Abschreibungsverfah-

---

[9] Vgl. S. 125.

ren ist sie nur in eng begrenzten Ausnahmefällen zulässig, steuerrechtlich ist sie unzulässig.

Im Rahmen der Leistungsabschreibung werden nicht zeitabhängige, sondern leistungsabhängige Abschreibungsquoten ermittelt. Zu diesem Zweck wird die Periodenleistung (PL_t) zur Gesamtleistung (GL) in Beziehung gesetzt. Als Leistungsgrößen kommen produzierte Stückzahlen, gefahrene Kilometer, Maschinenstunden usw. in Betracht. Der jährliche Abschreibungsbetrag a_t^{lei} ergibt sich somit aus:

$$a_t^{lei} = \frac{AHK}{GL} PL_t$$

Dieses Abschreibungsverfahren ist handelsrechtlich und für bewegliche Anlagegüter auch steuerrechtlich zulässig. Problematisch bei dieser Methode ist die Prognose der Gesamtleistung. Darüber hinaus ist dieses Verfahren nicht in der Lage, zeitabhängigen Verschleiß zu erfassen, da bei Nicht-Nutzung eines Vermögensgegenstandes auch keine Abschreibungen vorgenommen werden.

Zur Veranschaulichung dieser Verfahren wird ein beweglicher Gegenstand des Anlagevermögens betrachtet, dem Anschaffungskosten in Höhe von 2.450,- € zugerechnet werden und der 7 Jahre genutzt werden soll. Der Abschreibungssatz der geometrisch-degressiven Abschreibung beträgt 20 %. In der Tabelle 4.6 sind die verschiedenen Abschreibungsbeträge enthalten. Es wird deutlich, dass ein Wechsel von der geometrisch-degressiven zur linearen Abschreibung im dritten Jahr zu empfehlen ist, $t_{\ddot{U}} = 3$.

Für die Leistungsabschreibung werden folgende Annahmen getroffen:

GL = 50.000 Stück, t_1 - t_3: PL = 10.000 Stück, t_4 - t_7: PL = 5.000 Stück.

Tabelle 4.6. Verlauf unterschiedlicher Abschreibungsverfahren

Zeit-punkt	Lineare Abschreibung		Geometrisch-degressive Abschreibung ohne Verfahrenswechsel		Geometrisch-degressive Abschreibung mit Verfahrenswechsel		Leistungs-abschreibung	
	BW_t	a_t^{lin}	BW_t	a_t^{geo}	BW_t	a_t^{geo} bzw. a_t^{lin}	BW_t	a_t^{lei}
t_0	2.450		2.450		2.450		2.450	
t_1	2.100	350	1.960	490	1.960	490	1.960	490
t_2	1.750	350	1.568	392	1.568	392	1.470	490
t_3	1.400	350	1.254,40	313,60	1.254,40	313,60	980	490
t_4	1.050	350	1.003,52	250,88	940,80	313,60	735	245
t_5	700	350	802,82	200,70	627,20	313,60	490	245
t_6	350	350	642,26	160,56	313,60	313,60	245	245
t_7	0	350	513,81	128,45	0	313,60	0	245

4.2.2 Gewinn- und Verlustrechnung

Die Gewinn- und Verlustrechnung (GuV) bildet neben der Bilanz den zweiten Bestandteil des Jahresabschlusses. Durch das System der doppelten Buchführung und die damit verbundene Trennung der Konten in Bestandskonten und Erfolgskonten entsteht parallel zur Bilanz eine GuV. Unabhängig voneinander ergibt sich in beiden das Jahresergebnis als Gewinn oder Verlust. Da in der Bilanz lediglich die Höhe des Gewinns oder des Verlustes, ohne weiterführende Informationen ersichtlich ist, ist zur Beurteilung des Unternehmens eine GuV erforderlich.

In der Gewinn- und Verlustrechnung sind die Aufwendungen den Erträgen eines Zeitraumes gegenübergestellt.[10] Im Gegensatz zur Bilanz als einer zeitpunktbezogenen Aufstellung stellt die GuV eine zeitraumbezogene Gegenüberstellung dar. Die GuV ist eine Aufwands- und Ertragsrechnung, keine Zahlungsrechnung. Für die Aufstellung der GuV sind die Kontoform und die Staffelform möglich. Die Staffelform ist für Kapitalunternehmen zwingend vorgeschrieben (vgl. § 275 HGB), wohingegen Einzelunternehmen und Personengesellschaften eine der beiden Varianten wählen können.

Wie die Bilanz muss auch die GuV die Grundsätze ordnungemäßer Buchführung im engeren Sinne erfüllen (vgl. § 243 HGB).[11] Daraus folgt, dass die GuV klar und übersichtlich aufgebaut sein muss. Darüber hinaus muss eine Trennung zwischen Betriebserfolg und neutralem Erfolg ersichtlich sein, um die Ertragslage des Unternehmens beurteilen zu können. Deshalb ist eine scharfe Trennung von Aufwendungen und Erträgen, welche im Zusammenhang mit der betriebsgewöhnlichen Geschäftstätigkeit entstanden sind, von betriebsfremden bzw. außerordentlichen Größen zwingend notwendig. In der Tabelle 4.7 ist die GuV eines Unternehmens abgebildet.

Tabelle 4.7. Beispielhafte GuV

Aufwand	Gewinn- und Verlustrechnung für das Jahr 2005 (in Tsd. €)		Ertrag
- Materialaufwand	10.000	- Umsatzerlöse	48.500
- Personalaufwand	25.000	- Mieterträge	1.000
- Abschreibung	5.500	- Erträge aus dem Verkauf	
- Büromaterial	1.000	von Vermögensgegenständen	1.500
- Steuern	2.750	- Zinserträge	400
- Verlust aus Wertpapierverkauf	750		
- Außerordentlicher Aufwand	500		
Unternehmenserfolg	5.900		
	51.400		51.400

---

[10] Vgl. S. 119.
[11] Vgl. S. 122.

Der Unternehmenserfolg in Höhe von 5.900 Tsd. € ist aufzuspalten in den Betriebserfolg und den neutralen Erfolg. Dazu werden aus dem Unternehmenserfolg die Positionen Verluste aus Wertpapierverkauf, außerordentlicher Aufwand, Mieterträge, Erträge aus dem Verkauf von Vermögensgegenständen sowie Zinserträge herausgerechnet. Es ergibt sich ein neutrales Ergebnis in Höhe von 1.650 Tsd. €und somit ein Betriebserfolg in Höhe von 4.250 Tsd. €.

4.2.3 Jahresabschlussanalyse

Ziel der Jahresabschlussanalyse ist eine verbesserte Information durch die bedarfsgerechte Aufbereitung, Verdichtung und Auswertung der Jahresabschlussdaten. Im Rahmen dieser Analyse können finanzwirtschaftliche und erfolgswirtschaftliche Betrachtungen durchgeführt werden. Adressat der finanzwirtschaftlichen Analyse sind vorrangig die Gläubiger des Unternehmens, wohingegen die erfolgswirtschaftliche Analyse primär für die Anteilseigner des Unternehmens bestimmt ist. Neben diesen Interessenten besitzt die Unternehmensleitung ein hohes Interesse an den Daten des Jahresabschlusses. Für externe Interessenten ist der Jahresabschluss i. d. R. die einzige Informationsquelle für die Beurteilung eines Unternehmens. Da die Zahlen des Jahresabschlusses auf allgemein anerkannten und überprüfbaren Rechnungslegungsvorschriften beruhen und mittelgroße und große Kapitalgesellschaften sowie Kreditinstitute und Versicherungen den Jahresabschluss von einem unabhängigen Dritten prüfen lassen müssen, ist die Zuverlässigkeit der Daten hoch. Bevor die Informationen aus dem Jahresabschluss verarbeitet werden können, sind diese zweckmäßig zusammenzufassen, umzugruppieren bzw. wertmäßig zu bereinigen. Für eine Bereinigung bietet der Anhang des Jahresabschlusses Hinweise, da dort die angewandten Bilanzierungs- und Bewertungsmethoden bzw. deren Änderung zu vermerken ist.

4.2.3.1 Finanzwirtschaftliche Analyse

Im Zentrum der finanzwirtschaftlichen Analyse steht die Betrachtung der Vermögensstruktur (Investitionsanalyse), der Kapitalstruktur (Finanzierungsanalyse) und der Liquidität.

a) Investitionsanalyse

Im Rahmen der Investitionsanalyse werden Art und Zusammensetzung des Vermögens sowie die Dauer der Vermögensbindung untersucht.[12] Die Zusammensetzung des Vermögens wird durch das Verhältnis von Anlagevermögen, Umlaufvermögen und Gesamtvermögen gekennzeichnet und lässt sich mit der Anlageintensität bzw. Umlaufintensität beschreiben:

---

[12] Vgl. S. 127.

$$Anlageintensität = \frac{Anlagevermögen}{Gesamtvermögen}$$

bzw.

$$Umlaufintensität = \frac{Umlaufvermögen}{Gesamtvermögen}$$

Eine hohe Umlaufintensität bedeutet eine hohe Flexibilität des Unternehmens, welches schneller auf Beschäftigungs- und Strukturänderungen reagieren kann, wenn ein Großteil des Vermögens nur kurzfristig gebunden und somit schnell disponibel ist. Die Interpretation dieser Relationen hat mit Rücksicht auf die Branche, den Automatisierungsgrad, die Geschäftspolitik und die Fertigungstiefe zu erfolgen. Da diese Kennzahlen ohne zusätzliche Informationen wenig aussagekräftig sind, lassen sich mit Kennziffern zu Umsatzrelationen, Umschlagskoeffizienten und zur Investitions- und Abschreibungspolitik weitergehende Aussagen treffen. Umsatzrelationen geben Aufschluss darüber, ob die Änderung von Vermögensbestandteilen auf eine wachsende oder schrumpfende Geschäftstätigkeit zurückzuführen ist. Das kommt z. B. in folgenden Kennzahlen zum Ausdruck:

$$Sachanlagen\text{-}Bindung = \frac{Sachanlagevermögen}{Umsatzerlöse}$$

bzw.

$$Vorräte\text{-}Bindung = \frac{Vorräte}{Umsatzerlöse}$$

Umschlagskoeffizienten geben an, wie intensiv die Vermögensgegenstände genutzt werden. Je größer die Umschlagshäufigkeit, umso besser entspricht die Vermögensbindung der Geschäftstätigkeit. Als wichtigste Kennzahl gilt die Kapitalumschlagshäufigkeit, die sich ergibt aus:

$$Kapitalumschlagshäufigkeit = \frac{Umsatzerlöse}{durchschnittliches\ Gesamtkapital}$$

Diese Relation wirkt sich direkt auf die Kapitalrentabilität aus.[13] Eine Steigerung der Kapitalumschlagshäufigkeit bewirkt eine Steigerung der Gesamtkapitalrentabilität.

Mit der Investitionsanalyse werden darüber hinaus Informationen über das Alter der Sachanlagen und die Investitionspolitik des Unternehmens gewonnen. Dazu werden folgende Kennzahlen ermittelt:

---

[13] Vgl. S. 140.

$$Anlagenabnutzungsgrad = \frac{kumulierte\ Abschreibungen\ auf\ Sachanlagen}{Bestand\ an\ Sachanlagen}$$

$$Investitionsquote = \frac{Nettoinvestitionen\ in\ Sachanlagen}{Bestand\ an\ Sachanlagen}$$

Informationen zur Ermittlung des Anlagenabnutzungsgrades können aus dem Anlagespiegel entnommen werden. Ein hoher Abnutzungsgrad lässt auf einen hohen künftigen Investitionsbedarf schließen. Die Investitionsquote gibt Auskunft über das Unternehmenswachstum. Aus einer expansiven Geschäftstätigkeit resultiert eine hohe Investitionsquote. Eine sinkende Investitionsquote hingegen resultiert entweder aus einer mangelnden Finanzkraft (es fehlen Mittel zur Investition) oder aus mangelnden Wachstumsfeldern (es fehlen Möglichkeiten zur Investition).

b) Finanzierungsanalyse

Hinsichtlich der Kapitalstruktur sind zwei Blickrichtungen möglich. Die erste ist vertikaler Natur und auf das Verhältnis von Fremdkapital und Eigenkapital konzentriert (vgl. Tabelle 4.8). Die wichtigste Kennzahl zur Beschreibung der Kapitalstruktur liegt mit dem Verschuldungsgrad vor, welcher in der statischen Form durch das Verhältnis von Eigenkapital zu Fremdkapital bestimmt wird. Darüber hinaus ist das Verhältnis von Eigen- bzw. Fremdkapital zum Gesamtkapital von Interesse, welches als Eigenkapitalquote bzw. Fremdkapitalquote ermittelt werden kann. Die Funktionen des Eigenkapitals werden in der Dauer- und der Risikofinanzierung, dem Verlustausgleich, der Garantie- und der Haftungserfüllung, der Gewinnverteilung und in der Machtverteilung gesehen. Zur Übernahme der Risikofunktion kann es nur kommen, wenn im Ernstfall aus dem Eigenkapital Liquiditätsschöpfung möglich ist bzw. das Eigenkapital eine Sicherheit für Kreditgeber darstellt.

Neben dem aktuellen Verhältnis von Eigen- zu Fremdkapital ist die Fähigkeit des Unternehmens zur Rückzahlung des Fremdkapitals von Interesse. Diese wird mit dem dynamischen Verschuldungsgrad gemessen, der angibt, in wie vielen Jahren die gegenwärtigen Schulden aus der gewöhnlichen Unternehmenstätigkeit zurückgezahlt werden können. Dabei wird davon ausgegangen, dass keine neuen Schulden aufgenommen werden und dass der Cashflow (CF) vollständig zur Schuldentilgung eingesetzt wird. Entscheidend für die Schuldentilgung ist die Ertragskraft des Unternehmens, dargestellt durch den Cashflow. Dieser stellt den Überschuss der zahlungswirksamen Erträge über die zahlungswirksamen Aufwendungen dar. Da diese Größe nicht im Jahresabschluss angegeben wird, kann sie auf indirektem Wege wie folgt ermittelt werden:

Cashflow = Gewinn + Abschreibung + Erhöhung der Rückstellungen

Tabelle 4.8. Wichtige finanzwirtschaftliche Kennziffern der Bilanzanalyse[14]

Bezeichnung	Ermittlung
Statischer Verschuldungsgrad	$VG_{stat} = \dfrac{FK}{EK}$
Dynamischer Verschuldungsgrad	$VG_{dyn} = \dfrac{FK}{CF}$
Eigenkapitalquote	$EK\text{-}Quote = \dfrac{EK}{GK}$
Fremdkapitalquote	$FK\text{-}Quote = \dfrac{FK}{GK}$
Goldene Bilanzregel	$\dfrac{EK + langfr.\,FK}{AV} \overset{!}{\geq} 1$

Außerordentliche Komponenten werden im Rahmen der Cashflow-Ermittlung berücksichtigt, indem außerordentliche Erträge vom Gewinn subtrahiert und außerordentliche Aufwendungen hinzugerechnet werden. Der Cashflow repräsentiert die Fähigkeit des Unternehmens zur Schuldentilgung, zur Selbstfinanzierung und zur Gewinnausschüttung. Damit ist dieser Wert auch ein Indikator für die finanzielle Autonomie des Unternehmens: Je größer die Selbstfinanzierungskraft, umso geringer fällt die Abhängigkeit von Fremdkapitalfinanzierungen aus.

Die Interpretation dieser finanzwirtschaftlichen Kennzahlen ist in jedem Fall vor dem Hintergrund der Branche, der Unternehmensgröße und der Rechtsform des Unternehmens durchzuführen. So weisen Kapitalgesellschaften wesentlich höhere Eigenkapitalquoten auf als Einzelkaufleute und Unternehmen der Energie- und Wasserversorgung besitzen eine höhere Eigenkapitalquote als Unternehmen des Baugewerbes. Die Vorgabe von absolut geltenden Grenzwerten ist demzufolge nicht möglich, vielmehr sind im Rahmen der Bilanzanalyse die Einflussfaktoren Branche, Rechtsform und Unternehmensgröße zu berücksichtigen.

Im Zentrum der zweiten, horizontalen Betrachtungsrichtung steht die fristenkongruente Finanzierung der Vermögensgegenstände des Unternehmens. Grundlegender Gedanke ist, dass die Dauer der Kapitalüberlassung (Posi-

---

[14] Vgl. Schäfer (2002, S. 45).

tionen der Passivseite) mit der Dauer der Kapitalbindung (Positionen der Aktivseite) übereinstimmen sollte. Die goldene Bilanzregel schreibt deshalb vor, dass Anlagevermögen grundsätzlich mit Eigenkapital und langfristig zur Verfügung stehendem Fremdkapital zu finanzieren ist. In der lang- und kurzfristigen Finanzierungsregel sind ähnliche Kongruenzbeziehungen vorgeschrieben.

c) Liquiditätsanalyse

Die Liquidität des Unternehmens muss als existenzsichernde Nebenbedingung der Unternehmenstätigkeit zu jedem Zeitpunkt gewährleistet sein. Entsprechend der unterschiedlichen Liquidierbarkeit von Vermögenswerten sind verschiedene Liquiditätsstufen zu unterscheiden (vgl. Tabelle 4.9). Den unterschiedlichen Liquiditätskennzahlen liegt der Gedanke zugrunde, dass ein Unternehmen in der Lage sein muss, die Verbindlichkeiten fristenkongruent zu tilgen. Es handelt sich demzufolge um eine horizontale Betrachtung, welche jedoch ausschließlich auf den Zahlungsmittelbestand ausgerichtet ist.

Tabelle 4.9. Wichtige Liquiditätskennziffern der Bilanzanalyse

Bezeichnung	Ermittlung
Liquidität 1. Grades	$\dfrac{Zahlungsmittel}{kurzfristige\ Verbindlichkeiten} \cdot 100$
Liquidität 2. Grades	$\dfrac{Zahlungsmittel + kurzfristige\ Forderungen}{kurzfristige\ Verbindlichkeiten} \cdot 100$
Liquidität 3. Grades	$\dfrac{Zahlungsmittel + kurzfr.\ Forderungen + Vorräte}{kurzfristige\ Verbindlichkeiten} \cdot 100$

4.2.3.2 Erfolgswirtschaftliche Analyse

Neben den finanziellen sind erfolgswirtschaftliche Kennzahlen von Interesse, welche die Rentabilität sowie die Aufwands- und Ertragsstruktur abbilden. Rentabilitätskennzahlen setzen eine Ergebnisgröße ins Verhältnis zu der eingesetzten Kapitalbasis oder in Relation zum Umsatz. So beschreibt die Eigenkapitalrentabilität r_{EK} die Verzinsung des eingesetzten Eigenkapitals wie folgt:

$$r_{EK} = \frac{Gewinn}{EK}$$

Die Verzinsung des gesamten eingesetzten Kapitals, die Gesamtkapitalrentabilität r_{GK}, wird ermittelt, indem der Gewinn zuzüglich der Fremdkapitalzinsen (FKZ) ins Verhältnis zu dem Gesamtkapital gesetzt wird:

$$r_{GK} = \frac{Gewinn + FKZ}{EK + FK}$$

In Abhängigkeit von den Ergebnisgrößen und den gewählten Basiswerten lassen sich verschiedene Rentabilitätsgrößen ermitteln. Allgemeingültig kann für Projekte, Unternehmen oder Einzelinvestitionen ein Return on Investment (ROI) ermittelt werden, womit nichts anderes als das Verhältnis von Ergebnisgröße und Kapitaleinsatz bezeichnet ist. Wird als Ergebnis die Summe aus Gewinn vor Steuern und Fremdkapitalzinsen verwendet und in Beziehung zum Gesamtkapital gesetzt, entspricht der ROI der Gesamtkapitalrentabilität. Die Erweiterung dieser Größe in Zähler und Nenner mit dem Umsatz ergibt:

$$ROI = r_{GK} = \frac{Gewinn + FKZ}{EK + FK}$$
$$r_{GK} = \frac{Gewinn + FKZ}{GK} \cdot \frac{Umsatz}{Umsatz}$$
$$r_{GK} = \frac{Gewinn + FKZ}{Umsatz} \cdot \frac{Umsatz}{GK}$$
$$r_{GK} = Umsatzrentabilität \cdot Kapitalumschlag$$

Diese Darstellung verdeutlicht, dass zu einer Steigerung der Gesamtkapitalrentabilität die Steigerung der Umsatzrentabilität und die Erhöhung der Umschlagshäufigkeit des Kapitals beitragen. Eine weitere Auflösung der Kennzahlen ergibt das sog. DuPont-Kennzahlensystem.[15] Mit dieser Darstellung können die Einflussgrößen der Gesamtkapitalrentabilität herausgestellt und so detailliertere Aussagen über das Unternehmen getroffen werden.

Neben der Rentabilität ist die Wertschöpfung ein wichtiges Indiz für die Ertragskraft des Unternehmens. Allgemein ausgedrückt ergibt sich die Wertschöpfung als Differenz des gesamten Produktionswertes und der empfangenen Vorleistungen (vgl. Tabelle 4.10). Dieser Wert zeigt, durch welche Geschäftsaktivitäten Werte geschaffen wurden. Diese Wertschöpfung steht zur Verfügung, um die Ansprüche von Arbeitnehmern (in Form von Löhnen, Gehältern, sozialen Abgaben etc.), Staat (in Form von Steuern) sowie Fremd- und Eigenkapitalgebern (in Form von Zinsen bzw. Gewinnausschüttungen) erfüllen zu können.

---

[15] Vgl. Abbildung 7.17, S. 362.

Tabelle 4.10. Ermittlung der Wertschöpfung

GuV-Positionen gemäß § 275, Abs. 2 HGB	Beschreibung
1	Umsatzerlöse
2	+ Bestandsmehrungen
2	- Bestandsminderungen
3	+ andere aktive Eigenleistungen
4	+ sonstige betriebliche Erträge
9	+ Erträge aus Beteiligungen
10	+ Erträge aus Wertpapieren
11	+ sonstige Zinsen und ähnliche Erträge
	= Produktionswert
5a	- Aufwendungen für Roh-, Hilfs- und Betriebsstoffe
5b	- Aufwendungen für bezogene Leistungen
7	- Abschreibungen
8	- sonstige betriebliche Aufwendungen
9	- sonstige Steuern
	= Wertschöpfung

Die Wertschöpfung ist ein Maßstab der Leistungskraft des Unternehmens, welcher die Ertragskraft des Unternehmens unabhängig von der Finanzierungsstruktur und der Rechtsform widerspiegelt. Auf Basis der Wertschöpfung können folgende Kennzahlen abgeleitet werden:

$$Arbeitsproduktivität = \frac{Wertschöpfung}{durchschnittliche\ Beschäftigtenzahl}$$

$$Kapitalproduktivität = \frac{Wertschöpfung}{durchschnittliches\ Kapital}$$

Diese Kennzahlen erlauben Vergleiche auf zwischenbetrieblicher, regionaler und internationaler Ebene und sind somit nicht nur betriebswirtschaftlich, sondern auch volkswirtschaftlich relevant.

4.3 Kostenrechnung

4.3.1 Aufgaben, Merkmale und Systeme

Die Aufgabe der Kostenrechnung besteht darin, Entscheidungsträgern Informationen über die Entstehung und Beeinflussung von Kosten zu liefern. Dies geschieht durch die Erfassung, Verteilung und Zurechnung der Kosten, die bei der betrieblichen Leistungserstellung und -verwertung entstehen. Aus dieser allgemeinen Beschreibung leiten sich folgende Ziele der Kostenrechnung ab:

- Abbildung und Dokumentation des Betriebsprozesses,

- Bereitstellung von Informationen zur Planung, Umsetzung und Kontrolle des Betriebsprozesses,

- Steuerung des Verhaltens der Entscheidungsträger und Mitarbeiter,

- Bewertung von fertigen und halbfertigen Erzeugnissen sowie eigenerstellten Gütern des Anlagevermögens.

Grundlegende Aufgabe der Kostenrechnung ist die Dokumentation des Güterverbrauches und der Leistungserstellung. Mit der Bestimmung von Erlösen und der Ermittlung des dabei angefallenen Güterverzehrs werden die Leistungserstellungsprozesse monetär bewertet und abgebildet. Dazu werden die erbrachten Leistungen den verursachten Kosten gegenübergestellt, woraus das Betriebsergebnis folgt.

Für die Planung und Umsetzung des Leistungserstellungsprozesses werden im Rahmen der Kostenrechnung Informationen über die zukünftige Entwicklung von Kosten und Leistungen in Abhängigkeit unterschiedlicher Einflussgrößen ermittelt. Auf Basis dieser Prognosen können Entscheidungen über die weitere Gestaltung des Betriebsprozesses getroffen werden, so z. B. über das Absatz-, Produktions- und Beschaffungsprogramm oder über die Preisgestaltung. Planungsrechnungen dienen somit als Grundlage für die Entscheidungsfindung.

Darüber hinaus hat die Kostenrechnung die Aufgabe, Informationen bereitzustellen, welche eine Kontrolle des Betriebsprozesses ermöglichen. Im Rahmen der Kostenrechnung ist die Wirtschaftlichkeitskontrolle auf Basis eines Soll-Ist-Vergleiches von herausragender Bedeutung. In Anlehnung an das Wirtschaftlichkeitsprinzip[16] sind Sollkosten die geringstmöglichen Kosten, die zur Erbringung einer vorgegebenen Leistung erforderlich sind. Sollkosten stellen die Kosten dar, welche bei Berücksichtigung des Unterschieds von geplanten und eingetretenen Rahmendaten bei wirtschaftlicher Arbeitsweise anfallen dürfen und stellen somit einen Vorgabewert dar. Nach der Kontrolle sind die Ergebnisse zu interpretieren und Abweichungsursachen festzustellen. Liegen diese im Wirkungs- und Einflussbereich des Unternehmens, sind Maßnahmen zur Vermeidung der Abweichungen für zukünftige Perioden zu ergreifen.[17]

a) Systeme der Kostenrechnung

Kostenrechnungssysteme erfassen, speichern und verarbeiten die Kosten in Abhängigkeit von unterschiedlichen Kriterien. Die Aufgaben der Kostenrechnung werden von den unternehmerischen Entscheidungsträgern und von der Unternehmensumwelt bestimmt und sind im Zeitablauf veränderlich.

Die traditionelle Gliederung von Kostenrechnungssystemen differenziert nach dem Zeitbezug der verrechneten Kosten oder nach dem Sachumfang der auf die

---

[16] Vgl. S. 1.
[17] Vgl. S. 359.

Kostenträger verrechneten Kosten. Nach dem Zeitbezug können Systeme der Istkostenrechnung, der Normalkostenrechnung und der Plankostenrechnung unterschieden werden. In der vergangenheitsorientierten Istkostenrechnung werden die tatsächlich angefallenen Kosten der Periode verrechnet. Istkosten sind effektive Kosten, also mit Ist-Preisen bewertete Ist-Verbrauchsmengen. Wird der Durchschnitt der Istkosten der vergangenen Perioden gebildet, ergeben sich die Normalkosten. Auf diese Weise werden Zufallsschwankungen aus der Rechnung eliminiert. Wenn sowohl im Mengen- oder Zeitgerüst als auch in den Wertansätzen mit geplanten Kosten gearbeitet wird, handelt es sich um ein zukunftsorientiertes Plankostenrechnungssystem.

Wenn alle angefallenen Kosten auf die Kostenträger verrechnet werden, liegt ein Vollkostenrechnungssystem vor. Diese älteren Systeme werden dahingehend kritisiert, dass alle angefallenen Kosten verrechnet werden, ohne die Verursachung bzw. Beeinflussbarkeit der Kosten zu berücksichtigen. Werden nur bestimmte Teile der angefallenen Kosten auf die Kostenträger verrechnet, handelt es sich um ein Teilkostenrechnungssystem. Als ein Beispiel hierfür kann die Deckungsbeitragsrechnung dienen, welche nur die variablen Kostenbestandteile auf den Kostenträger verrechnet.[18]

Auswahl und Einsatz von Kostenrechnungssystemen sind neben den Eigenschaften des Leistungserstellungsprozesses auch abhängig von den Informationsbedürfnissen interner und externer Anspruchsgruppen. In jüngerer Zeit sind Systeme entstanden, welche einzelne Querschnittskostenarten zum Betrachtungsgegenstand haben oder keine kostenträgerbezogene, sondern eine prozessbezogene Sichtweise verwenden. So führte z. B. die stärkere Ökologieorientierung von Kunden und Gesetzgebern maßgeblich zu einer wesentlichen Weiterentwicklung der Umweltkostenrechnung. Ähnliches gilt für die zunehmend wichtigere Rolle der Produktqualität bei Kunden und Wettbewerbern, woraus die Qualitätskostenrechnung entstanden ist.

b) Prinzipien der Kostenverrechnung

Im Rahmen der Kostenverrechnung sind verschiedene prinzipielle Vorgehensweisen zu unterscheiden. Die möglichst wirklichkeitsgetreue Abbildung der Kostenentstehung ist das Ziel des Verursachungsprinzips und des Identitätsprinzips. Nach dem Verursachungsprinzip dürfen einem Bezugsobjekt nur diejenigen Kosten zugerechnet werden, die von diesem Objekt auch verursacht wurden. Das Verursachungsprinzip besagt, dass als Kosten nur der bewertete Verzehr von Gütern und Dienstleistungen verrechnet werden darf, welcher durch die periodengerechte, gewöhnliche Leistungserstellung bewirkt wurde.

Ausgehend von dem Gedanken, dass weder die Kostenträger die Kosten verursachen, noch die Kosten Mittel zum Zweck der Leistungserstellung sind, sondern immer eine Entscheidung die Kostenentstehung begründet, kann die Kostenentstehung auch durch das Identitätsprinzip realitätsgetreu abgebildet

---

[18] Vgl. S. 178.

werden. Entsprechend diesem Prinzip sind Kosten nur dann einem Bezugs-objekt eindeutig zurechenbar, wenn die Existenz des Objektes durch dieselbe Entscheidung verursacht wurde wie die zuzurechnenden Kosten.

Können die Kosten nicht nach dem Verursachungs- oder dem Identitätsprin-zip verrechnet werden, verbleiben zwei andere Vorgehensweisen: das Durch-schnittsprinzip und das Tragfähigkeitsprinzip. Die durchschnittliche Vertei-lung der Kosten auf die Bezugsobjekte ist Inhalt des Durchschnittsprinzips. Das Tragfähigkeitsprinzip stellt auf die Belastbarkeit bzw. Kostentragfähigkeit eines Bezugsobjektes ab. Kosten werden in Abhängigkeit von den Absatzprei-sen oder Deckungsbeiträgen der Bezugsobjekte verrechnet. Für Zwecke der Kontrolle oder Unternehmenssteuerung sind diese Prinzipien nicht geeignet und deshalb nur in Ausnahmefällen anzuwenden. Derartige Fälle liegen vor, wenn Produktionsprozesse so gestaltet sind, dass zwangsläufig mehrere Pro-dukte erzeugt werden, wie z. B. in der chemischen Industrie.

4.3.2 Kostenfunktionen und Kosteneinflussgrößen

Kostenfunktionen werden aus Produktionsfunktionen abgeleitet,[19] die wieder-um in erster Linie die mengenmäßigen Beziehungen zwischen den zur Leis-tungserstellung erforderlichen Produktionsfaktormengen und den Ausbrin-gungsmengen betrachten. Darauf aufbauend wird im Rahmen der Kosten-theorie die wertmäßige Relation zwischen Faktoreinsatz und Leistungserstel-lung untersucht, also die Beziehung von Kostenhöhe und Kosteneinflussgrößen analysiert.

Ausgangspunkt der Betrachtung ist die Produktionsfunktion, welche die funk-tionale Beziehung zwischen Einsatzmenge und Ausbringungsmenge der Pro-duktion folgendermaßen angibt:

$$x = f(inp_1, inp_2, \ldots, inp_n),$$

wobei x die Ausbringung (in Stück, kg, t, etc.) und $inp_1, inp_2, \ldots, inp_n$ die eingesetzten Mengen unterschiedlicher Produktionsfaktoren beschreibt. Wer-den in dieser Darstellung die Faktormengen mit deren Preisen $p_1, p_2, \ldots, p_n$ bewertet, ergibt sich die monetäre Produktionsfunktion

$$x = f(inp_1 p_1, inp_2 p_2, \ldots, inp_n p_n).$$

Entsprechend dem wertmäßigen Verständnis der Kosten kann formuliert wer-den $x = f(K)$.[20] Daraus lassen sich die Kosten als Gesamtfunktion der Aus-bringungsmenge mit $K = f(x)$ beschreiben.

---

[19] Vgl. S. 31.
[20] Vgl. S. 120.

Diese Beziehung beschreibt die Entwicklung der Kosten in Abhängigkeit von der Ausbringungsmenge. Kosten hängen demzufolge von der Art und der Menge der verbrauchten Produktionsfaktoren sowie deren Bewertung in Geldeinheiten ab. Diese drei Faktoren werden real durch unterschiedlichste Einflussgrößen bestimmt, welche aufgrund ihrer Wirkung auf die Kosten als Kostenbestimmungsfaktoren bzw. Kosteneinflussgrößen bezeichnet werden. Im Rahmen der Kostentheorie werden die Kostenbestimmungsfaktoren systematisiert und die Wirkung der Einflussgrößen auf die Gesamtkosten ermittelt.

Es gibt eine Reihe von Kostenbestimmungsfaktoren, die nach ihrer Beeinflussbarkeit unterschieden werden können (vgl. Abbildung 4.2). Gegenstand der Kostentheorie sind die Haupteinflussgrößen wie z. B. Faktorqualität, Beschäftigung, Faktorpreise, Betriebsgröße, Beschäftigung und Fertigungsprogramm.[21]

Abbildung 4.2. Ausgewählte Kostenbestimmungsfaktoren

Neben diesen Einflussgrößen ist die innerbetriebliche Unwirtschaftlichkeit als weitere Kosteneinflussgöße zu berücksichtigen. Diese ist die Ursache für den Teil der Kosten, der sich bei wirtschaftlichem Verhalten hätte vermeiden lassen. Trotz aller Bemühungen zum wirtschaftlichen Verhalten werden durch menschliches Handeln Unwirtschaftlichkeiten verursacht, die zu identifizieren, zu erklären und zukünftig zu vermeiden ein wesentliches Ziel der Kostenrechnung ist.

---

[21] Vgl. zu weiteren Kosteneinflussgrößen Abbildung 4.14, S. 192 sowie die Darstellung der kostenoptimalen Intensität von Drehprozessen auf S. 37.

Als weitere Haupteinflussgröße ist die Beschäftigung zu nennen. Da durch die Ausbringungsmenge der Beschäftigungsgrad festgelegt wird, lässt sich der Kostenverlauf in Abhängigkeit vom Beschäftigungsgrad abbilden. Dabei ist die Unterscheidung von variablen und fixen Kosten von zentraler Bedeutung. Reagiert der Kostenbetrag nicht auf eine Änderung der Kosteneinflussgröße, so handelt es sich um fixen Kosten. Führt die Variation der Kosteneinflussgröße zu einer Änderung des Kostenniveaus, liegen variable Kosten vor. Folgende Verlaufsformen der Kosten in Abhängigkeit von der Beschäftigung lassen sich grundsätzlich unterscheiden:

- Proportionale Kosten: Jede Beschäftigungsänderung führt zu einer Kostenänderung im gleichen Verhältnis.

- Degressive Kosten: Kosten reagieren in geringerem Maße wie die Beschäftigungsänderung.

- Progressive Kosten: Kosten reagieren in stärkerem Maß als die Beschäftigungsänderung.

- Regressive Kosten: Eine Beschäftigungsänderung führt zu einer Kostenänderung mit umgekehrtem Vorzeichen.

- Fixe Kosten: Kosten reagieren nicht auf eine Beschäftigungsänderung.

- Intervallfixe Kosten: Kosten reagieren innerhalb bestimmter Beschäftigungsbereiche nicht auf Beschäftigungsänderungen.

Alle Kostenfunktionen, welche nicht fix bzw. intervallfix sind, werden als variable Kosten bezeichnet. Die Bezeichnung fixe bzw. variable Kosten wird im normalen Sprachgebrauch mit Bezug auf die Beschäftigung als Kosteneinflussgröße verwendet. Fixkosten sind demzufolge zeit- oder bereitschaftsabhängig, variable Kosten stehen mit der Ausbringungsmenge in Zusammenhang. Gesamtkosten (K_{Ges}) setzen sich aus der Summe der fixen Kosten (K_{Fix}) und der Summe der variablen Kosten (K_{Var}) zusammen:

$$K_{Ges} = K_{Fix} + K_{Var}(x)$$

Neben fixen und variablen Kosten sind Grenzkosten zur Beschreibung des Kostenverlaufes charakteristisch. Grenzkosten werden durch den Zuwachs der Gesamtkosten bei Änderung eines Kosteneinflussfaktors um eine Einheit beschrieben:

$$K' = \frac{dK}{dx}$$

Lineare Gesamtkostenfunktionen führen zu konstanten Grenzkosten, progressiv steigende (sinkende) Gesamtkosten bewirken steigende (fallende) Grenzkosten. Bei einer linearen Gesamtkostenfunktion sind die Grenzkosten K' gleich den variablen Stückkosten k_{var}.

In Abhängigkeit von der zugrunde liegenden Produktionsfunktion ist eine Reihe von Kostenfunktionen entstanden. Die älteste Variante der Produktionsfunktionen, die ertragsgesetzliche Produktionsfunktion, beschreibt den Sachverhalt, dass der zunehmende Einsatz eines Produktionsfaktors zunächst zu steigenden, später jedoch zu sinkenden Grenzerträgen führt. Diese aus Erkenntnissen der Landwirtschaft abgeleitete Funktion ist nur beschränkt zur Beschreibung moderner Produktionsprozesse geeignet, da die Kosten der Produktion in diesem Modell unmittelbar von der Ausbringungsmenge abhängen. Die Gutenberg-Produktionsfunktion hingegen basiert auf der Analyse des Zusammenhangs von Faktoreinsatzmenge und Ausbringungsmenge vor dem Hintergrund der Verbrauchsfunktionen einzelner technischer Aggregate und Maschinen. Resultat ist eine aus der unternehmensspezifischen Produktionstechnologie und -technik abgeleitete Produktions- und somit Kostenfunktion. Die Kosten des Unternehmens hängen nicht unmittelbar von der Ausbringungsmenge ab, sondern variieren in Abhängigkeit von den vorliegenden Verbrauchsfunktionen einzelne Aggregate.[22]

Diese Kostenfunktionen unterstellen ein statisches Verhalten der Kosten, d. h. die Stückkosten bleiben trotz steigender Produktionszahlen identisch. In der Realität sinken die Stückkosten jedoch mit einer steigenden, insgesamt produzierten Menge des Produktes. Das ist auf unterschiedliche Ursachen zurückzuführen (vgl. Abbildung 4.3).

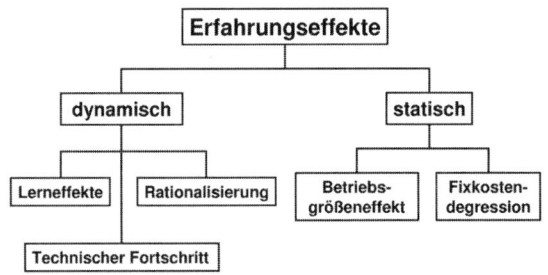

Abbildung 4.3. Ursachen von Erfahrungskurveneffekten

Ein Grund besteht in dem Lerneffekt, welcher bei der wiederholten Verrichtung einer Tätigkeit eintritt. Die Arbeitskraft benötigt mit steigender Stückzahl für denselben Arbeitsvorgang weniger Zeit. Durch die gesunkenen Fertigungszeiten sinken die Stückkosten, es werden sog. Übungsgewinne realisiert. Bei jeder Verdopplung der Produktionsmenge sinken die Stückkosten auf einen bestimmten Prozentsatz der jeweiligen Ausgangskosten. Dieser Wert wird auch als Lernrate bezeichnet. Daneben werden durch technischen Fort-

---

[22] Vgl. S. 31.

schritt und Rationalisierungsmaßnahmen die Stückkosten gesenkt. So können z. B. die Arbeitsabläufe optimiert werden und die Koordination der einzelnen Fertigungsbereiche verbessert sich mit zunehmendem Produktionsvolumen. Zusätzlich zu diesen dynamischen Erfahrungseffekten sind statische Effekte der Stückkostenreduktion festzustellen. Dazu zählt die Fixkostendegression, also die Tatsache, dass sich die Summe der Fixkosten bei steigendem Produktionsvolumen auf eine größere Stückzahl verteilt, so dass die Fixkosten pro Stück sinken. Darüber hinaus treten Betriebsgrößeneffekte in der Form auf, dass z. B. Großabnehmer günstigere Einkaufspreise erzielen können, so dass die Materialkosten pro Stück sinken.

Der Erfahrungskurveneffekt wurde in zahlreichen Studien empirisch bestätigt, so z. B. im Flugzeugbau, bei der Herstellung von Fernsehgeräten und bei Demontageprozessen in der Entsorgungslogistik.[23] Zur Bestimmung der Kostenfunktion ist die Anzahl an Verdopplungen zwischen zwei kumulierten Produktionsmengen zu ermitteln. Werden die Produktionsmengen X_α und X_β betrachtet mit $X_\alpha < X_\beta$ so ergibt sich die Anzahl der Verdopplungen v zwischen diesen Mengen mit

$$v = \frac{lnX_\beta - lnX_\alpha}{ln2}.$$

Die Stückkosten der jeweils zuletzt produzierten Einheit k_β der kumulierten Produktionsmenge X_β ergeben sich aus

$$k_\beta = k_\alpha L^v,$$

wobei k_α die Stückkosten bei kumulierter Produktionsmenge X_α sind und L die Lernrate darstellt, also den Prozentsatz, auf welchen die Kosten bei einer Verdopplung der Produktionsmenge sinken. Einsetzen, Umstellen und Logarithmieren ergibt:

$$k_\beta = k_\alpha \left(\frac{X_\beta}{X_\alpha}\right)^{\frac{lnL}{ln2}}.$$

Wird der Term $-\frac{lnL}{ln2}$ mit dem Degressionsfaktor d bezeichnet, so lässt sich formulieren:

$$k_\beta = k_\alpha \left(\frac{X_\beta}{X_\alpha}\right)^{-d}.$$

Ausgehend von der Nullserie X_α mit einem Stück, lassen sich die Gesamtkosten unter Berücksichtigung von Erfahrungskurveneffekten wie folgt ermitteln:

$$K = \sum_{X_\alpha}^{X_\beta} k_\alpha x^{-d}$$

---

[23] Vgl. Steven/Laarmann (2005).

Das lässt sich näherungsweise ermitteln durch:

$$K = \int_{X_\alpha}^{X_\beta} k_\alpha x^{-d} dx.$$

Als Beispiel wird hier ein Unternehmen betrachtet, welches eine Anfrage zur Produktion von 100 Einheiten einer Grundplatte erhält, die bisher noch nicht gefertigt wurde. Die Detailansicht der Grundplatte ist folgende:

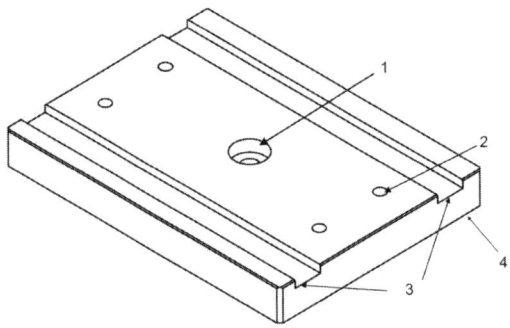

Abbildung 4.4. Bild einer Grundplatte

Der Kunde stellt folgende Forderung an die Grundplatte:

- Die Oberfläche des Werkstücks soll eine geringe Rauheit besitzen.

- Die Sacklöcher (2) sollen als Passungen realisiert werden.

- In die gesenkte Durchgangsbohrung (1) soll ein Ensat eingedreht werden.

- Des Weiteren sind die Kanten an den Führungsschienen (3) und der Unterseite des Werkstücks (4) zu entgraten.

Als Rohkörper stehen Aluminiumprofile zur Verfügung, welche in der Breite und der Länge den ungefähren Werkstückabmaßen entsprechen. Die Höhe der Platte muss zuerst auf einer konventionellen Fräsmaschine bearbeitet werden. Hierbei wird ein geringes Aufmass stehen gelassen, damit in der nachfolgenden CNC-Bearbeitung nur zu schlichten ist. Für die CNC-Bearbeitung muss das Werkstück vom Maschinenbediener zweimal eingespannt werden. Hierbei ist darauf zu achten, dass die Einspannungen frei von Graten sind, da sich sonst

Fehler bei der Bearbeitung in Form von Maßungenauigkeiten einstellen. Im Anschluss sind noch folgende Bearbeitungsschritte notwendig:

- Entgraten der geforderten Kanten,
- Realisieren der Passungen und
- Eindrehen des Ensats.

Da Aluminium ein weiches Material ist und ein häufiges Ein- und Ausdrehen von Schrauben dem Material bzw. dem Gewinde im Aluminium auf Dauer schadet, wird ein aus Messing bestehender Ensat in das Werkstück eingeschraubt. Dieser besteht aus einem Innen- und Außengewinde. Dadurch wird ein vorzeitiger Verschleiß am Werkstück verhindert, da einzubringende Teile in den Ensat geschraubt werden. Eingedreht wird der Ensat mittels einer Standbohrmaschine. Die Passungen der Sacklöcher werden mit einer Reibahle ebenfalls an einer Standbohrmaschine realisiert. Die Planung der Konstrukteure auf dieser Basis ergibt Lohnkosten des ersten Stücks in Höhe von 35 €. Aus Erfahrung ist bekannt, dass bei Aufträgen ähnlicher Art in der Fertigungszeit eine Lernrate von 85 % zu verzeichnen ist. Das Unternehmen möchte ein Angebot auf Basis der Durchschnittskosten abgeben. Die Anzahl der Verdopplungen ergibt sich mit:

$$v = \frac{ln100}{ln2} \approx 6,64.$$

Die Lohnkosten für das 100. Stück betragen demzufolge

$$K_{100} = 35 \; € \times 0,85^{\frac{ln100}{ln2}}$$

$$K_{100} = 11,89 \; €.$$

Die gesamten Lohnkosten für den Auftrag lassen sich näherungsweise wie folgt ermitteln:

$$K \approx \int\limits_{1}^{100} 35 \; € \; x^{-0,3244} dx = \frac{35 \; € \times 100^{1-0,3244}}{1 - 0,3244} - \frac{35 \; €}{1 - 0,3244} = 1.507,28 \; €$$

Damit ergeben sich durchschnittliche Lohnstückkosten $k_{100}^{\varnothing}$ von 15,07 € (vgl. Abbildung 4.5).

Lernraten für verschiedene Kostenarten und Tätigkeiten unterscheiden sich. So werden die höchsten Lernraten bei Montagetätigkeiten für die Fertigungszeiten festgestellt, für den Materialverbrauch hingegen sind geringere Werte zu verzeichnen. Die theoretisch ermittelten Werte geben die Einsparpotenziale vor, welche mit zunehmender Produktionsmenge erreicht werden können.

Um diese Einsparpotenziale auch auszuschöpfen, ist ein entsprechendes Lernverhalten der in der Produktion beschäftigten Personen erforderlich. Es kann nicht davon ausgegangen werden, dass sich die Einspareffekte automatisch einstellen. Das Modell eignet sich nicht nur für die Massenfertigung, sondern auch in kleinen und mittelständischen Unternehmen, da diese mit wechselnden Produktionsprogrammen kleinere Serien produzieren.

Trotz der prinzipiellen Gültigkeit des Grundgedankens des Erfahrungskurvenkonzeptes sind folgende Punkte zu kritisieren: Zum einen wird von einem linearen Lerneffekt ausgegangen, jedoch ist anzunehmen, dass die Lerneffekte mit sehr großen Stückzahlen abnehmen. Darüber hinaus existieren in dem Modell keine Kapazitätsbeschränkungen und die Kostensenkungsursachen lassen sich nicht weiter aufspalten.

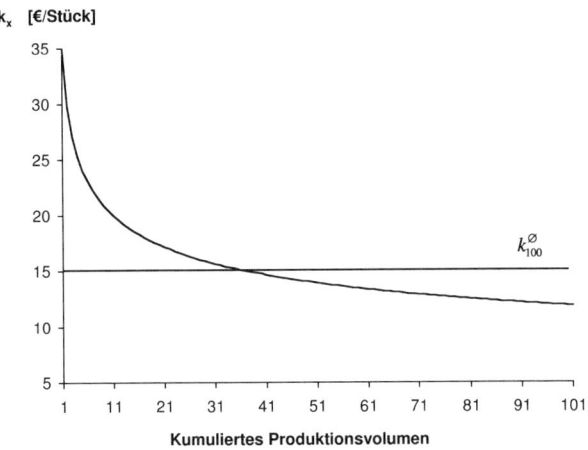

Abbildung 4.5. Erfahrungskurve

4.3.3 Kostenartenrechnung

4.3.3.1 Grundlagen

Die Kostenrechnung gliedert sich in die Teilbereiche Kostenarten-, Kostenstellen- und Kostenträgerrechnung.[24] In der Kostenartenrechnung werden zunächst sämtliche Kosten erfasst und nach Kostenarten gegliedert. Dabei erfolgt eine Untergliederung in Einzel- und Gemeinkosten. Einzelkosten lassen

---

[24] Vgl. VDI 2234.

sich direkt den einzelnen betrieblichen Leistungen (Kostenträgern) zurechnen. Im Gegensatz dazu sind Gemeinkosten nicht unmittelbar, sondern nur mittelbar den einzelnen Kostenträgern zurechenbar. Bei diesen ist das Verursachungsprinzip schwerer (oder gar nicht) einzuhalten, weil diese Kosten nicht von der Produkteinheit allein verursacht worden sind. Diese Kosten werden deshalb abrechnungstechnisch über die einzelnen Kostenstellen geleitet und mit Hilfe besonderer Bezugsgrößen (Schlüsselgrößen) verteilt. Von unechten Gemeinkosten spricht man bei Kosten, die den Kostenträgern zwar direkt zurechenbar sind, also Einzelkosten sind, die aber aus Gründen der abrechnungstechnischen Vereinfachung wie Gemeinkosten behandelt werden.

Die Gemeinkosten werden in der Kostenstellenrechnung den Kostenstellen zugeordnet. Die Beanspruchung der einzelnen Kostenstellen durch die Kostenträger ist dann Maßstab für die Zuordnung der Gemeinkosten auf die Kostenträger. Dies geschieht in der Kostenträgerrechnung, in der auch die Einzelkosten aus der Kostenartenrechnung den Kostenträgern direkt zugerechnet werden (vgl. Abbildung 4.6).

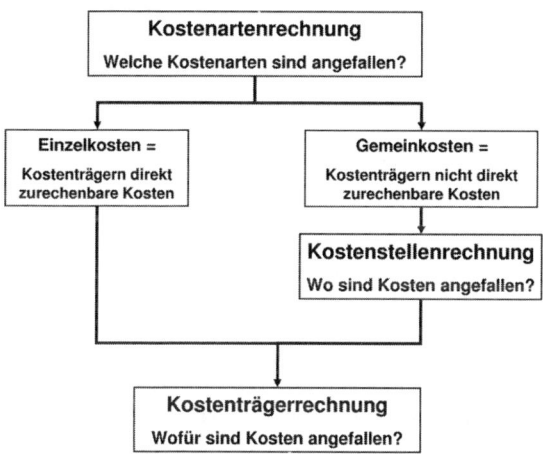

Abbildung 4.6. Kostenrechnungssystematik

Die konkrete Ausgestaltung dieses sehr grob skizzierten Abrechnungsweges wird bestimmt durch das zugrundeliegende Kostenrechnungssystem.[25] Hierunter versteht man ein System, welches die Kosten nach vorgegebenen Regeln erfasst, speichert und auswertet. Die Ausgestaltung des Kostenrechnungssystems und damit auch der Kostenarten-, Kostenstellen-, und Kostenträgerrechnung ist ausgerichtet an der Aufgabe, die durch das System erfüllt werden soll.

---

[25] Vgl. S. 143.

So ist z. B. eine andere Ausgestaltung der Kostenrechnung notwendig, wenn Informationen für die Entscheidungen der Geschäftsleitung aufbereitet werden müssen, als für die Berechnung zu bilanzierender Herstellungskosten.

a) Aufgaben der Kostenartenrechnung

Die Kostenartenrechnung steht am Anfang der laufenden Kostenrechnung und dient der Erfassung und Gliederung aller im Laufe der jeweiligen Abrechnungsperiode angefallenen Kostenarten. Es handelt sich also bei der Kostenartenrechnung nicht um eine besondere Art der Rechnung, sondern lediglich um die geordnete Erfassung der Kosten, die in Zusammenarbeit mit den organisatorischen Teileinheiten des Unternehmens durchgeführt wird. Die Kostenartenrechnung hat somit die Aufgabe,

- zu klären, was Kosten sind,
- die Grundlagen für eine exakte und eindeutige Zuordnung der Kosten auf Kostenstellen und Kostenträger zu schaffen,
- eine kostenartorientierte Planung und Kontrolle zu ermöglichen sowie
- eine Informationsbasis für Entscheidungszwecke bereitzustellen.

b) Einteilungsmöglichkeiten der Kosten

Die gesamten Kosten einer Abrechnungsperiode lassen sich nach verschiedenen Gesichtspunkten untergliedern:

- Wird als Gliederungskriterium die Art der verbrauchten Produktionsfaktoren verwendet, werden Werkstoffkosten, Personalkosten, Dienstleistungskosten, Steuern, Gebühren, Beiträge oder Betriebsmittelkosen unterschieden. Diese Gruppen lassen sich noch weiter differenzieren.

- Nach den betrieblichen Funktionen unterteilen sich die Kosten in Beschaffungskosten, Fertigungskosten, Vertriebskosten oder Verwaltungskosten. Diese Einteilung stimmt bei weiterer Differenzierung mit der Verteilung der Kosten auf die Kostenstellen überein. Nach diesem Kriterium können auch Rechnungssysteme unterschieden werden, welche auf spezifische Querschnittsfunktionen im Unternehmen fokussieren, z. B. Qualitätskostenrechnung oder Umweltkostenrechnung.

- Nach der Art der Verrechnung sind Einzelkosten und Gemeinkosten zu unterscheiden.

- Die Gliederung der Kosten nach der Art ihrer Beschäftigungsabhängigkeit führt zur Unterteilung in variable und in fixe Kosten.[26] Die Beziehung von variablen und fixen Kosten auf der einen Seite sowie Einzel- und Gemeinkosten auf der anderen Seite gestaltet sich wie folgt: Da Einzelkosten durch eine produzierte Einheit verursacht werden, stellen diese variable

---

[26] Vgl. S. 147.

Kosten dar. Die Kosten würden nicht anfallen, wenn die Einheit nicht produziert werden würde. Eine ebenso eindeutige Aussage ist für Gemeinkosten nicht möglich: diese können als nicht direkt zurechenbare Kosten sowohl variabel als auch fix sein. In umgekehrter Richtung lässt sich aber eindeutig feststellen, dass fixe Kosten immer Gemeinkosten sein müssen, denn diese werden nicht durch eine einzelne Leistung, sondern durch die Aufrechterhaltung der Betriebsbereitschaft verursacht.

• Nach der Art der Herkunft der Kosten lassen sich primäre und sekundäre Kosten unterscheiden. Den primären Kosten liegen Faktormengen zugrunde, die der Betrieb von außen bezogen hat. Sekundäre Kosten entstehen durch den Verbrauch an innerbetrieblichen Leistungen.

Für die Erfassung der Kosten nach Kostenarten sind folgende vier Grundsätze zu beachten:

• Grundsatz der Reinheit: Für den Inhalt einer Kostenart ist nur eine Kostengüterart bestimmend. Die Einteilung hat so zu erfolgen, dass anfallende Kosten überschneidungsfrei zugeordnet werden können.

• Grundsatz der Einheitlichkeit: Durch eindeutige, einheitliche und überschneidungsfreie Kontierungsvorschriften ist sicherzustellen, dass die Zurechnung der Kosten (Kontierung) aufgrund der vorliegenden Belege einheitlich und schnell vonstatten geht. Aus Gründen der Vergleichbarkeit der Ergebnisse der Kostenrechnung ist es wichtig, die gleichen Kostengüter auch in jeder Abrechnungsperiode den gleichen Kostenarten zuzuordnen.

• Grundsatz der Vollständigkeit: In die Kostenartenrechnung sind alle Kosten aufzunehmen, die in Abhängigkeit vom verwendeten Kostenbegriff die Kosteneigenschaft erfüllen.

• Grundsatz der Wirtschaftlichkeit: Die Differenzierung der Kostenarten ist so durchzuführen, dass die vorgenannten Grundsätze in ökonomisch sinnvoller Weise erfüllt werden können. Je mehr die Grundsätze der Reinheit und Einheitlichkeit erfüllt sind, desto feingliedriger ist die Differenzierung der Kostenarten und desto aufwändiger wird die Tätigkeit der Kostenerfassung.

4.3.3.2 Erfassung ausgewählter Kostenarten

a) Werkstoffkosten

Werkstoffkosten sind die mit ihren Preisen bewerteten Verbrauchsmengen an Roh-, Hilfs- und Betriebsstoffen. Deren Erfassung erfolgt in zwei Schritten, indem zunächst die Verbrauchsmengen ermittelt und dann bewertet werden. Hierbei sind organisatorisch die Materialabrechnung, die Betriebsabrechnung und die Finanzbuchhaltung beteiligt. In der Materialabrechnung werden die

Verbrauchsmengen festgestellt, die Betriebsabrechnung nimmt die Bewertung und Weiterverarbeitung der Kostenwerte vor und die Finanzbuchhaltung liefert das für die Bewertung erforderliche Zahlenmaterial.

Zur Erfassung der Werkstoffverbrauchsmengen haben sich die Inventurmethode, die Skontrationsmethode und die retrograde Methode herausgebildet. Die Inventurmethode errechnet den gesamten Verbrauch am Ende der Abrechnungsperiode, indem der Lagerabgang als Differenz zwischen Anfangsbestand und Zugängen einerseits und Endbestand laut Inventur andererseits ermittelt wird. Ein Nachteil dieses Verfahrens besteht darin, dass sich nicht feststellen lässt, für welche Kostenstellen (bzw. Kostenträger) die Lagerentnahmen erfolgten, da der Verbrauch durch Saldierung ermittelt wird. Bestandsminderungen aufgrund von Schwund, Verderb und Diebstahl sind nicht feststellbar und damit auch nicht beeinflussbar. Für Zwecke einer aussagefähigen Kostenrechnung ist die Inventurmethode wenig geeignet.

Bei der Skontrationsmethode werden nicht nur die Lagerzugänge, sondern auch die Lagerabgänge belegmäßig mit Hilfe von Materialentnahmescheinen innerhalb der Lagerbuchhaltung erfasst. Der Verbrauch resultiert aus der Addition der auf den Materialentnahmescheinen festgehaltenen Mengen. Da jeder Materialentnahmeschein neben anderen Daten die empfangende Kostenstelle und die Auftragsnummer enthält, sind Verwendungsort und -zweck der Werkstoffe genau feststellbar. Bestandsverminderungen innerhalb des Lagers aufgrund von Diebstahl etc. sind errechenbar, wenn man den buchmäßigen Endbestand laut Inventur vergleicht. Es muss dann zwar auch eine Inventur (mit entsprechend hohem Arbeitsaufwand) durchgeführt werden, jedoch nicht monatlich, sondern jährlich oder halbjährlich.

Die retrograde Methode basiert auf der Verwendung von Sollverbrauchsmengen pro Stück, welche mit der Anzahl der produzierten Stückzahl multipliziert werden. Da es sich hierbei um Soll-Verbrauchsmengen handelt, können sonstige Bestandsminderungen an Werkstoffen nur durch zusätzliche Kontrollen wie Materialentnahmescheine und/oder Inventur ermittelt werden.

b) Personalkosten

Die Personalkosten werden in erster Linie in der Lohn- und Gehaltsabrechnung ermittelt. Sie umfassen alle Kosten, die durch den Einsatz des Produktionsfaktors Arbeit sowie des dispositiven Faktors unmittelbar und mittelbar entstanden sind, also folgende Hauptgruppen:

- Löhne,
- Gehälter,
- gesetzliche Sozialkosten,
- freiwillige Sozialkosten und
- sonstige Personalkosten.

Bei den Löhnen werden Fertigungs- und Hilfslöhne unterschieden. Mit dieser Trennung sollen die Arbeitsleistungen, die unmittelbar der Herstellung des Erzeugnisses dienen, von den Arbeiten getrennt werden, die nur mittelbar an der Herstellung beteiligt sind. Löhne werden als Akkord- oder Zeitlohn gezahlt.

Gehälter sind das Arbeitsentgelt insbesondere für Angestellte. Diese werden für bestimmte Zeitabschnitte gezahlt, entsprechen damit einer Zeitentlohnung und sind Gemeinkosten. Die Lohn- und Gehaltkosten werden aufgrund von Zeitlohnscheinen, Akkordscheinen, Prämienunterlagen, Zusatzlohnscheinen, Gehaltslisten, Stempelkarten etc. erfasst und weiterverrechnet.

Die gesetzlichen Sozialkosten sind durch Gesetz, Verordnung oder Tarif bestimmt. Zu ihnen zählen insbesondere die Arbeitgeberanteile an der Renten-, Kranken-, Pflege- und Arbeitslosenversicherung sowie die Beiträge zur Unfallversicherung (Berufsgenossenschaft). Freiwillige Sozialkosten können in primäre und sekundäre freiwillige Sozialkosten gegliedert werden. Direkte Leistungen an den Arbeitnehmer sind primäre Sozialkosten. Indirekte Sozialleistungen wie z. B. Fitness-Center oder Kindergarten werden als sekundäre Sozialkosten erfasst.

c) Kalkulatorische Kosten

Kalkulatorische Kosten sind Kosten, denen in der Finanzbuchhaltung kein Aufwand oder Aufwand in anderer Höhe gegenübersteht.[27] Entscheidend für Ansatz und Bewertung sind entweder die Kosten der nächstgünstigsten Verwendungsalternative bzw. der entgangene Nutzen (Opportunitätskosten) oder die Kosten, die für alternative Faktoren hätten aufgebracht werden müssen, wenn auf den Einsatz der gewählten Faktorart verzichtet worden wäre (Alternativkosten). Zu den kalkulatorischen Kostenarten zählen kalkulatorische Abschreibungen, kalkulatorische Zinsen, kalkulatorische Wagnisse, kalkulatorischer Unternehmerlohn sowie die kalkulatorische Miete.

Kalkulatorische Abschreibungen

Der betriebsbedingte Verzehr an begrenzt nutzbaren betriebsnotwendigen Anlagewerten wird über die gesamte Nutzungsdauer durch planmäßige kalkulatorische Abschreibungen erfasst. Die Bemessung der kalkulatorischen Abschreibung richtet sich im Gegensatz zur bilanziellen Abschreibung ausschließlich nach internen Erfordernissen.

Für Zwecke der Kostenrechnung ist daher das gewählte Verfahren der bilanziellen Abschreibung unbeachtlich. Da die Kostenrechnung nicht an das handels- und steuerrechtliche Anschaffungswertprinzip gebunden ist, können die betriebsnotwendigen Anlagen auch vom Tageswert oder vom Wiederbeschaffungswert abgeschrieben werden.[28] Auf diese Weise soll erreicht werden, dass

---

[27] Vgl. Tabelle 4.3, S. 121.
[28] Vgl. zum handels- und steuerrechtlichen Anschaffungswertprinzip S. 132.

die Mittel für eine Wiederbeschaffung bis zum Ersatzzeitpunkt aus dem Umsatzprozess zurückgewonnen werden (Erhaltung der Betriebssubstanz). Kalkulatorische Abschreibungen können auch dann verrechnet werden, wenn der betreffende Vermögensgegenstand bilanziell bereits abgeschrieben ist, jedoch noch weiter betrieblich genutzt wird (Abschreibung unter Null).

Kalkulatorische Zinsen

Während Kosten einen bewerteten betrieblichen Güterverzehr repräsentieren, stellen Kapitalkosten eher den Gegenwert für den entgangenen Nutzen durch die Bereitstellung des Kapitals für betriebliche Zwecke dar und haben damit den Charakter von Opportunitätskosten. Auch die Erfassung der Kapitalkosten in der Kostenrechnung weicht somit von der Verfahrensweise in der Finanzbuchhaltung ab. Da die Kostenrechnung nur auf betriebsbedingte Kosten abstellt, werden Zinsen nur auf das durchschnittlich gebundene betriebsnotwendige Kapital in Ansatz gebracht. Kapital, welches in nicht betriebsnotwendigen Teilen des Anlage- und Umlaufvermögens gebunden ist, wird deshalb nicht kalkulatorisch verzinst. Im Gegensatz zur Finanzbuchhaltung werden in der Kostenrechnung unterschiedslos Zinsen für betriebsnotwendiges Fremdkapital und Eigenkapital verrechnet, da nicht die Herkunft, sondern die Höhe des eingesetzten Kapitals kalkulationsrelevant ist.

In der Höhe der kalkulatorischen Zinsen auf das eigenfinanzierte Vermögen werden echte Zusatzkosten verrechnet, da hierfür in der GuV kein Aufwand erfasst werden kann. Diese kalkulatorischen Eigenkapitalzinsen stellen den Kapitalertrag dar, den der Eigenkapitalgeber bei einer anderweitigen Anlage seiner Mittel außerhalb des Betriebes erzielen könnte. Da diese Opportunitätskosten kaum generell bestimmt werden können, wird aus Vereinfachungsgründen als kalkulatorischer Zinssatz häufig der Zins für Staatsanleihen zugrunde gelegt oder aber der Zinssatz des teuersten Kredits als Grenzzins verwendet. Das betriebsnotwendige Kapital wird durch die Subtraktion des sog. Abzugskapitals vom betriebsnotwendigen Vermögen ermittelt. Das Abzugskapital besteht aus denjenigen Werten, welche dem Unternehmen zinslos zur Verfügung gestellt wurden. Kriterium für die Ermittlung des Abzugskapitals ist, dass weder effektiv Zinsen gezahlt werden, noch Opportunitätskosten aufgrund nicht realisierter alternativer Anlagemöglichkeiten zu berücksichtigen sind. Als Beispiel sei die folgende Bilanz betrachtet:

Aktiva		Bilanz zum 31.12.2005 in €	Passiva
Gebäude:	200.000	Eigenkapital:	350.000
Maschinen:	250.000	Rückstellungen:	50.000
Betriebs- und Gebäude-		Hypothek:	75.000
ausstattung	40.000	Verbindlichkeiten aus	
Roh-, Hilfs-, Betriebsstoffe:	60.000	Lieferungen:	25.000
Forderungen:	20.000	Sonstige Verbindlichkeiten:	35.000
Bankguthaben:	30.000	Gewinn:	65.000
	600.000		600.000

Das betriebsnotwendige Vermögen ergibt sich mit 600.000 €. Davon sind als Abzugskapital die Verbindlichkeiten, die sonstigen Verbindlichkeiten und die Rückstellungen abzuziehen. Das betriebsnotwendige Kapital, auf welches die kalkulatorischen Zinsen zu zahlen sind, wird dann mit 490.000 € ermittelt.

Kalkulatorischer Unternehmerlohn

In Personen- und Kapitalgesellschaften kann die Arbeitsleistung der Geschäftsführung oder Betriebsleitung auf vertraglicher Basis mit einem Gehalt entgolten werden. Dieses Gehalt stellt in der Finanzbuchhaltung Aufwand und in der Kostenrechnung Kosten dar und wird dementsprechend erfasst. In Einzelunternehmen hingegen ist diese Form der Entlohnung unzulässig, weshalb für die Tätigkeit des Unternehmers ein kalkulatorischer Unternehmerlohn anzusetzen ist. In Personen- und Kapitalgesellschaften ist ein kalkulatorischer Unternehmerlohn anzusetzen, wenn der Gesellschafter für seine Mitarbeit kein oder ein sehr niedriges Gehalt erhält und die Vergütung für seine Arbeitsleistung mit dem Gewinn abdeckt. Die Höhe des kalkulatorischen Unternehmerlohnes richtet sich nach dem durchschnittlichen Gehalt eines leitenden Angestellten in einer vergleichbaren Position in einem vergleichbaren Betrieb.

Kalkulatorische Miete

Kalkulatorische Miete wird für betrieblich genutzte Räume verrechnet, für die jedoch in der Finanzbuchhaltung kein Aufwand verbucht wird. Das ist dann der Fall, wenn ein Einzelunternehmer oder Personengesellschafter private Räume für unternehmerische Zwecke zur Verfügung stellt. Der Unternehmer zahlt sich selbst keine Miete für diese Räume, muss jedoch berücksichtigen, dass er von Dritten bei der Vermietung, eine entsprechende Miete erhalten hätte.

Kalkulatorische Wagnisse

Mit der unternehmerischen Tätigkeit sind bestimmte Risiken verbunden, die zu unvorhersehbarem Werteverzehr führen können. Bei diesen Risiken, auch Wagnisse genannt, ist das allgemeine Unternehmerwagnis (Unternehmerrisiko) von den speziellen Einzelwagnissen zu unterscheiden. Das Unternehmerrisiko, welches die Unternehmung als Ganzes betrifft, soll im Gewinn abgegolten werden. Die speziellen Einzelwagnisse hingegen werden als betrieblich verursachter Werteverzehr mit der Verrechnung kalkulatorischer Wagnisse berücksichtigt. Man gliedert die Einzelwagnisse in Beständewagnis, Fertigungswagnis, Entwicklungswagnis, Vertriebswagnis und sonstige Wagnisse.

4.3.4 Kostenstellenrechnung

Die Kostenstellenrechnung schafft bei Mehrproduktunternehmen die Voraussetzung für eine Weiterverrechnung der erfassten Gemeinkosten auf die hergestellten Kostenträger und stellt insofern das Bindeglied zwischen Kostenarten- und Kostenträgerrechnung dar (vgl. Abbildung 4.6 auf S. 153). Um zu klären, für welche Kostenträger die in der Kostenartenrechnung ermittelten Gemeinkosten angefallen sind, ist zunächst zu untersuchen, an welchen Stellen im Unternehmen die Kosten entstanden sind. Nach der Erfassung und Gliederung der Kosten sind diese deshalb auf die Betriebsbereiche zu verteilen, in denen diese angefallen sind.

Auf die Kostenstellenrechnung als Voraussetzung für eine Nachkalkulation kann verzichtet werden, wenn der betrachtete Betrieb lediglich ein Produkt herstellt. Die Stückkosten ergeben sich in diesem Fall, indem die gesamten Kosten der Periode durch die Zahl der produzierten Erzeugnisse dividiert werden. Der Kostenstellenrechnung kommt jedoch auch eine eigenständige, von der Kostenträgerrechnung unabhängige Bedeutung zu. Durch die Verrechnung der Kostenarten auf die Orte ihrer Entstehung werden die Grundlagen für eine Wirtschaftlichkeitskontrolle einzelner Verantwortungsbereiche sowie für die Bewertung von unfertigen und fertigen Erzeugnissen geschaffen. Hauptaufgabe der Kostenstellenrechnung ist die Verteilung der Kosten entsprechend der Entstehung. Auf diese Weise

- werden die Leistungsbeziehungen innerhalb der Unternehmung dargestellt,
- wird die Kostenkontrolle an den Stellen durchgeführt, an denen die Kosten zu verantworten und zu beeinflussen sind,
- wird die Genauigkeit der Kalkulation erhöht und
- werden relevante Kosten für Planungszwecke aus einzelnen Betriebsbereichen geliefert.

4.3.4.1 Einteilung der Kostenstellen

Um eine Kostenstellenrechnung durchführen zu können, muss das gesamte Unternehmen in geeignete Abrechnungseinheiten untergliedert werden. Kostenstellen repräsentieren die Orte der Kostenentstehung und damit die Orte der Kostenzurechnung. Unter einer Kostenstelle wird ein betrieblicher Teilbereich verstanden, der kostenrechnerisch selbstständig abgerechnet wird. Für die Einteilung des Betriebes in Kostenstellen haben sich vier Grundsätze herausgebildet:

- Die Kostenstelle muss ein selbstständiger Verantwortungsbereich sein, um eine wirksame Kostenkontrolle zu gewährleisten, und soll möglichst auch eine räumliche Einheit sein, um Kompetenzüberschneidungen zu vermeiden.

- Für jede Kostenstelle müssen möglichst genaue Maßgrößen der Kostenverursachung bestimmt werden.

- Auf jede Kostenstelle müssen sich die Kostenbelege genau und gleichzeitig einfach verbuchen lassen.

- Die Kostenstelleneinteilung hat unter Beachtung der Wirtschaftlichkeit und der Übersichtlichkeit zu erfolgen.

Je feiner (detaillierter) die Kostenstelleneinteilung ist, desto eher lassen sich exakte Maßstäbe der Kostenverursachung (Bezugsgrößen) finden und desto genauer werden Kostenkontrolle, Kalkulation und relevante Kosten. Andererseits aber bedeutet eine sehr feine Einteilung höhere Abrechnungskosten, da die Buchung der Belege aufwändiger wird.

Da die Kostenstellen zum Zwecke der Kalkulation am betrieblichen Produktionsprozess ausgerichtet werden müssen, aus Kontrollzwecken aber auch einzelne Verantwortungsbereiche darstellen sollten, bestimmen in erster Linie organisatorische und funktionale Kriterien den Aufbau des Kostenstellenplans. Unabhängig davon, nach welchen Kriterien sich die Differenzierung der Kostenstellen im Einzelfall richtet, ist es notwendig, klare Abgrenzungen zu schaffen, um Doppelverrechnungen oder Zurechnungsunschärfen durch die Ungleichbehandlung bestimmter Kosten im Zeitablauf zu vermeiden. Für Zwecke der Kostenstellenrechnung werden die Kostenstellen nach unterschiedlichen Gesichtspunkten gegliedert.

Eine Differenzierung unter dem Gesichtspunkt der betrieblichen Funktionen ergibt folgende Einteilung:

- Fertigungsstellen: Stellen, in denen unmittelbar an den Produkten gearbeitet wird, z. B. Dreherei, Montage, Prüfstelle usw.

- Fertigungshilfsstellen: Stellen, die nicht unmittelbar an den Produkten arbeiten, sondern andere Leistungen erbringen, diese Leistungen aber ausschließlich an die Fertigung abgeben, z. B. Instandhaltung, Fertigungsplanung und -steuerung.

- <u>Materialstellen</u>: Stellen, die mit der Beschaffung, Annahme, Kontrolle, Lagerung und Verwaltung der Roh-, Hilfs- und Betriebsstoffe befasst sind, z. B. Einkauf, Materialeingangsprüfung, Materialausgabe.

- <u>Verwaltungsstellen</u>: Stellen, die alle administrativen Funktionen umfassen, z. B. Unternehmensleitung, allgemeine Verwaltung, Unternehmensplanung, Buchhaltung, Statistik, Personal, Kalkulation.

- <u>Vertriebsstellen</u>: Stellen, die mit dem Absatz der erzeugten Produkte und damit zusammenhängenden Funktionen befasst sind, z. B. Fertigwarenlager, Verkauf.

- <u>Allgemeine (Hilfs-)Stellen</u>: Betriebsabteilungen, deren Leistungen von allen oder fast allen anderen Kostenstellen in Anspruch genommen werden, z. B. Energieversorgung, Kantine, soziale Dienste, Grundstücke und Gebäude, Druckerei.

- <u>Forschung und Entwicklung</u>: Zu diesem Bereich zählen neben den Forschungs- und Entwicklungsabteilungen im engeren Sinne auch Konstruktion und Musterbau.

- <u>Entsorgung/Recycling</u>: Hierzu gehören alle Einrichtungen zur Entsorgung von Abfall, Abwasser und Abluft sowie zur Bereitstellung von Sekundärrohstoffen.

Eine Differenzierung nach rechentechnischen Gesichtspunkten umfasst die:

- <u>Vorkostenstellen</u>: Kostenstellen, die nicht direkt an Endprodukten arbeiten, sondern für die übrigen Kostenstellen Leistungen erbringen und deren Kosten auf andere Vorkostenstellen und auf Endkostenstellen umgelegt werden.

- <u>Endkostenstellen</u>: Kostenstellen, deren Kosten direkt auf die Kostenträger umgelegt werden. Üblicherweise zählen hierzu die Kostenstellen Material, Fertigung, Verwaltung und Vertrieb.

4.3.4.2 Ablauf der Kostenstellenrechnung im Betriebsabrechnungsbogen

Die Verrechnung der Kostenarten auf die Orte der Entstehung kann in tabellarischer und in kontenmäßiger Form vorgenommen werden. Im Betriebsabrechnungsbogen (BAB) wird die Kostenstellenrechnung tabellarisch und in folgenden Stufen abgewickelt:

- Zurechnung bzw. Aufgliederung der primären Gemeinkosten auf die Kostenstellen (Primärkostenverrechnung),

- Verrechnung der innerbetrieblichen Leistungen (Sekundärkostenverrechnung),

- Bildung von Ist-Gemeinkostenzuschlägen für die Hauptkostenstellen sowie

- Kostenkontrolle durch Ermittlung von Normal-Gemeinkostenzuschlägen und den Vergleich von Ist-Gemeinkosten und Normal-Gemeinkosten.

Der BAB fungiert als Kostenverteilungsblatt, in dem die zeilenweise aufgelisteten Kostenarten den spaltenweise eingetragenen Kostenstellen belastet werden (vgl. Tabelle 4.11). Aus Gründen der Übersichtlichkeit ist es erforderlich, den BAB auf die wesentlichen Kostenstellen und Kostenarten zu beschränken. Der BAB ermöglicht auch eine formale Richtigkeitskontrolle dergestalt, dass die Summe aller in der Kostenartenrechnung erfassten primären Gemeinkosten der Summe der auf die Endkostenstellen verrechneten Gesamtkosten entsprechen muss.

Tabelle 4.11. Aufbau und Vorgehensweise im BAB

Schritt	Kostenarten	Vorkostenstelle	Endkostenstelle
1	Primäre Gemeinkosten	Verteilung der primären Gemeinkosten auf die Kostenstellen	
2	Sekundäre Gemeinkosten	Durchführung der innerbetrieblichen Leistungsverrechnung	
3	Bildung von Ist-Gemeinkostenzuschlagssätzen		
4	Kostenkontrolle		

a) Primärkostenverrechnung

Die Aufgliederung der in der Kostenartenrechnung erfassten primären oder originären Kostenarten auf die Kostenstellen sollte sich soweit möglich nach dem Verursachungsprinzip richten.[29] Auch in der Kostenstellenrechnung erlangt deshalb die Unterscheidung zwischen Einzelkosten und Gemeinkosten besondere Bedeutung. Die Differenzierung der Kosten nach Einzelkosten und Gemeinkosten richtet sich in der Kostenartenrechnung nach der Zurechenbarkeit zu einzelnen Produkteinheiten.

b) Sekundärkostenverrechnung

Im Rahmen der Sekundärkostenverrechnung werden die Kosten für innerbetriebliche Leistungen verrechnet. Im Gegensatz zur Verteilung der primären Kosten auf die Kostenstellen steht hier die Überwälzung der Kosten des Verbrauchs materieller und immaterieller Güter im Vordergrund, die im Unternehmen selbst erstellt wurden. Die Verrechnung innerbetrieblicher Leistungen in diesem Sinne wird bspw. erforderlich bei der Fertigung von Werkzeugen für

---

[29] Vgl. S. 144.

den Eigengebrauch, dem Selbstverbrauch von fertigen und unfertigen Erzeugnissen oder der Selbsterzeugung von Energie und Instandhaltungsleistungen.

Die aktivierungspflichtigen innerbetrieblichen Leistungen (z. B. selbsterstellte Anlagen oder Werkzeuge) sind wie andere Kostenträger zu Herstellungskosten zu kalkulieren, zu aktivieren und belasten in der Folge in Höhe der Abschreibungen das Betriebsergebnis. Die Abschreibungen werden dann als primäre Kosten der Periode in der Kostenrechnung berücksichtigt. Nicht aktivierbare innerbetriebliche Leistungen werden in der Kostenstellenrechnung unmittelbar auf die Endkostenstellen verrechnet. Zu diesem Zweck werden üblicherweise jeweils für bestimmte Gruppen innerbetrieblicher Gemeinkostenleistungen Vorkostenstellen im BAB eingerichtet.

Die Verrechnung sekundärer Kosten richtet sich grundsätzlich nach Art und Umfang der innerbetrieblichen Leistungsverflechtung. Sofern innerbetriebliche Leistungen ausschließlich von Vorkostenstellen erbracht worden sind, wie allgemeine Stellen und Fertigungshilfsstellen, entspricht die Sekundärkostenverrechnung im Wesentlichen der Umlage der Kosten der Vorkostenstellen auf die Endkostenstellen. Die primären Kosten der Vorkostenstellen werden dann zu sekundären Kosten der empfangenden Stellen.

Zur Erläuterung wird das folgende Beispiel betrachtet. In einem Unternehmen existieren die Vorkostenstellen Energieversorgung und Instandhaltung sowie die Endkostenstellen Material, Fertigung, Verwaltung und Vertrieb. Die Zuordnung der primären GK des betrachteten Abrechnungsmonats stellt sich wie folgt dar:

Tabelle 4.12. Ausgangsdaten der innerbetrieblichen Leistungsverrechnung

Summe	Vorkostenstellen		Endkostenstellen			
	Energie-versorgung	Instand-haltung	Material	Fertigung	Verwaltung	Vertrieb
162.500	2.500	10.000	25.000	90.000	10.000	25.000

Die Energieversorgung erzeugt in dem Abrechnungsmonat 77.500 kWh, die Instandhaltung erbringt in Summe 750 Reparaturstunden. Diese Leistungen werden wie folgt an andere Unternehmensbereiche abgegeben:

Tabelle 4.13. Innerbetriebliche Leistungsverflechtung

Leistungsaufnahme	Leistungsabgabe	
	Energieversorgung	Instandhaltung
Energieversorgung	-	250 h
Instandhaltung	10.000 kWh	-
Material	15.000 kWh	30 h
Fertigung	47.500 kWh	430 h
Verwaltung	2.500 kWh	15 h
Vertrieb	2.500 kWh	25 h
Summe	77.500 kWh	750 h

Das Verfahren zur innerbetrieblichen Leistungsverrechnung bei Vorliegen von gegenseitigen Leistungsverflechtungen besteht in der Aufstellung und Lösung eines Gleichungssystems. Das Gleichungsverfahren basiert auf der Überlegung, dass die Summe der empfangenen Leistung gleich der Summe der abgegebenen Leistung ist. Für jede Kostenstelle muss folgende Beziehung gelten:

Gesamter Werteverzehr = Wert aller abgegebenen Leistungen

$$x_1 V_1 = GK_{Primär\ 1} + x_{11} V_1 + x_{21} V_2 + \cdots + x_{m1} V_m$$

$$x_1 V_2 = GK_{Primär\ 2} + x_{12} V_1 + x_{22} V_2 + \cdots + x_{m2} V_m$$

$$\vdots$$

$$x_m V_m = GK_{Primär\ n} + x_{1m} V_1 + x_{2m} V_2 + \cdots + x_{mm} V_m$$

mit:

x_{ji} - Leistungsmenge, welche von der Stelle j an die Stelle i abgegeben wird,

x_i - die von der Kostenstelle i erbrachten Leistungseinheiten,

V_i - Verrechnungssatz für eine Leistungseinheit der Kostenstelle i,

$i, j = 1, \cdots, m$

$GK_{Primär\ i}$ - Primäre Gemeinkosten der Stelle i.

Im Beispiel erzeugt die Instandhaltungsabteilung 750 Instandhaltungsstunden, zu deren Erbringung 10.000 € an primären GK zuzüglich 10.000 kWh verbraucht wurden. Die Energieversorgung erzeugt 77.500 kWh, wobei 2.500 € primäre GK anfallen und zusätzlich 250 Instandhaltungsstunden in Anspruch genommen wurden. Mit V_R als Verrechnungspreis für eine Instandhaltungsstunde und V_E als Verrechnungspreis für eine kWh ergibt sich folgende Gleichung:

$$77.500 \, V_E = 2.500 \, € + 250 \, V_R$$

$$750 \, V_R = 10.000 \, € + 10.000 \, V_E$$

Aus dieser Beziehung resultieren folgende Verrechnungssätze:

$$V_R = 14,382 \frac{€}{h} \text{ und } V_E = 0,07865 \frac{€}{kWh}$$

Das Gleichungsverfahren liefert die Verrechnungssätze, welche exakt die Leistungsverflechtung wiedergeben und entspricht damit den Anforderungen an eine verursachergerechte Kostenzuordnung. Nachdem die primären und die sekundären Gemeinkosten auf die Endkostenstellen verrechnet wurden, können die Kalkulationssätze gebildet werden.

c) Bildung von Ist-Gemeinkostenzuschlagssätzen

Mit Hilfe der Gemeinkostenzuschlagssätze werden die Gemeinkosten auf die Kostenträger verrechnet. Der Zuschlagssatz einer Kostenstelle ergibt sich aus dem Quotienten der Gemeinkosten der Kostenstelle und der Bezugsgröße derselben. Bei Verwendung einer Wertgröße als Bezugsbasis ergibt sich ein Zuschlagssatz, werden hingegen andere Schlüsselgrößen als Bezugsgrößen verwendet, resultiert ein Verrechnungssatz. Typische Beispiele sind der Materialgemeinkostenzuschlagssatz (MGKZ), der Fertigungsgemeinkostenzuschlagssatz (FGKZ) und der Verwaltungsgemeinkostenzuschlagssatz (VwGKZ):

$$MGKZ = \frac{Materialgemeinkosten}{Materialeinzelkosten} \cdot 100$$

$$FGKZ = \frac{Fertigungsgemeinkosten}{Fertigungseinzelkosten} \cdot 100$$

$$VwGKZ = \frac{Verwaltungskosten}{Herstellkosten \ des \ Umsatzes} \cdot 100$$

Die Herstellkosten des Umsatzes werden aus den Herstellkosten der Produktion zuzüglich Bestandsminderungen und abzüglich Bestandserhöhungen ermittelt.[30] In der Tabelle 4.14 ist der BAB auf Grundlage der bisherigen Daten dargestellt. Dabei wurde angenommen, dass keine Bestandsveränderungen auftreten. Als Bezugsbasis zur Ermittlung des Materialgemeinkostenzuschlagssatzes wurden Materialeinzelkosten in Höhe von 120.000 € und als Basis des Fertigungsgemeinkostenzuschlags Fertigungseinzelkosten in Höhe von 75.000 € ermittelt.

---

[30] Vgl. Tabelle 4.16, S. 172.

Für die Kostenanalyse der Kostenstellen kommen Normal-GK-Zuschlagssätze zum Einsatz. Diese werden auf Grundlage durchschnittlicher Vergangenheitswerte gebildet. Bezugsgröße für die Normal-GK im Verwaltungs- und Vertriebsbereich sind die Normal-Herstellkosten. Mit den Normal-GK-Zuschlagssätzen wird die Vorkalkulation durchgeführt, auf deren Basis die Preisbestimmung erfolgt. In dem Beispiel weist lediglich die Kostenstelle Material eine Überdeckung auf, da in der Vorkalkulation höhere Gemeinkosten berücksichtigt wurden als tatsächlich entstanden sind. In den übrigen Kostenstellen wurden zu wenig Gemeinkosten in der Vorkostenkalkulation berücksichtigt.

Eine Wirtschaftlichkeitskontrolle ist mit diesem Vergleich jedoch nicht möglich, da kein Soll-Ist-Vergleich, sondern bestenfalls ein Zeit- oder Branchenvergleich durchgeführt werden kann. Die dargestellte Vorgehensweise im BAB unterstellt eine Proportionalität von Einzel- und Gemeinkosten, welche jedoch umso weniger existiert, je größer der Anteil der Fixkosten an den Gemeinkosten ist.

Tabelle 4.14. Beispiel eines BAB

Kostenart		Vorkostenstelle		Endkostenstelle			
		Energie-versorgung	Instand-haltung	Material	Fertigung	Verwaltung	Vertrieb
Primäre GK		2.500	10.000	25.000	90.000	10.000	25.000
Verteilung der sekundären GK	Energie-ver-sorgung			+ 786,52	+ 1.179,78	+ 3.735,95	+ 196,63	+ 196,63
	In-stand-haltung	+ 3.595,51		+ 431,46	+ 6.184,27	+ 215,73	+ 359,55
Summe der zu ver-rechnenden Stellenkosten				26.611,24	99.920,22	10.412,36	25.556,18
Ermittlung der Zuschlagssätze und Kostenanalyse							
Bezugsbasis				120.000	75.000	318.750	318.750
Ist-Zuschlagssätze				22,18 %	133,23 %	3,27 %	8,02 %
Normal-Zuschlagssätze				25 %	125 %	3 %	8 %
Normal-Gemeinkosten				30.000,-	93.750,-	9.562,50	25.500,-
Über-/Unterdeckung				3.388,76	-6.170,22	-849,86	-56,18

In Kostenstellen, in denen das Verhältnis von Maschinen und Anlagen zu Arbeitskräften steigt, eignet sich der Fertigungslohn immer weniger als Zuschlagsbasis, da z. B. die Abschreibungen um ein Vielfaches höher sind als die Fertigungslöhne und infolge der geringen Einzelkostenbasis Gemeinkostenzuschläge von 100 % und mehr entstehen können. Hier ist es zweckmäßig, die Maschinenstunden als Zuschlagsgrundlage zu verwenden. Mengenmäßige Bezugsgrößen wie z. B. die Maschinenstunde besitzen gegenüber den wertmäßigen Bezugsgrößen (z. B. Fertigungslohn) außerdem den Vorteil, dass diese gegen Preisschwankungen unempfindlich sind, also eine größere Dauerhaftigkeit aufweisen. Um eine Maschinenstundensatzrechnung durchführen zu können, sind die Gemeinkosten entsprechend ihrer Maschinenabhängigkeit aufzuspalten. Maschinenabhängige Gemeinkosten setzen sich aus kalkulatorische Abschreibungen und Zinsen sowie Energiekosten, Betriebsstoffkosten, Werkzeugkosten und Raumkosten zusammen.

Maschinenunabhängig fallen Hilfslöhne, Gehälter, Sozialkosten, Heizungskosten und Hilfsstoffe an. Nach der Ermittlung der tatsächlichen Laufzeit der Maschine in Stunden werden die maschinenabhängigen Gemeinkostenarten auf die Laufzeit verrechnet, woraus Werte pro Maschinenstunde resultieren. Der Gemeinkostenzuschlag ergibt sich dann folgendermaßen als Maschinenstundensatz in € pro Stunde auf der Basis der gesamten Maschinenstunden:

$$Maschinenstundensatz = \frac{maschinenabhängige\ Gemeinkosten}{Maschinenstunden}$$

Für maschinenunabhängige Gemeinkosten wird der Fertigungsgemeinkostenzuschlagssatz weiterhin auf Basis der Fertigungseinzelkosten ermittelt. Die Summe der maschinenabhängigen Gemeinkosten pro Periode wird anschließend auf die Maschinenstunden bezogen.

4.3.5 Kostenträgerrechnung

Aufgabe der Kostenträgerrechnung ist es festzustellen, für welche Produkte Kosten angefallen sind, und die bei der Leistungserstellung entstandenen Herstell- und Selbstkosten auf die Leistungseinheiten zu verrechnen. Diese Kostenermittlung ist die Grundlage für

- die Bewertung der Bestände an Halb- und Fertigfabrikaten sowie der selbsterstellten Anlagen und Werkzeuge in der Handels- und Steuerbilanz sowie in der kurzfristigen Erfolgsrechnung (Herstellkosten);
- die Planung und Kontrolle des Periodenerfolges durch Bestimmung der Selbstkosten der abgesetzten Leistungen;
- preispolitische Entscheidungen, z. B. der Kalkulation des Angebotspreises, sofern der Betrieb von sich aus einen Einfluss auf den Preis nehmen kann.

Werden die gesamten in einer Abrechnungsperiode angefallenen Kosten nach Kostenträgern gegliedert ermittelt, so liegt eine Kostenträgerzeitrechnung vor. Im Rahmen der Kostenträgerstückrechnung wird dagegen ermittelt, welche Kosten für die Herstellung eines Produktes bzw. einer Leistung angefallen sind.

4.3.5.1 Kostenträgerstückrechnung

Grundlegende Verfahren der Kostenträgerstückrechnung sind die Divisionskalkulation und die Zuschlagskalkulation. Eignung und Einsatz von Verfahren der Kostenträgerstückrechnung sind in erster Linie abhängig von dem abzubildenden Produktionsprozess im Unternehmen (vgl. Abbildung 4.7). Je einfacher der Produktionsprozess und je homogener das Produktionsprogramm, desto leichter lassen sich die Kosten den Kostenträgern zuordnen. Werden jedoch mehrere Produkte in mehreren Varianten simultan produziert, wird die verursachergerechte Zurechnung der Kosten schwieriger.

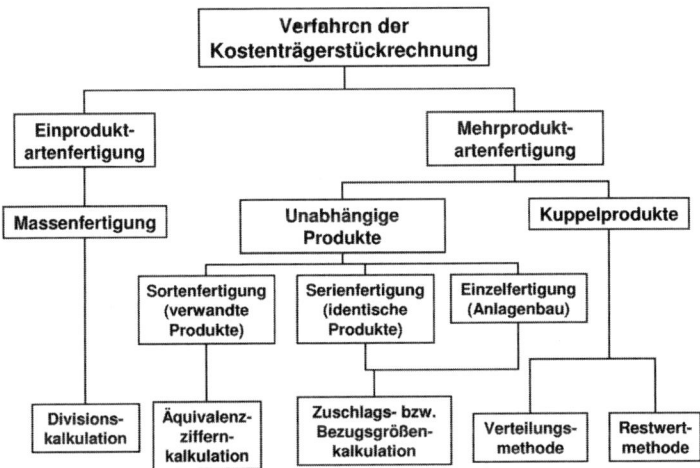

Abbildung 4.7. Verfahren der Kostenträgerstückrechnung

a) Divisionskalkulation

Kennzeichen der Divisionskalkulation ist die gleichmäßige Aufteilung der gesamten Periodenkosten auf die einzelnen Produktions- bzw. Leistungseinheiten. Eine Trennung in EK und GK erfolgt dabei nicht. In Abhängigkeit vom Produktionsprozess kann die einstufige, die zweistufige und die mehrstufige Divisionskalkulation unterschieden werden. Bei der einstufigen Divisionskalkulation werden die Kosten der Periode (K) folgendermaßen auf die Produktionsmenge (x) verrechnet:

$$Stückkosten = k = \frac{K}{x}$$

Voraussetzungen für die Verwendung dieses Verfahrens sind:

- Es existiert nur eine Kostenträgerart.

- Es liegt keine Veränderung des Lagerbestandes an Halbfertigerzeugnissen sowie

- keine Veränderung des Lagerbestandes an Fertigerzeugnissen vor.

Als Anwendungsgebiet kommen Prozesse der Massenfertigung in Frage z. B. in den Grundstoffindustrien oder bei der Elektrizitätserzeugung. Liegt ein zweistufiger oder mehrstufiger Produktionsprozess vor, eignet sich die einstufige Vorgehensweise nicht zur verursachungsgerechten Kalkulation, es ist die zwei- oder mehrstufige Divisionskalkulation anzuwenden. Wenn die Produktionsmenge nicht mit der Absatzmenge übereinstimmt und keine Veränderung des Lagerbestandes an Halbfertigerzeugnissen erfolgt, können die Vertriebs- und Verwaltungskosten K_{VwVt} auf die abgesetzten Einheiten x_A und die Herstellkosten K_H auf die produzierten Einheiten x_p verrechnet werden. Die Stückkosten ergeben sich dann gemäß:

$$k = \frac{K_H}{x_p} + \frac{K_{VwVt}}{x_A}$$

Auf diese Weise lässt sich vermeiden, dass die hergestellten, jedoch nicht verkauften Produkte mit Vertriebskosten belastet werden und der Angebotspreis der zum Verkauf gelangenden Produkte auf Basis einer zu niedrig ermittelten Preisuntergrenze kalkuliert wird.

Als Beispiel für die Verwendung der mehrstufigen Divisionskalkulation dient ein Unternehmen, welches Granit abbaut und daraus ausschließlich Pflastersteine herstellt. In der zu betrachtenden Abrechnungsperiode wurden 100 m^3 Granit abgebaut, wobei 50.000 € Herstellkosten entstanden sind. Im selben Zeitraum wurden 75 m^3 zu Pflastersteinen mit Herstellkosten von 27.000 € weiterverarbeitet. Verkauft wurden 45 m^3 Pflastersteine mit 4.500 € Verwaltungs- und Vertriebskosten. Die Selbstkosten pro m^3 verkaufter Pflastersteine ergeben sich aus:

$$k = \frac{50.000 \text{ €}}{100 \, m^3} + \frac{27.000 \text{ €}}{75 \, m^3} + \frac{4.500 \text{ €}}{45 \, m^3}$$

Es resultieren Selbstkosten von 960 € pro m^3 verkaufter Pflastersteine. Die in den zwei Produktionsstufen gefertigten, jedoch nicht weiterverarbeiteten bzw. nicht verkauften Halb- und Fertigprodukte sind zu bewerten, da diese das Ergebnis der Leistungserstellung des Unternehmens sind. In der ersten Stufe werden 25 m^3 Granit abgebaut, jedoch nicht weiterverarbeitet, in der zweiten Verarbeitungsstufe werden 30 m^3 Pflastersteine weniger verkauft, als hergestellt werden. Die 25 m^3 Halbfabrikate werden mit 500 € pro m^3 bewertet. Bei den fertig produzierten Pflastersteine sind zu diesen $500\frac{€}{m^3}$ der ersten Verarbeitungsstufe noch $360\frac{€}{m^3}$ der zweiten Bearbeitungsstufe hinzu-zurechnen, so dass sich $860\frac{€}{m^3}$ Bestandserhöhung an Fertigfabrikaten ergeben. Damit resultieren 12.500 € Bestandserhöhung an Halbfertigfabrikaten und 25.800 € Bestandserhöhung an Fertigfabrikaten.

Die mehrstufige Divisionsrechnung kommt zur Anwendung, wenn zwar ein einheitliches Produkt hergestellt wird, die Produktion sich jedoch in mehre-ren Stufen vollzieht und auf jeder Produktionsstufe Zwischenlager gebildet werden, deren Bestand wechselt.

b) Äquivalenzziffernkalkulation

Auf der Divisionskalkulation beruht die Äquivalenzziffernkalkulation, die ver-wendet wird, wenn mehrere Sorten eines Produktes hergestellt werden. Die Produkte sind nicht einheitlich, stehen aber in einer festen Kostenrelation zueinander. Diese Relation wird in einer Wertigkeitsziffer, der Äquivalenzzif-fer, ausgedrückt. Die Äquivalenzziffer wird durch Beobachtung und Messung ermittelt und gibt an, in welchem Verhältnis die Kosten eines Produktes zu den Kosten eines Einheitsproduktes stehen. Die Divisionskalkulation ist quasi eine Äquivalenzziffernkalkulation, bei der alle Kostenträger dieselbe Äquiva-lenzziffer aufweisen.

Als Beispiel sei eine Brauerei betrachtet, welche drei Biersorten herstellt (vgl. Tabelle 4.15). Die Herstellkosten betrugen in der Abrechnungsperiode 420.000 €. Mit der Summe der Recheneinheiten (RE) ergeben sich die Kos-ten pro Recheneinheit aus:

$$K_{RE} = \frac{420.000 \text{ €}}{700.000 \text{ } RE} = 0,60\frac{€}{RE}$$

Tabelle 4.15. Beispiel für Äquivalenzziffernkalkulation

Sorte	Äquivalenz-ziffer	Produzierte Einheit	Rechen-einheit	Kosten je Flascheneinheit	Gesamtkosten pro Sorte
Dunkel	1	280.000	280.000	1 x 0,6 €/RE = 0,6 €/RE	0,6 €/RE x 280.000 = 168.000 €
Pils	0,6	400.000	240.000	0,6 x 0,6 €/RE = 0,36 €/RE	0,36 €/RE x 400.000 = 144.000 €
Bock	1,5	120.000	180.000	1,5 x 0,6 €/RE = 0,9 €/RE	0,9 €/RE x 120.000 = 108.000 €
Summe		800.000	700.000		420.000,- €

Das Problem der Äquivalenzziffernkalkulation besteht in der Ermittlung der Äquivalenzziffern, welche die Kostenstrukturen adäquat abbilden sollen. Be-stehen Abweichungen zwischen Produktions- und Absatzmengen und/oder sind die Kostenrelationen zwischen den einzelnen Sorten in verschiedenen Pro-duktionsstufen unterschiedlich, so kann die mehrstufige Äquivalenzziffernkal-kulation eingesetzt werden.

c) Zuschlagskalkulation

Im Rahmen dieses Kalkulationsverfahrens werden Einzel- und Gemeinkosten differenziert betrachtet.[31] Die Einzelkosten werden direkt und die Gemeinkosten durch Zuschlagssätze auf die Kostenträger verrechnet. Bei der Ermittlung der Gemeinkostenzuschlagssätze ist die Wahl der zutreffenden Bezugsgröße von entscheidender Bedeutung. Eine geringe Basis führt im Zusammenhang mit hohen zu verrechnenden Gemeinkosten zu hohen Zuschlagssätzen. Fehler in der Kostenerfassung der Basisgröße wirken sich dann überproportional stark auf die Ergebnisrechnung aus. Zu unterscheiden ist die summarische und die differenzierende Zuschlagskalkulation. Bei der summarischen Zuschlagskalkulation werden die gesamten Gemeinkosten als ein Zuschlag verrechnet. Diese Vorgehensweise führt dann zu ungenauen Ergebnissen, wenn keine verursachungsgerechte Beziehung zwischen der Zuschlagsgrundlage und den gesamten Gemeinkosten vorliegt, da die Gemeinkosten undifferenziert auf Basis einer einzigen Zuschlagsgrundlage auf die Kostenträger verrechnet werden.

Das Verfahren der differenzierenden Zuschlagskalkulation ist aussagefähiger als die summarische Vorgehensweise. Die Zuschlagsgrundlagen der differenzierenden Zuschlagskalkulation werden so gewählt, dass diese in möglichst kausaler Beziehung zur Entwicklung der Gemeinkosten stehen. Das wird entweder erreicht, indem bestimmte Gruppen von Gemeinkostenarten zusammengefasst werden, die zu einer bestimmten Einzelkostenart oder einer anderen Bezugsgröße in einem engen Verhältnis stehen. Außerdem ist es möglich, dass die Kostenarten auf Kostenstellen verteilt werden und dann für jede Kostenstelle aus der Relation von Einzelkosten und Gemeinkosten der betreffenden Stelle ein Zuschlag errechnet wird. Bei der Zuschlagskalkulation ergibt sich folgendes Berechnungsschema:

Tabelle 4.16. Differenzierende Zuschlagskalkulation

Materialeinzelkosten (MEK)	
+ Materialgemeinkosten (MGK)	
	= Materialkosten
+ Fertigungseinzelkosten (FEK)	
+ Fertigungsgemeinkosten (FGK)	
+ Sondereinzelkosten der Fertigung	
	= Fertigungskosten
= Herstellkosten (HK)	
+ Verwaltungsgemeinkosten (VwGK)	
+ Vertriebsgemeinkosten (VtGK)	
+ Sondereinzelkosten des Vertriebs	
= Selbstkosten (SK)	

---

[31] Vgl. S. 152.

Als Beispiel für die Zuschlagskalkulation wird die Herstellung eines Spannwerkzeugs betrachtet (vgl. Abbildung 4.8).

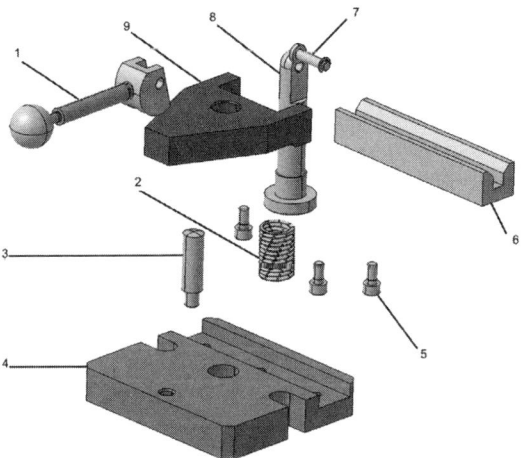

Abbildung 4.8. Bestandteile des Spannwerkzeugs

Das Produkt besteht aus mehreren Bauteilen, die teilweise fremdbezogen und teilweise selbst hergestellt werden (vgl. Tabelle 4.17).

Tabelle 4.17. Ausgangsdaten für die Zuschlagskalkulation

Teilebezeichnung	Stückzahl	Arbeitszeit	Material-kosten	$\sum$ MEK
Fremdbezug				
Zylinderschraube DIN 912 (5)	3		0,14 €	0,42 €
Sicherungsscheibe DIN 6799 (7)	1		0,27 €	0,27 €
Sicherungsstift (7)	1		4,30 €	4,30 €
Druckfeder (2)	1		3,41 €	3,41 €
Exzenter - GG 20 (1)	1		1,10 €	1,10 €
Grundplatte - GG 20 (4)	1		17,05 €	17,05 €
Kugelgriff - Al99F8 (1)	1		0,11 €	0,11 €
Summe MEK Fremdbezug				26,66 €
Eigenfertigung				
Bolzen (1)	1	2 min. 30s.	0,04 €	0,04 €
Spannplatte (9)	1	5 min. 40s.	0,97 €	0,97 €
Prisma (6)	1	6 min. 15s.	0,48 €	0,48 €
Schaft (8)	1	5 min. 30s.	0,61 €	0,61 €
Auflager (3)	1	1 min. 10s	0,03 €	0,03 €
Summe der Fertigungszeiten		21 min. 05s.		
Montage der Baugruppen		12 min.		
Summe MEK Eigenfertigung				2,13 €
Gesamtbearbeitungszeit		**33 min. 05s**		

Zur Ermittlung der Fertigungseinzelkosten wird ein Stundensatz von 40 € verwendet. Herstell- und Selbstkosten für dieses Produkt auf Basis der differenzierenden Zuschlagskalkulation bei Verwendung der Normal-Gemeinkostenzuschlagssätze aus Tabelle 4.14 ergeben sich wie folgt:

Materialeinzelkosten	28,79 €	
Materialgemeinkosten	7,20 €	(25 % der MEK)
Materialkosten	35,99 €	
Fertigungseinzelkosten	22,06 €	
Fertigungsgemeinkosten	27,57 €	(125 % der FEK)
Fertigungskosten	49,63 €	
Herstellkosten	85,62 €	
Verwaltungsgemeinkosten	2,57 €	(3 % der HK)
Vertriebsgemeinkosten	6,85 €	(8 % der HK)
Selbstkosten	95,04 €	

Von grundlegender Bedeutung ist die Verwendung von Bezugsgrößen, welche die Ursache-Wirkungs-Beziehung der Entstehung von Einzelkosten und Gemeinkosten möglichst genau abbilden. Darüber hinaus müssen die im BAB verwendeten Ergebnisse der Kostenarten- und Kostenstellenrechnung und die ermittelten Zuschlagssätze exakt sein. Für die Verwendung alternativer Bezugsgrößen z. B. im Fertigungsbereich wird auf die Darstellung der Maschinenstundensatzrechnung verwiesen.[32]

d) Kuppelkalkulation

Die Kuppelproduktion zeichnet sich dadurch aus, dass aus denselben Ausgangsmaterialien im gleichen Produktionsprozess mehrere Erzeugnisse hergestellt werden. Es lassen sich jedoch nur die Gesamtkosten der Produktion ermitteln, weshalb eine Zurechnung der Kosten auf die Teilprodukte nur indirekt möglich ist. Das Ziel der Kuppelkalkulation besteht in der Verteilung der gesamten Prozesskosten auf die einzelnen Produkte. Aufgrund der Erzeugungsstruktur kann jedoch unmöglich festgestellt werden, welches Produkt welchen Anteil an den Gesamtkosten verursacht. Demzufolge ist eine verursachungsgerechte Kalkulation nicht möglich und es ist entweder das Durchschnittsprinzip oder das Prinzip der Kostentragfähigkeit anzuwenden.[33]

Werden ein Hauptprodukt und ein bzw. mehrere Nebenprodukte erzeugt, ist die Restwertrechnung einsetzbar. Die Erlöse der Nebenprodukte werden abzüglich noch anfallender Weiterverarbeitungskosten von den Gesamtkosten

---

[32] Vgl. S. 168.
[33] Vgl. S. 145.

abgezogen und stellen somit eine Kostenminderung des Hauptproduktes dar. Bei Anwendung dieses Verfahrens wird unterstellt, dass die Selbstkosten der Nebenprodukte ihrem Verkaufspreis entsprechen und der Gesamtgewinn der Kuppelproduktion auf das Hauptprodukt entfällt. Kann ein Kuppelprodukt nicht verkauft werden und muss als Abfall kostenpflichtig recycelt oder entsorgt werden, erhöhen die damit verbundenen Kosten die Gesamtkosten. Diese zusätzlichen Kosten hat allein das Hauptprodukt zu tragen.

Entstehen im Rahmen des Produktionsprozesses mehrere Produkte, die nicht eindeutig in Haupt- und Nebenprodukt unterschieden werden können, kommt die Verteilungsmethode zum Einsatz. Die Gesamtkosten der Produktion werden dann mittels Äquivalenzziffern auf die einzelnen Kuppelprodukte verteilt.

Die Kuppelkalkulation wäre überflüssig, wenn die Herstellkosten der Kuppelprodukte nicht für Zwecke der bilanziellen Bestandsbewertung erforderlich wären. Für dispositive Zwecke ist die Kuppelkalkulation nicht geeignet, da diese nicht dem Prinzip der verursachergerechten Kalkulation entspricht.

4.3.5.2 Kostenträgerzeitrechnung

Mit der Kostenträgerzeitrechnung (Betriebsergebnisrechnung oder kurzfristige Erfolgsrechnung) werden die Erlöse und Kosten einer Periode sowie ihre Differenz bestimmt. Ein wesentliches Ziel der Ergebnisrechnung besteht in der Ermittlung der Kostenstrukturen sowie in der Analyse der Erfolgs- bzw. Misserfolgsquellen.

Bei der betrachteten Periode handelt es sich üblicherweise um einen relativ kurzen Zeitraum, da die Rechnung aktuelle Informationen für betriebsbezogene Entscheidungen bereitstellen soll. Oft wird ein Monat oder ein Quartal zugrunde gelegt. Kosten und Erlöse werden differenziert dargestellt, um den Informationsgehalt der Darstellung zu erhöhen. Bei einer periodenbezogenen Erfolgsermittlung sind Bestandsveränderungen von Halb- und Fertigfabrikaten zu berücksichtigen. Dies geschieht bei den beiden möglichen Formen der Ergebnisrechnung - Gesamtkostenverfahren (GKV) und Umsatzkostenverfahren (UKV) - auf unterschiedliche Weise.

Für das GKV ist charakteristisch, dass sämtliche Erlöse und Kosten einer Periode einander gegenübergestellt werden (vgl. Tabelle 4.18). Zum Gesamterlös des Betriebes zählen neben den Umsatzerlösen (Erlöse für abgesetzte Erzeugnisse) auch bewertete Bestandserhöhungen an Halb- und Fertigfabrikaten sowie der Wert selbst erstellter Güter des Anlagevermögens (z. B. Sachanlagen, die im Betrieb genutzt werden). Bewertete Bestandsveränderungen sind beim GKV zu berücksichtigen, da in den Kosten der betriebliche Werteverzehr enthalten ist, der auf die in der Periode hergestellten Mengeneinheiten zurückzuführen ist. Hingegen resultieren die Umsatzerlöse aus den abgesetzten Mengen. Durch den Ansatz von Bestandsveränderungen werden die Mengengerüste der Kosten und Erlöse einander angeglichen. Die Kosten werden beim GKV in der Regel differenziert nach den Produktionsfaktoren, d.h. nach den Kostenarten Materialkosten, Personalkosten, Abschreibungen aufgeführt.

Tabelle 4.18. Betriebsergebniskonto entsprechend dem GKV

Betriebsergebniskonto (GKV)

- Nach Kostenarten differenzierte Kosten der Periode	- Nach Produktarten differenzierte Umsatzerlöse
- Herstellkosten von Bestandsminderung an Halb- und Fertigfabrikaten	- Herstellkosten von Bestandsmehrungen an Halb- und Fertigfabrikaten
- Betriebsgewinn	- Betriebsverlust

Das GKV lässt sich einfach in das Kostensystem der Finanzbuchhaltung integrieren oder in tabellarischer Form realisieren. Die Bestände an Halb- und Fertigfabrikaten müssen ermittelt werden, um Bestandsveränderungen identifizieren zu können. Dies ist in Unternehmen mit einem differenzierten Produktionsprogramm und einem mehrstufigen Produktionsprozess mit einem hohen Aufwand verbunden. Außerdem werden für die Bewertung von Bestandsveränderungen die Stückherstellkosten der entsprechenden Produkte benötigt, so dass bei Bestandsveränderungen die Zuordnung von Kosten zu Kostenträgern erforderlich wird, auch wenn die Kosten der Periode ansonsten nach Produktionsfaktoren differenziert berücksichtigt werden.

Im Gegensatz zum GKV werden beim UKV nur die für die abgesetzten Erzeugnisse angefallenen Erlöse und Kosten berücksichtigt. Bestandserhöhungen an Halb- und Fertigfabrikaten werden nicht ausgewiesen. Bestandsminderungen sind in den Kosten für die verkauften Produkte erfasst. Beim Umsatzkostenverfahren erfolgt die Einbeziehung der Kosten und Erlöse von Produkten daher in der Periode, in der diese abgesetzt werden. Die Kosten werden beim UKV typischerweise nicht wie beim GKV nach den verbrauchten Produktionsfaktoren untergliedert erfasst, sondern als Selbstkosten der abgesetzten Produkte. Dies setzt eine Kostenträgerstückrechnung für die verkauften Produkte voraus. Die Erfassung der Erlöse erfolgt wie beim Gesamtkostenverfahren differenziert nach Produktarten.

Als Beispiel wird ein Unternehmen betrachtet, welches im Monat April 5.000 Produkteinheiten produziert, wovon lediglich 4.400 Stück zum Stückpreis von 100 € abgesetzt werden. Die nicht abgesetzten Einheiten werden zu Herstellkosten bewertet und erhöhen den Lagerbestand. Die Materialeinzelkosten betragen 40 € pro Stück, die Fertigungseinzelkosten betragen 22 € je Stück. Gemeinkosten für den Monat April werden aus dem BAB wie folgt ermittelt: MGK: 20.000 €; FGK: 80.000 €; VwGK: 12.000 €; VtGK: 15.000 €.

Mit diesen Daten ergibt sich folgendes Monatsergebnis:

Tabelle 4.19. Ermittlung des Betriebsergebnisses nach dem UKV

Leistung/Kosten	Ermittlung	€/Monat
Umsatz	4.400 x 100,- €	440.000,-
Materialeinzelkosten	5.000 x 40,- €	200.000,-
+ Materialgemeinkosten	aus BAB	20.000,-
+ Fertigungseinzelkosten	5.000 x 22,- €	110.000,-
+ Fertigungsgemeinkosten	aus BAB	80.000,-
= Herstellkosten der Periode		410.000,-
- Mehrbestand an Fertigerzeugnissen	$600 \dfrac{410.000,-}{5.000}$	-49.200,-
= Herstellkosten des Umsatzes		360.800,-
- Verwaltungsgemeinkosten	aus BAB	-12.000,-
- Vertriebsgemeinkosten	aus BAB	-15.000,-
= Selbstkosten des Umsatzes		333.800,-
Betriebsergebnis	440.000,- € - 333.800,- €	106.200,-

Bei Verwendung der Kontoform ergibt sich folgende Darstellung:

Tabelle 4.20. Betriebsergebniskonto entsprechend dem UKV

Betriebsergebniskonto (UKV)

Selbstkosten des Umsatzes:	333.800,- €	Umsatz:	440.000,- €
Betriebserfolg:	106.200,- €		

Das Umsatzkostenverfahren erfordert in jedem Fall eine Kostenträgerstückrechnung, mit der die Selbstkosten der abgesetzten Produkte ermittelt werden. Allerdings setzt das Verfahren keine Erfassung der Bestände an Halb- und Fertigfabrikaten voraus. Ein Vorteil des UKV gegenüber dem GKV besteht darin, dass sich die Erfolgsbeiträge einzelner Produktarten durch Gegenüberstellung ihrer Umsatzerlöse und Kosten ermitteln lassen und damit für die Produktpolitik relevante Informationen bereitgestellt werden.

4.4 Deckungsbeitragsrechnung

4.4.1 Einfache und stufenweise Fixkostendeckungsrechnung

Deckungsbeitragsrechnungen sind Teilkostenrechnungen, da diese nur variable Kosten berücksichtigen, wobei sich die Variabilität auf ein einzelnes Produkt und auf Produktgruppen bzw. Unternehmensbereiche beziehen kann.[34] Der Deckungsbeitrag gibt an, in welchem Maße ein Produkt zur Deckung der fixen Kosten und gegebenenfalls darüber hinaus zur Erwirtschaftung eines Gewinns beiträgt. Es sind die einstufige und die mehrstufige Deckungsbeitragsrechnung zu unterscheiden. Darüber hinaus ist mit der Gewinnschwellenanalyse eine weitere Form der Deckungsbeitragsrechnung verfügbar.

Kennzeichen der Deckungsbeitragsrechnung ist die Differenzierung in fixe und variable Kosten. Zu den variablen Kosten zählen die Einzelkosten und ein Teil der Gemeinkosten. Die Kosten müssen in der Kostenarten- und Kostenstellenrechnung differenziert nach fixen und variablen Kosten erfasst werden. Mit der Gegenüberstellung von variablen Stückkosten k_{var} und Verkaufspreis p wird der Stückdeckungsbeitrag db folgendermaßen ermittelt: $db = p - k_{var}$. Ein Produkt sollte mindestens die durch die Produktion desselben verursachten variablen Kosten decken. Ein negativer Stückdeckungsbeitrag ist mittel- bis langfristig nicht vom Unternehmen zu kompensieren, kurzfristig jedoch vertretbar, wenn

- das Produkt sich in einer Phase des Lebenszyklus befindet, in der mittelfristig mit positiven Deckungsbeiträgen zu rechnen ist, z. B. Markteinführung.

- das Produkt wesentlicher Bestandteil der Produktpalette ist und der Kunde erwartet, dass dieses Produkt im Sortiment vertreten ist.

Nach der Ermittlung des Stückdeckungsbeitrags werden die Fixkosten des Unternehmens analysiert. Diese werden nicht in einer Summe den Stückdeckungsbeiträgen gegenübergestellt, sondern die Fixkosten werden so detailliert wie möglich produktspezifisch, produktartenspezifisch und produktgruppenspezifisch erfasst und verrechnet. Als Ergebnis sind verschiedene Deckungsbeiträge zu unterscheiden (vgl. Tabelle 4.21). Dazu ist das Unternehmen in eine fixkostenrechnerisch zweckmäßige Hierarchie zu unterteilen, damit die Erfassung der Fixkosten möglichst verursachergerecht erfolgen kann. Fixkosten können z. B. differenziert werden in:[35]

- Erzeugnisfixkosten - Kosten, welche ausschließlich für dieses Produkt anfallen, wie z. B. Patentkosten, Entwicklungskosten für dieses Produkt, Kosten für Spezialwerkzeuge.

---

[34] Vgl. S. 144.
[35] Vgl. S. 147.

- Erzeugnisgruppenfixkosten - Kosten, die nur einer Produktgruppe, nicht mehr jedoch einer einzigen Produktart zugerechnet werden können, wie z. B. Kosten für gemeinsam genutzte Maschinen, Anlagen oder Gebäude.

- Unternehmensbereichsfixkosten - Kosten des Unternehmensbereiches, wie z. B. Verwaltungskosten.

- Unternehmensfixkosten - Kosten die keiner anderen Ebene zugeordnet werden können, wie z. B. Kosten der Unternehmensleitung.

Die Auswertung der unterschiedlichen Deckungsbeiträge ermöglicht weitergehende Aussagen als mit der summarischen Verrechnung der Fixkosten. Deckungsbeiträge einzelner Produktgruppen und Bereiche können daraufhin untersucht werden, inwieweit diese zur Deckung der von ihrer Ebene verursachten Fixkosten und auch zur Deckung von Fixkosten höherer Ebenen beitragen.

Die Gliederung und Aufteilung des Unternehmens zur Durchführung dieser Rechnung ist abhängig von der Organisation, dem Produktionsprogramm und den Marktbeziehungen. Die Erfassungsgenauigkeit muss in einem wirtschaftlich vertretbaren Verhältnis zum Informationsgewinn stehen.

Tabelle 4.21. Beispiel zur mehrstufigen Deckungsbeitragsrechnung

Bereich	1		2		
Erzeugnisgruppe	I		II		III
Erzeugnis	A	B	C	D	E
Umsatz	20	48	30	15	60
- Variable Kosten	12	30	14	10	28
= DB I	8	18	16	5	32
- Erzeugnisfixkosten	3	7	4	7	10
= DB II	5	11	12	-2	22
- Erzeugnisgruppenfixkosten	4		14		5
= DB III	12		-4		17
- Unternehmensbereichfixkosten	4		5		
= DB IV	8		8		
- Unternehmensfixkosten	8				
= Unternehmensergebnis	8				

Für eine weitergehende Analyse empfiehlt es sich, die Fixkosten nach deren Abbaubarkeit zu untergliedern. Die Bindungsdauer von Fixkosten kann vertraglich, gesetzlich oder technisch bedingt sein. In Vertragsdatenbanken können die verschiedenen Verträge (Arbeitsverträge, Mietverträge, Energieversorgungsverträge etc.) mit den folgenden Informationen zusammengefasst werden:

- Vertragsbeginn,

- Bindungsdauer,

- Verlängerungsintervall,

- Kündigungsfrist,

- Zahlungsbetrag sowie

- Zahlungscharakter.

Auf Basis dieser Daten können die vordisponierten und die abbaubaren Fixkosten bei Kündigung zum nächstmöglichen Termin ermittelt werden.

Die Ausführungen zum Produktdeckungsbeitrag verdeutlichen, dass es sich um eine Größe handelt, welche unabhängig von den Fixkosten der höheren Ebenen zu betrachten ist. Aus diesem Grund eignet sich der Stückdeckungsbeitrag als Entscheidungskriterium für die Bestimmung kurzfristiger Preisgrenzen.[36]

Sind die vorhandenen Kapazitäten nicht ausgelastet, liegt also Unterbeschäftigung vor, so definieren die variablen Kosten die kurzfristige Preisuntergrenze für einen Zusatzauftrag, dessen Annahme maximal zu einer Auslastung der vorhandenen Kapazität führt. In diesem Fall wird jeder zusätzliche Auftrag angenommen, bei dem der Absatzpreis mindestens die variablen Kosten des Auftrags deckt. Zu den variablen Auftragskosten gehören die Herstellkosten sowie die mit dem Auftrag verbundenen Verwaltungs- und Vertriebskosten. Für die kurzfristige Preisuntergrenze (PUG) gilt $PUG = k_{var}$.

Ist die Situation durch einen potenziellen Engpass gekennzeichnet, d. h. bei Annahme des Zusatzauftrags reicht die vorhandene Kapazität nicht zur Fertigung aus, bestehen zwei Möglichkeiten:[37] Entweder die vorhandene Kapazität kann kurzfristig erweitert werden (z. B. durch Überstunden) oder diese Möglichkeit besteht nicht. Erfolgt eine kurzfristige Kapazitätserweiterung, so sind die mit dieser Erhöhung verbundenen variablen Kosten (z. B. Überstundenzuschläge) dem Zusatzauftrag zuzurechnen. Kann die Kapazität nicht erweitert werden, ist eine Entscheidung über die Verdrängung von bisher gefertigten Produkten durch den Zusatzauftrag zu treffen. Zusätzlich zu den variablen Auftragskosten sind die Kosten der Verdrängung von gegenwärtig gefertigten Produkten zu berücksichtigen. Zentrales Entscheidungskriterium dabei ist der Stückdeckungsbeitrag je Engpasseinheit. Durch den Zusatzauftrag ist jeweils das zurzeit hergestellte Produkt zu ersetzen, welches den niedrigsten Deckungsbeitrag je von ihm beanspruchter Engpasseinheit aufweist. Damit wird der Deckungsbeitrag des verdrängten Produktes dem potenzi-

---

[36] Die Bezeichnung kurzfristig beschreibt den Zeitraum, in welchem die Fixkosten nicht abgebaut werden können.
[37] Vgl. Abbildung 2.17, S. 77.

ellen Neuprodukt als Opportunitätskosten zugerechnet. Für die kurzfristige Preisuntergrenze des Zusatzproduktes z gilt:

$$PUG = k_{var;z} + \frac{db_k}{\epsilon_k}\epsilon_z$$

mit $k_{var;z}$ als variable Stückkosten des Zusatzproduktes z, db_k als Stückdeckungsbeitrag des zu verdrängenden Produktes k, ϵ_k als Engpassbelastung durch eine Einheit des Produktes k und ϵ_z als Engpassbelastung durch eine Einheit des Zusatzproduktes z. Der Term $\frac{db_k}{\epsilon_k}$ beschreibt den Stückdeckungsbeitrag des zu verdrängenden Produktes k je beanspruchter Engpasseinheit.

Als Beispiel dient ein Metall verarbeitendes Unternehmen, welches zwei Produkte fertigt (vgl. Tabelle 4.22). Dieses Unternehmen bekommt einen Zusatzauftrag angeboten, bei dessen Annahme die vorhandene Kapazität an der Drehmaschine nicht ausreicht. Möglichkeiten der kurzfristigen Kapazitätserweiterung bestehen nicht. Das Zusatzprodukt könnte mit einer Stückzahl von 300 Stück produziert werden, würde einen Nettopreis von 75 € erzielen, variable Stückkosten von 40 € verursachen und eine Bearbeitungszeit von 12 min. an der Drehmaschine beanspruchen. Die Kapazität an der Drehmaschine beträgt 9600 min. Das Unternehmen hat zu entscheiden, ob der Zusatzauftrag angenommen werden kann.

Tabelle 4.22. Informationen zur bestehenden Produktion

	Produkt A	Produkt B
Produktionsmenge in Stück	300	240
Stückdeckungsbeitrag in €/Stück	45,-	37,5
Engpassbelastung in min.	20	15
$\frac{db_k}{\epsilon_k}$ in €/min.	2,25	2,5

Aus der Tabelle 4.22 wird deutlich, dass das Produkt A den geringsten Stückdeckungsbeitrag je Engpasseinheit aufweist und deshalb von dem Zusatzauftrag zu verdrängen wäre. Die kurzfristige Preisuntergrenze für den Zusatzauftrag ergibt sich damit aus:

$$PUG_{Zusatz} = 40,\text{- }€ + \frac{45,\text{- }€}{20\,min.} \cdot 12min.$$
$$PUG_{Zusatz} = 67,\text{- }€$$

Das Unternehmen sollten den Zusatzauftrag annehmen, da der erzielbare Preis von 75,- € über der kurzfristigen Preisuntergrenze liegt. Das Ergebnis kann auch in einer Totalbetrachtung wie folgt ermittelt werden. Da die Fertigung des Zusatzproduktes lediglich 3.600 min. an der Drehmaschine beansprucht, ist die Verdrängung lediglich eines Teiles der Fertigung von A (180 Stück) notwendig. Der Zusatzauftrag erzeugt insgesamt variable Kosten in Höhe von 12.000 € (300 Stück á 40,- €/Stück), die Summe der entgehenden Deckungsbeiträge des Produktes A beträgt 8.100 € (180 Stück á 45,- €/Stück), woraus die gesamten dem Zusatzauftrag zuzurechnenden Kosten in Höhe von 20.100 € resultieren. Auf ein Stück bezogen ergibt sich die Preisuntergrenze von 67,- €. Sollten in einem Unternehmen mehrere Engpässe vorliegen, ist der Deckungsbeitrag weiterhin die Entscheidungsvariable, die Lösung des Problems erfordert den Einsatz von Optimierungsverfahren, wie z. B. der Simplexmethode. Neben der isolierten Betrachtung der Deckungsbeiträge ist vom Unternehmen zu beachten, dass die Verdrängung der Produktion bisher gefertigter Produkte keine vertraglichen Sanktionen (z. B. durch Vertragsstrafen bei verspäteter Lieferung) verursacht.

4.4.2 Gewinnschwellenanalyse

Die Gewinnschwellenanalyse (Break-even-Analyse) ist als Deckungsbeitragsrechnung insofern einzuordnen, als mit der Gewinnschwelle der Punkt bestimmt wird, an dem sämtliche Kosten des Unternehmens, sowohl fixe als auch variable, gedeckt sind. Gewinnschwellenanalysen geben einen Überblick über Umsatz, Kosten, Gewinne und Verluste für alternative Absatzmengen. Ausgangspunkt der Betrachtung für ein Ein-Produkt-Unternehmen ist die Bestimmungsgleichung für den Gewinn:

$$G = (p - k_{var})x - K_{Fix}$$

Je nach Problemstellung kann diese Beziehung nach der gesuchten Größe umgestellt und aufgelöst werden. Oft wird die Absatzmenge $x_{G=0}$ gesucht, die bei einem gegebenen Absatzpreis zur Erreichung der Gewinnschwelle, also $G = 0$, erforderlich ist. Es resultiert

$$x_{G=0} = \frac{K_{Fix}}{p - k_{var}} = \frac{K_{Fix}}{db}.$$

In der Abbildung 4.9 ist die Gewinnschwelle für ein Ein-Produkt-Unternehmen mit $K_{Fix} = 120.000$ € und einem Stückdeckungsbeitrag von $db = 15,-$ € grafisch dargestellt. Für die Deckung der Gesamtkosten ist eine Absatzmenge von 8.000 Stück erforderlich.

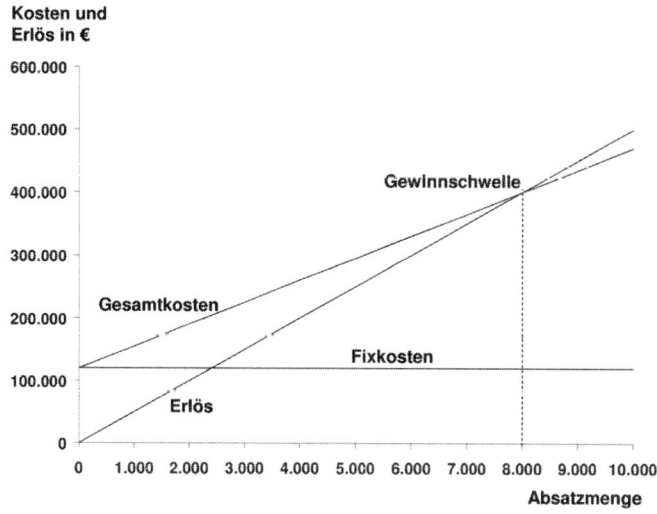

Abbildung 4.9. Grafische Ermittlung der Gewinnschwelle

Mit dieser Vorgehensweise lassen sich verschiedene Fragestellungen beantworten, z. B. wie sich die Gewinnschwellenmenge ändert, wenn sich Änderungen bei den fixen oder variablen Kosten ergeben (z. B. durch einen Wechsel des Produktionsverfahrens) oder welche Absatzmenge erforderlich ist, um die auszahlungswirksamen Bestandteile der Fixkosten zu decken. Darüber hinaus ist es auch möglich, einen vorgegebenen Gewinn größer Null zu berücksichtigen oder bei feststehenden Absatzmengen den kritischen Preis zu ermitteln. Allgemein ergibt sich die erforderliche Absatzmenge bei vorgegebenem kritischen Gewinn G_{krit}:

$$x_{G\,krit} = \frac{K_{Fix} + G_{krit}}{p - k_{var}}$$

Die bisherige Analyse setzte Sicherheit in Bezug auf die Eingangsdaten voraus, welche in der Realität jedoch selten gegeben ist. Im Folgenden wird dargestellt, wie Unsicherheit bezüglich der Absatzmenge berücksichtigt werden kann. In Abhängigkeit von der erwarteten, unsicheren Absatzmenge $\tilde{x}$ ergibt sich ein erwarteter Gewinn aus

$$E\left[\tilde{G}\right] = E[\tilde{x}](p - k_{var}) - K_{Fix}.$$

Die Wahrscheinlichkeit, dass ein Gewinn erzielt wird, also $Pr\left\{\tilde{G} \geq 0\right\}$, ergibt sich aus der Wahrscheinlichkeit, dass die unsichere Absatzmenge mindestens so groß ist wie die Break-even-Absatzmenge $x_{G=0}$, d.h. $Pr\{\tilde{x} \geq x_{G=0}\}$.

Bei Verwendung einer stetigen Zufallsverteilung ergibt sich die Wahrscheinlichkeit, dass die Absatzmenge mindestens so groß ist wie die Break-even-Absatzmenge aus:

$$Pr\left\{\tilde{x} \geq x_{G=0}\right\} = 1 - F(x_{G=0})$$

mit $F(x_{G=0})$ als Wert der Verteilungsfunktion der Break-even-Absatzmenge.

Als Beispiel wird das oben angeführte Beispiel modifiziert und unterstellt, die Absatzmenge sei mit einem Mittelwert von 7.000 und einer Standardabweichung von 2.500 normalverteilt. Die Verteilungsfunktion für die Break-even-Menge von 8.000 Stück beträgt $F(8.000) = 0,655$, woraus sich eine Break-even-Wahrscheinlichkeit von 0,345 ergibt. Wie auch bei der Gewinnschwellenanalyse unter Sicherheit lässt sich ein kritischer Gewinn mit Werten größer Null in die Analyse integrieren. Diese Vorgehensweise liefert folgende mögliche Entscheidungskriterien:

- Wähle diejenige Alternative, welche bei vorgegebenem Ergebnis die maximale Wahrscheinlichkeit der Ergebniserreichung aufweist.

- Wähle diejenige Alternative, welche bei vorgegebener Wahrscheinlichkeit den höheren Gewinn erzielt.

Die Vorteile dieser Vorgehensweise liegen darin, dass verschiedenen Verteilungen berücksichtigt werden können. Die in vielen Fällen unrealistische Annahme von sicheren Eingangsdaten kann auf diese Weise teilweise aufgegeben werden. Fraglich ist, auf welcher Grundlage die zu verwendende Verteilung ermittelt wird. Darüber hinaus ist es lediglich möglich, einen Parameter als unsicher zu modellieren.

Wenn mehrere Produkte berücksichtigt werden, ergibt die Gewinnschwellenanalyse nicht mehr nur eine Break-even-Menge, sondern eine Vielzahl von Mengenkombinationen, welche zur Deckung der Gesamtkosten beitragen können. In Abhängigkeit der Kombinationsmöglichkeiten von Produkten, Absatzmengen, Fixkosten und Deckungsbeiträgen ergeben sich mehrere Varianten der Gewinnschwellenanalyse, für deren detaillierte Darstellung auf die weiterführende Literatur verwiesen wird.[38]

---

[38] Vgl. Coenenberg (2003, S. 321ff).

4.5 Ausgewählte Ansätze des Kostenmanagements

Neben die bisher dargestellte traditionelle Kostenrechnung sind in der Unternehmenspraxis verschiedene Formen des Kostenmanagements getreten. Kostenmanagement beschreibt die frühzeitige und vorausschauende Beeinflussung der Kostenstruktur, des Kostenverhaltens und des Kostenniveaus. Die traditionelle Kostenrechnung erweist sich demzufolge als ein Instrument der Informationsversorgung und -verarbeitung, also ein beschreibendes Element, wohingegen beim Kostenmanagement die gestaltende Komponente im Vordergrund steht. Entsprechend den Bedürfnissen und Anforderungen interner und externer Anspruchsgruppen sind verschiedenste Instrumente des Kostenmanagements verfügbar. Dazu zählt das Management von Gemeinkosten, Fixkosten, Prozesskosten, Produktkosten, Umweltkosten und Qualitätskosten.

Für die Ingenieurspraxis sind Instrumente des Produktkostenmanagements von besonderer Bedeutung, weshalb das Zielkostenmanagement, die Beeinflussung von Herstellkosten und das Lebenszyklusmanagement im Folgenden ausführlich dargestellt werden. Im Rahmen der traditionellen Kostenrechnung werden Kosten unabhängig von der Entwicklung und Konstruktion eines Produktes betrachtet. Jedoch werden die Herstellkosten, welche die Basis für den Verkaufspreis bilden, und die Kosten, welche dem Kunden später aus der Produktnutzung entstehen, mit der Entwicklung und Konstruktion zu einem Großteil festgelegt. 70 % der Herstellkosten eines Produktes werden in der Entwicklung und Konstruktion determiniert, weitere 20 % in der Arbeitsvorbereitung und in der Fertigung.[39] Neben den Herstellkosten werden weitere Produkteigenschaften, die für die Lebenslaufkosten von erheblicher Bedeutung sind, im Rahmen des Entwicklungsprozesses vorgegeben. Das betrifft z. B. das Recycling von Produkten oder auch die Möglichkeiten der Instandhaltung.[40] Die Beeinflussung der Kosten des Herstellers steht im Mittelpunkt des Zielkostenmanagements, während die Lebenszyklusanalyse die Kosten des Kunden untersucht (vgl. Abbildung 4.10). Beide Dimensionen stehen in engem Zusammenhang: Die Festlegung von Zielkosten für die Entwicklung und Herstellung eines Produktes kann sich nicht ohne eine Analyse der Lebenszykluskosten vollziehen. Eine Reduktion der Herstellkosten darf nicht zu einer Erhöhung der Nutzungskosten führen.

---

[39] Vgl. VDI 2235.
[40] Vgl. VDI 2243; VDI 2246.

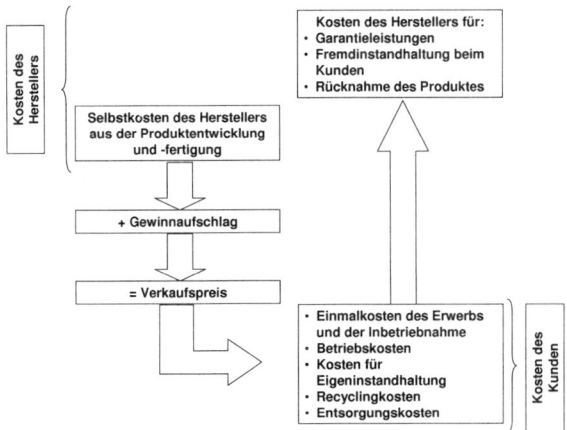

Abbildung 4.10. Kostendimensionen aus Hersteller- und Kundensicht[41]

4.5.1 Zielkostenmanagement

Zur Erreichung des Unternehmenszieles ist es erforderlich, die Kundenwünsche zu erfüllen und gleichzeitig gibt der Markt in hohem Maße den erzielbaren Absatzpreis vor. Dem Unternehmen stellt sich folglich die Frage, was ein Produkt maximal kosten darf. Zur Beantwortung dieser Frage werden zuerst die Kundenwünsche bzw. die Marktverhältnisse analysiert und daraus die maximal möglichen Selbstkosten, also die Zielkosten abgeleitet. Erst auf dieser Basis erfolgt die Konstruktion und Entwicklung eines Produktes. Diese Vorgehensweise wird als Zielkostenmanagement (target costing) bezeichnet und vorwiegend in Branchen eingesetzt, die komplexe, hoch technisierte Produkte entwickeln und herstellen, wie z. B. im Automobilbau oder Werkzeugmaschinenbau. Das Zielkostenmanagement zeichnet sich aus durch:

- Orientierung am Absatzmarkt und an den Kundenwünschen,

- bewusste und zielgerichtete Gestaltung und Beeinflussung der Selbstkosten beginnend mit der Entwicklung und Konstruktion,

- Berücksichtigung der beim Kunden durch die Produktmerkmale verursachten Kosten.

Das Zielkostenmanagement besteht aus den zwei Hauptphasen Zielkostenfindung für Gesamtprodukt und für Produktkomponenten sowie der Zielkostenerreichung.

---

[41] Eigene Darstellung in Anlehnung an Ehrlenspiel/Kiewert/Lindemann (2003, S. 126).

Nach der Definition und Strukturierung der Produktfunktionen wird auf dieser Basis ein Rohentwurf entwickelt. Ausgehend von den möglichen Absatzpreisen für das so definierte Produkt werden nach Abzug einer Zielgewinnspanne die zulässigen Kosten (allowable costs) ermittelt, welche die langfristige Preisuntergrenze darstellen (vgl. Abbildung 4.11). Die zulässigen Kosten beschreiben die schärfsten Kostenziele und sind nur unter großen Anstrengungen zu erreichen. Aus den ersten Produktentwürfen werden die geschätzten Kosten (drifting costs) abgeleitet. Das sind die Kosten, welche bei Verwendung vorhandener Technologie-, Verfahrens- und Konstruktionsstandards entstehen würden. In der Regel liegen die geschätzten Kosten höher als die zulässigen Kosten, so dass sich ein Kostensenkungsbedarf ergibt. Die Zielkosten werden im Bereich zwischen zulässigen und geschätzten Kosten festgelegt, im Idealfall sind Zielkosten und zulässige Kosten identisch.

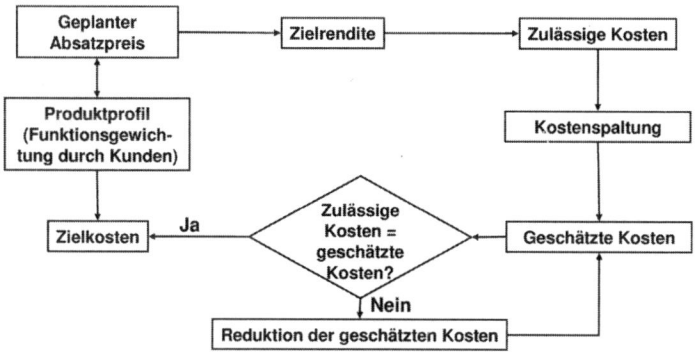

Abbildung 4.11. Ablauf der Zielkostenfindung[42]

Im zweiten Schritt werden die Zielkosten nach Produktfunktionen und -komponenten differenziert, wobei folgende Vorgehensweise gilt:

- Bestimmung des Nutzenanteils der Funktionen auf Basis von Kundenanforderungen,

- Feststellung der Komponenten bzw. Baugruppen, welche zur Erfüllung der Funktionen beitragen,

- Kostenschätzung der Produktkomponenten auf Basis des Rohentwurfes,

- Ermittlung der Zielkostenindizes für einzelne Komponenten,

- Erstellung des Zielkostenkontrolldiagramms,

- Feststellung von Änderungsbedarf in der Konstruktion und der Kostenzusammensetzung.

---

[42] Vgl. Coenenberg (2003, S. 443).

Der vom Kunden geforderte Produktnutzen wird den einzelnen Produktfunktionen zugeordnet. In diesem ersten Schritt wird die vom Kunden wahrgenommene Produktqualität auf einzelne Produktfunktionen bezogen. Im nächsten Schritt ist zu klären, welches Bauteil bzw. Komponente in welchem Maße zur Erfüllung der Funktionen beiträgt. Im Anschluss daran wird der Nutzenanteil jeder Komponente bzw. Baugruppe ermittelt. Dazu wird das Produkt aus Funktionsgewichtung und Anteil der Baugruppe an der Funktionserfüllung gebildet und für jede Baugruppe aufsummiert. Resultat ist der Anteil der Baugruppe am Gesamtnutzen des Produktes.

Nach der Festlegung der Nutzenanteile sind die geschätzten Kosten der Komponenten zu ermitteln. Der Ermittlung liegen Schätzungen auf Basis des Rohentwurfes und der vorhandenen Technologien zugrunde. Auf diese Weise werden die anteiligen Kosten jeder Baugruppe an den Gesamtkosten festgestellt. In der nächsten Analysephase wird für jede Komponente ein Zielkostenindex ermittelt, der durch den Quotienten des Nutzenanteils und des Anteils an den geschätzten Kosten definiert ist. Der Zielkostenindexes verdeutlicht, ob eine Komponente für den Nutzenteil, den diese für den Kunden erbringt, zu billig oder zu aufwändig ist. Anzustreben ist ein Wert von 1, d.h. der Kostenanteil entspricht dem Nutzenanteil. Ein Wert kleiner Eins zeigt, dass die Komponente zu aufwändig gestaltet ist und Potenzial für Kostensenkungsmaßnahmen birgt. Da der Wert 1 selten erreicht wird und dies bei unbedeutenden Teilen wirtschaftlich auch nicht erstrebenswert ist, werden zwei Toleranzgrenzen festgelegt, welche einen Zielkostenkorridor wie folgt definieren:

$$z_{1,2} = \sqrt{\gamma^2 \pm \tau^2}$$

wobei z_1 die Untergrenze des Korridors beschreibt($-\tau^2$), z_2 die Obergrenze des Korridors festlegt ($+\tau^2$), γ das Verhältnis von Nutzenanteil zu Kostenanteil wiedergibt und τ als Entscheidungsparameter zur Definition des Zielkostenkorridors dient (vgl. Abbildung 4.13). Dieser Wert ist vorzugeben und sollte sich daran orientieren, wie weit die Zielkosten für das Gesamtprodukt von den zulässigen Kosten differieren. Mit dem Zielkostenkontrolldiagramm werden unter Berücksichtigung der Bedeutung der Komponenten Zielgrößen vorgegeben, die zur Identifizierung von Konstruktionsverbesserungen und damit verbundenen Kostengestaltungsmaßnahmen beitragen. Als Ergebnis entsteht ein Produktkonzept, welches die vom Kunden gewünschten Leistungsmerkmale erfüllt und gleichzeitig zu den erzielbaren Preisen angeboten werden kann.

Als Beispiel wird die Entwicklung, Konstruktion und Herstellung eines Betonmischers dargestellt (vgl. Abbildung 4.12).[43] Die Herstellkosten auf Basis der gegenwärtigen Technologie betragen 133.000 €, pro Jahr werden ca. 50 Stück

---

[43] Zur Darstellung der gesamten Fallstudie vgl. Ehrlenspiel/Kiewert/Lindemann (2003, S. 493-508).

abgesetzt. Die Verhandlungen mit dem Kunden ergaben maximal mögliche Herstellkosten in Höhe von 93.100 €. Im Anschluss daran wurden die aus Kundensicht wichtigsten Funktionen festgestellt (vgl. Punkt a) in der Tabelle 4.23). Diese Kundenfunktionen stellen in erster Linie kundenrelevante Eigenschaften dar. Aus diesem Grund ist im nächsten Schritt (Punkt b) in der folgenden Tabelle) zu klären, welche Komponenten bzw. Baugruppen zur Erfüllung der Kundenfunktion in welchem Maße beitragen. Auf Basis dieser Informationen kann der Nutzenanteil einer Baugruppe für eine Kundenfunktion als Produkt aus dem Funktionsgewicht und dem Anteil der Baugruppe bestimmt werden (Punkt c) der Tabelle). Für die Baugruppe „Antrieb" ergibt sich z. B. ein Nutzenanteil für die Mischqualität aus $20\,\% \cdot 26\,\% = 5,2\,\%$. Die Summe dieser Teilnutzenanteile ergibt den gesamten Nutzenanteil der Baugruppe. Im Beispiel weist die Baugruppe „Antrieb" einen Nutzenanteil von $22,9\,\%$ am Gesamtprodukt auf.

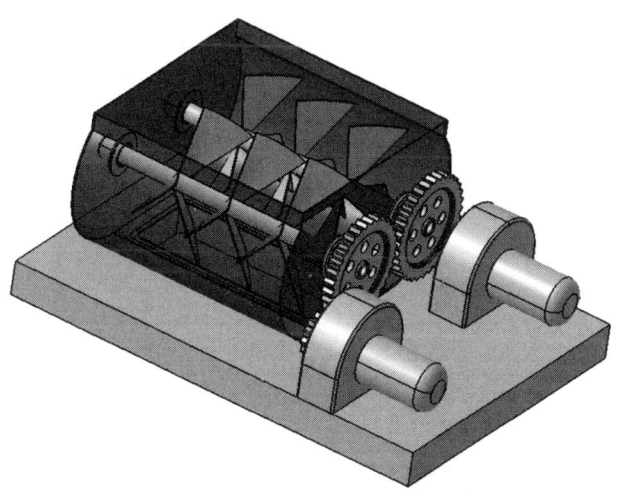

Abbildung 4.12. Betonmischer

Nach der Aufteilung der Nutzenanteile erfolgt die Ermittlung der Zielkosten. Dazu werden die Kosten festgestellt, die bei Verwendung der gegenwärtigen Bauweise und Fertigung entstehen würden, die geschätzten Kosten oder drifting costs. Die Zielkosten ergeben sich aus dem Produkt des Nutzenanteils einer Baugruppe und den Gesamtzielkosten. Der Zielkostenindex geht aus dem Quotienten von Nutzenanteil und geschätztem Kostenanteil hervor.

Tabelle 4.23. Ermittlung der Zielkostenindizes des Betonmischers

a) Ermittlung der Gewichtung der Funktionen aus Kundensicht

Funktionen	Mischqualität	Mischzeit	Einbaumaße	Energiekosten	Verschleißkosten	Wartungs- und Reparaturkosten	Lebensdauer	Überlastbarkeit	Summe
Gewichtung	0,26	0,24	0,15	0,10	0,08	0,10	0,02	0,05	1,00

b) Anteile der Baugruppen an der Funktionserfüllung in %

Antrieb	20	20	30	50		10	20	40	
Mischtrog	30	20	50	10	50	20	10	10	
Mischwelle, Lager	10	10	5	10	10	10	30	10	
Mischwerk	30	30		25	30	50	30	40	
Entleerschieber	5	10			5	4	5		
Entleerschieberantrieb		5	5	5	5	4	5		
Sonstiges	5	5	10			2			

c) Nutzenanteile der Baugruppen in %

Antrieb	5,2	4,8	4,5	5,0	0	1,0	0,4	2,0	22,9
Mischtrog	7,8	4,8	7,5	1,0	4,0	2,0	0,2	0,5	27,8
Mischwelle, Lager	2,6	2,4	0,75	1,0	0,8	1,0	0,6	0,5	9,65
Mischwerk	7,8	7,2	0	2,5	2,4	5,0	0,6	2,0	27,5
Entleerschieber	1,3	2,4	0	0	0,4	0,4	0,1	0	4,6
Entleerschieberantrieb	0	1,2	0,75	0,5	0,4	0,4	0,1	0	3,35
Sonstiges	1,3	1,2	1,5	0	0	0,2	0	0	4,2
Summe in %	26	24	15	10	8	10	2	5	100

d) Ermittlung der Zielkostenindizes

	Nutzenanteil in %	Geschätzte Kosten in €	Kostenanteil in %	Zielkostenindizes	Zielkosten für Baugruppe in €
Antrieb	22,9	53.200	57,1	0,40	21.320
Mischtrog	27,8	35.910	38,6	0,72	25.882
Mischwelle, Lager	9,65	14.630	15,7	0,61	8.984
Mischwerk	27,5	10.640	11,4	2,41	25.603
Entleerschieber	4,6	5.320	5,7	0,81	4.282
Entleerschieber- antrieb	3,35	3.990	4,3	0,78	3.119
Sonstiges	4,2	9.310	10,0	0,42	3.910
Summe	100	133.000,-	100		93.100

Für die Baugruppe Antrieb ergibt sich ein Zielkostenindex von 0,40, woraus geschlussfolgert wird, dass diese Komponente im Verhältnis zu deren Nutzenanteil zu teuer ist. Der gegenwärtige Anteil der Komponente an den Gesamtzielkosten beträgt 57,1 %, wohingegen der Nutzenanteil lediglich bei 22,9 % liegt. Im Zielkostenkontrolldiagramm (vgl. Abbildung 4.13) werden die Kostengestaltungsanforderungen für jede Baugruppe sichtbar. Wesentliche Änderungen müssen beim Antrieb, dem Mischtrog und dem Mischwerk vorgenommen werden. Während Antrieb und Mischtrog zu teuer sind, ist das Mischwerk zu einfach gestaltet. Kostensenkungspotenziale bestehen in der Überprüfung des technischen Prinzips, der Änderung der Ausführung oder des Fremdbezugs anstelle der Eigenfertigung.

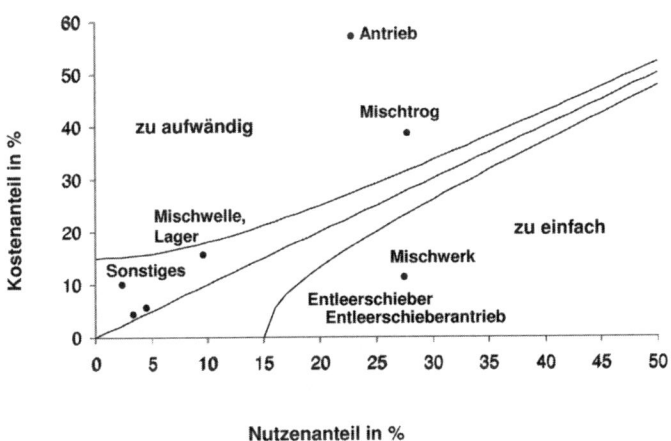

Abbildung 4.13. Zielkostenkontrolldiagramm für Produktkomponenten

In dem Beispiel wird deutlich, dass die Herstellkosten des Produktes nicht ohne Berücksichtigung der Nutzungskosten betrachtet werden dürfen. Vom Kunden wahrgenommene und geforderte Verbrauchseigenschaften des Produktes wie z. B. niedrige Energie-, Verschleiß- und Wartungskosten sowie eine lange Lebensdauer stellten 30 % der gesamten Produktfunktionen dar.

4.5.2 Konstruktionstechnische Möglichkeiten zur Beeinflussung der Herstellkosten

Nach der Feststellung der Zielkosten sind Maßnahmen zu deren Erreichen einzuleiten. Dies erfolgt vornehmlich durch Aktivitäten in den Bereichen Entwicklung und Konstruktion. Dabei werden Produktkonzepte erarbeitet, Entwürfe entwickelt, Prototypen gefertigt und auf dieser Basis die Herstellkosten kalkuliert. Dieser Prozess wird so oft wiederholt, bis die Herstellkosten im Zielkostenkorridor liegen. Zur Zielkostenerreichung können verschiedene Instrumente eingesetzt werden. Dazu zählen Quality Function Deployment (QFD), Simultaneous Engeneering, Design to cost (DTC), Design to Manufacturing (DTM) sowie Design to Assembly (DTA). Beim QFD werden die Kundenanforderungen schon im Produktentstehungsprozess systematisch berücksichtigt, weshalb sich dieses Instrument gut für die Bestimmung der Nutzenanteile einzelner Komponenten eignet. Ziel des QFD ist die Abstimmung der vom Kunden vorgegebenen Qualitätsmerkmale mit den vom Produkt zu erwartenden Qualitätsmerkmalen. Vorstellungen von Kunden und Konstrukteuren sollen auf diese Weise in Einklang gebracht werden, was Planungsfehler vermeidet, die Planungs- und Entwicklungszeit verkürzt sowie zu einer größeren Kundennähe führt.

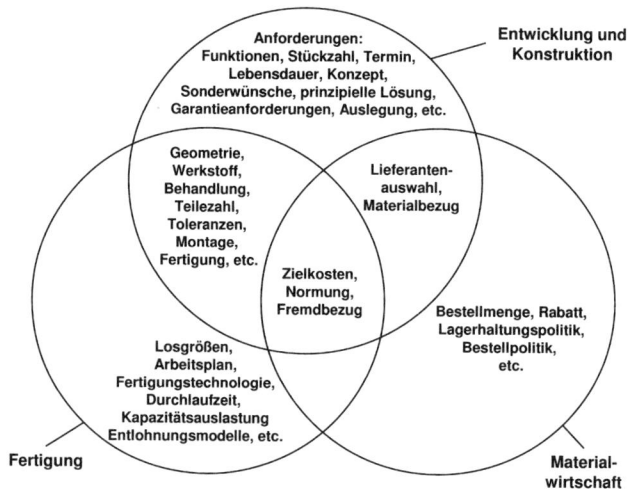

Abbildung 4.14. Ausgewählte Einflussfaktoren auf die Herstellkosten aus den Bereichen Entwicklung, Konstruktion und Produktion

Von den in der Abbildung 4.14 enthaltenen Einflussgrößen wurden wesentliche Komponenten schon in dem Kapitel Produktion (z. B. optimale Losgröße, Durchlaufzeit)[44] sowie im Rahmen des Erfahrungskurvenkonzeptes vorgestellt.[45] Da die Konstruktion den größten Einfluss auf die Kostenstruktur besitzt,[46] wird beispielhaft der Einfluss von Baugröße und Abmessungen dargestellt. Weitere Ansätze sind der Literatur zu entnehmen.[47]

Neben Aufgabenstellung und Konzept beeinflussen Größe und Abmessungen des Produktes die Herstellkosten ganz wesentlich. Grundsätzlich gilt, dass eine Baugrößenverringerung eine Kostensenkung bewirken kann. Ausgenommen davon ist die Verwendung von Sonderwerkstoffen zur Herstellung von Produkten in speziellen Branchen (z. B. Luft und Raumfahrt). Liegen geometrisch ähnliche oder halbähnliche Bauteile in einer Baureihe vor, bietet sich die Bestimmung von Kostenwachstumsgesetzen aus Ähnlichkeitsbeziehungen an. Ausgehend von den technischen und ökonomischen Daten des Grundentwurfes können mittels der Kostenwachstumsgesetze die für größere oder kleinere Entwürfe resultierenden Kosten ermittelt werden, ohne diese Folgeentwürfe konstruieren und zeichnen zu müssen.[48]

Materialeinzelkosten eines Bauteiles wachsen näherungsweise proportional zum Materialvolumen. Zur Bestimmung des Wachstumsgesetzes der Materialeinzelkosten wird der Stufensprung des Längenmaßes φ_L bestimmt, der sich aus dem Verhältnis des Längenmaßes des Grundentwurfes l_0 zu dem Maß des Folgeentwurfes l_1 wie folgt ergibt: $\varphi_L = \dfrac{l_1}{l_0}$. Für Zahnräder kann so näherungsweise die Relation von Materialeinzelkosten des Grundentwurfes MEK_0 und des Folgeentwurfes MEK_1 in Abhängigkeit vom Baumaß folgendermaßen bestimmt werden:
$$MEK_1 = MEK_0\varphi_L^{2,4...3}.$$

Für Fertigungseinzelkosten gilt eine ähnliche Beziehung, wenn auch die Kostenrelation nicht in einem so großen Maß von der Abmessung des Bauteils bestimmt wird wie im Fall der Materialeinzelkosten. Fertigungseinzelkosten setzen sich aus den Fertigungseinzelkosten der Ausführungszeit und der Rüstzeit zusammen. Für die Fertigungseinzelkosten der Ausführungszeit FEK^A des Bauteils gilt $FEK_1^A = FEK_0^A\varphi_L^{1,8...2,2}$. Die genaue Größe des Exponenten hängt von dem Fertigungsverfahren ab.[49] Fertigungseinzelkosten auf Basis der Rüstzeit FEK^R reagieren in folgendem Maße auf Änderungen der Abmessungen: $FEK_1^R = FEK_0^R\varphi_L^{0...0,5}$. Demzufolge sind die Rüstkosten die Fertigungseinzelkosten, welche die geringste Sensitivität in Bezug auf Änderungen

---

[44] Vgl. S. 66.

[45] Vgl. S. 148.

[46] Vgl. S. 185.

[47] Vgl. Pahl/Beitz (1997); Ehrlenspiel/Kiewert/Lindemann (2003).

[48] Vgl. zur folgenden Darstellung Ehrlenspiel/Kiewert/Lindemann (2003, S. 176-187).

[49] Vgl. Pahl/Beitz (1997, S. 662).

des Baumaßes aufweisen. Werden die Komponenten zusammengefasst, ergeben sich die gesamten Einzelkosten pro Stück des Folgeentwurfes $EK_{G;1}$ in Abhängigkeit von den Abmessungen des Werkstückes wie folgt:

$$EK_{G;1} = FEK_0^R \varphi_L^{0...0,5} + FEK_0^A \varphi_L^{1,8...2,2} + MEK_0 \varphi_L^{2,4...3}$$

Wird berücksichtigt, dass sich die Rüstkosten auf die pro Los gefertigten Bauteile verteilen, ergibt sich mit der Losgröße m:

$$EK_{G;1} = \frac{FEK_0^R}{m} \varphi_L^{0...0,5} + FEK_0^A \varphi_L^{1,8...2,2} + MEK_0 \varphi_L^{2,4...3}$$

Neben den Gesamtkosten ist die Kostenstruktur des Bauteils von Interesse, da diese einen geeigneten Ansatzpunkt zur Kostensenkung darstellt. Ausgehend von der Fertigung eines Stückes kann die Abhängigkeit der Kostenstruktur des Grundentwurfes und des Folgeentwurfes von den Werkstückabmessungen auf Basis der Gesamteinzelkosten des Grundentwurfes $EK_{G;0}$ wie folgt bestimmt werden:

$$EK_{G;1} = EK_{G;0} \left(\frac{fek_0^R}{m} \varphi_L^{0...0,5} + fek_0^A \varphi_L^{1,8...2,2} + mek_0 \varphi_L^{2,4...3} \right)$$

Die Terme fek_0^A, fek_0^R und mek_0 bezeichnen dabei die Anteile der Kostenarten an den Gesamteinzelkosten. Mit einer Losgröße von $m = 1$ gilt für die Kostenstruktur:

$$1 = fek_0^A + fek_0^R + mek_0.$$

Die Kostenstruktur des Folgeentwurfes ergibt sich mit

$$W = \frac{fek_0^R}{m} \varphi_L^{0...0,5} + fek_0^A \varphi_L^{1,8...2,2} + mek_0 \varphi_L^{2,4...3}$$

aus

$$\frac{EK_{G;1}}{EK_{G;0} \cdot W} = 1$$

$$fek_1^R + fek_1^A + mek_1 = \frac{1}{W} \left(\frac{fek_0^R}{m} \varphi_L^{0...0,5} + fek_0^A \varphi_L^{1,8...2,2} + mek_0 \varphi_L^{2,4...3} \right)$$

Als Beispiel wird der Grundentwurf eines Bauteils mit folgenden Daten betrachtet:

- Durchmesser $d_0 = 200$ mm

- Masse $m_0 = 20$ kg

- Bei der Fertigung eines Stückes gelten folgende Relationen: 50 % Rüstzeitkosten, 40 % Ausführungszeitkosten und 10 % Materialkosten.

- Die Summe der Einzelkosten beträgt 500,- €.

- Als Exponenten der Stufensprünge gelten:

  - Rüstzeit 0,5

  - Ausführungszeit 2 und

  - Material 3.

Gesucht sind die gesamten Einzelkosten und die Kostenstruktur des Folgeentwurfes, welcher mit einem Durchmesser von $d_1 = 500$ mm geplant wird.

Der Stufensprung folgt aus:

$$\varphi_L = \frac{d_1}{d_0} = \frac{500mm}{200mm} = 2,5$$

Aus der Beziehung der Kostenanteile des Grundentwurfes zum Folgeentwurf folgen die gesamten Einzelkosten des Folgeentwurfes:

$$EK_{G;1} = EK_{G;0} \left(\frac{fek_0^R}{m} \varphi_L^{0,5} + fek_0^A \varphi_L^2 + mek_0 \varphi_L^3 \right)$$

$$EK_{G;1} = 500 \; € \left(\frac{0,5}{1} \cdot 2,5^{0,5} + 0,4 \cdot 2,5^2 + 0,1 \cdot 2,5^3 \right)$$

$$EK_{G;1} = 2.427, - \; €$$

Die Kostenstruktur des Folgeentwurfes resultiert mit $W = 4,8531$ aus:

$$1 = \frac{1}{4,8531} \left(0,7906 + 2,5 + 1,5625 \right)$$

$$= fek_1^R + fek_1^A + mek_1 = 0,163 + 0,515 + 0,322.$$

In der Abbildung 4.15 ist die Entwicklung der gesamten Einzelkosten in Abhängigkeit von den Abmessungen des Werkstückes aus dem diskutierten Beispiel ersichtlich. An diesem Beispiel wird deutlich, dass mit zunehmender Größe nicht nur die gesamten Einzelkosten zunehmen, sondern auch der Anteil der Materialeinzelkosten überproportional ansteigt. Als Kostensenkungsmaßnahmen der Einzelkosten empfiehlt sich deshalb bei großen Teilen eine Gewichtsreduktion oder die Verwendung kostengünstigeren Materials. Produkte mit geringen Gewichten und Abmessungen weisen dagegen nur einen geringen Materialanteil auf, so dass Kostensenkungsmaßnahmen vornehmlich auf Ausführungszeit und Rüstzeit zu konzentrieren sind.

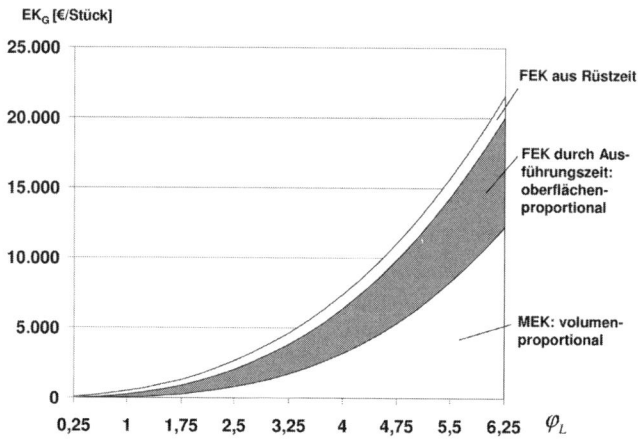

Abbildung 4.15. Entwicklung der Einzelkosten in Abhängigkeit von den Abmessungen

4.5.3 Lebenszykluskostenmanagement

In den letzten Jahren hat sich bei Herstellern und Kunden von langlebigen Wirtschaftsgütern die Erkenntnis durchgesetzt, dass nicht nur der Kauf des Produktes mit Kosten verbunden ist, sondern auch dessen Gebrauch und Entsorgung. Die Entscheidung zum Erwerb des Produktes ist demzufolge nicht nur vom Kaufpreis abhängig, sondern auch von den Folgekosten. Alle Entscheidungen zur Konstruktion, Gestaltung und Fertigung eines Produktes beeinflussen dessen Betriebs- und Entsorgungskosten. Dies erfordert eine Betrachtung sämtlicher Kosten über den gesamten Lebenszyklus eines Produktes. Der Lebenszyklus ist beschrieben als Zeitintervall zwischen der Konzipierung und Aussonderung eines Produktes.[50] In einer Lebenszykluskostenbetrachtung werden die Beschaffungs-, Besitz- und Entsorgungskosten eines Produktes analysiert. Diese Analyse liefert Informationen zur Gestaltung und Beeinflussung der Kosten im Rahmen von Entwurf, Entwicklung, Nutzung und Entsorgung des Produktes während des Lebenszyklus, was als Lebenszykluskostenmanagement bezeichnet wird.[51] Eine Lebenszyklusbetrachtung ist gekennzeichnet durch die Orientierung auf:

---

[50] Vgl. DIN EN 60300-3-3:2004.
[51] Vgl. VDI 2884.

- ein klar definiertes Projekt, Produkt, Einheit,

- Zahlungsgrößen,

- Lebenszyklusphasen,

- zahlungsrelevante Einflussgrößen und Entscheidungen,

- die Integration verschiedener betrieblicher Funktionsbereiche sowie die

- Einheitlichkeit von Planung und Kontrolle.

Ein Projekt ist ein Vorhaben, das im Wesentlichen durch die Einmaligkeit der Bedingungen in seiner Gesamtheit gekennzeichnet ist, wie z. B. Zielvorgabe, zeitliche, finanzielle, personelle oder andere Begrenzungen oder Abgrenzung gegenüber anderen Vorhaben [52] Als Einheit gilt jedes Teil, Bauelement, Gerät, Teilsystem, jede Funktionseinheit, jedes Betriebsmittel oder System, das für sich allein betrachtet werden kann.[53]

Die Bezeichnung Lebenszykluskosten lässt vermuten, dass es sich um eine Kostenbetrachtung handelt. Im Rahmen der Lebenszyklusbetrachtung werden mehrere Perioden in die Analyse einbezogen, woraus mit einem Blick auf die Kostendefinition folgt, dass streng genommen keine Kosten betrachtet werden, sondern Ein- und Auszahlungen.[54] Kennzeichen der Lebenszykluskostenbetrachtung ist demzufolge die Verwendung der mit einem Projekt oder Produkt verbundenen Ein- und Auszahlungen.

Der Lebenszyklus besteht aus mehreren Phasen. Eine mögliche Einteilung des Lebenszyklus besteht mit der Gliederung in:[55]

- Konzept und Definition,

- Entwurf und Entwicklung,

- Herstellung,

- Einbau,

- Betrieb und Instandhaltung sowie

- Entsorgung.

Diese Einteilung ist stark technisch orientiert, es fehlt der Marktbezug. Die ersten drei Phasen beschreiben den Lebenszyklus aus Herstellersicht, die letzten drei Phasen aus Kundensicht. Deshalb wird die vorstehende Gliederung um die Teilbereiche Vorlaufphase, Marktphase und Nachlaufphase erweitert (vgl. Abbildung 4.16 auf S. 198.).

---

[52] Vgl. DIN 69901.
[53] Vgl. DIN EN 13306.
[54] Vgl. S. 120.
[55] Vgl. DIN EN 60300-3-3:2004.

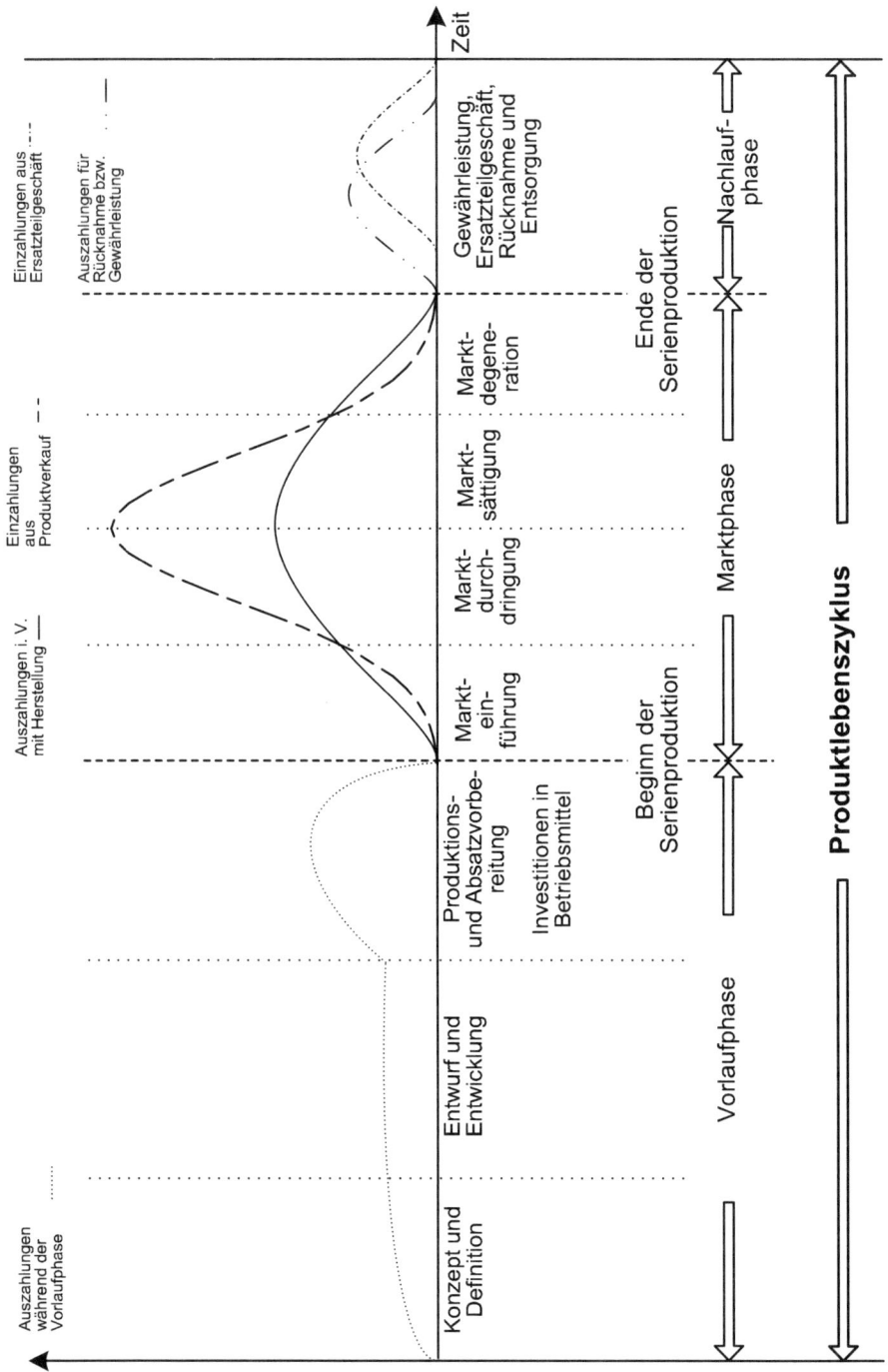

Abbildung 4.16. Produktlebenszyklus[56]

Aus dieser Darstellung ergeben sich die folgenden Phasen:

- Vorlaufphase: In dieser Phase erfolgen Forschung und Entwicklung, Design, Entwicklung und Fertigung des Produktes sowie die Produktions- und Absatzvorbereitung. Diese Phase ist ausschließlich durch Auszahlungen gekennzeichnet.

- Marktphase: Die Marktphase unterteilt sich in folgende vier typische Teilphasen:

  - Einführungsphase: Das Produkt wird auf dem Markt eingeführt, der Absatz steigt langsam, erste Einzahlungen aus dem Produktverkauf sind zu verzeichnen. Die Auszahlungen für das Produkt (z. B. für Werbemaßnahmen und Produktionsanlauf bzw. Produktionserweiterung) übersteigen noch immer die Einzahlungen.

  - Wachstumsphase: Absatz und Umsatz aus dem Produktverkauf steigen deutlich an, die Einzahlungen sind signifikant höher als die Auszahlungen in dieser Phase.

  - Reifephase: Absatz und Umsatz steigen weiter, jedoch nicht mehr so stark wie in der Wachstumsphase, die Einzahlungen übersteigen die Auszahlungen.

  - Sättigungsphase: Das Produkt verliert an Attraktivität, Absatz und Umsatz gehen zurück, trotzdem übersteigen die Einzahlungen noch immer die Auszahlungen. Es ist an der Zeit, entweder das Produkt vom Markt zu nehmen oder durch eine Veränderung so zu gestalten, dass es den Kunden als neues Produkt erscheint.[57]

- Nachlaufphase: In die Nachlaufphase fallen Kundendienst, Ersatzteilgeschäft, Rücknahme und Entsorgung.

Ziel der Lebenszyklusanalyse ist die Ermittlung der wichtigsten, zahlungswirksamen Einflussgrößen und die Darstellung der Auswirkungen von Entscheidungen auf die Zahlungsgrößen. Dazu sind die Integration verschiedener Funktionsbereiche (F&E, Produktion, Kundendienst etc.) sowie die Abstimmung der verwendeten Planungsprämissen, eine informationstechnische Vernetzung zwischen den Bereichen und eine enge Zusammenarbeit zwischen Herstellern und Kunden erforderlich. Für jedes Produkt bzw. jede Einheit ergeben sich spezielle Einflussfaktoren der Lebenszykluskosten, so z. B.:

- Produktart einschließlich des Fertigungsverfahrens,

- Entwicklungszeit und -kosten,

- Konstruktionsprinzip,

---

[56] Vgl. Riezler (1996, S. 9).
[57] Vgl. Abb. 3.5, S. 100.

- Produktnutzung,

- Wartung und Instandhaltungsstrategie,

- Kostenstrukturen des Nutzers,

- Kosten für einzusetzende Roh-, Hilfs- und Betriebsstoffe,

- Produktlebensdauer und Zuverlässigkeit,

- gesetzliche Vorgaben, Verordnungen sowie

- Preispolitik in der Branche.

Den verschiedenen Einflussfaktoren sind entsprechende Zahlungsgrößen zuzuweisen. Dazu empfiehlt sich die Aufschlüsselung des Produktes oder der Einheit in tiefere Gliederungsebenen, die Zuordnung der Einflussfaktoren zu den Lebenszyklusphasen und der Bestimmung der Zahlungsart und -höhe.

a) Management von Lebenszykluskosten bei Ressourcen

Bei der Beschaffung von Ressourcen hängt der Einsatz einer Lebenszykluskostenbetrachtung von der Höhe der Anschaffungsauszahlungen, der geplanten Nutzungsdauer und der Charakteristik der Instandhaltungsauszahlungen ab. Eine Lebenszyklusbetrachtung ist wirtschaftlich nur sinnvoll, wenn hohe Investitionsauszahlungen, lange Nutzungsdauern und hohe Instandhaltungsauszahlungen zu verzeichnen sind. Wenn die Entscheidung für die Durchführung einer Lebenszyklusbetrachtung getroffen wurde, sind die unterschiedlichen, auf dem Investitionsgütermarkt verfügbaren Anschaffungsalternativen zu ermitteln.

Nach der Alternativensuche sind die Einflussgrößen der Lebenszykluskosten festzulegen. Einflussgrößen in der Nutzungsphase sind die Zuverlässigkeit, die Instandhaltungsstrategie, die Einsatzbedingungen und die Nutzungsdauer (vgl. Abbildung 4.17). Die Instandhaltungsstrategie bestimmt, nach welchen Grundsätzen und in welchem Umfang Instandhaltung betrieben wird. Instandhaltung umfasst alle technischen und administrativen Maßnahmen und Managementmaßnahmen während des Lebenszyklus einer Einheit zur Erhaltung des funktionsfähigen Zustands oder der Rückführung in diesen, so dass die Einheit die geforderte Funktion erfüllen kann.[58] Prinzipiell können korrektive und präventive Instandhaltungsstrategien unterschieden werden.

Einsatzbedingungen von Ressourcen werden durch Nutzungshäufigkeit, Nutzungsintensität, Umfeld und Umweltbedingungen festgelegt. Die Einsatzbedingungen beeinflussen die erforderlichen Instandhaltungs- bzw. Instandsetzungsmaßnahmen. Mit der Beschreibung der Einsatzbedingungen durch den Anlagenbetreiber wird der Hersteller in die Lage versetzt, konkrete Angaben zum Instandhaltungsbedarf zu machen. Die Nutzungsdauer ergibt sich aus technischen und wirtschaftlichen Rahmendaten.[59] Dabei ist zu überprüfen, in

---

[58] Vgl. DIN EN 13306.
[59] Vgl. S. 242.

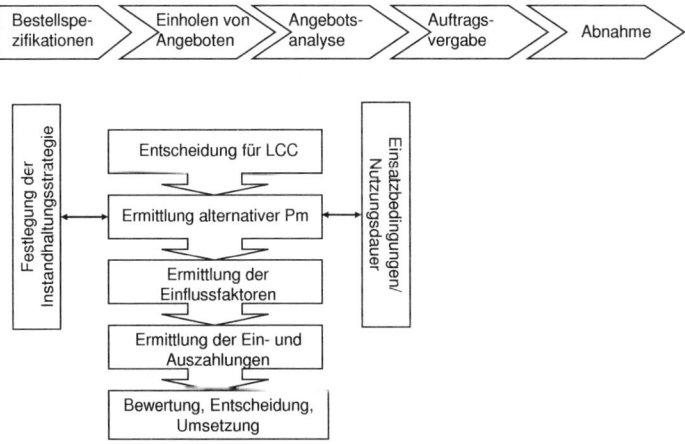

Abbildung 4.17. Lebenszyklusanalyse im Beschaffungsprozess von Ressourcen[60]

welchem Maße die Einheit upgrading-fähig ist, womit eine effiziente Verlängerung der Nutzungsdauer ermöglicht wird. Upgrading beschreibt eine Funkti-
onsänderung oder Funktionserweiterung einer Anlage während oder am Ende
des Lebenszyklus, wodurch eine Nutzensteigerung erreicht wird. Damit wird
eine komplette Neuinvestition überflüssig.

Ein Vertreter der Lebenszyklusanalyse von Ressourcen ist der Ansatz der
Total-Cost-of-Ownership (TCO). Dieser wurde ursprünglich für die Beschaffung von IT-Systemen entwickelt und findet zunehmende Verbreitung in anderen Branchen. Grundgedanke ist die Berücksichtigung sämtlicher mit der
Beschaffung von IT-Technik anfallenden direkten und indirekten Kosten. Die
bisherigen Darstellungen zeigen, dass sich Lebenszyklusbetrachtungen für unterschiedliche unternehmerische Ressourcen einsetzen lassen, so z. B. für:

- Finanzierung: Effektivzinsberechnung für Kredite bei Berücksichtigung
  sämtlicher wahrend der Laufzeit anfallenden einmaligen und laufenden
  Zahlungen (inklusive Disagio), Gebühren etc.

- Personal: Im Zusammenhang mit Einstellung, Beschäftigung, Weiterbildung, Freistellung, Pensionierung von Arbeitern und Angestellten anfallende Auszahlungen.

- Beschaffung und Lieferantenauswahl: Integration sämtlicher mit Beschaffung, Betrieb und Entsorgung eines Betriebsmittels (Hardware, Software,
  Rohstoffe) oder mit der Auswahl eines Lieferanten in Zusammenhang stehender Zahlungen.

---

[60] Vgl. VDI Entwurf 2884.

b) Management von Lebenszykluskosten bei Produkten

Entwicklung und Herstellung von Produkten sind mit Auszahlungen verbunden, welche durch die Einzahlungen aus dem Produktverkauf mindestens kompensiert werden müssen. Der Hersteller muss nicht nur die Kosten der Produktherstellung, sondern auch die Kosten der Produktnutzung berücksichtigen. Im Gegensatz zum Kunden kann der Hersteller die produktbezogenen Zahlungsgrößen, welche im Lebenszyklus auftreten, durch die ersten Lebenszyklusphasen Konzept und Definition, Entwurf und Entwicklung sowie Herstellung entscheidend beeinflussen.[61] Die gezielte Steuerung der Lebenslaufkosten dient dazu, den Produktnutzen aus Kundensicht zu erhöhen und bildet die Basis für eine geeignete Preisgestaltung. Unter Umständen kann es zum Zielkonflikt zwischen den einzelnen Lebenszyklusphasen kommen: eine Senkung der Lebenslaufkosten aus Kundensicht erfordert aus Herstellersicht erhöhte Aufwendungen in der Forschung und Entwicklung sowie in Konstruktion und Herstellung. So steht der Entwicklungs-, Konstruktions- und Fertigungsaufwand zur Erreichung der Instandhaltbarkeit in unmittelbarer Beziehung zu den Instandhaltungsaufwendungen während der Nutzungsdauer. Eine gute Instandhaltbarkeit wirkt sich im Verlauf der Nutzungsdauer kostensenkend aus. Die Verwendung von Normteilen, eine gute Zugänglichkeit der Bauteile und Baugruppen, der Verzicht auf Sonderwerkzeuge u. a. verursacht eine Senkung der Instandhaltungskosten. Ob der zusätzliche Aufwand zur Identifizierung und Berücksichtigung dieser Maßnahmen aus Sicht des Herstellers wirtschaftlich sinnvoll ist, hängt davon ab, inwieweit dieser erhöhte Kundennutzen preiswirksam wird.

Aus diesem Grund dient die Lebenszyklusanalyse aus Herstellersicht neben der Produktgestaltung auch der Bestimmung von Konditionen für Verkauf, Kundendienst, Wartung und Rücknahme des Produktes. Bei der Preis- und Konditionengestaltung ist zu berücksichtigen, dass Käufer von Investitionsgütern und Käufer von Konsumgütern auf Basis unterschiedlicher Kaufkriterien urteilen. Während der Erwerb von Investitionsgütern i. d. R.. unter Berücksichtigung der Lebenszykluskosten erfolgt, ist das bei Konsumgütern selten der Fall.

---

[61] Vgl. S. 185.

4.6 Übungsaufgaben

4.6.1 Jahresabschluss

1. In einem Unternehmen ergibt die Inventur zum 31.12.2005 folgende Daten:

Eigenkapital:	350.000,- €	Maschinen:	250.00,- €
Forderungen:	20.000,- €	Betriebs- und Geschäftsausstattung:	40.000,- €
Gewinn:	65.000,- €	Roh-, Hilfs-, Betriebsstoffe:	60.000,- €
Hypothek:	75.000,- €	Ruckstellungen:	50.000,- €
Gebäude:	200.000,- €	Bankguthaben:	30.000,- €
Verbindlichkeiten aus Lieferungen:	25.000,- €	Sonstige Verbindlichkeiten:	35.000,- €

Erstellen Sie die ordnungsgemäße Bilanz und bilden Sie die Bilanzsumme!

2. Eine Maschine kostet in der Anschaffung 200.000 € netto. Laut AfA-Tabelle beträgt die Nutzungsdauer 10 Jahre. Es wird geschätzt, dass die Anlage nach 10 Jahren einen Liquidationserlös von 20.000,- € erbringt. Bestimmen Sie den optimalen Zeitpunkt des Übergangs von der geometrisch-degressiven zur linearen Abschreibung!

3. Eine Maschine mit einem Anschaffungswert von 50.000,- € (netto) wird bilanziell linear abgeschrieben. Die geschätzte Nutzungsdauer beträgt 8 Jahre. Es wird mit einer jährlichen Preissteigerung bei Investitionsgütern von 4 % gerechnet. Kalkulatorisch soll linear vom Wiederbeschaffungswert abgeschrieben werden. Ermitteln Sie die jährlichen Abschreibungsbeträge!

4. Welche der folgenden Vorgänge führen zur Bilanzierung in der Handelsbilanz?

   a) Das Unternehmen Plastefix GmbH hat ein selbst entwickeltes Verfahren zum Recycling von Altgummi zum Patent angemeldet. Die Entwicklungskosten betrugen 35.000,- €, der Verkehrswert des Patentes beträgt 50.000,- €.

   b) Die Fleischerei Blutwurst GmbH hat für 15.000,- € die Rechte an einem speziellen Verfahren zur Leberkäsherstellung aus Österreich erworben.

5. Können für folgende Ereignisse der Schnell-Bau GmbH in der Handelsbilanz für das Jahr 2005 Rückstellungen gebildet werden? Wenn ja, geben Sie die Art der Rückstellung an!

a) Das Unternehmen wird voraussichtlich in dem gerichtlichen Verfahren gegen einen Zulieferer wegen mangelhafter Lieferung unterliegen. Die zu erwartenden Gerichtskosten betragen 2.500,- €.

b) Seit drei Jahren schließt das Unternehmen keine Transportversicherungen für die Auslieferung der Produkte mehr ab. Dadurch wird die Versicherungsprämie in Höhe von 20.000,- € jährlich eingespart. Erfahrungsgemäß ereignet sich aller drei Jahre bei der Produktauslieferung ein Unfall, wobei Schäden am Transportgut von durchschnittlich 50.000,- € entstehen.

c) Durch einen Motorschaden kann eine Putzmaschine seit dem April 2005 nur noch eingeschränkt genutzt werden. Da das Unternehmen mit Aufträgen ausgelastet ist, konnte die Reparatur im laufenden Jahr nicht durchgeführt werden. Aufgrund der Winterpause ist die Instandhaltung der Maschine im Februar 2006 möglich und auch avisiert.

6. Die Shareholder AG weist folgende Kapitalstrukturdaten auf:

- Aktienkapital 2.000.000 €

- Rücklagen 750.000 €

- Fremdkapital 950.000 €

In dem betrachteten Geschäftsjahr, welches identisch mit dem Kalenderjahr ist, wurde ein Jahresüberschuss in Höhe von 500.000 € erwirtschaftet. Der Fremdkapitalzinssatz beträgt 5,5 % p.a. Ermitteln Sie die Eigen- und Fremdkapitalrentabilität!

7. Das Unternehmen Renditemax AG legt für das Jahr 2005 folgende Daten vor:

Gewinn- und Verlustrechnung vom 01.01.2005 bis 31.12.2005:

Umsatz	1.500.000 €
Umsatzkosten	800.000 €
= Bruttoergebnis	700.000 €
Vertriebs- und Verwaltungskosten	250.000 €
= sonstiges betriebliches Ergebnis	450.000 €
Zinsaufwand	55.000 €
Ertragssteuer	112.000 €
Jahresüberschuss	283.000 €

Aktiva		Bilanz zum 31.12.2005 in Tsd. €	Passiva
Anlagevermögen		Eigenkapital	700 €
Sachanlagen	1.000 €		
Finanzanlagen	200 €	Fremdkapital	
Summe Anlagevermögen	1.200 €	Rückstellungen	300 €
		Langfristige Verbindlichkeiten	500 €
Umlaufvermögen		Kurzfristige Verbindlichkeiten	450 €
Vorräte	400 €	Summe Fremdkapital	1.250 €
Forderungen aus LuL	200 €		
Zahlungsmittel	150 €		
Summe Umlaufvermögen	750 €		
Bilanzsumme	1.950 €	Bilanzsumme	1.950 €

a) Führen Sie eine erfolgswirtschaftliche Analyse auf Basis der Eigenkapitalrentabilität, Gesamtkapitalrentabilität und Umsatzrentabilität durch!

b) Führen Sie eine finanzwirtschaftliche Analyse auf Basis der Eigenkapitalquote und unter Berücksichtigung der goldenen Bilanzregel durch!

4.6.2 Kostenrechnung

1. Ein Unternehmen weist in der Jahresbilanz folgende Werte aus:

   - Anlagevermögen: 300.000 €
   - Umlaufvermögen: 400.000 €
   - Eigenkapital: 500.000 €
   - Fremdkapital: 200.000 €

   Im Anlagevermögen sind stille Reserven von 50.000 € enthalten. Ermitteln Sie die kalkulatorischen Zinsen für das Jahr, wenn der kalkulatorische Zinssatz 10 %/a beträgt!

2. In einem Unternehmen wurden in den letzten 5 Jahren 200.000,- € für Gewährleistungsansprüche an Kunden gezahlt. Die Herstellkosten des Umsatzes betrugen im selben Zeitraum 8 Mio. €. Der durchschnittliche, jährliche Lagerbestand des Unternehmens betrug 220.000,- €. In dem Geschäftsjahr ist eine Bestandsminderung durch Veralterung und Güteminderung in Höhe von 10.000,- € eingetreten, welche nicht versicherbar ist.

   a) In welcher Höhe sind kalkulatorische Fertigungswagnisse für das nächste Geschäftsjahr zu kalkulieren?

   b) In welcher Höhe sind kalkulatorische Beständewagnisse für das nächste Geschäftsjahr zu kalkulieren?

3. In der Montageabteilung der Werkzeugmaschinenfabrik „Schraube&Co.“
stellt sich erfahrungsgemäß eine Lernkurve von 80 % ein. Das Unternehmen plant, ein neues Produkt zu fertigen. Als Kosten werden für das
erste Stück angesetzt: Einzelmaterial: 40,- €; Einzellöhne: 300,- €. Das
Einzelmaterial wird zugekauft. Die Übungsgewinne ergeben sich nur bei
der Arbeitszeit. Die Einzellöhne ergeben sich aus einer Bearbeitungszeit
von 10 h/Stück á 30,- €/h. Der Auftrag des einzigen Abnehmers umfasst
die gesamte Produktion von 1.000 Stück und kann bei konstanter Produktion in 6 Monaten ausgeführt werden.
Fragen:

   a) Wie hoch sind die Kosten der 1.000sten Einheit?

   b) Wieviele Stunden werden für den gesamten Auftrag benötigt?

   c) Welcher Preis sollte für den Auftrag mindestens verlangt werden, wenn
      mit einer Lohnsteigerung von 10% nach den ersten drei Monaten gerechnet wird und der übliche Gewinnzuschlag 10% auf die Selbstkosten
      beträgt?

4. Die Ciccelhano Fabrizzio stellt Marmorplatten her. Die Kosten werden in
erster Linie durch die zu polierende Oberfläche bestimmt. Die gesamten
Herstellkosten im Monat Juni betragen 557.700,- €. Polierte Oberflächen
und Produktionsmengen der 3 Produkte sind der folgenden Tabelle zu
entnehmen:

Produkt	Oberfläche	Stückzahl
Fensterbank	1.200 cm^2	2.000
Treppen	4.800 cm^2	1.250
Tortenplatte	600 cm^2	300

Welche Herstellkosten je Stück und Produktart ergeben sich bei Verwendung einer einstufigen Äquivalenzziffernkalkulation?

5. In einem mittelständischen Unternehmen erzeugen vier Kostenstellen
Leistungen, die von diesen selbst bzw. von den anderen drei Kostenstellen noch in der Periode der Erzeugung verbraucht werden. Die erstellten
Leistungen und die dabei verursachten primären Gemeinkosten sind der
folgenden Tabelle zu entnehmen:

Vorkostenstelle	Erzeugte Leistungs-einheiten	Primäre Gemeinkosten
VKST 1	1.500	90.000
VKST 2	800	67.000
VKST 3	1.400	110.000
VKST 4	2.000	160.000

Der innerbetriebliche Leistungsaustausch ist der folgenden Abbildung zu entnehmen:

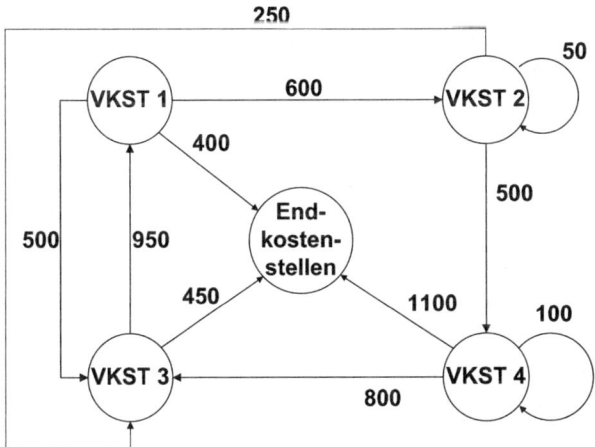

Bestimmen Sie die Verrechnungssätze für die innerbetrieblichen Leistungen jeder Vorkostenstelle!

6. Ein Unternehmen plant den Absatz zweier Erzeugnisse bei vorliegenden Stückdaten:

	Stückzahl	Einzelkosten (MEK und FEK)
Produkt A	1.000	60
Produkt B	3.000	30

a) Ermitteln Sie die Selbstkosten pro Stück und insgesamt durch Zuschlagskalkulation auf Basis der Einzelkosten, wenn die Gemeinkosten 75.000,- € betragen!

b) Ermitteln Sie den Listenverkaufspreis pro Stück, wenn 10 % Gewinnaufschlag, 5 % Skonto und 10 % Rabatt vorgesehen sind!

7. In einem Unternehmen wird eine Produktart hergestellt und abgesetzt. In der betrachteten Abrechnungsperiode sind folgende Kosten angefallen und Produktionsmengen erzeugt worden:

Fertigungsstufe	Kosten in €	Produktionsmenge in Mengeneinheiten
1	75.000	5.000
2	50.000	4.000
3	75.000	3.500

Abgesetzt wurden in der Periode 3.000 Stück, die Vertriebskosten dafür betrugen 15.000,- €. Ermitteln Sie die Herstellkosten je Stück Halbfabrikat der einzelnen Produktionsstufen und des Fertigfabrikates sowie die Selbstkosten je Stück!

8. Ein Unternehmen produziert zwei Produkte „Castor" und „Pollux". Bei Gesamtkosten von 154.000 werden 120 Stück von „Castor" und 285 Stück von „Pollux" hergestellt. Die Produktion von „Pollux" verursacht um 30 % höhere Kosten als die Produktion von „Castor". Berechnen Sie die Selbstkosten je Stück entweder mit der einstufigen Divisionskalkulation oder mit der einstufigen Äquivalenzziffernkalkulation! Begründen Sie die Auswahl des von Ihnen verwendeten Verfahrens!

9. In einer Fertigungsstelle wird für die differenzierende Lohnzuschlagskalkulation ein Zuschlagssatz von 3.000 % ermittelt. Der Berechnung lagen 6.500 Fertigungsstunden á 15 € zugrunde. In dieser Kostenstelle wird auf vier Maschinen mit einer Gesamtstundenzahl von 2.800 Stunden produziert. Erläutern Sie Entstehung und Risiken von derart hohen Kalkulationssätzen und skizzieren Sie ein alternatives Kalkulationsverfahren!

10. Nach der Durchführung der innerbetrieblichen Leistungsverrechnung ergibt sich folgender Ausschnitt aus dem BAB:

	Material	Fertigung I	Fertigung II	Fertigung II
Summe der GK	2.750	8.000	17.500	12.000
Bezugsgröße	4.500 kg Material	170 Maschinenstunden	500 Akkordstunden	500 Maschinenstunden

Ermitteln Sie die Herstellkosten des Produktes „Soleil" mit folgenden stückbezogenen Daten: 3,5 kg Einzelmaterial; 5 Maschinenminuten in Fertigung I; 7 Akkordminuten in Fertigung II; 12 Maschinenminuten in Fertigung III

11. In einem Unternehmen ergibt die Verteilung der primären Gemeinkosten folgende Tabelle:

Kosten-stellen	Summe	Vorkostenstellen			Hauptkostenstellen		
		VKST 1	VKST 2	VKST 3	Material	Fertigung	VuV
Primäre Gemein-kosten	30.600	600	2.500	1.500	5.000	12.000	9.000

Leistungsabgabe und -aufnahme sind der folgenden Tabelle zu entnehmen:

Leistungsaufnahme	Leistungsabgabe		
	VKST 1	VKST 2	VKST 3
VKST 1	-	400	400
VKST 2	800	-	200
VKST 3	300	600	-
Material	200	200	300
Fertigung	500	600	1.000
Verwaltung und Vertrieb	200	-	100
Summe	2.000	1.800	2.000

Für die Einzelkosten wurden folgende Daten ermittelt: MEK: 55.000,- €; FEK: 25.000,- €; Sondereinzelkosten der Fertigung: 4.150,- €; Sondereinzelkosten des Vertriebs: 8.000,- €. Ermitteln Sie die Gemeinkostenzuschlagssätze mit Hilfe des Gleichungsverfahrens!

12. Eine Mosterei erzeugt in der Betrachtungsperiode 100.000 Liter Most, welche auch in derselben Periode abgesetzt werden konnten. Im Rahmen der Leistungserstellung sind folgende Kosten angefallen:

Kosten für den Obstankauf	36.000,- €
Materialgemeinkosten	1.800,- €
Fertigungslöhne	14.000,- €
Fertigungsgemeinkosten	12.600,- €
Sondereinzelkosten der Fertigung	3.600,- €
Verwaltungs- und Vertriebsgemeinkosten	6.400,- €
Sondereinzelkosten des Vertriebs	1.600,- €

a) Berechnen Sie die Herstell- und die Selbstkosten je 100 l Most!

b) Wie hoch war der Gewinn je 100 l, wenn der Netto-Umsatz in derselben Periode 90.000,- € betrug?

13. Das Unternehmen „AssX GmbH" produziert Sportschuhe und hat für die Entwicklung des neuen Langlaufmodells „Waldemar" eine Kundenbefragung durchgeführt. Daraus resultieren folgende Gewichtungen der Produktfunktionen aus Kundensicht:

Farbe:	5 %
Gewicht:	25 %
Dämpfungs- und	
Abrollverhalten:	30 %
Haltbarkeit:	15 %
Atmungsaktivität:	25 %

Als absatzmaximaler Einführungspreis wurden 200,- € je Paar ermittelt. Die vom Unternehmen angestrebte Umsatzrendite beträgt 15 %. Die folgende Tabelle enthält den Beitrag der einzelnen Produktkomponenten zur Erfüllung der Kundenfunktionen:

Funktion / Komponenten	Farbe	Gewicht	Dämpfungs- und Abrollverhalten	Haltbarkeit	Atmungsaktivität
Obermaterial	0,80	0,25		0,30	0,45
Innenmaterial	0,20	0,15		0,10	0,45
Zwischensohle		0,25	0,50	0,15	0,05
Außensohle		0,35	0,50	0,45	0,05

Wie hoch sind die zulässigen Kosten je Paar, je Funktion und je Komponente?

14. Ein Unternehmen plant, im nächsten Geschäftsjahr 800.000 Waschmaschinen zu produzieren und zu verkaufen. Der Preis je Gerät beträgt 1.150,- €. Bei der Herstellung der Waschmaschinen fallen variable Kosten in Höhe von 580,- € je Stück und Fixkosten in Höhe von insgesamt 450 Mio. € pro Jahr an.

a) Ermitteln Sie die Menge, die mindestens abgesetzt werden muss, um keinen Verlust zu erzielen!

b) Wie viel Stück muss das Unternehmen absetzten, wenn es einen Gewinn in Höhe von 70 Mio. € erzielen möchte?

c) Die Analyse der Verkaufszahlen der Vergangenheit zeigt, dass die Absatzmengen unsicher und normalverteilt sind. Ermitteln Sie die Gewinnschwellenwahrscheinlichkeit bei Verwendung des Planabsatzes als Erwartungswert und der Annahme, dass die Standardabweichung 100.000 Stück beträgt!

15. Das Unternehmen „Dicke Birne GmbH" ist in die zwei Bereiche Säfte und Mus aufgeteilt. Im letzten Monat wurden Ergebnisse gemäss unten stehender Tabelle erzielt. Führen Sie eine stufenweise Fixkostendeckungsrechnung durch und diskutieren Sie das Ergebnis!

Unternehmensbereich	Mus		Säfte			
Produktgruppe			Obst		Gemüse	
Produkt	Pflaumenmus	Apfelmus	Apfelsaft	Orangensaft	Tomatensaft	Gemüsesaft
Absatzmenge in l	10.000	35.000	60.000	70.000	60.000	20.000
Preis in € je l	4	3	2	2	2	3
Erlösschmälerungen, Rabatte u.ä. in €	1.000	3.000	6.000	9.000	2.000	1.000
Materialkosten in € je l	1,30	0,75	0,36	0,40	1,00	1,68
Lohnkosten in € je l	0,56	0,15	0,72	0,67	0,12	0,70
Produktfixkosten in €	10.000	28.500	12.300	11.200	45.000	22.400
Produktgruppenfixkosten in €	13.400		6.750		8.640	
Bereichsfixkosten in €	15.000		23.500			
Unternehmensfixkosten in €	50.000					

4.7 Zitierte und weiterführende Literatur

Coenenberg, A. (2003): Kostenrechnung und Kostenanalyse. Stuttgart: Schäffer-Poeschel.

Däumler, K./Grabe, J. (2003): Kostenrechnung I: Grundlagen. Berlin: nwb.

Däumler, K./Grabe, J. (2003): Kostenrechnung II: Deckungsbeitragsrechnung, Berlin: nwb.

Ehrlenspiel, K./Kiewert, A./Lindemann, U. (2005): Kostengünstig entwickeln und konstruieren: Kostenmanagement bei der integrierten Produktentwicklung. Berlin u. a.: Springer.

Goetze, U. (2004): Kostenrechnung und Kostenmanagement. Berlin u. a.: Springer.

Haberstock, L. (2005): Kostenrechnung I. Berlin: Erich Schmidt.

Küpper, H.-U. (2001): Controlling: Konzeption, Aufgaben, Instrumente. Stuttgart: Schäffer-Poeschel.

Olfert, K. (2003): Kostenrechnung. Ludwigshafen: Kiehl.

Pahl, G./Beitz, W. (1997): Konstruktionslehre. Berlin u. a.: Springer.

Riezler, S. (1996): Lebenszyklusrechnung: Instrument des Controlling strategischer Projekte. Wiesbaden: Gabler.

Steven, M./Laarmann, A. (2005): Lerneffekte in der Entsorgungslogistik. In: Zeitschrift für Betriebswirtschaft, Sonderheft 3, S. 95-114.

Normen und Richtlinien

VDI 2234 (01/90): Wirtschaftliche Grundlagen für den Konstrukteur

VDI 2235 (10/87): Wirtschaftliche Entscheidungen beim Konstruieren/Methoden und Hilfen

VDI 2243 (07/02): Recyclingorientierte Produktentwicklung

VDI 2246 Blatt 1 (Stand. 03/01): Konstruieren instandhaltungsgerechter technischer Erzeugnisse/Grundlagen

VDI 2525 Blatt 3 (11/98): Technisch-wirtschaftliches Konstruieren

VDI 2884 (Entwurf vom Dezember 2003): Beschaffung, Betrieb und Instandhaltung von Produktionsmitteln unter Anwendung von Life Cycle Costing

DIN EN 13306:2001: Begriffe der Instandhaltung

DIN EN 60300-3-3:2004: Zuverlässigkeitsmanagement - Teil 3-3: Anwendungsleitfaden Lebenszykluskosten (gültig ab 01.03.2005)

DIN 69901 (08/87): Projektmanagement

5

Investition

5.1 Grundlagen

5.1.1 Begriff und Charakteristika der Investition

Eine Investition ist ein Zahlungsstrom, welcher mit einer Auszahlung beginnt und in späteren Zeitpunkten Einzahlungen bzw. eine Reduktion von Auszahlungen erwarten lässt. Investitionen können nach unterschiedlichen Kriterien gegliedert werden, von denen als eines der wichtigsten das Kriterium des Investitionsobjekts gilt. Nach diesem kann zwischen Real- und Finanzinvestition unterschieden werden (vgl. Abbildung 5.1). Realinvestitionen lassen sich differenzieren in materielle Realinvestitionen, auch güterwirtschaftliche Investitionen genannt, und in immaterielle Realinvestitionen, auch als Potenzialinvestitionen bezeichnet. Zu den Potenzialinvestitionen zählen Ausgaben für Innovationen (dazu gehören Grundlagenforschung, Technologieentwicklung, Vorentwicklung sowie Produkt- und Prozessentwicklung), für Aus- und Weiterbildung und für Werbung. Da die Unternehmen sowohl in güterwirtschaftliche Projekte als auch in Potenzialprojekte investieren, ist eine gemeinsame Betrachtung beider Investitionsarten erforderlich. Finanzinvestitionen liegen bei einer Kapitalbindung in finanziellen Anlageformen wie Anleihen oder Aktien vor. Das vorliegende Kapitel beschäftigt sich ausschließlich mit güterwirtschaftlichen Investitionen.

Der Lebenszyklus[1] von güterwirtschaftlichen Investitionen umfasst die Phasen Auswahl, Bereitstellung, Nutzung (inklusive Instandhaltung und Rationalisierung) und Stilllegung bzw. Liquidation (einschließlich Verwertung und Entsorgung). Bei einer Liquidation wird das Investitionsobjekt endgültig stillgelegt und veräußert oder anderweitig entsorgt. Die Stilllegung kann als Vorstufe der Liquidation betrachtet werden, welche zum vorübergehenden oder finalen

---

[1] Vgl. DIN EN 60300-3-3:2004.

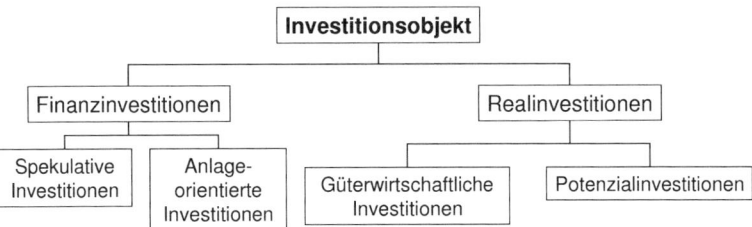

Abbildung 5.1. Differenzierung nach der Objektart

Einstellen des Leistungserstellungsprozesses führt. Als Desinvestition wird das ablauftheoretische Komplement zur Investition verstanden. Dieses besteht in der Freisetzung der vorher durch eine Investition gebundenen Mittel und ist verbunden mit dem leistungswirtschaftlichen Verzehr von Nutzungspotenzial und/oder der Desintegration von Investitionsobjekten aus deren ursprünglichem Verwendungszweck. Somit ist die Desinvestition untrennbar mit dem gesamten Nutzungszeitraum des Investitionsobjektes verbunden, und nicht nur mit der Endphase des Lebenszyklus.

Tabelle 5.1. Entscheidungsorientierte Phasenstruktur[2]

Lebens-zyklus-phasen / Phasen des Führungs-prozesses	Auswahl	Objektbe-schaffung bzw. -erstellung	Nutzung	Stilllegung	Liquidation
Anregung, Zielsetzung, Problemanalyse					
Alternativensuche und Prognose					
Beurteilung und Entscheidung					
Realisation					
Kontrolle					

Im gesamten güterwirtschaftlichen Investitionsprozess ist eine Vielzahl von Entscheidungsplanungen, -realisierungen und -kontrollen notwendig. Zum Beispiel wird im Rahmen der Instandhaltungsplanung die Instandhaltungsstrategie (korrektiv oder präventiv) festgelegt.[3] Die Instandhaltungskontrolle hat die Durchführung der Instandhaltungsmaßnahmen nachträglich zu überprüfen. Hauptaugenmerk liegt dabei auf den Stillstandszeiten und den Instandhaltungskosten. Festgestellte und für relevant befundene Soll-Ist-Abwei-

---

[2] Vgl. zum Führungsprozess S. 292.
[3] Vgl. DIN EN 13306 sowie DIN 31051 zur Instandhaltung.

chungen werden analysiert. Nach der Aufdeckung von Schwachstellen werden Anpassungsmaßnahmen ergriffen. Auch für die Anlagenausmusterung wird mittels der Anlagenstilllegungsplanung festgelegt, ob und wann vorhandene Betriebsmittel ausgemustert werden sollen. Dies führt zur Bestimmung der optimalen Nutzungsdauer, die regelmäßig durch die Anlagenausmusterungskontrolle überprüft und falls nötig, korrigiert wird, so dass letztlich der optimale Ersatz- oder Stilllegungszeitpunkt gefunden wird.

Entsprechend der Tabelle 5.1 werden mit dem Begriff Investitionsplanung Handlungen der antizipativen Willensbildung zu investitionsbezogenen Entscheidungen in den unterschiedlichen Lebenszyklusphasen einer Investition bezeichnet. Die Investitionsplanung umfasst:

- Festlegung des Zielzustandes, Identifikation der mit der Zielerreichung verbundenen Probleme,

- Suche nach Alternativen zur Problemlösung, Prognose zukünftiger Einflussfaktoren und Bewertung der Alternativen,

- Auswahl der als vorteilhaft identifizierten Alternative und Treffen der Entscheidung.

Die Investitionskontrolle setzt sich aus einem Soll-Ist-Vergleich und einer Abweichungsanalyse der investitionsbezogenen Willensbildungs- und Realisierungsprozesse im Verlaufe des Investitionslebenszyklus zusammen.

In Abhängigkeit von der vorliegenden Situation und der Lebenszyklusphase sind verschiedene Arten von Investitionsentscheidungen möglich. Typischerweise lassen sich folgende Entscheidungsprobleme unterscheiden:

- Entscheidung über die Durchführung oder Unterlassung einer Investition. Dabei ist die Frage zu klären, ob eine einzelne, isoliert betrachtete Investition durchgeführt werden soll oder nicht.

- Auswahl des optimalen Investitionsobjektes aus einer Menge von alternativen Maßnahmen. Alternativen sind in diesem Zusammenhang sich gegenseitig ausschließende Handlungsmöglichkeiten.

- Entscheidung über die ökonomisch optimale Nutzungsdauer eines Investitionsobjektes zu Beginn der Nutzungsdauer.

- Wenn das Investitionsobjekt schon im Unternehmen genutzt wird, stellt sich die Frage, zu welchem Zeitpunkt der Ersatz des Objektes optimal ist. Die zu Beginn der Nutzung ermittelte optimale Nutzungsdauer wird auf diese Weise vor dem Hintergrund der veränderten Rahmenbedingungen überprüft.

Neben der Unterscheidung der betrachteten Alternativen werden Investitionsentscheidungen durch folgende Merkmale gekennzeichnet:

- Sicherheit oder Unsicherheit über die zukünftige Entwicklung,
- Vorliegen eines oder mehrerer Ziele.

Eine Entscheidung unter Sicherheit liegt vor, wenn dem Akteur bekannt ist, welche Umweltsituation eintreten wird bzw. eingetreten ist. Ist eine Entscheidung dadurch charakterisiert, dass bei mindestens einer Alternative mehrere Umweltzustände möglich sind, so ist dies eine Entscheidung unter Unsicherheit.[4]

Mit der Durchführung einer Investition werden unterschiedliche Ziele verfolgt. Dazu gehören u.a.:

- Technische Ziele: Flexibilität, Integrierbarkeit, Standortanforderungen, Kapazität, Qualität, Instandhaltbarkeit etc.
- Wirtschaftliche Ziele: einzusetzende Finanzmittel, zu erzielende Einzahlungen, Nutzungsdauer etc.
- Soziale Ziele: Gesundheit und Wohlbefinden, Arbeitssicherheit, Mensch-Maschine-Beziehung etc.
- Ökologische Ziele: Energie- und Rohstoffverbrauch, Emissionen, Recyclingfähigkeit etc.

Für unterschiedliche Träger der Investitionsentscheidungen sind verschiedene Zielstellungen relevant. Im Rahmen der Investitionsentscheidung ist das Ausmaß der Zielerreichung durch die einzelnen Alternativen festzustellen.

5.1.2 Wesen und Verfahren der Investitionsrechnung

Rechenverfahren, welche im Rahmen der Planung von Investitionsentscheidungen eingesetzt werden, werden als Investitionsrechnungen bezeichnet. Aus den Eigenschaften der Investitionsobjekte und dem damit verbundenen Rechenzweck leiten sich Unterschiede zur Kostenrechnung entsprechend Tabelle 5.2 ab.

Damit verschiedene Investitionsalternativen miteinander verglichen werden können, müssen die Alternativen folgende Eigenschaften aufweisen:

- Verschiedene Alternativen sind unter Verwendung derselben Zieldefinition und Entscheidungsregel zu vergleichen. Es ist ein identisches Zielsystem zu verwenden.
- Es ist sicherzustellen, dass von identischen Datenkonstellationen in Bezug auf gegenwärtige und zukünftige Zustände ausgegangen wird. Die Rahmendaten und Objektinformationen über die Alternativen müssen identisch sein.

---

[4] Vgl. zu einer ausführlichen Darstellung von Unsicherheit und Risiko S. 305.

- Planungszeitraum und Kapitaleinsatz der Alternativen müssen gleich sein. Verschiedene Alternativen können durch unterschiedliche Nutzungsdauern und Anschaffungsauszahlungen gekennzeichnet sein. Um einen konsistenten Vergleich durchführen zu können, sind die Differenzen von Investitionshöhe und Laufzeit in der Form zu berücksichtigen, dass Annahmen getroffen werden, wie Differenzbeträge bzw. bei unterschiedlichen Laufzeiten die zum früheren Zeitpunkt freiwerdenden Finanzmittel verwendet werden. Auf diese Weise werden identische Betrachtungszeiträume und Investitionsauszahlungen geschaffen.

Tabelle 5.2. Abgrenzung von Kosten- und Investitionsrechnung

Abgrenzungskriterium	Kostenrechnung	Investitionsrechnung
Regelmäßigkeit	Kontinuierlich	Diskontinuierlich
Planungshorizont	Kurz- bis mittelfristig	Mittel- bis langfristig
Rechnungszweck	Planung, Kontrolle und Steuerung des Leistungsprozesses	Ermittlung der absoluten bzw. relativen Vorteilhaftigkeit sowie der optimalen Nutzungsdauer bzw. des optimalen Einsatzzeitpunktes
Bezugsobjekt	Unternehmen bzw. einzelne Bereiche	Einzelne Maschinen, Anlagen, Aggregate bzw. Verbundanlagen

In Abhängigkeit von der Realitätsnähe der Modellierung und den verwendeten Prämissen sind unterschiedliche Rechenverfahren zu differenzieren (vgl. Abbildung 5.2). Rechenverfahren unter Annahme von Sicherheit sind zwar nicht immer realitätsnah, bilden jedoch die Basis für die Berücksichtigung von Unsicherheit. In Abhängigkeit von der Anzahl der berücksichtigten Ziele sind Investitionsrechenmodelle zu unterscheiden, welche nur eine Zielgröße einbeziehen und Modelle, die mehrere Zielgrößen abbilden. Im weiteren Verlauf werden ausschließlich Modelle vorgestellt, die lediglich eine Zielgröße, und zwar die finanzwirtschaftliche Zielstellung berücksichtigen.

In einem Unternehmen wird im Verlauf eines Jahres i. d. R.. mehr als ein Investitionsprojekt durchgeführt, es liegen dann sog. Investitionsprogramme vor, bei deren Planung Art und Anzahl der zu realisierenden Investitionsprojekte bestimmt werden. Diese Entscheidungssituation ist nicht Gegenstand der folgenden Darstellungen. Es werden ausschließlich Modelle vorgestellt, die eine Analyse von isolierten Investitionsobjekten ermöglichen.

Ist eine Entscheidung über eine Investitionsmaßnahme bei Vorliegen einer Zielgöße zu bewerten, so stehen zwei Verfahrensgruppen zur Verfügung: statische und dynamische Modelle. Zu den statischen Verfahren zählen die Kosten-, die Gewinn-, die Rentabilitätsvergleichsrechnung und die Amortisationsrechnung. Kapitalwertmethode, Interne-Zinssatz-Methode, dynamische Amortisationsrechnung und die Methode der vollständigen Finanzpläne (VOFI) gehören zu den dynamischen Verfahren. Ist die Unsicherheit der Entscheidungssituation abbildungsrelevant, so kann diese auf Basis eines statischen oder dynamischen Verfahrens und der zusätzlichen Durchführung der Sensitivitätsanalyse oder der Risikoanalyse in die Betrachtung integriert werden.

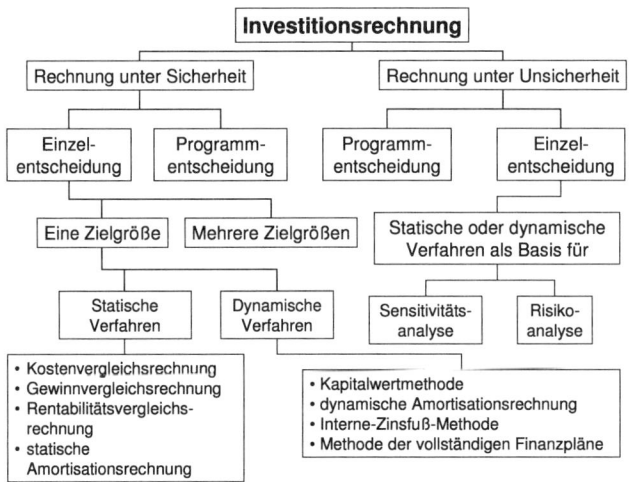

Abbildung 5.2. Investitionsrechenverfahren

Ziel der Investitionsrechnung ist es, die Vorteilhaftigkeit der Durchführung einer Investitionsmaßnahme festzustellen. Dazu sind zwei Arten der Vorteilhaftigkeit zu unterscheiden:

- Absolute Vorteilhaftigkeit: Wenn die Durchführung der Maßnahme vorteilhafter ist, als deren Unterlassung, liegt eine absolute Vorteilhaftigkeit vor. Mit der Feststellung der absoluten Vorteilhaftigkeit wird die Alternative „Durchführung der Investition" mit der Alternative „Nichts tun" verglichen.[5]

- Relative Vorteilhaftigkeit: Stehen zwei sich ausschließende Maßnahmen zur Auswahl, wird die vorteilhaftere Variante der beiden als relativ vorteilhaft bezeichnet. Diese muss zugleich absolut vorteilhaft sein. Wenn fest-

---

[5] Streng genommen ist damit eine absolut vorteilhafte Variante relativ vorteilhaft in Bezug auf die Alternative „Nichts tun".

gestellt wurde, dass die Durchführung der Investition besser ist als deren Unterlassung, wird mit der Untersuchung der relativen Vorteilhaftigkeit die beste Alternative identifiziert.

5.2 Einzelentscheidung unter Sicherheit

Im folgenden Abschnitt werden Methoden zur Ermittlung der Vorteilhaftigkeit von Investitionsmaßnahmen bei Vorliegen einer Zielgröße betrachtet. Zuerst werden die statischen und im Anschluss daran die dynamischen Verfahren vorgestellt.

5.2.1 Statische Verfahren

Charakteristisch für die statischen Verfahren ist, dass diese auf Rechnungsgrößen des internen Rechnungswesens basieren und die finanziellen Investitionswirkungen einperiodisch betrachtet werden (Ausnahme: Amortisationsrechnung). Deshalb werden die statischen Verfahren auch als kalkulatorische Verfahren bezeichnet. Mit der Verwendung durchschnittlicher Werte wird der Ein-Jahres-Zeitraum als repräsentativ für die gesamte Nutzungsdauer der Investitionsmaßnahme verwendet. Zu den in der Praxis weit verbreiteten statischen Verfahren gehören die

- Gewinnvergleichsrechnung,
- Kostenvergleichsrechnung,
- Rentabilitätsvergleichsrechnung und
- Amortisationsrechnung.

Zur Gruppe der einperiodigen statischen Investitionsrechnungen zählen die Gewinn-, die Kosten- und die Rentabilitätsvergleichsrechnung. Da den Betrachtungen nicht der gesamte Planungszeitraum zugrunde liegt, sondern nur eine Jahresabrechnungsperiode, ist die Verwendung periodisierter Erfolgsgrößen erforderlich. Kalkulatorische einperiodige Investitionsrechnungen sind Rechnungen, die sich auf eine fiktive Jahresabrechnungsperiode beziehen und mit den periodisierten Erfolgsgrößen Kosten und Erlöse arbeiten.

5.2.1.1 Kosten- und Gewinnvergleichsrechnung

Eine Form der Bewertung von Investitionsalternativen stellt die Betrachtung der Kosten dar, welche mit den Maßnahmen verbunden sind. Dieses Vorgehen bietet sich bei sog. Muss-Investitionen an, die keine Erlöse erzielen, bzw. bei Investitionen mit identischen Erlösgrößen. Es sind die Kostenkomponenten Betriebskosten K_B und Kapitaldienst KD zu berücksichtigen. Die Summe der beiden Komponenten ergibt die Kosten der Maßnahme K:

$$K = K_B + KD$$

Neben den Betriebskosten (Lohnkosten, Kosten für den Verbrauch von Roh-, Hilfs- und Betriebsstoffen, Energiekosten, Kosten für Instandhaltung und Wartung, Raumkosten, Werkzeugkosten) sind auch die in einer kurzfristigen Betrachtung als fix geltenden kalkulatorischen Abschreibungen und kalkulatorischen Zinsen in die Rechnung aufzunehmen, welche in der langfristigen Investitionsrechnung variablen Charakter haben. Die Summe aus kalkulatorischen Abschreibungen und kalkulatorischen Zinsen wird als Kapitaldienst bezeichnet.[6] Kalkulatorische Abschreibungen dienen der Erfassung der tatsächlichen Wertminderung des Anlagevermögens. Bei Unterstellung eines linearisierten Abschreibungsverlaufes ergibt sich der jährliche Abschreibungsbetrag Ab_{kalk} aus:

$$Ab_{kalk} = \frac{I - L}{N}$$

mit I als Investitionskosten, L als Liquidationserlös und N als Nutzungsdauer.

Der Unternehmer muss zusätzlich zu dem Werteverzehr des Anlagevermögens den Kapitaleinsatz berücksichtigen, wobei er für das in der Investitionsmaßnahme gebundene Kapital kalkulatorische Zinsen ermitteln muss. Die Existenz eines Liquidationserlöses ist bei der Ermittlung des durchschnittlich gebundenen Kapitals KB folgendermaßen zu berücksichtigen:

$$KB = \frac{I - L}{2} + I_{\ell} = \frac{I + L}{2}$$

Die Bestimmung des Kalkulationszinssatzes i_{kalk} richtet sich nach der Art der Finanzierung. Ist die Investition vollständig mit eigenen Mittel finanziert, so ist der Zinssatz zu verwenden, der bei alternativer Verwendung der Mittel erzielt worden wäre. Wird die Maßnahme ausschließlich über Kredit finanziert, ist der Kreditzinssatz anzusetzen. Es ergeben sich die kalkulatorischen Zinsen mit

$$Z_{kalk} = \frac{I + L}{2} i_{kalk}.$$

Der Kapitaldienst ergibt sich aus der Summe von kalkulatorischen Abschreibungen und kalkulatorischen Zinsen: $KD = Ab_{kalk} + Z_{kalk}$. Bei Verwendung der detaillierten Darstellungen resultiert:

---

[6] Vgl. S. 157.

$$KD = \left(\frac{I-L}{N}\right) + \left(\frac{I+L}{2}\right) i_{kalk}$$
$$= (I-L)\frac{1}{N} + (I+L)\frac{i_{kalk}}{2}$$
$$= (I-L)\left(\frac{1}{N} + \frac{i_{kalk}}{2}\right) + L\, i_{kalk}.$$

Der Ausdruck $\left(\dfrac{1}{N} + \dfrac{i_{kalk}}{2}\right)$ wird als Kapitaldienstfaktor bezeichnet.

Eine Investitionsmaßnahme ist dann durchzuführen, wenn deren Kosten im Vergleich zur Variante „Nichts tun" geringer sind. Stehen zwei sich ausschließende Maßnahmen zur Auswahl, ist diejenige mit den geringeren Kosten zu wählen.

Absolute Vorteilhaftigkeit: Eine Maßnahme ist durchzuführen, wenn deren Kosten geringer sind als die Variante der Unterlassung.

Relative Vorteilhaftigkeit: Es ist die Alternative mit den geringsten Kosten zu wählen.

Die Vernachlässigung der Erlöse ist nur zulässig, wenn diese in Bezug auf jede Alternative gleich groß sind. Das ist der Fall, wenn die miteinander konkurrierenden Investitionen keine unterschiedlichen Wirkungen auf die Chancen am Absatzmarkt besitzen. Solche Bedingungen mögen bei reinen Ersatzinvestitionen gegeben sein, unter Umständen auch bei Rationalisierungsinvestitionen.

Werden die Erlöse der Investitionsmaßnahme mit berücksichtigt, resultiert die Gewinnvergleichsrechnung.[7] Die Differenz aus Erlösen und Kosten ergibt den Gewinn. Eine Maßnahme ist nur dann durchzuführen, wenn diese einen Gewinn erwirtschaftet. Stehen mehrere sich ausschließende Maßnahmen zur Auswahl, ist die Variante mit dem höchsten Gewinn zu wählen.

Absolute Vorteilhaftigkeit: Die Maßnahme muss mindestens einen positiven Beitrag zum Betriebsergebnis erwirtschaften, also $G_{kalk} \geq 0$.

Relative Vorteilhaftigkeit: Diejenige Maßnahme J ist auszuwählen, welche aus der Menge der absolut vorteilhaften Objekte den höchsten Beitrag zum Betriebsergebnis leistet, d. h. $G_{kalk;J} = \max\limits_{j}\{G_{kalk;j}; G_{kalk;j} \geq 0\}$.

---

[7] Da kalkulatorische Werte des internen Rechnungswesens verwendet werden, ist die Bezeichnung „Gewinnvergleichsrechnung" nicht exakt. Genau genommen wird der Beitrag der Investitionsmaßnahme zum Betriebsergebnis ermittelt, die Betrachtung müsste „Betriebsergebnisvergleichsrechnung" heißen. Aufgrund der weiten Verbreitung der Bezeichnung „Gewinnvergleichsrechnung" wird der Begriff hier dennoch übernommen.

Es sind alle Kosten und Erlöse zu berücksichtigen, welche sich aufgrund der Entscheidung ändern. Als Beispiel plane ein Unternehmen folgendes Investitionsprojekt:

Einflussgrößen	Wert
Nutzungsdauer in Jahren	8
Absatzmenge pro Jahr	24.000
Absatzpreis pro Produkteinheit in €	8
Anschaffungspreis in €	240.000
Einrichtungs- und Frachtkosten in €	30.000
Liquidationserlös am Laufzeitende in €	16.000
Fixe Betriebskosten in €/a	22.000
Variable Stückkosten in € pro Produkteinheit	4,60
Kalkulationszinssatz	8

Für die Vorteilhaftigkeitsbetrachtung sind zu den Anschaffungskosten die Errichtungs- und Frachtkosten hinzuzurechnen. Der Kapitaldienst resultiert aus:

$$KD = (I - L)\left(\frac{1}{N} + \frac{i_{kalk}}{2}\right) + L \cdot i_{kalk}$$
$$= (270.000 \text{ €} - 16.000 \text{ €})\left(\frac{1}{6} + \frac{0,08}{2}\right) + 16.000 \text{ €} \cdot 0,08$$
$$= 53.773 \text{ €}.$$

Darin sind kalkulatorische Abschreibungen und kalkulatorische Zinsen in folgender Höhe enthalten:

$$Ab_{kalk} = \frac{I - L}{N} = \frac{270.000 \text{ €} - 16.000 \text{ €}}{6} = 42.333 \text{ €}$$
$$Z_{kalk} = \frac{I + L}{2}i_{kalk} = \frac{270.000 \text{ €} + 16.000 \text{ €}}{2}0,08 = 11.440 \text{ €}$$

Erlöse werden in folgender Höhe erzielt:

$$E = 8 \text{ €} \cdot 24.000 = 192.000 \text{ €}$$

Davon sind variable Stückkosten in Höhe von 4,60 € abzuziehen. Der Gewinn ergibt sich mit diesen Zwischendaten wie folgt:

$$G_{kalk} = E - K_B - Ab_{kalk} - Z_{kalk}$$
$$= 192.000 \text{ €} - 110.400 \text{ €} - 22.000 \text{ €} - 42.333 \text{ €} - 11.440 \text{ €}$$
$$= 5.827 \text{ €},$$

d. h. die Anlage ist absolut vorteilhaft.

5.2.1.2 Rentabilitätsvergleichsrechnung

Im Gegensatz zur Gewinn- und Kostenvergleichsrechnung berücksichtigt die Rentabilitätsvergleichsrechnung, dass Investitionen unterschiedlich viel Kapital binden können, indem die Gewinne der Investitionsobjekte zu dem erforderlichen Kapitalbedarf ins Verhältnis gesetzt werden. Dieser Rechnungszweck erfordert, auch die kalkulatorischen Zinsen der bisher verwendeten Gewinngröße miteinzubeziehen, es ist also der Gewinn vor Zinsen zu ermitteln.

$$Rendite = \frac{\text{Gewinn vor Zinsen}}{\text{durchschnittlicher Kapitaleinsatz}}$$

$$r = \frac{G_{kalk} + Z_{kalk}}{KB}$$

Der auf diese Weise ermittelte Wert spiegelt die Rentabilität des eingesetzten Kapitals wider.[8] Die Durchführung einer Maßnahme ist dann gerechtfertigt, wenn deren Rentabilität mindestens den vom Unternehmer geforderten Mindestwert erreicht. Diese Mindestrendite kann von Unternehmen zu Unternehmen variieren und ist von den noch im Unternehmen verfügbaren Investitionsalternativen abhängig. Stehen für die Durchführung der Maßnahme mehrere sich ausschließende Alternativen zur Verfügung, so ist diejenige mit der größten Rentabilität zu wählen.

Absolute Vorteilhaftigkeit: Die Maßnahme muss mindestens eine vorgegebene Mindestrentabilität erzielen, d. h. $r \geq r_{min}$.

Relative Vorteilhaftigkeit: Diejenige Maßnahme J ist auszuwählen, welche aus der Menge der absolut vorteilhaften Objekte die höchste Rentabilität erzielt, also $r_J = \max_j \{r_j ; r_j \geq r_{min}\}$.

Wird angenommen, dass die finanziellen Mittel zum Kalkulationszinssatz angelegt werden können, so stellt dieser einen geeigneten Grenzwert dar. In diesem Fall führt die Rentabilitätsvergleichsrechnung bei der Ermittlung der absoluten Vorteilhaftigkeit zu demselben Ergebnis wie die Gewinnvergleichsrechnung.

Zur Veranschaulichung wird das Beispiel aus Kapitel 5.2.1.1 aufgegriffen und die Rentabilität des Objektes ermittelt.

$$r = \frac{G + Z}{\dfrac{I + L}{2}} = \frac{5.827\ € + 11.440\ €}{143.000\ €} = 12,07\ \%.$$

Da dieser Wert größer ist als der Kalkulationszinssatz von 8 %, ist die Anlage absolut vorteilhaft.

---

[8] Vgl. S. 140.

5.2.1.3 Statische Amortisationsrechnung

Die bisher vorgestellten Methoden basieren auf kalkulatorischen Größen und betrachten einen Durchschnittszeitraum von einem Jahr. Die Amortisationsrechnung ermöglicht einen Wechsel des Betrachtungszeitraums, indem diese untersucht, nach welcher Zeit das investierte Kapital durch die Umsatzerlöse zurückgewonnen werden wird. Hierfür werden nicht Kosten und Erlöse betrachtet, sondern die mit dem Investitionsobjekt verbundenen Ein- und Auszahlungen. Die Länge des Zeitraums, welcher zur Erwirtschaftung der Investitionsauszahlung erforderlich ist, wird von den Unternehmen als Maßstab des Investitionsrisikos verwendet.[9] Je länger die Amortisation dauert, desto größer ist das Risiko der Investition.

Die Amortisationsrechnung ist in zwei Varianten durchführbar

- Kumulationsmethode und

- Durchschnittsrechnung.

Bei dem kumulativen Verfahren werden die jährlichen Rückflüsse aufsummiert. In dem Jahr, in dem die Summe der Rückflüsse größer ist als die Investitionsauszahlung (abzüglich einer möglichen Liquidationseinzahlung), hat sich die Investition amortisiert bzw. befindet sich der Amortisationszeitpunkt t_a. Es gilt

$$I - L = \sum_{t=1}^{t_a} R_t.$$

Bei Investitionen, deren Rückflüsse jährlich in gleicher Höhe anfallen, ist die Durchschnittsmethode anwendbar. Der Zeitpunkt t_a, zu dem die Investitionsauszahlung über die Umsatzerlöse zurückgeflossen ist, ergibt sich aus

$$t_a = \frac{I - L}{R_t},$$

wobei R_t die jährlichen Rückflüsse beschreibt. Der durchschnittliche Rückfluss ist nicht mit dem durchschnittlichen Gewinn identisch. Beim Rückfluss handelt es sich um die Differenz zwischen laufenden Ein- und Auszahlungen, während der Gewinn die Differenz zwischen durchschnittlichen Erlösen und durchschnittlichen Kosten darstellt. Bei der Ermittlung der Rückflüsse bleiben die Investitionsauszahlungen und die Liquidationseinzahlungen unberücksichtigt. Die Rückflüsse lassen sich wie folgt auch aus dem kalkulatorischen Gewinn ermitteln:

---

[9] In diesem Zusammenhang wird der materielle Risikobegriff verwendet. Vgl. zu den unterschiedlichen Risikobegriffen Abbildung 7.3, S. 305.

$$G_{kalk} + Ab_{kalk} + Z_{kalk} = R$$

Die Berücksichtigung der kalkulatorischen Zinsen ist davon abhängig, ob diese schon als Auszahlung bei der Gewinnermittlung einbezogen wurden (wie im Fall der Fremdkapitalzinsen). Ist das der Fall, bedarf es keiner eigenständigen Berücksichtigung im Rahmen der Rückflussermittlung. Aus der Darstellung lässt sich die Grenzamortisationsdauer t_a^{Grenz} folgendermaßen ermitteln:

$$G_{kalk} + Ab_{kalk} + Z_{kalk} = R$$

$$R - Ab_{kalk} - Z_{kalk} \geq 0$$

$$R - \left[(I - L) \left(\frac{1}{N} + \frac{i_{kalk}}{2} \right) + L\, i_{kalk} \right] \geq 0$$

$$R \geq (I - L) \left(\frac{1}{N} + \frac{i_{kalk}}{2} \right) + L\, i_{kalk}$$

$$\frac{I - L}{R} \leq \frac{1}{\dfrac{1}{N} + \dfrac{i_{kalk}}{2} + \dfrac{L\, i_{kalk}}{I - L}}$$

$$t_a \leq t_a^{Grenz}$$

Die ermittelte Amortisationsdauer t_a muss unter der Grenzamortisationsdauer t_a^{Grenz} liegen. Je größer die geplante Nutzungsdauer und je geringer der Kalkulationszinssatz, desto länger ist auch die Grenzamortisationsdauer.

Wenn die jährlichen Rückflüsse nicht dieselbe Höhe aufweisen, lässt sich die Amortisationsdauer kumulativ ermitteln. Dazu werden die jährlichen Rückflüsse aufaddiert, bis deren Summe den Investitionsauszahlungen entspricht.

Unabhängig von der Ermittlungsmethode kann die relative und die absolute Vorteilhaftigkeit einer Investitionsmaßnahme auf Basis der Amortisationsdauer beurteilt werden.

Absolute Vorteilhaftigkeit: Die Maßnahme muss sich innerhalb eines Zeitraumes amortisiert haben, der die Grenzamortisationsdauer nicht übersteigt, d. h. $t_a \leq t_a^{Grenz}$.

Relative Vorteilhaftigkeit: Diejenige Maßnahme J ist auszuwählen, welche aus der Menge der absolut vorteilhaften Objekte die geringste Amortisationsdauer aufweist, also $t_{a;J} = \min\limits_{j} \left\{ t_{a,j}; t_{a,j} \leq t_{a,j}^{Grenz} \right\}$.

Eine Entscheidung allein auf Basis der Amortisationsdauer zu fällen, empfiehlt sich nicht, da ausschließlich der Zeitraum bis zur Rückgewinnung des Kapitaleinsatzes berücksichtigt wird. Entwicklungen nach diesem Zeitraum, die für die Ermittlung des Beitrags der Investition zum Betriebsergebnis ebenfalls von

Bedeutung sind, werden vernachlässigt. Deshalb kann die Amortisationsdauerberechnung zusätzlich zu einem weiteren Vorteilhaftigkeitskriterium, z. B. der Rentabilität, durchgeführt werden. Auf diese Weise erhält der Unternehmer eine umfassendere Entscheidungsgrundlage, die sowohl Rentabilitäts- als auch Risikogesichtspunkte umfasst.

5.2.1.4 Zusammenfassende Kritik

Investitionsrechnungen sind Entscheidungsmodelle, an die zwei Grundanforderungen zu stellen sind:

- Das vorliegende Entscheidungsproblem soll möglichst realitätsnah abgebildet werden, was mit der Problemadäquanz beschrieben wird.

- Der Entscheidungsträger im Unternehmen muss das Modell nutzen und verstehen können und die Kosten des Modelleinsatzes sollten angemessen sein, womit die Nutzeradäquanz beschrieben ist.

Einfache Sachverhalte, also Entscheidungsprobleme mit wenigen Einflussgrößen, geringen Laufzeiten und geringen Investitionssummen erfordern ebenso einfache Modelle. Mit zunehmender Komplexität der Entscheidungssituation wächst auch die Komplexität der diese Situation abbildenden Modelle. In Abhängigkeit von den Eigenschaften des Entscheidungsträgers kann aus dieser Konstellation ein Zielkonflikt zwischen Problemadäquanz und Nutzeradäquanz entstehen.

Aus diesen Gründen wird im Folgenden nicht von Vor- und Nachteilen gesprochen, da eine Einteilung in diese Kategorien von der Entscheidungssituation, dem Entscheidungsproblem und den Akteurseigenschaften abhängt. Stattdessen werden die Eigenschaften der Verfahren wie folgt zusammengefasst:

- Die zeitliche Struktur der Einflussgrössen bleibt unberücksichtigt. Gewinnmaximierungen, Kostenminimierung und Renditestreben erfahren keine zeitliche Präzisierung. Im Zeitablauf steigende oder sinkende Gewinne einer Investitionsalternative führen zu keiner Änderung der Bewertung, solange die Durchschnittsgewinne identisch bleiben.

- Einmalig auftretende Einflussgrößen wie z. B. die Investitionsauszahlung oder die Liquidationseinzahlung werden gleichmäßig als Durchschnittsgrößen über die Laufzeit verteilt.

- Es werden keine vollständigen Investitionsalternativen verglichen. Nicht in dem Investitionsobjekt investierte Beträge, sog. Differenzinvestitionen, können anderweitig verwendet werden, stehen dem Unternehmer also weiterhin zur Verfügung und sind in einer Vorteilhaftigkeitsbetrachtung zu berücksichtigen.

- Die Nutzungskosten der Verfahren sind gering. Da die einperiodigen Verfahren auf Daten des internen Rechnungswesens zurückgreifen, besteht nur ein geringer Aufwand zur Informationsbeschaffung und -verarbeitung.

- Die Methoden sind leicht nachvollziehbar.

Zusammenfassend wird festgestellt, dass einfache Investitionsprobleme mit geringen zeitlichen Differenzen zwischen den Ein- und Auszahlungen und geringen Investitionsvolumina mit diesen Methoden relativ gut abgebildet werden können.

5.2.2 Dynamische Verfahren

5.2.2.1 Berücksichtigung der Zeit

Ein wesentlicher Mangel der statischen Verfahren, die Nichtbeachtung der zeitlichen Unterschiede zwischen Ein- und Auszahlungen, wird mit der dynamischen Betrachtungsweise behoben.[10] Das Auf- oder Abzinsen der jeweiligen Zahlungen trägt dem zeitversetzten Anfall der Zahlungen Rechnung. Der Zinssatz, der zur Bewertung von Zahlungen herangezogen wird, welche zu unterschiedlichen Zeitpunkten anfallen, ergibt sich als Zeitpräferenzrate am Kapitalmarkt. Die unterschiedlichen Vorstellungen von Kapitalgebern und Kapitalnehmern über die Verwendung von Finanzmitteln werden mit dem Kapitalmarktzins in Übereinstimmung gebracht. Die Höhe des Zinssatzes gibt an, um wie viel wertvoller ein heute verfügbarer Geldbetrag im Vergleich zu einem gleich hohen Betrag ist, über welchen jedoch erst später verfügt werden kann. Hohe Kapitalmarktzinsen zeigen, dass die Marktteilnehmer über Finanzmittel lieber in der Gegenwart als in der Zukunft zu verfügen wünschen. In Zeiten, in denen die Wirtschaftssubjekte die Finanzmittel sofort benötigen, wie z. B. während und kurz nach der deutschen Wiedervereinigung, steigt der Zinssatz.

Für die folgenden Ausführungen wird der Zinssatz, welchen ein Investor bei Anlage von Finanzmitteln erhält, als Habenzinssatz bezeichnet. Nimmt ein Marktteilnehmer Finanzmittel auf, hat er einen Sollzinssatz zu entrichten. Der Zinssatz wird i. d. R. in Prozent per annum angegeben. Der Zinsbetrag ergibt sich unter Berücksichtigung des Zinssatzes, der Verzinsungsdauer, des zu verzinsenden Betrags und der Verzinsungsform. Werden bei der Zinsberechnung die in den Vorperioden angefallenen Zinsen mit verzinst, handelt es sich um Zinseszinsen. Zur finanzmathematischen Berücksichtigung von Zins und Zinseszins werden folgende Annahmen getroffen:

---

[10] Die als dynamisch bezeichneten Verfahren sind nicht dynamisch in dem Sinne, dass Variablen einer Periode von der Entwicklung dieser Variablen in der Vorperiode abhängen. Die korrekte Bezeichnung müßte demzufolge „finanzmathematische Methoden" lauten. Aufgrund der weiten Verbreitung wird die Bezeichnung „dynamische Verfahren" im weiteren Verlauf jedoch beibehalten.

- Investitionen lassen sich auf Zahlungsreihen reduzieren, welche aus Ein- und Auszahlungen bestehen.

- Zeit wird in identische äquidistante Abschnitte unterteilt. Jede Periode wird von einem Anfangs- und Endzeitpunkt begrenzt, wobei der Anfangszeitpunkt einer Periode gleichzeitig den Endzeitpunkt der Vorperiode bildet.

- Jede Zahlung erhält ein Datum, der Index kennzeichnet den Zeitpunkt der Zahlung.

Der sich nach N Jahren aus der Anlage des Betrags B_0 unter Berücksichtigung von Zins und Zinseszins ergebende Wert wird als Endwert EW_N bezeichnet. Bei nachschüssiger Verzinsung, d. h. wenn die Zinsen am Ende jeden Jahres gutgeschrieben werden, resultiert der Endwert aus

$$EW_N = B_0(1 + i)^N,$$

wobei i den Zinssatz darstellt. Mit $q = 1 + i$ wird der Aufzinsungsfaktor q^N formuliert. Der Kehrwert des Aufzinsungsfaktors q^{-N} wird zur Abzinsung eines in der Zukunft verfügbaren Betrags verwendet und als Abzinsungsfaktor bzw. Diskontierungsfaktor bezeichnet. Der durch Abzinsung ermittelte Wert eines in Zukunft verfügbaren Betrags nennt sich Barwert (Gegenwartswert):

$$B_0 = EW_N(1 + i)^{-N}.$$

Je größer der Kalkulationszinssatz, desto größer fällt die Differenz zwischen Endwert und Gegenwartswert aus. Der Gegenwartswert zukünftiger Zahlungen sinkt mit steigendem Zinssatz und umgekehrt.

Im Rahmen von Investitionsmaßnahmen resultieren aus einer Investitionsauszahlung i. d. R.. Einzahlungen über mehrere Jahre. Deshalb ist der Barwert einer Zahlungsreihe zu betrachten. Der Barwert B_0 der auf den Betrachtungszeitpunkt $t = 0$ abgezinsten Zahlungen Z einer nachschüssigen Zahlungsreihe ergibt sich aus

$$B_0 = \sum_{t=1}^{N} Z_t q^{-t}.$$

Handelt es sich um jährlich gleich hohe Zahlungsbeträge, kann der Barwert der Zahlungsreihe mittels des Rentenbarwertfaktors (Diskontierungssummenfaktor) wie folgt berechnet werden:

$$B_0 = Z_t \sum_{t=1}^{N} q^{-t}, \text{ bzw.}$$

$$B_0 = Z_t \frac{q^N - 1}{q^N(q - 1)}, \text{ mit } \frac{q^N - 1}{q^N(q - 1)} \text{ als Rentenbarwertfaktor.}$$

Der Rentenbarwertfaktor diskontiert die einzelnen Glieder der Zahlungsreihe unter Berücksichtigung von Zins und Zinseszins und addiert die Gegenwartswerte. Für unbegrenzt lange Zahlungsreihen ergibt sich der Barwert folgendermaßen:

$$B_0 = \lim_{N \to \infty} Z_t \frac{q^N - 1}{q^N(q - 1)}$$

$$B_0 = \lim_{N \to \infty} Z_t \frac{1 - \dfrac{1}{q^N}}{q - 1}$$

$$B_0 = \frac{Z_t}{q - 1}$$

Ein zum heutigen Zeitpunkt verfügbarer Betrag B_0 kann unter Berücksichtigung des Zinssatzes i auch gleichmäßig auf N Jahre verteilt werden. Die dabei entstehende betragliche Gleichheit der jährlichen Zahlungen begründet die Verwendung der Begriffe Annuität oder auch Rente.[11]

$$B_0 \frac{q^N(q - 1)}{q^N - 1} = Z_t$$

Der Kehrwert des Rentenbarwertfaktors $\frac{q^N(q - 1)}{q^N - 1}$ wird als Annuitätenfaktor (Kapitalwiedergewinnungsfaktor) bezeichnet. Der Annuitätenfaktor ist der Kapitaldienstfaktor, welcher die Wirkung von Zins und Zinseszins berücksichtigt. Wie auch der Rentenbarwertfaktor kann der Annuitätenfaktor für unendliche Reihen ermittelt werden.

Liegt eine Zahlungsreihe von jährlich wiederkehrenden gleich hohen Zahlungen Z_t vor, die jährlich verzinst werden und deren Zinsen wiederum mitverzinst werden, lässt sich der Endwert dieser Zahlungsreihe EW_N wie folgt ermitteln:

$$EW_N = \sum_{t=1}^{N} Z_t q^{N-t}$$

$$EW_N = Z_t \frac{q^N - 1}{q - 1}$$

Der Term

$$\frac{q^N - 1}{q - 1}$$

wird auch als Endwertfaktor bzw. Rentenendwertfaktor bezeichnet. In Tabelle 5.3 sind die wesentlichen finanzmathematischen Faktoren zusammengefasst.

---

[11] Vgl. S. 237.

Tabelle 5.3. Übersicht finanzmathematischer Faktoren

Bezeichnung	Faktor	Funktion
Aufzinsungsfaktor	q^N	Zinst einen heute verfügbaren Betrag auf einen nach N Perioden verfügbaren Betrag auf
Abzinsungsfaktor	q^{-N}	Zinst einen nach N Perioden verfügbaren Betrag auf einen heute verfügbaren Betrag ab
Rentenbarwertfaktor für unendliche Reihen	$\dfrac{1}{q-1}$	Ermittlung des Barwertes von jährlich gleich großen Beträgen, welche in einer unbegrenzten Anzahl von Jahren anfallen
Rentenbarwertfaktor für endliche Reihen	$\dfrac{q^N-1}{q^N(q-1)}$	Ermittlung des Barwertes einer endlichen Reihe von gleich großen Jahresbeträgen
Annuitätenfaktor für unendliche Reihen	$q-1$	Umwandlung eines heute verfügbaren Betrages in gleich große jährliche Zahlungen für unbegrenzte Zeit
Annuitätenfaktor für endliche Reihen	$\dfrac{q^N(q-1)}{q^N-1}$	Verteilung eines heute verfügbaren Betrages auf gleich hohe Beträge für N Jahre
Endwertfaktor für endliche Reihen	$\dfrac{q^N-1}{q-1}$	Zinst die Glieder einer Zahlungsreihe auf den Zeitpunkt N auf und summiert deren Endwerte

5.2.2.2 Kapitalwert

Der Kapitalwert (Nettobarwert, Net Present Value, Discounted Cashflow) ist ein außerordentlich häufig verwendetes Entscheidungskriterium. Der Kapitalwert stellt die Summe aller auf einen Zeitpunkt ab- bzw. aufgezinsten Ein- und Auszahlungen dar. Auf diese Weise repräsentiert der Kapitalwert alle Zahlungen einer Investition in einem Betrag. Verschiedene Investitionsobjekte lassen sich über die Kapitalwerte vergleichen.

Die Wahl des Bezugszeitpunktes ist für den Vergleich unerheblich, wichtig ist lediglich, dass für alle Alternativen derselbe Zeitpunkt verwendet wird. Üblicherweise wird der Zeitpunkt $t = 0$ gewählt, der den heutigen Wert verkörpert. Der Investor möchte mit dem Investitionsobjekt Einzahlungen erzielen, die größer sind als die Auszahlungen. Zur Vergleichbarkeit der Zahlungen werden diese auf den Zeitpunkt $t = 0$ transformiert, also barwertig betrachtet. Demzufolge muss der Barwert der Einzahlungen E_0 höher liegen, als der Barwert der Auszahlungen A_0, die Differenz aus den beiden Werten muss größer bzw. gleich Null sein. Es gilt $E_0 - A_0 \geq 0$ und mit der Bezeichnung des Kapitalwertes C_0 folgt $C_0 \geq 0$.

Der Kapitalwert einer Investition ist die Summe der Barwerte aller mit dieser Maßnahme verbundenen Ein- und Auszahlungen, also die Differenz zwischen barwertigen Ein- und Auszahlungen. Zur Formulierung der Kapitalwertfunktion wird angenommen, dass ein vollkommener Kapitalmarkt vorliegt, dessen Kennzeichen sind:

- Es existiert ein einheitlicher Zinssatz für Geldanlage und Kreditaufnahme.

- Zu diesem Zinssatz können Finanzmittel in unbeschränkter Höhe angelegt und aufgenommen werden.

- Steuern und Abgaben existieren nicht.

Bei Annahme dieser Voraussetzungen ist der Kapitalwert zum Zeitpunkt $t = 0$ wie folgt definiert:

$$C_0 = -I_0 + \sum_{t=1}^{N} R_t q^{-t} + L_N q^{-N}, \text{ mit}$$

$I_0 =$ Anschaffungsauszahlung zum Zeitpunkt $t = 0$

$R_t =$ Jährlicher Rückfluss als Einzahlungsüberschuss

$L_N =$ Liquidationseinzahlung zum Zeitpunkt $t = N$

$q = (1 + i)$ mit i als Kalkulationszinssatz

$N =$ Nutzungsdauer des Investitionsobjektes

Für konstante Einzahlungsüberschüsse $R_1 = R_2 = \cdots = R_N = R$ reduziert sich der Ausdruck zu

$$C_0 = -I_0 + R \frac{q^N - 1}{q^N(q - 1)} + L_N q^{-N}.$$

Der Kapitalwert stellt die Vermögensmehrung zum Zeitpunkt des Investitionsbeginns über die gesamte Nutzungsdauer dar. Aus den bisherigen Ausführungen ergibt sich, dass ein Investitionsobjekt dann durchgeführt werden sollte, wenn die barwertigen Einzahlungen größer sind, als die barwertigen Auszahlungen. Selbst bei einer exakten Übereinstimmung dieser Summen ist die Investitionsmaßnahme genauso vorteilhaft wie die Anlage der Finanzmittel zum Kalkulationszinssatz. Als Beispiel wird eine Investition mit folgender Zahlungsreihe betrachtet:

$$V1 : \{-1.000_0; 330_1; 330_2; 330_3; 330_4\}$$

Der Kapitalwert resultiert bei einem Zinssatz von 8 % p.a. mit:

$$C_0 = -1.000 \, € + \sum_{t=1}^{4} 330 \, € \cdot 1,08^{-t} + 0.$$

Da die jährlichen Rückflüsse dieselbe Höhe aufweisen, kann formuliert werden:

$$C_0 = -1.000 \,€ + 330 \,€ \,\frac{1,08^4 - 1}{1.08^4 \cdot 0,08}$$
$$= 93,- \,€$$

Absolute Vorteilhaftigkeit: Die Durchführung einer Investition ist vorteilhaft, wenn der Kapitalwert nicht negativ ist. Es gilt $C_0 \geq 0$.

Relative Vorteilhaftigkeit: Diejenige Maßnahme J ist auszuwählen, welche aus der Menge der absolut vorteilhaften Objekte den höchsten Kapitalwert aufweist, es gilt $C_{0;J} = \max\limits_{j} \{C_{0;j}; C_{0;j} \geq 0\}$.

Die Voraussetzung für den relativen Vorteilhaftigkeitsvergleich bildet die Betrachtung identischer Investitionsauszahlungen und identischer Laufzeiten.[12] Um Alternativen mit unterschiedlichen Investitionsauszahlungen und Laufzeiten vergleichbar zu machen, werden fiktive Ergänzungsinvestitionen betrachtet. Sind die Anschaffungsauszahlungen von zwei zu vergleichenden Alternativen unterschiedlich groß, verfügt der Investor bei der Variante mit dem geringeren Kapitaleinsatz über die Möglichkeit, die freien Differenzmittel anzulegen. Wenn diese Mittel zum Kalkulationszinssatz angelegt werden können, ist der Kapitalwert dieser Ergänzungsinvestition Null und der unterschiedliche Kapitaleinsatz entscheidungsirrelevant. Um dies zu zeigen, werden zwei Investitionsalternativen $V1$ und $V2$ betrachtet, wobei gilt

$$I_{01} > I_{02} \text{ und}$$

$$\Delta I_0 = I_{01} - I_{02}$$

Der Kapitalwert $C_{0\Delta I_0}$ dieser Differenzinvestition ergibt sich aus:

$$C_{0\Delta I_0} = -\Delta I_0 + \sum_{t=1}^{N} R_t \cdot q^{-t} + \Delta I_0 \cdot q^{-N}.$$

Da $R_t = \Delta I_0 \cdot i$, ergibt sich

$$\sum_{t=1}^{N} R_t \cdot q^{-t} = \Delta I_0 \cdot i \frac{q^N - 1}{q^N(q-1)}.$$

Es folgt

$$C_{0\Delta I_0} = \Delta I_0 \left(-1 + i \frac{q^N - 1}{q^N(q-1)} + q^{-N}\right)$$
$$= \Delta I_0 \left(-1 + 1 - q^{-N} + q^{-N}\right)$$
$$= 0.$$

---

[12] Vgl. S. 218.

Sind andere Anlagemöglichkeiten verfügbar, so ist der mit dieser Ergänzungsinvestition erzielbare Kapitalwert zu ermitteln und zu dem Kapitalwert der Basisinvestition hinzuzurechnen.

Weisen die Alternativen unterschiedliche Laufzeiten auf, ist festzustellen, ob es sich um Einmalinvestitionen handelt oder ob die Investitionsobjekte nach Ablauf der Nutzungsdauer durch identische Objekte ersetzt werden. Im Fall der Einmalinvestition ist bei der Variante mit der kürzeren Nutzungsdauer nach Ablauf der Nutzungszeit die Anlage der dann frei werdenden Mittel möglich. Um einen identischen Betrachtungszeitraum herzustellen, wird angenommen, dass diese Mittel für die restliche Zeit bis zum Ablauf der Nutzungsdauer der längerlaufenden Variante zum Kalkulationszinssatz angelegt werden. Der Kapitalwert der so beschriebenen Ergänzungsinvestition ist Null. Als Beispiel werden zwei Investitionen betrachtet, von denen eine Variante eine Nutzungsdauer von vier Jahren, die andere Variante eine Nutzungsdauer von zwei Jahren aufweist:

$$V1: -I_{0V1} + R_{1V1} + R_{2V1} + R_{3V1} + R_{4V1}$$
$$V2: -I_{0V2} + R_{1V2} + R_{2V2}$$

Wenn die Einzahlungsüberschüsse der Variante 2 zum Kalkulationszinssatz angelegt werden können, ergibt sich der Kapitalwert dieser Ergänzungsinvestition C_{0E} aus

$$C_{0E} = -R_{1V2}q^{-1} - R_{2V2}q^{-2} + R_{1V2}q^3q^{-4} + R_{2V2}q^2q^{-4} = 0.$$

Für jedes konkrete Problem ist zu prüfen, ob die Annahme der Anlage der frei werdenden Mittel zum Kalkulationszinssatz realistisch ist.

Ein anderes Ergebnis entsteht bei der mehrmaligen identischen Wiederholung der Investitionsmaßnahme, d. h. bei einer Investitionskette. Die Vergleichbarkeit von Alternativen mit unterschiedlichen Nutzungsdauern kann dann dadurch erreicht werden, dass jedes Investitionsobjekt so lange wiederholt wird, bis die Investitionsketten dieselben Laufzeiten aufweisen und dementsprechend identische Planungszeiträume vorliegen. Der Kapitalwert einer Investitionskette C_{0K} mit m-maliger identischer Installation ergibt sich aus:

$$C_{0K} = C_0 + C_0q^{-N} + C_0q^{-2N} + \cdots + C_0q^{-(m-2)N} + C_0q^{-(m-1)N}$$
$$C_{0K}q^N = C_0q^N + C_0 + C_0q^{-N} + C_0q^{-2N} + \cdots + C_0q^{-(m-2)N}$$
$$C_{0K}q^N - C_{0K} = C_0q^N - C_0q^{-(m-1)N}$$
$$C_{0K} = C_0 \frac{q^N - q^{-(m-1)N}}{q^N - 1}$$

Dieser Kapitalwert der endlichen Investitionskette lässt sich bei $m \to \infty$ zum Kapitalwert einer unendlichen Investitionskette C_{0K}^∞ umformen:

$$C_{0K}^{\infty} = C_0 \frac{q^N}{q^N - 1}$$

Zur Veranschaulichung werden folgende Investitionsmaßnahmen betrachtet:

$$V1 : \{-1.000_0; 330_1; 330_2; 330_3; 330_4\}$$
$$V2 : \{-1.000_0; 600_1; 600_2\}$$

Bei einmaliger Durchführung ergeben sich mit $i = 0,08$ die Kapitalwerte $C_{0V1} = 93$ und $C_{0V2} = 70$. Zur Herstellung eines identischen Betrachtungszeitraumes kann Variante 2 im zweiten Jahr einmalig wiederholt werden, es resultiert folgende Zahlungsreihe:

$$V2_K : \{-1.000_0; 600_1; 600_2; -1.000_2; 600_3; 600_4\}$$

Der Kapitalwert der erstmalig installierten Anlage und gleichzeitig des ersten Kettenglieds beträgt $C_{0V2} = 70$. Für das zweite Kettenglied, also die einmalig wiederholt installierte identische Anlage ergibt sich im zweiten Jahr derselbe Kapitalwert. Der Kapitalwert der gesamten Kette resultiert aus: $C_{0V2_K} = 70 + 70q^{-2} = 130$. Ist von einer einmaligen Wiederholung der Variante 2 auszugehen, ist diese Variante im Vergleich zu Variante 1 relativ vorteilhaft. Wird die unendliche Investitionskette als identischer Betrachtungszeitraum gewählt, ergeben sich folgende Resultate:

$$C_{0V1K}^{\infty} = 93 \left[\frac{1,08^4}{1,08^4 - 1}\right] = 351 \quad \text{und} \quad C_{0V2K}^{\infty} = 70 \left[\frac{1,08^2}{1,08^2 - 1}\right] = 491$$

Welche der Vorgehensweisen zur Herstellung eines identischen Betrachtungszeitraumes gewählt wird, ist von den Eigenschaften des Investitionsobjektes abhängig. Im Fall von Maschinen und Anlagen, die nur geringen technologischen Entwicklungen unterliegen, kann von einem unendlichen Betrachtungszeitraum ausgegangen werden.

Entscheidende Bedeutung für die Verwendung der Kapitalwertmethode besitzt die Höhe des Kalkulationszinssatzes.[13] Bei Annahme eines vollkommenen Kapitalmarktes ist dieser Zinssatz dem Investor vorgegeben. Da diese Annahme jedoch nicht der Realität entspricht, ist zu klären, auf welcher Grundlage der Kalkulationszinssatz effektiv bestimmt werden kann. Wird der Kalkulationszinssatz als die vom Investor geforderte Mindestverzinsung interpretiert, leitet sich der Kalkulationszins aus den alternativen internen und externen Anlagemöglichkeiten im Sinne eines Opportunitätskostensatzes ab.

Eine andere Möglichkeit zur Bestimmung des Zinssatzes besteht in der Orientierung an den Finanzierungskosten. Bei Fremdfinanzierung wird der Fremdkapitalzinssatz verwendet und bei Eigenfinanzierung der bei einer Geldanlage

---

[13] Vgl. S. 222.

alternativ erzielbare Zinssatz. Bei Finanzierungen mit Fremd- und Eigenkapital können die gewichteten Kapitalkosten als Kalkulationszinssatz zum Einsatz kommen.

Wird der Kapitalwert mit dem Kapitalwiedergewinnungsfaktor (Annuitätenfaktor) multipliziert und somit gleichmäßig auf die Investitionsdauer verteilt, ergibt sich die Annuität An einer Investition:

$$An = C_0 \frac{(q-1)q^N}{q^N - 1}$$

Die Annuität gibt an, welcher Betrag in jeder Periode während der Nutzungsdauer eines Objektes dem Investor zur Verfügung steht. Sie stellt den jährlichen Zahlungsüberschuss dar.

Absolute Vorteilhaftigkeit: Die Durchführung einer Investition ist vorteilhaft, wenn die Annuität nicht negativ ist. Es gilt $An \geq 0$.

Relative Vorteilhaftigkeit: Diejenige Maßnahme J ist auszuwählen, welche aus der Menge der absolut vorteilhaften Objekte die höchste Annuität aufweist, $An_J = \max_j \{An_j; An_j \geq 0\}$.

Wenn für die Investitionsobjekte dieselbe Nutzungsdauer angesetzt wird, ist die Beurteilung der Vorteilhaftigkeit mit Kapitalwertmethode und Annuität identisch, da der Kapitalwiedergewinnungsfaktor derselbe ist.

5.2.2.3 Interner Zins

Der interne Zinssatz i_{int} wird häufig als Zielgröße zur Vorteilhaftigkeitsbetrachtung von Investitionen herangezogen. Er stellt denjenigen Zinssatz dar, bei dessen Verwendung der Kapitalwert einer Investition gleich Null ist:

$$C_0 = -I_0 + \sum_{t=0}^{N} R_t (1 + i_{int})^{-t} = 0$$

Der Zinssatz, bei dessen Verwendung der Barwert der Auszahlung genauso groß ist wie der Barwert der Einzahlungen, wird als interner Zinssatz bezeichnet. Die Ermittlung des internen Zinses kann über das Newton-Verfahren, die Regula-falsi oder mittels Standardtabellenkalkulationsprogrammen erfolgen. In Abhängigkeit von der Struktur der Zahlungsreihen liefert das Verfahren eine eindeutige Lösung (einen Zinssatz), mehrdeutige Lösungen (mehrere interne Zinssätze) oder das Ergebnis, dass kein interner Zinssatz existiert. Dies resultiert aus der Bestimmungsgleichung des internen Zinssatzes, welche für eine Nutzungsdauer von N Jahren eine Polynomgleichung N-ten Grades darstellt und N Lösungen aufweisen kann. Die Ermittlung einer ökonomisch sinnvoll interpretierbaren Lösung ist nur möglich, wenn Investitionen vorliegen, deren Zahlungsreihen folgende Eigenschaften aufweisen:

- Die Zahlungsreihe beginnt mit einer oder mehreren Auszahlungen, nach denen ausschließlich Einzahlungen erfolgen.
- Die Summe der Einzahlungen ist größer als die Summe der Auszahlungen.

Investitionen, die derartig charakterisierte Zahlungsreihen aufweisen, werden als Normalinvestitionen bezeichnet, da diese in der Praxis am häufigsten vorkommen. Darüber hinaus ist die Verwendung des internen Zinssatzes als Vorteilhaftigkeitskriterium zu klären.

Absolute Vorteilhaftigkeit: Die Durchführung einer Investition ist vorteilhaft, wenn der interne Zinssatz der Maßnahme über der geforderten Mindestverzinsung liegt. Es gilt $i_{int} \geq i_{min}$.

Es werden die zwei bekannten Zahlungsreihen betrachtet:

$$V1 : \{-1.000_0; 330_1; 330_2; 330_3; 330_4\}$$
$$V2 : \{-1.000_0; 600_1; 600_2\}$$

Bei einmaliger Durchführung ergeben sich mit $i = 0,08$ die Kapitalwerte $C_{0V1} = 93$ und $C_{0V2} = 70$, woraus nach dem Kapitalwertkriterium die relative Vorteilhaftigkeit der Variante 1 geschlussfolgert wird. Die internen Zinssätze ergeben sich mit

$$i_{intV1} = 12,11 \% \quad \text{und} \quad i_{intV2} = 13,06 \%.$$

Demnach ist die Variante 2 relativ vorteilhaft. Dieses Ergebnis widerspricht dem Resultat des Vorteilhaftigkeitsvergleiches auf Basis des Kapitalwertkriteriums. Es stellt sich nun die Frage, wie diese Ergebnisse zu interpretieren sind. In der Abbildung 5.3 finden sich die Kapitalwertfunktionen der zwei Varianten in Abhängigkeit vom Zinssatz, woraus der kritische Zinssatz und die internen Zinssätze der Alternativen ablesbar sind. Der kritische Zinssatz i^* ist der Zinssatz, bei dessen Verwendung die Kapitalwerte der beiden Varianten identisch sind. In dem Beispiel beträgt der kritische Zinssatz 10,55 % p. a. Da sich die zwei Kapitalwertfunktionen im betrachteten Quadranten schneiden und der Kalkulationszinssatz geringer ist als der kritische Zinssatz, ergibt sich ein Widerspruch aus dem Alternativenvergleich mit Kapitalwertkriterium und dem Kriterium des internen Zinssatzes. Beide Methoden führen dann zum gleichen Ergebnis, wenn der Zinssatz i_{kalk}, der zur Bestimmung des Kapitalwertes verwendet wurde, größer ist als der kritische Zinssatz.

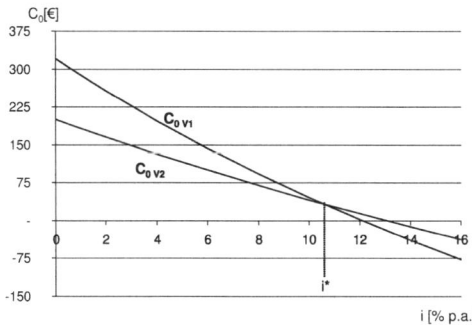

Abbildung 5.3. Kapitalwertfunktion in Abhängigkeit vom Zinssatz

Wie beim Kapitalwertkalkül wird auch bei der Verwendung des internen Zinssatzes implizit angenommen, Differenzen in Bezug auf die Nutzungsdauer bzw. die Kapitalbindung können zum internen Zinssatz angelegt werden. Dieser interne Zinssatz ergibt sich jedoch aus dem Investitionsobjekt, weshalb diese Annahme nicht realistisch ist.

Ein Ansatz, mit welchem die Wiederanlageprämisse aufgegeben wird, besteht in der modifizierten internen Zinssatzmethode. Bei diesem Verfahren wird davon ausgegangen, dass die aus dem Investitionsobjekt frei werdenden Rückflüsse nicht zum internen Zinssatz, sondern zum Kalkulationszinssatz angelegt werden können. Als Endwert der Rückflüsse ergibt sich

$$EW_N = \sum_{t=1}^{N} R_t q^{N-t}.$$

Der modifizierte interne Zinssatz $i_{int\,mod}$ ist der Zinssatz, bei dessen Verwendung der Barwert des Rückflussendwertes genauso hoch ist wie die Anschaffungsauszahlungen und folgt aus

$$\left[\sum_{t=1}^{N} R_t q^{N-t}\right] (1 + i_{int\,mod})^{-N} = I_0.$$

Es resultiert

$$i_{int\,mod} = \sqrt[N]{\frac{\displaystyle\sum_{t=1}^{N} R_t q^{N-t}}{I_0}} - 1.$$

5.2.2.4 Dynamische Amortisationsrechnung

Mit der dynamischen Amortisationsrechnung wird der Zeitraum ermittelt, nach dem die Investitionsauszahlungen über die Rückflüsse wieder im Unternehmen verfügbar sein werden. Im Gegensatz zur statischen Amortisationsrechnung wird bei der dynamischen Variante die Verzinsung mit berücksichtigt. Somit stellt der dynamische Amortisationszeitpunkt $t_{a\,dyn}$ den Zeitpunkt dar, bis zu welchem die Investitionsauszahlung (abzüglich einer möglichen Liquidationseinzahlung) bei Berücksichtigung des Zinseszinseffektes durch die Rückflüsse wiedergewonnen wird. Das ist demzufolge der Punkt, in dem der Kapitalwert als Funktion der Zeit den Wert Null aufweist.

$$-I_0 + \sum_{t=1}^{t_{a\,dyn}} R_t q^{-t} + L_{t_{a\,dyn}} q^{-t_{a\,dyn}} = 0$$

$$\sum_{t=1}^{t_{a\,dyn}} R_t q^{-t} = I_0 - L_{t_{a\,dyn}} q^{-t_{a\,dyn}}$$

Die Entscheidungskriterien in Bezug auf die absolute und die relative Vorteilhaftigkeit gleichen denen bei der statischen Amortisationsrechnung. Für die Feststellung der absoluten Vorteilhaftigkeit ist die ermittelte dynamische Amortisationsdauer mit der Grenzamortisationsdauer zu vergleichen. Diese ist vom Entscheidungsträger vorzugeben bzw. aus den technischen Rahmendaten abzuleiten.

Absolute Vorteilhaftigkeit: Die Investitionsauszahlung einer Maßnahme muss innerhalb eines Zeitraumes durch die Rückflüsse zurück gewonnen werden, der die Grenzamortisationsdauer nicht übersteigt, $t_{a\,dyn} \leq t_{a\,dyn}^{Grenz}$.

Relative Vorteilhaftigkeit: Diejenige Maßnahme J ist auszuwählen, welche aus der Menge der absolut vorteilhaften Objekte die geringste dynamische Amortisationsdauer aufweist, $t_{a\,dyn;J} = \min\limits_{j} \left\{ t_{a\,dyn;j}; t_{a\,dyn;j} \leq t_{a\,dyn}^{Grenz} \right\}$.

Zur Ermittlung des dynamischen Amortisationszeitpunktes empfiehlt sich die Kumulierung der Barwerte der jährlichen Rückflüsse und deren Addition zu den Investitionsauszahlungen. Als Beispiel wird eine Zahlungsreihe betrachtet, die nach der Auszahlung von 5.000,- € über einen Zeitraum von 10 Jahren jährlich 800,- € Rückflüsse erzielt, $I : \{-5.000_0; 800_1; 800_2; \cdots ; 800_{10}\}$. Die statische Amortisationsdauer liegt bei 6,25 Jahren (vgl. Abbildung 5.4), d. h. im ersten Quartal des siebten Jahres der Nutzungsdauer ist die Investitionsauszahlung ohne Berücksichtigung der Zinsen durch die Rückflüsse erwirtschaftet worden. Wird ein Zinssatz von $i = 0,05$ in die Betrachtung einbezogen, ergibt sich ein Amortisationszeitpunkt im achten Nutzungsjahr (vgl. Tabelle 5.4).

Tabelle 5.4. Ermittlung der dynamischen Amortisationsdauer

t	0	1	2	3	4	5	6	7	8	9	10
	Ohne Berücksichtigung von Liquidationseinzahlungen										
R_t	-5.000	800	800	800	800	800	800	800	800	800	800
B_0	-5.000	762	726	691	658	627	597	569	541	516	491
C_0	-5.000	-4.238	-3.512	-2.821	-2.163	-1.536	-939	-371	171	686	1.177
	Mit Berücksichtigung von Liquidationseinzahlungen										
L_t		4.000	3.500	3.000	2.500	2.000	1.500	1.000	500	0	0
R'_t		4.800	100	125	150	175	200	225	250	275	800
$C_0(t)$	-5.000	-429	-338	-230	-106	31	180	340	509	686	1.177

Wird das Jahr, in dem der Kapitalwert erstmals einen positiven Wert aufweist, mit $t_{a\,dyn}$ bezeichnet, kann mit folgender Beziehung ein Näherungswert $\hat{t}_{a\,dyn}$ für den Amortisationszeitpunkt ermittelt werden:

$$\hat{t}_{a\,dyn} = (t_{a\,dyn} - 1) - \frac{C_0(t_{a\,dyn} - 1)}{C_0(t_{a\,dyn}) - C_0(t_{a\,dyn} - 1)}$$

Für das angegebene Beispiel ergibt sich ein Wert von $\hat{t}_{a\,dyn} = 7,68$. Somit fließen im dritten Quartal des achten Nutzungsjahres die Investitionsauszahlung und die Zinsen durch die Rückflüsse in das Unternehmen zurück.

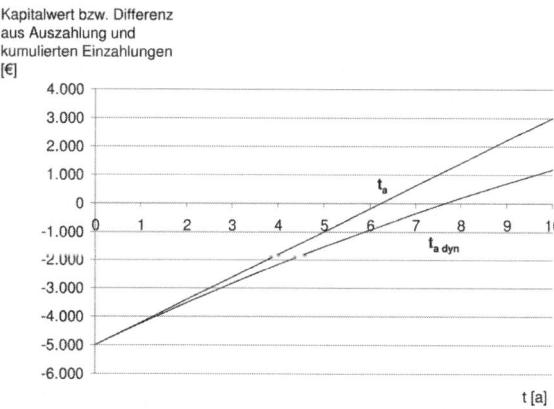

Abbildung 5.4. Vergleich statischer und dynamischer Amortisationsdauer

Nun wird zusätzlich angenommen, das Projekt kann jährlich liquidiert werden und erzielt Liquidationseinzahlungen L_t im ersten Jahr in Höhe von 4.000,- € welche in jedem Jahr um 500,- € bis auf einen Restwert von Null sinken. Der dynamische Amortisationszeitpunkt wird als der Zeitpunkt ermittelt, zu dem der Kapitalwert erstmals einen positiven Wert aufweist, wobei letzterer wie folgt ermittelt wird:

$$C_0(t) = C_0(t-1) + R'_t q^{-t}$$

mit R'_t als Grenzrückfluss des Jahres t der Form $R'_t = R_t + L_t - L_{t-1}q$.

Die Ergebnisse in Tabelle 5.4 zeigen, dass sich die Amortisationsdauer auf fünf Jahre verkürzt hat. Die dynamische Amortisationsrechnung ist, wie auch die statische Variante, als ergänzendes Bewertungsverfahren zu verwenden. Die Feststellung des dynamischen Amortisationszeitpunktes vernachlässigt die Entwicklung der Zahlungsreihen nach diesem Zeitpunkt. Als Risikogradmesser ist der dynamische Amortisationszeitpunkt unter Beachtung der Schwächen bedingt geeignet.

Die dynamische Amortisationsrechnung führt nicht in jedem Fall zu denselben Resultaten hinsichtlich der Vorteilhaftigkeit wie die Kapitalwertmethode. Das gilt sowohl für die absolute als auch die relative Vorteilhaftigkeit und ist auf mögliche Differenzen in der Zahlungsstruktur bzw. auf den vorzugebenden Grenzwert zurückzuführen.

5.2.3 Nutzungsdauer und Ersatzzeitpunkt

In den bisherigen Analysen von Investitionsobjekten wurde davon ausgegangen, dass die Nutzungsdauer des Investitionsobjektes vorgegeben ist.[14] Bei der Unterscheidung in eine technische und eine wirtschaftliche Nutzungsdauer ist festzuhalten, dass die technisch maximale Nutzungsdauer i. d. R. nicht der wirtschaftlich optimalen Nutzungsdauer entspricht. Die wirtschaftliche Nutzungsdauer, die sog. optimale Nutzungsdauer, ist vom Entscheidungsträger vor Beginn der Beschaffung und Installation eines Investitionsobjektes festzulegen.

Die Bestimmung dieser optimalen Nutzungsdauer zu Beginn des Lebenszyklus der Investition fußt auf der Annahme bestimmter zukünftiger Entwicklungen. Nach der Inbetriebnahme der Anlage kann sich durch nicht geplante Veränderungen im rechtlichen oder auch wirtschaftlichen Umfeld des Unternehmens bzw. durch technische Erneuerungen die bisher als optimal festgelegte Nutzungsdauer als nicht mehr aktuell herausstellen. In diesem Fall ist der optimale Ersatzzeitpunkt festzulegen. In beiden Fällen ist über die wirtschaftlich optimale Aussonderung der Anlage aus dem Produktionsprozess zu entscheiden.

---

[14] Vgl. S. 132.

Der Unterschied besteht in dem Zeitpunkt der Betrachtung: die optimale Nutzungsdauer wird vor Inbetriebnahme und der optimale Ersatzzeitpunkt nach Inbetriebnahme der Anlage ermittelt.

Zunächst wird die optimale Nutzungsdauer einer Anlage betrachtet, welche am Ende ihrer Nutzungsdauer nicht durch eine identische Anlage ersetzt wird. Bei Verwendung des Kapitalwertkalküls ist diejenige Nutzungsdauer optimal, bei welcher der Kapitalwert als Funktion der Nutzungsdauer den maximalen Wert aufweist. Als zeitabhängige Einflussgrößen des Kapitalwertes sind die Aus- und die Einzahlungen während des Anlagenbetriebs sowie die Liquidationseinzahlungen betrachtungsrelevant. Die Rückflüsse als Differenz zwischen Ein- und Auszahlungen sinken im Zeitablauf. Das ist auf steigende Auszahlungen bzw. sinkende Einzahlungen zurückzuführen. Betriebs- und Instandhaltungsauszahlungen einer Anlage steigen oftmals im Zeitverlauf, wobei jedoch die Abhängigkeit von der gewählten Instandhaltungsstrategie zu beachten ist.[15] Zu erzielende Liquidationseinzahlungen einer Anlage sinken ebenfalls im Zeitablauf. Sind am Ende der Nutzungsdauer noch Abbruchmassnahmen erforderlich, so entstehen keine Einzahlungen, sondern Auszahlungen.

Aus der Maximierung des Kapitalwertes lässt sich bei Annahme monoton sinkender Grenzeinzahlungsüberschüsse die optimale Nutzungsdauer durch Betrachtung des Grenzrückflusses ermitteln. Als Grundlage dient die Erkenntnis, dass die Nutzungsdauer der Anlage dann optimal ist, wenn der Kapitalwert ein Maximum aufweist, es muss gelten:

$$C_0(N) \geq C_0(N-1)$$

$$C_0(N) = -I_0 + \sum_{t=1}^{N} R_t q^{-t} + L_N q^{-N}$$

$$= -I_0 + \sum_{t=1}^{N-1} R_t q^{-t} + R_N q^{-N} + L_N q^{-N}$$

$$C_0(N-1) = -I_0 = + \sum_{t=1}^{N-1} R_t q^{-t} + L_{N-1} q^{-(N-1)}$$

$$C_0(N) = C_0(N-1) + R_N q^{-N} + L_N q^{-N} - L_{N-1} q^{-(N-1)}$$
$$= C_0(N-1) + R_N q^{-N} + L_N q^{-N} - L_{N-1} q^{-N}(1+i)$$
$$= C_0(N-1) + R_N q^{-N} + (L_N - L_{N-1})q^{-N} - L_{N-1} q^{-N} i$$

Da für ein weiteres Jahr die Nutzungsdauer nur optimal ist, wenn gilt

$$C_0(N) - C_0(N-1) \geq 0, \text{ muss gelten:}$$

$$R_N q^{-N} + (L_N - L_{N-1})q^{-N} - L_{N-1} q^{-N} i \geq 0$$

---

[15] Zu den unterschiedlichen Instandhaltungsstrategien vgl. DIN EN 13306:2001.

Multiplikation mit q^N ergibt: $R_N + L_N - L_{N-1} - L_{N-1}i \geq 0$. Der Term auf der linken Seite stellt den Grenzrückfluss R' eines weiteren Jahres Nutzungsdauer dar und setzt sich aus den Rückflüssen des zusätzlichen Jahres R_N, der Minderung der Liquidationseinzahlung $L_N - L_{N-1}$ in der zusätzlichen Nutzungsperiode sowie den entgangenen Zinsen auf die Liquidationseinzahlung des Vorjahres $-L_{N-1}i$ zusammen. Diese Beziehung kann umformuliert werden zu $\dfrac{R_N + L_N - L_{N-1}}{L_{N-1}} \geq i$. Damit ist das Verhältnis von Grenzrendite und Kalkulationszinssatz im Kapitalwertmaximum beschrieben. Die optimale Nutzungsdauer einer Anlage ohne Ersatz ist dann erreicht, wenn die Investition der Liquidationseinzahlungen des Vorjahres zum Kalkulationszinssatz vorteilhafter ist als der Weiterbetrieb der Anlage.

Als Beispiel wird eine Anlage mit einer Investitionsauszahlung von 2.000,- € betrachtet. Die folgende Tabelle führt weitere Eingangsdaten, die Grenzrückflüsse sowie die Kapitalwerte bei einmaliger Durchführung der Investition bei einem Kalkulationszinssatz von $i = 0,05$ auf. Im Jahr $t = 5$ ist die Bedingung $C_0(N) \geq C_0(N-1)$ bzw. $R' \geq 0$ letztmalig erfüllt, in den darauf folgenden Jahren nicht mehr. Eine Nutzungsdauer von 5 Jahren erweist sich demzufolge als optimal.

Tabelle 5.5. Optimale Nutzungsdauer ohne Wiederholung

t	0	1	2	3	4	5	6
R_t		900	800	700	500	300	200
L_N	1.600	1.350	1.100	850	600	350	0
R_t'		570	483	395	208	20	-168
C_0		143	581	922	1.092	1.108	983

Nun wird die optimale Nutzungsdauer einer Anlage ermittelt, welche einmal durch eine identische Anlage ersetzt wird. Identisch bedeutet in diesem Zusammenhang:

- keine physische Identität der Objekte, sondern

- gleiche Ertragsfähigkeit, d. h. gleicher Kapitalwert bei gleicher Nutzungsdauer, was

- gleiche Investitionsauszahlungen, aber ungleiche Zahlungsströme zulässt.

Das Ende der Nutzung der ersten Anlage fällt auf den Zeitpunkt, an dem die Nachfolgeanlage installiert wird, es resultiert eine Investitionskette.[16] Das

---

[16] Vgl. S. 235.

Bestimmungskriterium für die optimale Nutzungsdauer bildet nun die Maximierung des Kapitalwertes nicht nur für eine Anlage, sondern für die Investitionskette. Der Kapitalwert der Investitionskette errechnet sich aus dem Kapitalwert der Anlage A und dem Kapitalwert der identischen Nachfolgeanlage B, welche nach Ablauf der Nutzungsdauer N_A installiert wird. Es gilt $C_{0K} = C_{0A} + C_{0B}q^{-N_A}$. Für die Ermittlung der optimalen Nutzungsdauer der Anlage A ergibt sich dieselbe Maximierungsbedingung wie im Fall einer einzigen Anlage. Ein Weiterbetrieb ist vorteilhaft, solange gilt

$$C_{0K}(N_A) \geq C_{0K}(N_A - 1).$$

Während bei der einmaligen Durchführung einer Investition die optimale Nutzungsdauer erreicht ist, wenn die Investition der bei Liquidation zu erzielenden Einzahlungen vorteilhafter ist als der Weiterbetrieb, verfügt der Akteur bei der einmaligen Wiederholung der Investition über die Gelegenheit, einen Kapitalwertzuwachs durch die rechtzeitige Installation der Folgeanlage zu erzielen. Der Grenzrückfluss der Anlage A während einer weiteren Nutzungsperiode muss größer sein als die in demselben Zeitraum zu erzielende Verzinsung des Kapitalwertes der Anlage B. Für den Grenzrückfluss muss gelten

$$R_{N_A} + L_{N_A} - L_{N_A-1} - L_{N_A-1}i \geq C_{0B}i.$$

Der Grenzrückfluss eines weiteren Jahres Nutzungsdauer besteht aus den Rückflüssen des zusätzlichen Jahres R_{N_A}, der Minderung der Liquidationseinzahlung $L_{N_A} - L_{N_A-1}$ in der zusätzlichen Nutzungsperiode sowie den entgangenen Zinsen auf die Liquidationseinzahlung des Vorjahres $-L_{N_A-1}i$. Diese Betrachtungsweise ist wiederum nur bei monoton sinkenden Grenzrückflüssen gültig. Das vorstehende Beispiel aufgreifend wird angenommen, dass die betrachtete Anlage einmalig wiederholt werden kann und als Anlage B bezeichnet wird. Diese Anlage ist eine Investition ohne Ersatz, weshalb die optimale Nutzungsdauer der Anlage aus der obigen Diskussion übernommen werden kann. Diese beträgt fünf Jahre, der Kapitalwert der Anlage B liegt bei 1.108,- € (vgl. Tabelle 5.6).

Tabelle 5.6. Optimale Nutzungsdauer bei einmaliger Wiederholung

t	0	1	2	3	4	5	6
R_t		900	800	700	500	300	200
L_N	1.600	1.350	1.100	850	600	350	0
R'_t		570	483	395	208	20	-168
$C_{0B}i$		55					
$C_{0B}q^{-N}$		1.055	1.005	957	912	868	827
$C_{0A}^{(N)}$		143	581	922	1.092	1.108	983
C_{0K}		1.198	1.585	1.879	2.004	1.976	1.810

Aus den vorgestellten Entscheidungskriterien resultiert eine optimale Nutzungsdauer von $t = 4$ Jahren. In dieser Periode ist die Bedingung $R'_{N_A} \geq C_B i$ letztmalig erfüllt. Außerdem zeigt sich, dass in dieser Periode der Kapitalwert der zweigliedrigen Investitionskette den maximalen Wert von 2.004,- € aufweist. An diesem Beispiel wird außerdem der sog. „Ketteneffekt" bzw. das „Gesetz der Ersatzinvestition" deutlich. Mit diesen Begriffen wird die Tatsache beschrieben, dass die Nutzungsdauer von Objekten in einer endlichen Investitionskette mit zunehmender Anzahl an Objekten abnimmt. In einer endlichen Investitionskette ist die optimale Nutzungsdauer eines Objektes tendenziell kürzer als die des Vorgängerobjektes.

Sieht sich der Akteur außerstande vorherzusehen, ob die Anlage einmal oder mehrmals ersetzt wird, bietet es sich an, von einer identischen unendlichen Wiederholung der Investition auszugehen. Diese Annahme ist hinreichend gerechtfertigt, wenn angenommen wird, dass ein Investor sein Unternehmen auf langfristige Sicht betreibt und zur Aufrechterhaltung der Produktion eine entsprechende Anlage installieren muss. In diesem Fall kann eine unendliche Investitionskette betrachtet werden. Der Kapitalwert einer solchen Kette ergibt sich mit[17]

$$C_{0K}^{\infty} = C_0(N) \frac{q^N}{q^N - 1}.$$

Mit Darstellung des zur Annuität umgeformten Kapitalwertes

$$C_0(N) \frac{q^N(q-1)}{q^N - 1} = An(N) \text{ folgt: } C_{0K}^{\infty} = \frac{An(N)}{i}$$

Die Umformung zu $C_{0K}^{\infty} i = An(N)$ zeigt, dass die Annuität mit den Zinsen auf den Kapitalwert der Kette übereinstimmt. Der Barwert C_{0K}^{∞} der unendlichen Kette ist dann maximal, wenn die Annuität $An(N)$ den maximalen Wert erreicht. Damit wird die Ermittlung der optimalen Nutzungsdauer über ein Annuitätenkalkül möglich. Wird das bisher diskutierte Beispiel modifiziert und eine unendliche Investitionskette unterstellt, ergeben sich die in Tabelle 5.7 enthaltenen Resultate.

Die optimale Nutzungsdauer beträgt drei Jahre. In dieser Periode weisen sowohl die zeitabhängige Annuität als auch der zeitabhängige Kapitalwert der unendlichen Kette ein Maximum auf. Gleichzeitig ist in dem Jahr der optimalen Nutzungsdauer der Grenzeinzahlungsüberschuss letztmalig größer als die Annuität. Die optimale Nutzungsdauer einer Anlage in einer unendlichen Investitionskette währt demzufolge ein Jahr kürzer als die Nutzungsdauer einer Anlage mit einmaligem Ersatz. Für die Auswahl des Entscheidungskriteriums ist zu prüfen, ob eine Anlage durch identische Nachfolgeobjekte ersetzt werden kann und wie viele Wiederholungen möglich sind. Tabelle 5.8 fasst noch

---

[17] Vgl. zur Herleitung S. 235.

einmal die Entscheidungskriterien der unterschiedlichen Situationen zusammen.

Tabelle 5.7. Optimale Nutzungsdauer bei unendlicher Wiederholung

t	0	1	2	3	4	5	6
R_t		900	800	700	500	300	200
L_N	1.600	1.350	1.100	850	600	350	0
R_t'		570	483	395	208	20	-168
$C_0^{(N)}$		143	581	922	1.092	1.108	983
Annuitäten-faktor		1,0500	0,5378	0,3672	0,2820	0,2310	0,1970
$An(N)$		150	312	338	308	256	194
C_{0K}^∞		3.000	6.249	6.760	6.160	5.120	3.880

Tabelle 5.8. Entscheidungskriterien zur Ermittlung der optimalen Nutzungsdauer

Entscheidungs-situation	Kapitalwertkalkül	Kalkül des Grenzrückflusses
Anlage ohne Ersatz	$C_0(N) \to max$	$R'(N) \geq 0$
Anlage A mit einmaligem Ersatz durch Anlage B	$C_{0K} = C_{0A} + C_{0B} q^{-N_A} \to max$	$R_A'(N) \geq C_{0B} i$
Anlage mit unendlich häufigem Ersatz	$C_{0K}^\infty = C_0(N) \dfrac{q^N}{q^N - 1} \to max$	$R'(N) \geq An(N)$

Nach der Inbetriebname einer Anlage sind die in der Investitionsplanung verwendeten Eingangsdaten und Annahmen zu überprüfen. Eine Reihe von finanziellen Bestimmungsgrößen wird sich nicht in dem in der Planung vorgesehenen Maße entwickeln. Deshalb ist während des Betriebs der Anlage festzustellen, ob die ursprünglich als optimal ermittelte Nutzungsdauer noch gilt. Aktuelle technische, rechtliche und finanzielle Informationen werden im Investitionslebenszyklus berücksichtigt. Auf dieser Basis wird der optimale Ersatzzeitpunkt der Anlage bestimmt.

Wird die vorhandene Anlage nicht ersetzt, liegt kein Ersatzproblem vor. Die Anlage ist so lange zu betreiben, wie die Grenzeinzahlungsüberschüsse positiv sind. Wird von einem langfristig existierenden Unternehmen ausgegangen, kann die Annahme von unendlich vielen identischen Nachfolgeobjekten verwendet werden. Der optimale Ersatzzeitpunkt ist derjenige Zeitpunkt, bei welchem der ersatzzeitpunktabhängige Kapitalwert der Investitionskette maximal ist. Für den Kapitalwert der Investitionskette gilt

$$C_0(N) = \sum_{t=1}^{N} R'_{t,Alt} q^{-t} + \frac{An_{Neu}(N_{Opt})}{i} q^{-N},$$

wobei $\dfrac{An_{Neu}(N_{Opt})}{i} q^{-N}$ den Barwert der Ersatzkette beschreibt, wenn die alte Anlage zum Zeitpunkt N ersetzt wird. Das Maximum einer unendlichen Investitionskette ist dann erreicht, wenn die Annuität am höchsten ist. Für die Beziehung von Annuität und Kapitalwert der unendlichen Kette gilt

$$C_{0K}^{\infty} = \frac{An(N)}{i}.$$

Bei monoton sinkenden Grenzeinzahlungsüberschüssen reicht die Betrachtung von Annuität und Grenzeinzahlungsüberschüssen aus. Die alte Anlage ist so lange zu betreiben, wie deren Grenzeinzahlungsüberschüsse größer sind als die Annuität (der Durchschnittsgewinn) der neuen Anlage.

5.2.4 Methode der vollständigen Finanzpläne

In den bisherigen Darstellungen wurde von einem vollkommenen Kapitalmarkt ohne die Existenz von Steuern und von identischen Haben- und Soll-Zinsen ausgegangen. Da diese Annahmen in der Realität nicht erfüllt sind, wird die Methode der vollständigen Finanzpläne (VOFI) vorgestellt, welche die Eigenschaften von unterschiedlichen Kreditkonditionen und Steuersätzen integriert. Mit dem VOFI kann berücksichtigt werden, dass:

- verschiedene Kreditarten mit unterschiedlichen Zinssätzen und Tilgungsmodalitäten existieren,

- aufgenommene Kredite zuzüglich der Zinsen aus den jährlichen Rückflüssen getilgt werden und darüber hinausgehende Überschüsse als Guthaben angelegt werden,

- die Finanzierung des Investitionsobjektes mit Fremd- und Eigenkapital erfolgen kann.

Zielgröße im VOFI ist der Endwert der Maßnahme, der sich als Überschuss der liquiden Mittel am Ende der Nutzungsdauer definiert. Dieser Endwert wird mit dem Endwert der Alternativverwendung der eigenen Finanzmittel verglichen.

Absolute Vorteilhaftigkeit: Ein Investitionsobjekt ist dann absolut vorteilhaft, wenn dessen Endwert größer ist als der Endwert der Opportunität, $EW^M \geq EW^O$.

Relative Vorteilhaftigkeit: Diejenige Maßnahme ist auszuwählen, welche aus der Menge der absolut vorteilhaften Objekte den höchsten Endwert aufweist, $EW_j^M = \max_j \left\{ EW_j^M ; EW^M \geq EW^O \right\}$.

Die Ermittlung des Endwertes erfolgt unter Berücksichtigung der Nebenbedingung „Liquidität" in Gestalt des Finanzierungssaldos. Bei Unterdeckung der jährlichen Zahlungsströme aus dem Investitionsobjekt ist die Liquidität durch Kreditaufnahme sicherzustellen. Überschüsse aus den Zahlungsströmen werden zum Habenzinssatz angelegt. Der Finanzsaldo zum Jahresende muss den Wert Null aufweisen.

Als Beispiel wird ein Investitionsobjekt mit einer Nutzungsdauer von 5 Jahren betrachtet, welches Investitionsauszahlungen in Höhe von 95.000,- € erfordert. Davon können 35.000,- € aus Eigenmitteln des Unternehmens finanziert werden, die Differenz ist durch Kreditaufnahme zu finanzieren. Hierfür wird ein Kredit mit Ratentilgung in Höhe von 30.000,- € sowie ein endfälliger Kredit in Höhe von 15.000,- € aufgenommen. Zusätzlich muss im ersten Jahr ein Kontokorrentkredit in Höhe von 15.000,- € aufgenommen werden. Der Zinssatz für den Ratenkredit und für den endfälligen Kredit beträgt 8 % p.a., der Zinssatz für den Kontokorrentkredit beläuft sich auf 13 % p.a. und der Habenzinssatz beträgt 6 % p.a. Aus der Investitionsmaßnahme resultieren Rückflüße in den ersten drei Jahren von jeweils 27.000,- € p.a. und in den darauffolgenden Jahren von jeweils 30.000,- € p.a. Der für diese Maßnahme zu erstellende VOFI ist in der Tabelle 5.9 abgebildet. Aus dem zum Ende der Nutzungsdauer geplanten, nicht-negativen Endwert lässt sich außerdem die VOFI-Eigenkapitalrentabilität folgendermaßen ermitteln:

$$r_{EK}^{VOFI} = \sqrt[N]{\frac{EW^M}{EM}} - 1$$

Diese Rentabilitätsgröße lässt sich als konstante jährliche Verzinsung der zu Beginn der Investitionsmaßnahme investierten Eigenmittel interpretieren. In dem vorliegenden Beispiel beträgt der Endwert der Maßnahme 72.963,- €, woraus eine VOFI-Eigenkapitalrentabilität von 15,83 % resultiert. Wird ein Zinssatz für die alternative Verwendung der Eigenmittel von 7 % p.a. angenommen, ergibt sich ein Endwert der Opportunität aus $EW^{Op} = EMq^N$ in

Höhe von 49.089,- €. Dieser Wert liegt niedriger als der Endwert der Maßnahme, weshalb die Durchführung der Maßnahme absolut vorteilhaft ist.

Tabelle 5.9. Beispiel eines VOFI

Zeitraum in Jahren		$t = 0$	$t = 1$	$t = 2$	$t = 3$	$t = 4$	$t = 5$
Zahlungsgrößen		-95.000	27.000	27.000	27.000	30.000	30.000
Eigenkapital							
	- Entnahme						
	+ Einlage	35.000					
Kredit mit Ratentilgung							
	+ Aufnahme	30.000					
	- Tilgung		-6.000	-6.000	-6.000	-6.000	-6.000
	- Sollzinsen		-2.400	-1.920	-1.440	-960	-480
Endfälliges Darlehen							
	+ Aufnahme	15.000					
	- Tilgung						-15.000
	- Sollzinsen		-1.200	-1.200	-1.200	-1.200	-1.200
Kontokorrentkredit							
	+ Aufnahme	15.000					
	- Tilgung		-15.000				
	- Sollzinsen		-1.950				
Geldanlage							
	- Anlage		-450	-17.907	-19.461	-24.109	-11.036
	+ Auflösung						
	+ Habenzins			27	1.101	2.269	3.716
Finanzierungssaldo		**0**	**0**	**0**	**0**	**0**	**0**
Bestandsgrößen							
Kreditstand							
	Ratentilgung	30.000	24.000	18.000	12.000	6.000	0
	Endtilgung	15.000	15.000	15.000	15.000	15.000	0
	Kontokorrent	15.000	0	0	0	0	0
Guthabenbestand			450	18.357	37.818	61.928	72.963
Bestandssaldo		**-60.000**	**-38.550**	**-14.643**	**10.818**	**40.928**	**72.963**

5.3 Einzelentscheidung unter Unsicherheit

Nachdem die bisher diskutierten Verfahren bei der Annahme sicherer zukünftiger Entwicklungen zum Einsatz kommen, werden im Folgenden Verfahren zur Berücksichtigung von Unsicherheit vorgestellt. Alle Verfahren zur Integration der Unsicherheit basieren auf den in den vorangegangenen Kapiteln diskutierten Methoden. Unterschiede bestehen jedoch in der Art und Weise der Integration von Unsicherheit in die Betrachtung.

5.3.1 Korrekturverfahren

Als Korrekturverfahren werden Methoden bezeichnet, bei denen durch die Korrektur eines oder mehrerer Berechnungsparameter die Unsicherheit berücksichtigt wird. Dabei werden sog. Risikozuschläge oder Risikoabschläge[18] in die Eingangsdaten des Basisverfahrens eingerechnet. Bei Verwendung des Kapitalwertkriteriums können

- der Kalkulationszinssatz,
- die Zahlungsgrößen und/oder
- die Nutzungsdauer

entprechend korrigiert werden. Rückflüsse werden in diesem Verständnis an eine steigende Unsicherheit angepasst, indem deren Werte reduziert werden. Wenn der Kapitalwert nach der Anpassung der Rückflüsse immer noch positiv ist, so scheint die Investitionsmaßnahme selbst bei der auf diese Weise berücksichtigten Unsicherheit vorteilhaft zu sein.

In der Erhöhung des Kalkulationszinssatzes aus Vorsichtsgründen um einen Risikozuschlag besteht eine andere Möglichkeit, die Unsicherheit zu berücksichtigen. In der einfachsten, aber zugleich am wenigsten aussagekräftigen Variante geschieht die Adjustierung durch einen pauschalen Zinsfuß für Planungsunsicherheit. Offen bleibt dabei, aufgrund welcher inhaltlichen Annahmen und in welcher Höhe diese Zinserhöhung erfolgt. Eine so berücksichtigte Unsicherheit führt tendenziell zu sinkenden Kapitalwerten. Dahinter steht dasselbe Entscheidungskalkül wie bei der Reduktion der Rückflüsse: eine Investition, welche trotz Erhöhung des Kalkulationszinssatzes noch einen positiven Kapitalwert aufweist, scheint absolut vorteilhaft zu sein. Die Erhöhung des Kalkulationszinssatzes führt aufgrund des Zinseszinseffektes jedoch zu einer überproportionalen Belastung weiter in der Zukunft liegender Zahlungsgrößen.

Eine Reduktion der geplanten Nutzungsdauer soll ebenfalls einer gestiegenen Unsicherheit Rechnung tragen. Auch damit lässt sich eine Verringerung des Kapitalwertes in Abhängigkeit von der Unsicherheit abbilden.

Korrekturverfahren sind in keiner Weise geeignet, Unsicherheiten von Investitionsmaßnahmen zu berücksichtigen. Das gründet in der pauschalen Vorgehensweise und der mangelnden Transparenz bei der Behandlung der Unsicherheit und deren Ursachen. Mit den vorgestellten Verfahren werden ausschließlich negative Abweichungen, also Risiken im materiellen Sinn, und nicht die dafür die Grundlage bildende Unsicherheit berücksichtigt. Möglicherweise

---

[18] Schon die Bezeichnung Risikozuschlag weist darauf hin, dass ausschließlich negative Änderungen der verwendeten Eingangsdaten erwartet werden.

mit unsicheren Zukunftsszenarien verbundene Chancen werden nicht abgebildet, es besteht deshalb die Gefahr, Projekte ungerechtfertigterweise als nicht vorteilhaft abzulehnen.

5.3.2 Sensitivitätsanalyse

Im Rahmen der Sensitivitätsanalyse werden Zusammenhänge zwischen den angenommenen Parametern der Investition (z. B. Durchsätze, Preise, Nutzungsdauer) und den ermittelten Wirtschaftlichkeitskriterien aufgezeigt. Dabei wird die Sensitivität der Bewertungsergebnisse in Bezug auf die angenommenen Werte der Parameter ermittelt. Sensitivitätsanalysen sind unter zwei Gesichtspunkten durchführbar:

- Verfahren der kritischen Werte: In welchem Maße dürfen die Parameter von den Planwerten abweichen, ohne dass der Wert des ermittelten Wirtschaftlichkeitskriteriums einen kritischen Wert über- oder unterschreitet?

- Wie ändert sich der Wert des ermittelten Wirtschaftlichkeitskriteriums (z. B. Kapitalwert), wenn die angenommenen Parameter von den Planwerten abweichen?

Im Rahmen des Verfahrens der kritischen Werte wird analysiert, wie weit die Werte der als unsicher betrachteten Eingangsgrößen von den zur Bewertung verwendeten Werten abweichen dürfen, ohne die Vorteilhaftigkeit der Investitionsmaßnahme zu gefährden. Die Vorgehensweise ist folgende:

1. Bestimmung des Vorteilhaftigkeitskriteriums und der als unsicher zu betrachtenden Eingangsgröße.

2. Formulierung der Vorteilhaftigkeitsbestimmungsgleichung unter Berücksichtigung der unsicheren Determinanten einzelner Einflussgrößen.

3. Auflösung der Gleichung nach der bzw. den ausgewählten Determinanten.

Ein Beispiel für die Bestimmung eines kritischen Wertes ist die schon vorgestellte Ermittlung der dynamischen Amortisationsdauer.[19] Die dynamische Amortisationsdauer stellt die kritische Nutzungsdauer eines Objektes dar und ergibt sich aus der Umstellung und Auflösung der Kapitalwertgleichung nach der Nutzungsdauer.

Die andere Variante der Sensitivitätsanalyse variiert einen oder mehrere Eingangswerte um einen bestimmten Prozentsatz und stellt fest, um wie viel Prozent sich die Zielgröße ändert. Als Beispiel für diese Variante wird eine Anlage mit den folgenden Eingangsdaten betrachtet:

---

[19] Vgl. Darstellung auf S. 240.

$I_0 = 400.000 \ €; R_t = 100.000 \ €; L_N = 50.000 \ €; i = 10 \ \% \ p.a.; N = 5.$

Der Kapitalwert beträgt $C_0 = 10.124,74 \ €$. Da der kritische Wert der Rückflüsse 97.329 € beträgt, möchte der Entscheidungsträger klären, wie der Kapitalwert auf Änderungen der Eingangsgrößen reagiert. Das Ergebnis der dazu durchgeführten Sensitivitätsanalyse gibt Abbildung 5.5 wieder. Den größten Einfluss auf den Kapitalwert üben in dem Beispiel die Investitionsauszahlung, die Rückflüsse und die Nutzungsdauer aus. Einen geringeren Einfluss dagegen besitzen der Kalkulationszinssatz und die Liquidationseinzahlung.

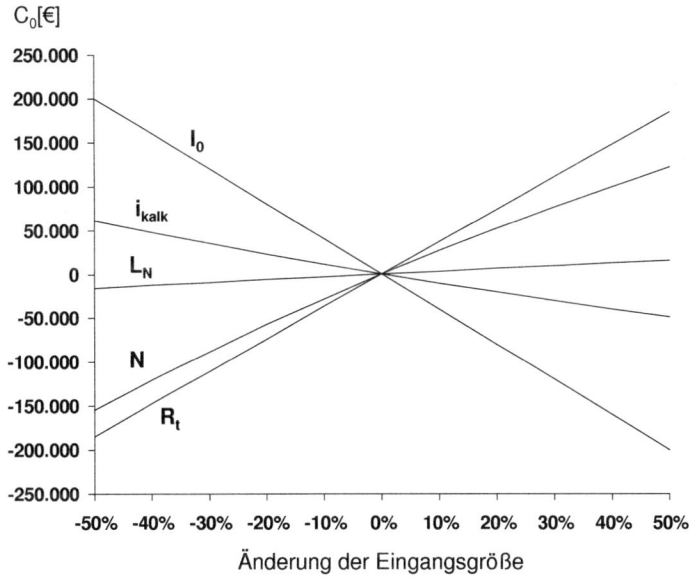

Abbildung 5.5. Ergebnisse der Sensitivitätsanalyse

Die Sensitivitätsanalyse liefert mit relativ geringem Rechenaufwand wertvolle Informationen über die Struktur der Investition und zeigt mögliche Schwachstellen auf. Mit diesem Verfahren lassen sich die für das jeweilige Entscheidungskriterium besonders relevanten Einflussparameter und möglichen Zusammenhänge zwischen diesen aufdecken und analysieren. Wechselwirkungen zwischen den Einflussgrößen können jedoch nicht dargestellt werden.

5.3.3 Risikoanalyse

Die zur Gewinnung von Wahrscheinlichkeitsverteilungen für ein Entscheidungskriterium eingesetzten Verfahren (analytische oder simulative Methoden) werden unter dem Begriff Risikoanalyse subsumiert. Auf der Basis von Wahrscheinlichkeitsverteilungen für die Bewertungsparameter wird eine vollständige Wahrscheinlichkeitsverteilung für die Ergebnisgröße ermittelt. Dabei werden folgende Schritte durchlaufen:

- In der Voruntersuchung müssen ein geeignetes Modell (Investitionsrechenverfahren) gewählt und die als unsicher betrachteten Parameter definiert werden.

- Im Anschluss daran werden die notwendigen Wahrscheinlichkeiten ermittelt und mögliche stochastische Abhängigkeiten zwischen den unsicheren Inputparametern abgebildet.

- Als nächstes werden die Eingabedaten entsprechend dem Modell verarbeitet und eine Wahrscheinlichkeitsverteilung für die Zielgröße ermittelt sowie die Ergebnisse interpretiert.

Die Auswahl des Modells erfolgt in der Regel unter Rückgriff auf ein dynamisches Verfahren, weshalb darauf nicht näher eingegangen wird. Die Verarbeitung der Eingangsdaten ist auf analytischem oder simulativem Weg möglich. Die analytischen Ansätze sind aufgrund der restriktiven Annahmen nur beschränkt verwendbar. Im Rahmen der simulativen Ermittlung wird für mehrere unterschiedliche, zufallsverteilte Datensätze die Zielgröße ermittelt. Nach einer hinreichend großen Anzahl von Simulationsläufen ergibt sich eine Verteilungsfunktion der Zielfunktionswerte, aus welchem sich das Risikoprofil der Investition ableitet. Zur Durchführung einer Risikoanalyse ist es i. d. R. unerlässlich, auf eine standardisierte Software zurückzugreifen. Die Lage und Form der Verteilungsfunktion ermöglicht Schlussfolgerungen in Bezug auf die Verteilung und Höhe des Zielfunktionswertes. Zusätzlich sind Aussagen über die Verlustwahrscheinlichkeit möglich.

Im Folgenden wird das Beispiel aus Abschnitt 5.3.2 wieder aufgegriffen. Die dort verwendeten Eingangsdaten werden nun mit folgenden Zufallsverteilungen belegt:

Eingangsparameter	Verteilung
R_t	Normalverteilung (100.000; 40.000)
L_N	Dreiecksverteilung (30.000; 50.000; 70.000)
N	Dreiecksverteilung (4; 5; 6)
i	Normalverteilung (0,10; 0,03)

Das Ergebnis der Risikoanalyse auf Simulationsbasis ist in Abbildung 5.6 dargestellt. In dem Beispiel ergibt die Risikoanalyse eine Verlustwahrscheinlichkeit von ca. 48 %, einen Mittelwert des Kapitalwertes in Höhe von 11.742,- € sowie eine Standardabweichung von 158.426,- €. Der Graph bildet das aus der unsicheren, zukünftigen Entwicklung der wichtigsten Eingangswerte resultierende Risiko ab. Verschiedene Investitionsalternativen können durch die Gegenüberstellung der kumulierten Wahrscheinlichkeiten verglichen werden.

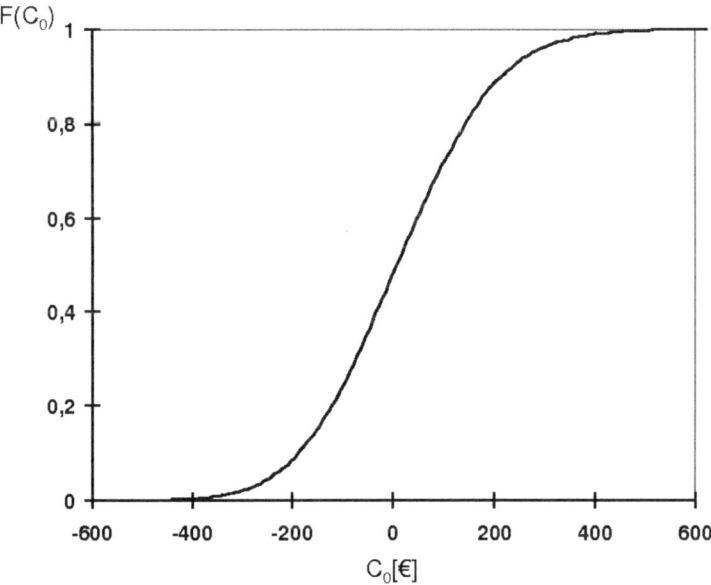

Abbildung 5.6. Ergebnisgraph der Risikoanalyse

Die Ergebnisse der Risikoanalyse sind dahingehend zu interpretieren, dass aus einer Investitionsalternative, die auf keinen Fall einen negativen Kapitalwert zur Folge hat, kein Risiko resultiert. Diese Alternative ist durchzuführen und demzufolge absolut vorteilhaft.

Absolute Vorteilhaftigkeit: Beträgt bei einer Investitionsalternative die Wahrscheinlichkeit eines negativen Kapitalwertes Null, ist diese absolut vorteilhaft.

Um Aussagen über die relative Vorteilhaftigkeit treffen zu können, sind Kenntnisse bzw. Annahmen in Bezug auf die Risikoeinstellung des Entscheidungsträgers erforderlich. Der Vorteil der Risikoanalyse liegt in der simultanen Berücksichtigung unterschiedlicher Wahrscheinlichkeitsverteilungen und deren Aggregation in dem Endergebnis. Damit wird die Bandbreite der zukünftigen Entwicklungen der Zielgröße abgebildet. Nachteilig bei der Risikoanalyse ist, dass auch die verwendeten Wahrscheinlichkeitsverteilungen der Eingangsdaten beschafft bzw. gewonnen werden müssen. Für die Gewinnung dieser Daten auf Basis von Analysen historischer Entwicklungen sind die Datenverfügbarkeit und der Auswertungsaufwand zu überprüfen. Darüber hinaus ist ein entsprechendes Simulationsprogramm erforderlich, was in Großunternehmen jedoch häufig zur Verfügung steht.

5.4 Übungsaufgaben

1. Eine Investition verursacht eine Anschaffungszahlung von 80.000 €. Innerhalb der folgenden fünf Jahre ist mit laufenden Auszahlungen für den Anlagebetrieb von 25.000 €/a zu rechnen. Die Erlöse aus dem Betrieb der Anlage belaufen sich in den ersten beiden Jahren auf jeweils 35.000 € und in den restlichen Jahren auf jeweils 50.000 €. Nach der Nutzungsdauer wird mit einem Liquidationserlös von 5.000 € gerechnet. Der Kalkulationszinssatz beträgt 7 %. Berechnen Sie:

   • den statischen Durchschnittsgewinn pro Jahr

   • die statische Durchschnittsrendite und

   • die statische Amortisationsdauer.

2. Ein Unternehmen plant die Durchführung eines Investitionsprojektes. Es liegen die zwei Alternativen A und B mit folgenden Daten vor:

Einflussgrößen	Anlage A	Anlage B
Nutzungsdauer in Jahren	8	
Absatzmenge pro Jahr	25.000	24.000
Absatzpreis pro Produkteinheit in €	8	
Anschaffungspreis in €	220.000	240.000
Einrichtungs- und Frachtkosten in €	25.000	30.000
Liquidationserlös am Laufzeitende in €	15.000	
Fixe Betriebskosten in €/a	10.000	24.000
Variable Stückkosten in € pro Produkteinheit	4,60	4,40
Kalkulationszinssatz	7	

Ermitteln Sie das vorteilhaftere Projekt mit der:

   • Gewinnvergleichsrechnung,

   • Rentabilitätsvergleichsrechnung sowie

   • statischen Amortisationsrechnung.

3. Ein Autofahrer, der einen Unfall verschuldet und gemeldet hat, steht vor folgendem Entscheidungsproblem:

- Er kann die Reparatur selbst übernehmen. Kosten: 500 €.
- Er kann den Schaden über seine Haftpflichtversicherung regeln. In diesem Fall sind folgende erhöhte Prämienzahlungen einzukalkulieren: 1. Jahr: 150,- €; 2. Jahr: 150,- €; 3. Jahr: 150,- €; 4. Jahr: 100,- €; 5. Jahr: 100,- €

Was empfehlen Sie bei Verwendung eines Kalkulationszinssatzes von $i = 5\%$?

4. Eine zu Rationalisierungszwecken geplante Investition verursacht Investitionsauszahlungen in Höhe von 250.000 ,- €. Welchen zahlungswirksamen Effekt muss die Rationalisierung jährlich erzielen, damit der investierte Betrag innerhalb von 10 Jahren mit einer Verzinsung von 8 % wiedergewonnen werden soll?

5. Gegeben seien die beiden Projekte A und B bei einem Kalkulationszinssatz von $i = 8\%$ und folgenden Zahlungsreihen:

T	0	1	2	3	4
Projekt A	-35	20	15	10	5
Projekt B	-35	5	10	15	26

  a) Welches der Projekte ist bei Verwendung der Kapitalwertmethode vorteilhaft?

  b) Der interne Zinssatz der Investition A beträgt 20,5 %, der der Investition B 16,8 %. Welcher Kalkulationszinssatz muss verwendet werden, damit beide Verfahren zum selben Ergebnis führen?

6. Ein Metall verarbeitendes Unternehmen ist gezwungen, Ersatzinvestitionen durchzuführen, und kann zwischen folgenden Alternativen wählen:

Objekt A				
Periode	1	2	3	4
Laufende Einzahlungen in €/a	60.000	64.000	76.000	76.000
Laufende Auszahlungen in €/a	35.000	39.000	43.000	48.000
Investitionsauszahlung in €	100.000			
Liqu.-einzahlung nach 4 Perioden in €	10.000			

Objekt B				
Periode	1	2	3	4
Laufende Einzahlungen in €/a	124.000	113.000	87.000	75.000
Laufende Auszahlungen in €/a	45.000	43.000	57.000	55.000
Investitionsauszahlung in €	180.000			
Liqu.-einzahlung nach 4 Perioden in €	12.000			

Ermitteln Sie das vorteilhafte Projekt mit einem Kalkulationszinssatz von 6 % mit der

- Kapitalwertmethode,

- Annuitätenmethode und

- dynamischen Amortisationsrechnung!

7. Die Betonhuber AG hat die Möglichkeit, ein Kiesvorkommen über einen Zeitraum von 10 Jahren auszubeuten. Dabei treten folgende Zahlungsströme auf:

	E_t in €	A_t in €
Erstes bis einschließlich fünftes Jahr	1.500.000	900.000
Sechstes bis einschließlich zehntes Jahr	2.000.000	1.000.000

Zum Erwerb und zur Erschließung sind insgesamt 5 Mio. € erforderlich, wovon eine Hälfte bei Vertragsabschluss in $t = 0$ und die zweite Hälfte nach einem Jahr zu zahlen ist. Zum Ende der Nutzungsdauer kann das Grundstück nach Rekultivierungsmaßnahmen als Naherholungsgebiet genutzt werden. Die in $t = 11$ erforderlichen Auszahlungen zur Rekultivierung belaufen sich auf 1 Mio. €. Die erzielbaren Einzahlungsüberschüsse aus der touristischen Nutzung werden mit jährlich 100.000 € angenommen, welche beginnend ab $t = 11$ über einen Nutzungszeitraum von mehr als 20 Jahren erzielt werden. Der Kalkulationszinssatz beträgt 8 %. Beurteilen Sie die Vorteilhaftigkeit der Maßnahme mit der Kapitalwertmethode!

8. Der Planungszeitraum eines Investors beträgt 7 Jahre, das zu analysierende Investitionsobjekt verursacht Investitionsauszahlungen in Höhe von 2.000 GE. Damit werden jährlich Rückflüsse in Höhe von 700 GE erzielt. In Periode $t = 2$ werden Instandhaltungsauszahlungen in Höhe von 100 GE erforderlich, die in den darauf folgenden Jahren jährlich um 100 GE ansteigen. Ein Verkauf des Investitionsobjektes ist zu jedem Zeitpunkt möglich. Die dabei erzielbaren Einzahlungen sinken bezogen auf den Vorjahreswert jährlich um 20 %.

a) Welche Nutzungsdauer ist bei einem Kalkulationszinssatz von 10 % optimal?

b) Wie groß ist der Grenzeinzahlungsüberschuss in $t = 3$ und was besagt diese Zahl?

c) Welche Nutzungsdauer ist bei einem unendlichen Planungszeitraum und unter Annahme unendlicher, identischer Wiederholungen optimal?

9. Eine Anlage ist durch folgende Zahlungsströme gekennzeichnet:

t	0	1	2	3	4	5	6
R_t	-580	180	150	150	140	140	85
L_N		490	410	310	250	210	150

a) Wie lautet die optimale Nutzungsdauer ohne Ersatzanlage bei einem Kalkulationszinssatz von 10 %?

b) Welchen Betrag weist der Kapitalwert in dieser Periode auf?

c) Wie lautet die optimale Nutzungsdauer mit einmaliger, identischer Ersatzanlage bei einem Kalkulationszinssatz von 10 %? Welchen Betrag weist der Kapitalwert in dieser Periode auf?

10. Der Kapitalwert einer Investition mit sechsjähriger Nutzungsdauer beträgt bei Verwendung eines Kalkulationszinssatzes von 9 % 1.000 €. Wie groß ist der Kapitalwert einer unendlichen Kette identischer Investitionen?

11. Zu einer Investitionsmaßnahme sind folgende Ausgangsdaten gegeben:

- Zahlungsreihe: $\{ -90.000_0,- €; 35.000_1,- €; 35.000_2,- €; 35.000_3,- €\}$
- Eigenmittel: 30.000,- €
- Kredit mit Endtilgung: 25.000,- € zu 6 % p.a.
- Ratenkredit: 30.000,- € zu 5 % p.a.
- Kontokorrentkredit: 5.000,- € zu 11 %p.a.
- Guthabenzinssatz: 4 % p.a.
- Opportunitätszinssatz: 7 % p.a.

a) Ermitteln Sie die absolute Vorteilhaftigkeit mit der Methode des vollständigen Finanzplanes! Nutzen Sie folgende Struktur:

	$t = 0$	$t = 1$	$t = 2$	$t = 3$
Zahlungsreihe				
Eigenmittel				
Kredit mit Ratentilgung				
Tilgung				
Zinsen				
Kredit mit Endtilgung				
Tilgung				
Zinsen				
Kontokorrentkredit				
Tilgung				
Zinsen				
Geldanlage				
Habenzinsen				
Finanzierungssaldo				
Bestandsgrößen				
Ratentilgung				
Endtilgung				
Kontokorrent				
Guthabenbestand				
Bestandssaldo (EW^M)				

b) Ermitteln Sie die Rentabilität der eingesetzten eigenen Finanzmittel!

c) Welches ist der wesentliche Unterschied zwischen der Kapitalwertmethode und der Methode der vollständigen Finanzpläne?

12. Die Interne-Zinssatz-Methode ist ein weit verbreitetes Entscheidungsinstrument zur Beurteilung der Vorteilhaftigkeit von Investitionsalternativen.

a) Nennen Sie zwei grundsätzliche Probleme die mit der Verwendung der Methode des internen Zinssatzes verbunden sind!

b) Für welche Vorteilhaftigkeitsentscheidung ist die Interne-Zinssatz-Methode geeignet?

c) Für welche Art der Investition ist die Interne-Zinssatz-Methode geeignet? Wodurch sind diese Investitionen gekennzeichnet?

13. In der betrieblichen Praxis wird die Unsicherheit der Eingangsdaten von Investitionsprojekten häufig durch Korrekturverfahren berücksichtigt.

    a) Kennzeichnen Sie Korrekturverfahren am Beispiel von drei Einflussfaktoren des Kapitalwertes!

    b) Erläutern Sie die Nachteile dieser Vorgehensweise!

    c) Nennen und erläutern Sie zwei alternative Verfahren zur Berücksichtigung von Unsicherheit!

14. Ein Investor mit einem unendlichen Planungshorizont kann eine bestehende Anlage sofort oder innerhalb der nächsten vier Jahre ersetzen. Die neue Anlage besitzt eine optimale Nutzungsdauer von fünf Jahren. Ermitteln Sie, wann die alte Anlage ersetzt werden soll! Verwenden Sie einen Kalkulationszinssatz von 7 % und die Daten aus der folgenden Tabelle.

Altanlage					
Periode	0	1	2	3	4
R_t^{Alt}	1.200	1.050	1.050	900	800
L_N	1.000	750	650	500	300
Neue Anlage					
R_t^{Neu}	-2.000	1.500	1.200	1.000	900

5.5 Zitierte und weiterführende Literatur

Blohm, H./Lüder, K. (1995): Investition. München: Vahlen

Däumler, K. (2003): Grundlagen der Investitions- und Wirtschaftlichkeitsrechnung. Berlin: nwb

Götze, U./Bloech, J. (2003): Investitionsrechnung. Berlin, u.a.: Springer

Hering, T. (2003): Investitionstheorie. München: Oldenbourg

Perridon, L./Steiner, M. (2004): Finanzwirtschaft der Unternehmung. München: Vahlen

Schäfer, H. (1999): Unternehmensinvestitionen. Heidelberg: Physica

Normen und Richtlinien

DIN 31051 (06/03): Grundlagen der Instandhaltung

DIN EN 13306:2001: Begriffe der Instandhaltung

DIN EN 60300-3-3:2004: Zuverlässigkeitsmanagement - Teil 3-3: Anwendungsleitfaden Lebenszykluskosten (gültig ab 01.03.2005)

6

Finanzierung

6.1 Begriff und Charakteristika der Finanzierung

Die Beschaffung von finanziellen Mitteln jeder Art sowie die Freisetzung gebundener Mittel zur Durchführung des unternehmerischen Leistungserstellungsprozesses wird als Finanzierung bezeichnet. Dabei sind unterschiedliche Zielstellungen zu verfolgen (vgl. Abbildung 6.1). Das Unternehmen muss Zahlungsforderungen jederzeit erfüllen können, d.h. die Liquidität des Unternehmens ist sicherzustellen. Darüber hinaus ist für das eingesetzte Kapital eine entsprechende Verzinsung zu erzielen und die Finanzierung ist so zu gestalten, dass keine Abhängigkeitsbeziehungen zwischen Kapitalgeber und Unternehmen entstehen. Das Verhältnis von Fremdkapital zu Eigenkapital ist so einzurichten, dass die Unternehmenstätigkeit langfristig finanziert werden kann. Die Finanzierung bildet einen Zahlungsstrom, der mit einer Einzahlung beginnt und in der Zukunft Auszahlungen erwarten lässt. Finanzielle Mittel können durch Aufnahme von Fremd- bzw. Eigenkapital beschafft werden. Unter Kapital ist die Summe aller Ansprüche gegen ein Unternehmen zu verstehen, deren Erfüllung auf bestimmte oder unbestimmte Zeit aufgeschoben ist, wobei die Summe dieser Ansprüche auf die Höhe des Vermögens limitiert wird. Unternehmen verfügen über eine Reihe von Finanzierungsmöglichkeiten, die unterschieden werden nach:

- der Überlassungsfrist des Kapitals,
- der Herkunft des Kapitals und
- der Rechtsstellung des Kapitalgebers.

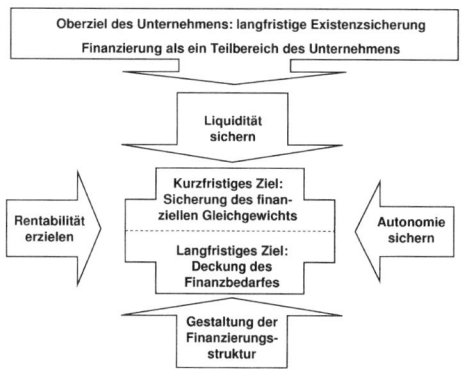

Abbildung 6.1. Zielkonzeption der Finanzierung[1]

Nach der Frist der Überlassung wird in kurz-, mittel- und langfristige Finanzierung unterschieden. Als kurzfristig werden Zeiträume bis zu einem Jahr und als mittelfristig Zeiträume von bis zu vier Jahren bezeichnet. Eine langfristige Finanzierung liegt vor, wenn dem Unternehmen Kapital für einen Zeitraum von mehr als vier Jahren zur Verfügung steht.

Mittelbar wird dem Unternehmen Kapital stets von außen zugeführt, unmittelbar betrachtet kann dieses jedoch auch aus dem Unternehmen selbst stammen (Innenfinanzierung) oder von außen dem Unternehmen zufließen (Außenfinanzierung) (vgl. Tabelle 6.1). Wesentliche Quelle der Innenfinanzierung sind die Umsatzerlöse, welche im Unternehmen unterschiedlich verwendet werden können. Führen die Umsatzerlöse zu Gewinnen, welche nicht ausgeschüttet werden, liegt Selbstfinanzierung vor. Bei der Produktkalkulation werden Abschreibungen verrechnet,[2] welche zu einer kontinuierlichen Umwandlung von abnutzbaren Vermögensgegenständen in Geld führen, was als Finanzierung aus Abschreibungsgegenwerten bezeichnet wird. Neben dieser regulären Umwandlung von Vermögen in liquide Mittel kann ein Unternehmen andere, nicht betriebsnotwendige Bestandteile des Vermögens veräußern und sich auf diese Weise intern durch eine Vermögensumschichtung finanzieren. Bei Vorliegen bestimmter Voraussetzungen können Rückstellungen gebildet werden,[3] als deren Quelle ebenfalls die Umsatzerlöse dienen, weshalb Innenfinanzierung vorliegt.

Im Rahmen der Außenfinanzierung können vom Unternehmen Kredite bzw. neue Miteigentümer oder Anteilseigner aufgenommen werden oder schon beteiligte Personen können ihren Anteil erhöhen. Da die Anteilseigner am Un-

---

[1] Vgl. Schäfer (2002, S. 53).
[2] Vgl. zu kalkulatorischen Abschreibungen S. 157.
[3] Vgl. S. 129.

Tabelle 6.1. Beziehung der Finanzierungsformen

Rechtliche Stellung / Kapitalherkunft	Eigenfinanzierung	Fremdfinanzierung
Innenfinanzierung	- Selbstfinanzierung - Finanzierung aus Vermögensumschichtung - Finanzierung aus Abschreibungsgegenwerten	- Finanzierung aus Rückstellungen
Außenfinanzierung	- Beteiligungsfinanzierung	- Kreditfinanzierung - Subventionsfinanzierung

ternehmen teilhaben, liegt Beteiligungsfinanzierung vor. Aus dieser Sichtweise resultiert die Differenzierung der Finanzierung in Fremd- und Eigenfinanzierung. Im Fall der Eigenfinanzierung erhöht sich das Eigenkapital des Unternehmens, wohingegen die Zuführung von Fremdkapital als Fremdfinanzierung bezeichnet wird. Hierbei erwerben die Gläubiger kein Eigentum am Unternehmen, sondern sind mit diesem schuldrechtlich verbunden. Da keine Beteiligung entsteht, besitzen die Fremdkapitalgeber keine Mitsprache-, Kontroll- und Entscheidungsbefugnisse. Darüber hinaus können Unternehmen Finanzhilfen verschiedener Träger in Anspruch nehmen, welche sowohl Fremd- als auch Eigenkapital zur Verfügung stellen, was als Subventionsfinanzierung bezeichnet wird. Diese Finanzierungsform wird im weiteren Verlauf nicht detailliert dargestellt. Neben den eindeutig der Eigen- oder Fremdfinanzierung zuordenbaren Finanzierungsformen bestehen noch Finanzierungsmischformen (Wandelschuldverschreibung, Genussscheine und Gewinnobligation). Welche der unterschiedlichen Finanzierungsformen genutzt werden können, ist von folgenden Faktoren abhängig:

• Eigenschaften des Unternehmers: Persönlichkeitsaspekte (Motivation, Qualifikation, Grundeinstellung zur Zukunft und Kontrollbedürfnis) beeinflussen nicht nur die Rechtsformwahl, sondern in erheblichem Maße auch die Wahrnehmungen, Vorstellungen und Einstellungen gegenüber den Finanzierungsformen.

• Lebenszyklus des Unternehmens: In der Gründungsphase eines Unternehmens stellt die Beteiligungsfinanzierung die wichtigste Finanzierungsform dar: die Unternehmensgründer bringen eigene Mittel in das Unternehmen ein. Die Fremdfinanzierung spielt aufgrund der schlecht einschätzbaren

Zukunftsaussichten des Unternehmens in dieser Phase eine untergeordnete Rolle und auch die Möglichkeiten zur Innenfinanzierung sind durch die noch nicht vorhandenen bzw. äußerst geringen Umsätze stark eingeschränkt. Mit zunehmender Reife des Unternehmens, breiterer Eigenkapitalbasis und wachsenden Umsätzen können die Fremd- und/oder die Innenfinanzierung genutzt werden.

- Andere interne Faktoren: Unternehmensgröße, die bereits vorhandene Vermögensstruktur, der Geschäftsgegenstand, die Rentabilität des Unternehmens.

- Externe Faktoren: gesamtwirtschaftliche Situation, Finanzierungskonditionen, politische Rahmenbedingungen.

6.2 Außenfinanzierung

6.2.1 Beteiligungsfinanzierung

Wird dem Unternehmen Eigenkapital durch den Eigentümer (Einzelunternehmung), die Miteigentümer (Personengesellschaft) oder die Anteilseigner (Kapitalgesellschaft) zugeführt, liegt Beteiligungsfinanzierung vor. Eigenkapital kann in Form von

- Geldeinlagen,
- Sacheinlagen oder
- Rechten

in ein Unternehmen eingebracht werden. Mit Hinblick auf die Bewertung sind Geldeinlagen am einfachsten zu handhaben, wohingegen bei Sacheinlagen und bei Rechten die Frage zu klären ist, mit welchem Ansatz diese zu bewerten sind.

Eigenkapitalgeber verfügen grundsätzlich über ein Anrecht auf Beteiligung am Gewinn, am Vermögen und am Liquidationserlös. Darüber hinaus erhält der Eigenkapitalgeber Informations-, Mitsprache-, Kontroll- und Mitentscheidungsrechte. Im Gegenzug trägt der Eigenkapitalgeber das Unternehmensrisiko, welches in Abhängigkeit von der Unternehmensrechtsform auf die Höhe der Einlage beschränkt sein kann. Entsprechend der Rechtsform des Unternehmens werden emissionsfähige Unternehmen (KGaA, AG) und nicht emissionsfähige Unternehmen (OHG, GmbH, KG, BGB-Gesellschaft, stille Gesellschaft) unterschieden.

6.2.1.1 Beteiligungsfinanzierung nicht emissionsfähiger Unternehmen

Einzelkaufleute

Die Beschaffung von Eigenkapital für eine Einzelunternehmung ist vollständig von der Person des Unternehmers abhängig, da im Wesentlichen ausschließlich sein Vermögen zur Verfügung steht. Da das Eigenkapital variabel ist (es besteht keine gesetzliche Vorschrift über die Höhe des Eigenkapitals), kann es vom Unternehmer durch Zuführung aus dem Privatvermögen erhöht und durch Entnahmen auch verringert werden. Beim Einzelkaufmann liegen keine Konflikte zwischen Kapitalgeber und Unternehmensleitung vor, da der Unternehmer alle Rechte und Pflichten selbst trägt.

Personengesellschaften

Bei der OHG ist die Höhe des Eigenkapitals ebenfalls nicht vorgeschrieben. Eigenkapital kann durch die Erhöhung der Einlagen bestehender Gesellschafter oder durch die Aufnahme neuer Gesellschafter aufgebracht werden. Da mit den Haftungspflichten auch entsprechende Mitbestimmungsrechte verbunden sind, ist die Aufnahme neuer Gesellschafter nur begrenzt möglich.

In einer KG existiert neben der Einlagenerhöhung der bestehenden oder der Aufnahme neuer Komplementäre durch die Aufnahme von Kommanditisten eine weitere Möglichkeit zur Eigenkapitalerhöhung. Komplementäre haften wie die Gesellschafter einer OHG, die Kommanditisten hingegen lediglich in Höhe der Kapitaleinlage, deren Höhe beliebig ist. Demgegenüber sind Kommanditisten von der Beteiligung an der Geschäftsführung ausgeschlossen.

Neben diesen Varianten der Eigenkapitalbeschaffung können Unternehmen das Eigenkapital durch die Aufnahme eines stillen Gesellschafters erhöhen. Der stille Gesellschafter ist am Gewinn stets zu beteiligen, die Verlustbeteiligung ist auf die Höhe der Einlage beschränkt bzw. kann auch ausgeschlossen werden.

Im Rahmen einer BGB-Gesellschaft kann Eigenkapital durch Einlagenerhöhung bzw. die Aufnahme neuer BGB-Gesellschafter beschafft werden.

GmbH

Die Kapitalerhöhung einer GmbH ist gegen Einlagen oder aus Gesellschaftsmitteln möglich. Im Rahmen der Kapitalerhöhung gegen Einlagen werden neue Mittel in Form von Geld oder Sacheinlagen zugeführt. Wenn Rücklagen in Stammkapital umgewandelt werden, liegt eine Kapitalerhöhung aus Gesellschaftsmitteln vor. Die Haftungsbeschränkungen der GmbH erleichtern die Eigenkapitalaufnahme, die geringe Handelbarkeit der GmbH-Anteile hingegen begrenzt diese.

Während der Gründungsphase von Unternehmen ist neben den bisher darge-stellten Formen der Eigenkapitalbeschaffung eine Venture Capital-Finanzie-rung möglich. Die Eigenkapitalgeber beteiligen sich von Anfang an nur für einen begrenzten Zeitraum an dem Unternehmen, übernehmen jedoch gleich-zeitig auch Managementfunktionen. Diese Form der Beteiligungsfinanzierung ermöglicht jungen Unternehmen in innovativen Geschäftsbereichen die De-ckung des typischerweise großen Finanzmittelbedarfes. Für die Übernahme des hohen Risikos erwarten die Venture Capital-Anbieter eine überdurch-schnittliche Wertsteigerung der Eigenkapitalanteile, welche durch Veräuße-rung realisiert werden.

6.2.1.2 Beteiligungsfinanzierung emissionsfähiger Unternehmen

Mit der Ausgabe von Aktien, einer wesentlichen Finanzierungsform von Akti-engesellschaften,[4] können große Eigenkapitalbeträge aufgebracht werden. Die Aktionäre haben die Möglichkeit, Anteile schon mit geringen Nennbeträgen zu erwerben, die sie darüber hinaus an andere Anleger veräußern können, was ebenfalls die Eigenkapitalbereitstellung erleichtert. Aktien können nach unter-schiedlichen Kriterien in verschiedene Arten unterteilt werden (vgl. Abbildung 6.2).

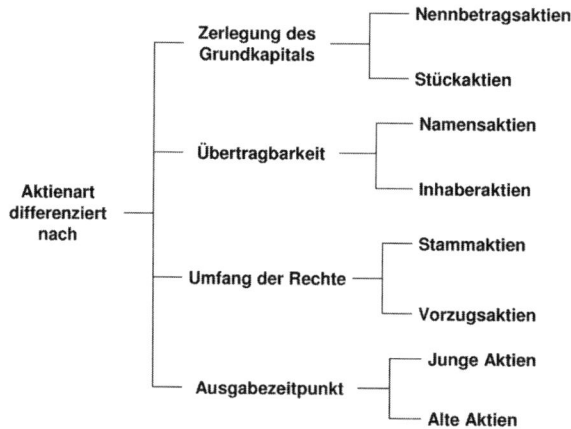

Abbildung 6.2. Unterteilungsmöglichkeiten von Aktien

Wird das Grundkapital in Nennwertaktien eingeteilt, werden Nennbetrags-aktien emittiert, deren Summe das Grundkapital ergibt. Die Ausgabe von

---

[4] Vgl. Kapitel 1.2.3, S. 14.

Stückaktien setzt voraus, dass in der Satzung die Anzahl der insgesamt umlaufenden Aktien angegeben wird, so dass keine Nennwertangabe erforderlich wird.

In Bezug auf die Übertragung der Aktien kann zwischen Inhaber- und Namensaktien unterschieden werden. Als Inhaberaktien werden Aktien bezeichnet, welche durch Einigung und Übergabe übertragen werden. Jede Person, in deren Eigentum sich die Aktie befindet, kann die daraus resultierenden Rechte geltend machen. Im Gegensatz dazu tragen Namensaktien den Namen des Aktionärs, welcher in das Aktienregister mit Namen, Geburtsdatum und Adresse eingetragen wird. Dem höheren Verwaltungsaufwand der Namensaktien steht die erleichterte Kommunikation der AG mit den Aktionären gegenüber.

Nach dem Umfang der verbrieften Rechte werden Stammaktien und Vorzugsaktien unterschieden. Stammaktien verbriefen alle im Aktiengesetz für den Normalfall vorgesehenen Rechte.[5] Vorzugsaktien räumen dem Inhaber über die im Aktiengesetz als Mindestmaß vorgeschriebenen hinausgehend zusätzliche Rechte ein. Das kann die Gewinnverteilung (Dividendenvorzüge), die Stimmrechtsausübung (Stimmrechtsvorzüge) oder den Anteil am Liquidationserlös betreffen. Die Ausgabe von Mehrstimmrechtsaktien ist seit dem 01.06.2003 nicht mehr zulässig, bestehende Mehrstimmrechte erlöschen, wenn die Hauptversammlung deren Fortgeltung nicht mit mindestens 75 % des anwesenden Grundkapitals beschlossen hat.

Erhöht eine AG das Grundkapital, werden junge Aktien ausgegeben. Bisher umlaufende Aktien werden im Gegensatz dazu als alte Aktien bezeichnet. Junge Aktien sind Aktien aus einer Kapitalerhöhung, die für das laufende Geschäftsjahr noch nicht bzw. noch nicht voll dividendenberechtigt sind. Nach dem nächsten Dividendentermin werden die jungen Aktien den alten Aktien gleichgestellt.

Aktiengesellschaften können mit Bareinlagen oder Sacheinlagen gegründet werden. Die Verpflichtung der Aktionäre zur Bareinlage besteht immer, soweit die Satzung nicht ausdrücklich ein Recht zur Sacheinlage vorsieht. Nach Gründung der AG ist eine Kapitalerhöhung zur Beschaffung von Finanzmitteln aus unterschiedlichen Gründen möglich. So entsteht ein erhöhter Finanzmittelbedarf häufig im Zusammenhang mit Expansionsbestrebungen des Unternehmens, aber auch im Rahmen von Sanierungsmaßnahmen. Im Gegensatz zur Kreditfinanzierung erhält das Unternehmen finanzielle Mittel ohne damit verbundene festgeschriebene Zins- und Tilgungsverpflichtungen. Die Entscheidung zwischen Kapitalerhöhung oder Kreditaufnahme ist neben der Unternehmensbranche abhängig von der Fristigkeit des Kapitalbedarfes und von den Rahmenbedingungen auf dem Kapitalmarkt (z. B. Zinssatz für Kredite, Aufnahmefähigkeit des Marktes für junge Aktien).

---

[5] Vgl. zu den gesetzlichen Aktionärsrechten Kapitel 1.2.3, S. 16.

Eine Kapitalerhöhung kann mit dem Zufluss von Geld- oder Sacheinlagen oder ohne einen solchen Zufluss erfolgen. Im Rahmen der Kapitalerhöhung aus Gesellschaftsmitteln erhält das Unternehmen keine Mittel von außen, sondern es wandelt Teile der Kapitalrücklage bzw. der Gewinnrücklage in Grundkapital um. Die Kapitalerhöhung erfolgt demzufolge aus finanziellen Mitteln, welche dem Unternehmen in früheren Perioden zugeflossen sind. Kapitalerhöhungen mit der Zuführung neuer Finanzmittel sind:

- die ordentliche Kapitalerhöhung,
- die genehmigte Kapitalerhöhung und
- die bedingte Kapitalerhöhung.

Die ordentliche Kapitalerhöhung stellt die Normalform der Beteiligungsfinanzierung dar. Dabei werden gegen Zuführung von Geld- oder Sacheinlagen junge Aktien ausgegeben. Altaktionäre verfügen grundsätzlich über ein Recht auf den Bezug junger Aktien entsprechend der bisherigen Beteiligung an der Gesellschaft. Dieses Recht wird als Bezugsrecht bezeichnet. Der rechnerische Wert des Bezugsrechtes wird vom Bezugsverhältnis, dem Emissionskurs der jungen Aktien (auch Bezugskurs oder Ausgabekurs genannt) und dem Börsenkurs der alten Aktien bestimmt. Das Bezugsverhältnis spiegelt die Relation des bisherigen Grundkapitals zum Erhöhungskapital wider und gibt an, auf wie viele alte Aktien welche Anzahl junger Aktien entfällt. Das Bezugsrecht stellt einen Ausgleich für den Wertverlust der alten Aktien dar und ermöglicht die Wahrung des bestehenden Stimmrechts- und Beteiligungsverhältnisses. Der Altaktionär muss das Bezugsrecht nicht ausüben, sondern kann es auch verkaufen.

Die Differenz zwischen dem Emissionskurs und dem Nennwert der jungen Aktien wird als Agio (Aufgeld) bezeichnet. Das Agio wird nicht dem Grundkapital, sondern der Kapitalrücklage zugeführt und stellt für das Unternehmen kostenlose Liquidität dar, da dieses nicht dividendenberechtigt ist. Der Emissionskurs der jungen Aktien liegt im Normalfall zwischen Nennwert und Börsenkurs. Je größer die Differenz zwischen Nennwert und Börsenkurs, desto höher ist auch das Agio.

Im Rahmen der genehmigten Kapitalerhöhung wird der Vorstand durch die Hauptversammlung zur Erhöhung des Grundkapitals für einen Zeitraum von maximal fünf Jahren berechtigt. Auf diese Weise verfügt das Unternehmen über die Möglichkeit, einen günstigen Zeitpunkt zur Kapitalerhöhung abzuwarten. Eine bedingte Kapitalerhöhung ist nur zulässig zur Gewährung von Umtausch- oder Bezugsrechten an Gläubiger von Wandelschuldverschreibungen, zur Vorbereitung von Unternehmenszusammenschlüssen oder zur Ausgabe von Belegschaftsaktien.

6.2.2 Externe Fremdfinanzierung

6.2.2.1 Grundlagen der Fremdfinanzierung

Im Rahmen der externen Fremdfinanzierung wird dem Unternehmen Fremdkapital von außen zugeführt (vgl. Tabelle 6.1, S. 265). Einen großen Anteil an der externen Fremdfinanzierung hat die Kreditfinanzierung (vgl. Abbildung 6.3). Neben den unterschiedlichen Formen der Kreditfinanzierung sind Leasing und Factoring als Sonderformen der Fremdfinanzierung für die Unternehmen von besonderer Bedeutung.

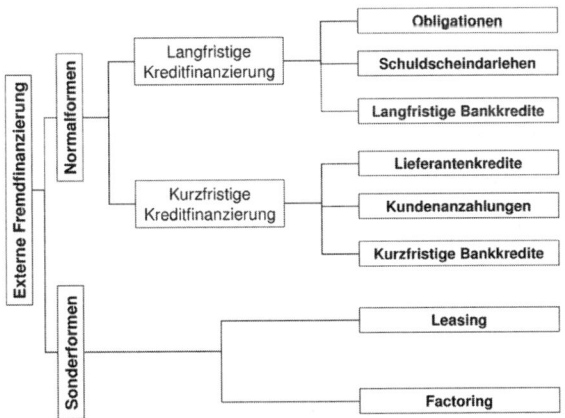

Abbildung 6.3. Formen der externen Fremdfinanzierung

Kredit ist das Vertrauen in die Fähigkeit und Bereitschaft, Schuldverpflichtungen ordnungsgemäß zu erfüllen. Der Kreditgeber verzichtet für den Zeitraum der Kreditgewährung auf die Nutzung seiner Finanzmittel und überlässt diese dem Kreditnehmer. Dafür erwartet der Kreditgeber Zinsen. Da die Kreditvergabe eine in die Zukunft gerichtete Handlung darstellt, bestehen für den Kreditgeber folgende Risiken:

- Ausfallrisiko: Der Kreditnehmer ist nicht mehr in der Lage, seine vertraglichen Verpflichtungen zu erfüllen.

- Terminrisiko: Vertragliche Verpflichtungen werden verspätet erfüllt.

Um diese Risiken abzusichern, prüft der Kreditgeber die Kreditfähigkeit und die Kreditwürdigkeit des Kreditnehmers und verlangt Kreditsicherheiten. Kreditfähig sind natürliche und juristische Personen des privaten und öffentlichen Rechts sowie Personenhandelsgesellschaften. Kreditwürdig sind Unternehmen, von denen eine vertragsgemäße Erfüllung der Kreditverpflichtungen erwartet werden kann. Die Kreditwürdigkeit (Bonität) ist in persönlicher und in wirtschaftlicher Hinsicht zu beurteilen. Als persönlich kreditwürdig gilt derjenige, der für sich bzw. sein Unternehmen aufgrund seiner Zuverlässigkeit, fachlichen Qualifikation und unternehmerischen Fähigkeiten Vertrauen verdient. Wirtschaftlich ist ein Unternehmen kreditwürdig, wenn die wirtschaftlichen und finanziellen Verhältnisse sowie die Vermögenslage des Unternehmens die Erfüllung der vertraglichen Verpflichtungen erwarten lassen. Zur Beurteilung der wirtschaftlichen Kreditwürdigkeit bieten sich folgende Informationsquellen an:

- Auskünfte: Selbstauskünfte, Auskunfteien, andere Kreditinstitute, Referenzen;
- Öffentliche Register: Handels- oder Vereinsregister, Grundbuch;
- Jahresabschlussanalyse: finanz- und ertragswirtschaftliche Analyse;[6]
- Steuerbilanzen und Steuererklärungen,
- Finanz- und Investitionspläne,
- Betriebsbesichtigung.

Neben diesen Analysen, welche die Substanz und Ertragskraft des Unternehmens als Sicherheit beurteilen, existieren weitere Möglichkeiten der Besicherung von Krediten, die Kreditsicherheiten. Auf Kreditsicherheiten kann der Gläubiger zurückgreifen, wenn der Schuldner den Zahlungsverpflichtungen nicht vertragsgemäß nachkommt. Kreditsicherheiten werden in Personalsicherheiten und Realsicherheiten unterteilt (vgl. Abbildung 6.4).

Personalsicherheiten werden gestellt, indem neben dem Kreditnehmer noch weitere Personen für den Kredit haften. Die Bürgschaft ist ein Vertrag, durch den sich der Bürge verpflichtet, dem Gläubiger für die Erfüllung der Verbindlichkeiten des Schuldners einzustehen. Die Bürgschaft setzt das Bestehen einer Hauptschuld voraus. Im Gegensatz dazu verpflichtet sich mit der Garantie ein Dritter vertraglich, für einen bestimmten Erfolg einzustehen. Die Garantie setzt kein Bestehen einer Hauptschuld voraus und bietet deshalb dem Kreditgeber eine weitergehende Sicherheit als die Bürgschaft. Neben Bürgschaft und Garantie kann auch eine Schuldmitübernahme erfolgen, bei der ein Dritter gegenüber dem Gläubiger die Verpflichtung eingeht, zusätzlich zu dem Schuldner für dieselbe Verbindlichkeit zu haften. Im Gegensatz zum Bürgen, welcher für eine fremde Schuld haftet, haftet der Dritte in diesem Fall für eine eigene Schuld.

Im Fall von Realsicherheiten erwirbt der Kreditgeber Rechte an Vermögensgegenständen. Das Pfandrecht erlaubt dem Gläubiger, zur Sicherung einer Forderung über fremde Sachen oder Rechte zu verfügen, um durch Verwertung

---

[6] Vgl. Kapitel 4.2, S. 122.

des pfandbelasteten Gegenstands seine Forderungen zu befriedigen. Bewegliche Sachen können durch einen Vertrag über die Entstehung des Pfandrechts und die Übergabe der Sache verpfändet werden. Der Kreditgeber wird Besitzer und Eigentümer des Pfandes. Die Verpfändung beweglicher Sachen als Kreditsicherheit hat jedoch nur eine geringe Bedeutung.

Von besonderer Bedeutung für die Kreditbesicherung sind Grundpfandrechte (z. B. Grundschuld, Hypothek). Dabei werden die Kreditverpflichtungen durch ein Haftungsrecht an einem Grundstück inklusive dessen Bestandteilen (z. B. Gebäude) gesichert. Werden die Kreditverpflichtungen nicht vertragsgerecht erfüllt, kann der Gläubiger durch die Zwangsvollstreckung des Grundstücks seine Ansprüche geltend machen, unabhängig davon, ob das Grundstück Eigentum des Schuldners ist oder nicht. Mit Grundpfandrechten können langfristige Kredite, die ein hohes Volumen aufweisen, abgesichert werden.

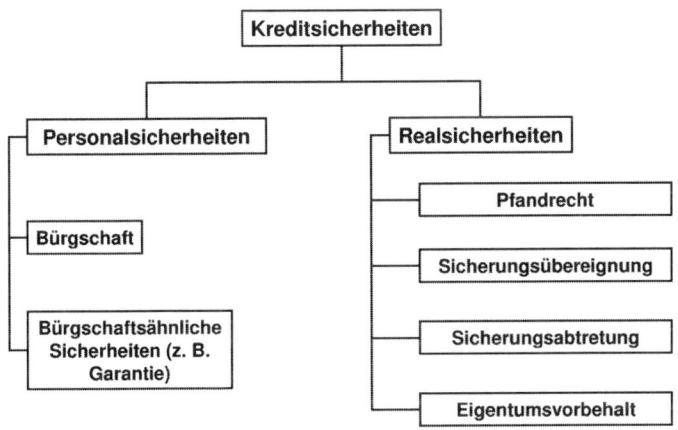

Abbildung 6.4. Systematik der Kreditsicherheiten

Bei der Sicherungsübereignung werden bewegliche Sachen durch den Kreditnehmer an den Gläubiger zur Sicherung einer Forderung übertragen. Im Gegensatz zur Verpfändung bleibt der Kreditnehmer Besitzer des Vermögensgegenstands, lediglich das Eigentum an der übereigneten Sache geht auf den Kreditgeber über. So können Unternehmen z. B. Fahrzeuge, Maschinen, Einrichtungsgegenstände, Waren oder Vorräte sicherungsübereignen. Auf diese Weise kann das Unternehmen mit diesen Vermögensgegenständen weiter wirtschaften.

Im Rahmen einer Sicherungsabtretung können Forderungen und andere Rechte, welche das Unternehmen gegenüber anderen Unternehmen hat, dem Kreditgeber überlassen werden. So können z. B. Forderungen aus Lieferungen und

Leistungen, Miet- und Pachtforderungen oder Grundpfandrechte abgetreten werden.

Eigentumsvorbehalt liegt vor, wenn der Käufer der beweglichen Sache zwar Besitzer, nicht jedoch Eigentümer geworden ist. Eigentümer bleibt bis zur vollständigen Bezahlung der Verkäufer. Diese Form der Kreditsicherung wird vielfach bei Lieferantenkrediten verwendet, wenn der Lieferant dem Unternehmen ein Zahlungsziel einräumt.

6.2.2.2 Langfristige Kreditfinanzierung

Industrieobligation

Industrieobligationen (Anleihen) sind Schuldverschreibungen großer Unternehmen. Da der Finanzmittelbedarf von Großunternehmen i. d. R. nicht von einem Kreditgeber gedeckt werden kann, wird der Gesamtbetrag der Schuldverschreibung aufgeteilt. Die daraus resultierenden Teil-Schuldverschreibungen verbriefen Forderungsrechte. Der Inhaber eines solchen Wertpapiers hat Anspruch auf Rückzahlung und auf Zinsen. Die Verzinsung ist in den Anleihebedingungen festgelegt. Anleihen können mit fester oder variabler Verzinsung ausgestattet sein. Das Unternehmen ist Anleiheschuldner, der Inhaber der Teil-Schuldverschreibung ist Anleihegläubiger. Industrieobligationen sind zwar grundsätzlich durch die Substanz und die Ertragskraft des ausgebenden Unternehmens gesichert, trotzdem erfordern sie zusätzliche Sicherheiten (z. B. in Form von Grundpfandrechten auf dem Unternehmensvermögen oder Bürgschaften der öffentlichen Hand). Das Unternehmen verfügt über folgende Rückzahlungsmöglichkeiten:

- Tilgung am Laufzeitende,

- Auslosung von Teilbeträgen,

- Rückkauf über die Börse oder

- Kündigung nach Ablauf einer Frist.

Wird die Anleihe während der Laufzeit zurückgezahlt, geschieht das häufig erst nach einer vertraglich festgelegten, tilgungsfreien Zeit von mehreren Jahren. Die Rückzahlung kann durch Auslosung oder Rückkauf an der Börse erfolgen. Im Rahmen der Auslosung wird die Reihenfolge der Rückzahlung ermittelt.

Industrieobligationen können prinzipiell von jedem Unternehmen emittiert werden, welches über eine ausreichende Bonität verfügt. Über die Zulassung der Wertpapiere zum Börsenhandel entscheidet die Zulassungsstelle auf Basis des Zulassungsantrages, des Börsenprospektes und anderer Unterlagen. Die

Emission von Industrieobligationen kommt meist über ein Bankenkonsortium zustande. Aus diesem umfangreichen Procedere resultieren Emissionskosten (z. B. Kosten für die Übernahme des Konsortiums, Börseneinführungsprovision, Druckkosten für die Urkunden, Kosten der Veröffentlichung von Börsenprospekten, u.a.), welche eine Höhe von 2 bis 4 % des Nominalwertes der Anleihe betragen. Neben diesen einmaligen Kosten fallen zusätzlich noch laufende Kosten (z. B. Kosten der Auslosung und der Bekanntmachung der Auslosungsergebnisse) in Höhe von bis zu 2 % des Nominalwertes der Anleihe an. Aus diesem Grund eignet sich die Industrieobligation nur für Großunternehmen.

Neben die Normalform der Schuldverschreibung treten die Sonderformen der Wandelschuldverschreibung, der Optionsschuldverschreibung und der Gewinnschuldverschreibung. Wandelschuldverschreibungen gewähren zusätzlich zu den Rechten normaler Industrieobligationen das Recht auf Umtausch der Schuldverschreibungen in Aktien. Die Anleihe geht bei Umwandlung unter. Bei der Ausgabe der Wandelschuldverschreibungen ist neben den bei Industrieobligationen üblichen Größen das Wandlungsverhältnis, die Umtauschfrist sowie die erforderlichen Zuzahlungen bei einem Umtausch in Aktien festzulegen. Für das emittierende Unternehmen ergibt sich der Vorteil, dass durch die Ausstattung der Anleihe mit dem Umwandlungsrecht ein geringerer Zinssatz im Vergleich mit ähnlich ausgestatten Anleihen der Normalform zu zahlen ist. Übt der Gläubiger das Umwandlungsrecht aus, wird der Gläubiger zum Aktionär, aus dem Fremdkapital wird Eigenkapital, welches vom Unternehmen nicht mehr zu tilgen und mit festen Beträgen und Terminen zu verzinsen ist.

Optionsanleihen sind wie Wandelschuldverschreibungen eine besondere Art der Industrieobligation. Sie haben mit den Wandelschuldverschreibungen gemein, dass sie neben den Rechten aus der Teilschuldverschreibung ein Bezugsrecht auf Aktien verbriefen. Aber im Gegensatz zu den Wandelanleihen werden Optionsanleihen beim Aktienbezug nicht in Zahlung gegeben, sondern bleiben bestehen. Die Aktien werden zusätzlich zur Obligation erworben, weshalb neben das Fremdkapital aus der Anleihe Eigenkapital aus dem Aktienerwerb tritt. Der Inhaber der Optionsanleihen ist nach Ausübung des Bezugsrechts Gläubiger und Gesellschafter zugleich. Wie bei der Wandelanleihe sind über die Konditionen einer reinen Schuldverschreibung hinaus der Kurs, zum bei Ausübung der Option Aktien bezogen werden können, das Optionsverhältnis (Aktien, die pro Optionsrecht bezogen werden können) sowie die Optionsfrist, innerhalb der die Option ausgeübt werden kann, festzulegen.

Gewinnschuldverschreibungen stellen ebenfalls eine Sonderform der Industrieobligation dar. Sie unterscheiden sich von diesen dadurch, dass der Kapitalgeber am Gewinn des Unternehmens beteiligt wird, indem der Gläubiger neben der Mindestverzinsung einen Gewinnanspruch in einem bestimmten Verhältnis zur Dividende oder nur eine gewinnabhängige Verzinsung erhält. Der Inhaber einer Gewinnobligation trägt das Risiko, in Verlustjahren keine Zinsen zu erhalten bzw. bei einer starken Gewinnthesaurierungspolitik des Unternehmens benachteiligt zu werden.

Schuldscheindarlehen

Schuldscheindarlehen sind langfristige Darlehen die von Unternehmen bei Kapitalsammelstellen aufgenommen werden, die keine Kreditinstitute sind (z. B. Versicherungen, Sozialversicherungsträger). In diesem Zusammenhang bestätigt das Unternehmen dem Finanzmittelgeber schriftlich den Erhalt des Geldes, es wird ein Schuldschein ausgestellt. Im Gegensatz zur Anleihe ist der Schuldschein kein Wertpapier und deshalb nicht börsenfähig. Rechtliche und bonitätsbezogene Anforderungen an das Unternehmen resultieren deshalb nicht aus den Zulassungsbestimmungen zum Börsenhandel, sondern aus den Vorschriften, nach denen die Kapitalsammelstellen ihre Finanzmittel anlegen dürfen. Der Teil des Vermögens von Versicherungsunternehmen, der zu Erfüllung von Verpflichtungen aus Versicherungsverträgen dient, wird als Deckungsstock bezeichnet. Wollen die Versicherungsunternehmen Schuldscheindarlehen an Unternehmen ausgeben, müssen diese Darlehen deckungsstockfähig sein, d. h. die Substanz und die Ertragskraft des Unternehmens müssen Tilgung und Zinszahlung gewährleisten. Zusätzlich sind erstrangige Grundpfandrechte zu stellen.

Im Vergleich zur Anleihe spart das Unternehmen bei der Finanzierung über ein Schuldscheindarlehen Emissions- und Verwaltungskosten, Kosten für die Börsenzulassung und für die Einlösung der Zinsscheine, so dass dieses Finanzierungsinstrument für einen größeren Kreis von Unternehmen attraktiv ist. Aus diesen Gründen spielt das Schuldscheindarlehen eine größere Rolle im Rahmen der Außenfinanzierung als die Anleihe.

Kreditverträge

Kreditverträge besitzen für die Fremdfinanzierung von nicht emissions- bzw. börsenfähigen Unternehmen eine große Bedeutung. Besonders mittelständische Unternehmen nutzen diese Finanzierungsform in besonders hohem Maße. Als Partner in Kreditverträgen und damit Kreditgeber können neben Kreditinstituten auch andere Unternehmen oder Privatpersonen auftreten. Vertragsbestandteile von Krediten sind

- Kreditart,
- Nennbetrag des Kredits,
- Kreditlaufzeit,
- Nominalzins,
- Rückzahlungsart,
- Kündigungsmöglichkeiten,
- Auszahlungsbetrag,

- tilgungsfreie Zeiträume,

- Sicherheiten,

- Zweck,

- sonstige Vereinbarungen.

Daneben kann der Vertrag Festlegungen zur Übernahme der Schätz- und Bewertungskosten, der Gebühren für das Grundbuchamt bzw. der Notargebühren enthalten. Es sind drei Formen der Rückzahlung von Krediten zu unterscheiden. Bei der Annuitätentilgung entrichtet der Kreditnehmer einen über die Gesamtlaufzeit konstanten Betrag, welcher Zins- und Tilgungsbestandteile beinhaltet. Das Verhältnis zwischen Zins- und Tilgungsanteil verändert sich während der Laufzeit. Der jährlich zu zahlende Betrag, die Annuität, ergibt sich durch Multiplikation des Kreditbetrags mit dem Annuitätenfaktor.[7] So errechnet sich die Annuität eines Kredits in Höhe von 50.000,- €, einer Laufzeit von 5 Jahren sowie einem Zinssatz von 4 % p.a. aus:

$$50.000,\text{-} \,€ \, \frac{0,04(1,04)^5}{(1,04)^5 - 1} = 11.231,36 \,€$$

Der damit verbundene Tilgungsplan ist in der Tabelle 6.2 zu sehen. Wird das Darlehen hingegen als Abzahlungsdarlehen gestaltet, werden jährlich konstante Teilbeträge des ursprünglichen Kreditbetrags getilgt (vgl. Tabelle 6.2). Im Gegensatz zum Annuitätendarlehen ändert sich die jährlich zu zahlende Rate, der Tilgungsbetrag hingegen bleibt konstant.

Tabelle 6.2. Zahlungspläne für unterschiedliche Tilgungsformen

Jahr	Abzahlungsdarlehen			Annuitätendarlehen		
	Restschuld	Zinsen	Tilgung	Restschuld	Zinsen	Tilgung
1	50.000,-	2.000,-	10.000,-	50.000,-	2.000,00	9.231,35
2	40.000,-	1.600,-	10.000,-	40.768,64	1.630,75	9.600,61
3	30.000,-	1.200,-	10.000,-	31.168,03	1.246,72	9.984,64
4	20.000,-	800,-	10.000,-	21.183,39	847,34	10.384,02
5	10.000,-	400,-	10.000,-	10.799,37	431,97	10.799,37
Summe		6.000,-	50.000,-		6.156,78	50.000,-

Um ein endfälliges Darlehen handelt es sich, wenn während der Laufzeit keine Tilgungszahlungen erfolgen, sondern der gesamte Betrag am Laufzeitende

---

[7] Vgl. S. 231.

getilgt wird. Aus diesem Grund ist die Summe der insgesamt zu zahlenden Zinsen im Vergleich zu den anderen Tilgungsformen am höchsten. Für das angeführte Beispiel ergeben sich für ein endfälliges Darlehen zu zahlende Zinsen mit einer Summe von 10.000,- €.

Der Auszahlungsbetrag des Darlehens kann von dem Kreditnennbetrag abweichen, wenn der Kreditgeber ein einmaliges Entgelt für Geldbeschaffungskosten erhebt, welche ihm entstanden sind. Darüber hinaus kann eine einmalige Zinszahlung den Auszahlungsbetrag verringern. Die Differenz zwischen Nennbetrag und Auszahlungsbetrag wird als Disagio bezeichnet. Der Kreditnehmer erhält den Auszahlungsbetrag, muss aber den Nennbetrag zurückzahlen. Dieser Umstand muss bei der Ermittlung der Kreditkosten, der Effektivzinsberechnung, berücksichtigt werden. Zur Effektivzinsermittlung unter Berücksichtigung von Zins und Zinseszins wird die Interne-Zinssatzmethode herangezogen. In diesem Rahmen wird der interne Zinssatz der Zahlungsreihe ermittelt, der mit der Einzahlung für das Unternehmen (welche dem Auszahlungsbetrag entspricht) beginnt.[8] In den folgenden Jahren muss das Unternehmen dafür Zins- und Tilgungsauszahlungen leisten. Der effektive Zins des Kredites i_{eff} ist derjenige Zinssatz, bei dessen Verwendung als Kalkulationszinssatz der Barwert der Auszahlungen des Unternehmens für Zins und Tilgung dieselbe Höhe aufweist, wie der Betrag, den das Unternehmen effektiv aus dem Kreditvertrag ausgezahlt bekommt. Das Unternehmen muss jedoch Zins und Tilgung auf den Nennbetrag leisten. Gesucht ist derjenige Zinssatz i_{eff}, welcher folgende Beziehung erfüllt:

$$AZB = \sum_{t=1}^{N} -KD_t(1 + i_{eff})^{-t}$$

mit AZB als Auszahlungsbetrag und KD_t als Kapitaldienst der jeweiligen Periode. In Fortführung des obigen Beispiels wird angenommen, dass der Auszahlungsbetrag des Kredites nicht dem Nennbetrag von 50.000,- € entspricht, sondern lediglich 48.000,- € ausmacht. Für das Annuitätendarlehen entsteht folgende Beziehung:

$$48.000,\text{-} \;€ = \sum_{t=1}^{5} -11.231,36 \;€ \; (1 + i_{eff})^{-t}$$

Daraus ergibt sich ein Effektivzinssatz in Höhe von 5,47 % p.a. Neben der Effektivzinsermittlung sind für das Unternehmen die Kündigungsmöglichkeiten von Interesse. Im Rahmen von Kreditverträgen mit einem variablen Zinssatz verfügt der Kreditnehmer über ein jederzeitiges Kündigungsrecht bei Einhaltung einer dreimonatigen Kündigungsfrist. Kredite mit einer Zinsbindungsfrist dürfen während dieser weder vom Kreditnehmer noch vom Kreditgeber

---

[8] Vgl. S. 237.

gekündigt werden. Darüber hinaus verfügt der Kreditgeber über ein außerordentliches Kündigungsrecht für den Fall, dass sich die Vermögensverhältnisse des Kreditnehmers in einer Weise verschlechtern, welche die Erfüllung der Pflichten aus dem Kreditvertrag gefährdet.

6.2.2.3 Kurzfristige Kreditfinanzierung

Zu den wesentlichen Formen der kurzfristigen Kreditfinanzierung zählen Kundenanzahlungen, Lieferantenkredite sowie kurzfristige Bankkredite (z. B. Kontokorrentkredit, Akzeptkredit, Diskontkredit). Wenn der Abnehmer eines Produktes dem Hersteller vor Erhalt des Produktes einen Teil der Kaufsumme bezahlt, liegt eine Kundenanzahlung vor. Diese Finanzierungsform kommt häufig bei längerfristigen Auftragsfertigungen und bei Spezialanfertigungen vor. So ist im Schiffbau jeweils die Zahlung eines Fünftels der Vertragssumme bei Auftragserteilung, Kiellegung, Spantenstand, Stapellauf und Ablieferung üblich. Ein Grund für die Anzahlung besteht in einer möglichst zeitkongruente Finanzierung der fortschreitenden Herstellung, ein weiterer in der Absicherung gegenüber Verhaltensunsicherheiten des Kunden. Da diese Produkte häufig vollständig den Bedürfnissen der Kunden entsprechend konstruiert und gefertigt werden, ist im Fall des Vertragsrücktritts des Kunden eine anderweitige Verwendung nicht oder nur zu hohen Preisabschlägen möglich. Die Kundenanzahlung dient dem Hersteller deshalb auch als Sicherheit für die vertragsgemäße Erfüllung. Die Durchsetzung von Kundenanzahlungen ist abhängig von der Marktstellung des Herstellers.

Im Rahmen eines Lieferantenkredites gewährt der Verkäufer dem Käufer einen Zahlungsaufschub, was den Vorteil einer schnellen und formlosen Kreditgewährung bietet, welche keine Kreditsicherheiten erfordert. Dieser Zahlungsaufschub ist jedoch i. d. R. sehr hoch zu verzinsen. Als Beispiel wird ein Kunde betrachtet, welcher Waren im Wert von 20.000,- € kauft. In den Liefer- und Zahlungsbedingungen ist vereinbart, dass dem Kunden bei Zahlung innerhalb von 10 Tagen 2 % Skonto gewährt werden oder der Kunde nach 30 Tagen den vollen Preis zahlen kann. Dem Kunden wird also ein Kredit mit einer Laufzeit (LZ) von 20 Tagen angeboten, wofür 400 € erhoben werden. Der effektive Kreditzins i_{eff} ergibt sich aus:

$$i_{eff} = \left(\frac{Zielpreis}{Barpreis} \right)^{\frac{365}{LZ}} - 1$$

Für das vorliegende Beispiel resultiert ein Zinssatz von $i_{eff} = 44,58$ % p.a. Wird bei sonst identischen Eingangsdaten ein Skonto von 5 % gewährt, ergibt sich ein Effektivzinssatz von 155 % p.a. In diesen Fällen ist es vorteilhaft, einen Bankkredit aufzunehmen, um die angebotenen Skonti nutzen zu können.

Der Kontokorrentkredit stellt eine weitere Form der kurzfristigen Fremdfinanzierung dar, bei welcher der Kreditnehmer innerhalb einer festgesetzten Laufzeit über sein Konto bis zur vereinbarten Kreditgrenze verfügen kann. Obwohl Kontokorrentkredite für kurzfristige Zeiträume geschlossen werden, stehen diese durch Verlängerung auch mittel- bis langfristig zur Verfügung.

Eine weitere wichtige Finanzierungsquelle ist der Ankauf von Wechseln eines Unternehmens durch die Bank. Dies wird als Diskontkredit bezeichnet, obwohl rechtlich gesehen kein Darlehen vorliegt, sondern das Unternehmen der Bank Wechsel verkauft. Ein Wechsel ist die unbedingte Anweisung des Ausstellers an den Bezogenen, eine bestimmte Geldsumme zu einem bestimmten Zeitpunkt an den im Wechsel als berechtigt Ausgewiesenen zu zahlen. Beispiel für die Verwendung eines Wechsels ist ein Großhändler, welcher Waren an einen Einzelhändler liefert. Der Einzelhändler kann die Waren erst bezahlen, wenn er diese weiterverkauft hat. Der Großhändler gewährt dem Einzelhändler Zahlungsaufschub, indem er einen Wechsel ausstellt, welchen der Einzelhändler akzeptiert (vgl. Abbildung 6.5).

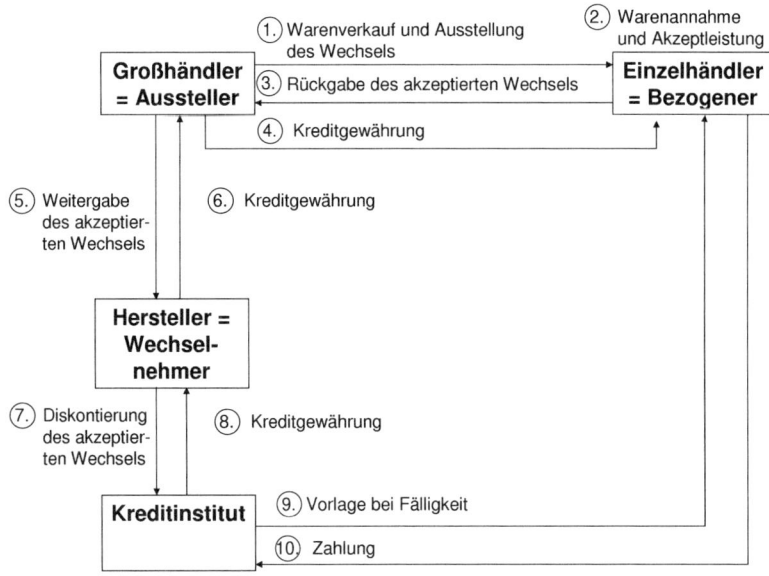

Abbildung 6.5. Beispiel für einen Diskontkredit

Mit diesem Wechsel kann der Großhändler einen Kredit bei einem ihn beliefernden Hersteller gewährt bekommen. Der Hersteller kann den noch nicht fälligen Wechsel an ein Kreditinstitut verkaufen, wodurch der Hersteller Kreditnehmer wird. Im Gegenzug erhält der Hersteller den Barwert des Wechsels, der sich aus dem Nennwert abzüglich des Diskonts ergibt, sofort gutgeschrieben. Der Diskontkredit ist eine Finanzierungsform, die der Kreditnehmer innerhalb der vereinbarten Laufzeit durch den Verkauf von Wechseln bis zu einem festgesetzten Limit in Anspruch nehmen kann. Das Kreditinstitut kauft noch nicht fällige Wechsel an und gewährt damit dem Verkäufer der Wechsel für die Zeit vom Ankauf bis zur Fälligkeit einen Kredit. Diskontkredite sind damit eine Sonderform des Forderungsverkaufes. Das Kreditinstitut selbst wiederum kann den Wechsel bei der Deutschen Bundesbank einreichen und sich ebenfalls einen Diskontkredit verschaffen oder bis zur Fälligkeit verwahren und bei Fälligkeit zum Einzug geben.

Der Wechsel ist ein Wertpapier, welches besonders strengen Vorschriften über Form, Fristen und Rechtshandlungen bei Einlösung oder Nichteinlösung unterliegt. Aufgrund dieser Vorschriften, die als Wechselstrenge bezeichnet werden, kann eine Wechselforderung schnell und sicher durchgesetzt werden. Für die Gewährung von Diskontkrediten berechnen die Kreditinstitute den Diskont, Provisionen, Gebühren und Auslagen. Aufgrund der Wechselstrenge sind die Kosten für den Diskontkredit im Vergleich mit den anderen Fremdfinanzierungsarten am geringsten.

6.2.2.4 Sonderformen der Fremdfinanzierung

Als Sonderformen der Fremdfinanzierung gelten Factoring und Leasing. Factoring ist der Ankauf von Forderungen durch ein Finanzierungsinstitut auf der Grundlage eines Factoring-Vertrags. Für das Factoring eignen sich alle Forderungen mit Ausnahme von Ansprüchen gegen Endverbraucher. Das Factoring-Institut erwirbt mit dem Vertragsabschluss nicht nur Einzelforderungen, sondern zeitstetig alle aus dem Geschäftsbetrieb des Unternehmens resultierenden Forderungen. Das Factoring-Institut übernimmt:

- eine Finanzierungsfunktion: Forderungen, welche zu einem späteren Zeitpunkt fällig sind, werden sofort in liquide Mittel umgewandelt.

- eine Dienstleistungsfunktion: Das Factoring-Institut übernimmt für das Unternehmen die Debitorenbuchhaltung, das Mahnwesen und den Inkassodienst. Für kleinere und mittlere Unternehmen birgt die Dienstleistungsfunktion erhebliche Vorteile, stellt doch das Debitorenmanagement für diese Unternehmen häufig ein Problem dar.

- das Ausfallrisiko: Das Factoring-Institut übernimmt das Risiko der Uneinbringlichkeit der Forderung. Die Übernahme des Ausfallrisikos kennzeichnet das echte Factoring, im gegenteiligen Fall handelt es sich um ein unechtes Factoring.

Wenn der Kunde vom Factoring des Geschäftspartners erfährt, kann die Zahlung mit schuldbefreiender Wirkung nur noch an das Factoring-Institut erfolgen. Es liegt dann ein offenes Factoring vor. Wird der Kunde nicht über das Verfahren informiert, handelt es sich um stilles Factoring.

Ebenfalls zur externen Fremdfinanzierung zählt das Leasing, bei dem Wirtschaftsgüter mittel- bis langfristig entgeltlich zum Gebrauch oder zur Nutzung überlassen werden. Entsprechend dem Verpflichtungscharakter lassen sich die drei Formen Finanzierungs-Leasing, Operating-Leasing und Sale-and-lease-back-Leasing unterscheiden.

Beim Sale-and-lease-back-Leasing wird das Leasing-Objekt durch den Leasing-Geber (Vermieter) vom Leasing-Nehmer (Mieter) gekauft und im Anschluss wieder an den Leasing-Nehmer vermietet. Der Leasing-Nehmer überträgt dem Leasing-Geber das Eigentum und verschafft sich die Nutzungsrechte an dem Leasing-Objekt durch Abschluss eines Finanzierungs-Leasing-Vertrags.

Werden Wirtschaftsgüter nur für einen kurzen Zeitraum überlassen, handelt es sich um Operating-Leasing. Bei dieser Vertragsform wird beiden Vertragspartnern ein jederzeitiges Kündigungsrecht eingeräumt. Operating-Leasing-Verträge werden wie Miet- oder Pachtverträge beim Leasing-Nehmer nicht bilanziert, die Aktivierung des Leasingobjektes erfolgt beim Leasing-Geber. Deshalb stellen die Leasing-Raten für den Leasing-Nehmer Aufwand dar. Der Leasing-Geber trägt das Investitionsrisiko sowie die Instandhaltungskosten. Bis zum Ablauf der betriebsgewöhnlichen Nutzungsdauer wird das Leasing-Objekt an mehrere Leasing-Nehmer vermietet. Da das Investitionsrisiko vom Leasing-Geber getragen wird, stellt Operating-Leasing die Alternative zum Kauf und damit zur Investition dar.

Ein Finanzierungs-Leasing-Vertrag hingegen ist ein längerfristiger Mietvertrag ohne Kündigungsmöglichkeiten während der Grundmietzeit, die i. d. R. kürzer ist als die Nutzungsdauer des Investitionsobjektes. Leasingraten werden so berechnet, dass diese das Objekt vollständig amortisieren (Vollamortisation) oder dass ein Restwert verbleibt (Teilamortisation). Es existieren unterschiedliche Ausgestaltungsformen des Finanzierungs-Leasings, so z. B. Verträge mit Kaufoption oder mit Mietverlängerungsoption. Für die steuerliche Abzugsfähigkeit der Leasing-Raten ist die Vertragsgestaltung ausschlaggebend. Nur wenn das Objekt beim Leasing-Geber bilanziert wird, gelten die Leasing-Raten für den Leasing-Nehmer als Aufwand, der die Steuerbemessungsgrundlage verringert. Das Investitionsrisiko trägt der Leasing-Nehmer, weshalb das Finanzierungs-Leasing eine Alternative zur Finanzierung mittels Kredit darstellt. Für die Feststellung der Vorteilhaftigkeit zwischen Kreditfinanzierung und Finanzierungs-Leasing bietet sich die Ermittlung des Effektivzinssatzes beider Finanzierungsformen an.

Als Beispiel sei folgendes Leasing-Angebot betrachtet: Für einen PKW im Wert von 20.000 € sind bei einer Laufzeit von 48 Monaten monatlich 2,64 % vom Objektwert zu zahlen. Der monatliche Effektivzinssatz ist derjenige Zinssatz, bei dessen Verwendung die barwertige Summe der monatlichen Auszahlungen dem Wert der als Einzahlung interpretierten Überlassung des PKW entspricht. Dieser ergibt sich aus:

$$20.000,\text{-} \,\mathord{\text{\euro}} = \sum_{t=1}^{48} 528_t (1 + i_{eff\ Monat})^{-t}$$

Es resultiert ein monatlicher Zinssatz von 1,01 % p.M. Die Umrechnung einer monatlichen Verzinsung in eine jährliche Verzinsung erfolgt durch:

$$i_{eff} = (1 + i_{eff\ Monat})^{12} - 1$$

Aus dieser Beziehung ergibt sich ein jährlicher Effektivzinssatz von 12,68 % p.a. für die Finanzierung mittels Leasing. Dieser Zinssatz ist mit dem Effektivzinssatz der Kreditfinanzierung, welcher von den Kreditinstituten angegeben wird, zu vergleichen.

Neben der Betrachtung der effektiven Zinssätze orientieren Unternehmen häufig auf die steuerlichen Effekte des Leasings, wobei darauf zu achten ist, dass nicht die Steuerersparnisse, welche mit den Finanzierungsvarianten verbunden sind, verglichen werden, sondern der Gewinn nach Steuern. Bei der Kalkulation von Leasing-Raten wird zusätzlich zu den Kosten der Refinanzierung des Geschäftes (Zins und Tilgung) von den Leasing-Gebern ein Aufschlag für Gewinne, Wagnisse und Verwaltungstätigkeiten einbezogen. Leasing-Raten sind deshalb im Vergleich zu den Ratenzahlungen beim Kreditkauf (Zins und Tilgung) tendenziell immer höher, woraus auch eine geringere Steuerbemessungsgrundlage resultiert. Dies als Entscheidungskriterium für die relative Vorteilhaftigkeit der Finanzierungsvariante Leasing zu interpretieren, ist jedoch nicht korrekt.

Außer möglichen steuerlichen Vorteilen können andere Vorteile für eine Finanzierung mittels Leasing angeführt werden, die jedoch fallweise zu prüfen sind. Leasing-Gesellschaften können aufgrund großer Einkaufsmengen entsprechende Preisvorteile erzielen. Ähnliche Vorteile können für Reparatur- und Instandhaltungsarbeiten gelten. Darüber hinaus verfügen Leasing-Gesellschaften über ein höheres Know-how bei der Verwertung von gebrauchten Leasing-Gegenständen.

6.3 Innenfinanzierung

Innenfinanzierung ist die Freisetzung von bisher in Vermögensgegenständen gebundenen Mitteln, die aus dem betrieblichen Umsatzprozess resultiert oder durch Vermögensumschichtungen erzielt wird. Die Innenfinanzierung (= interne Mittelfreisetzung) ist das Pendant zur Investition (= interne Mittelbindung) und ergänzt die Außenfinanzierung (= externe Mittelbeschaffung).

Eine ausreichende Innenfinanzierungskraft stelllt die Voraussetzung für die Rückführung der mittels Außenfinanzierung aufgenommenen und durch Investitionen gebundenen finanziellen Mittel dar.

Aus den Umsatzüberschüssen kann die Finanzierung durch Gewinngegenwerte, Abschreibungsgegenwerte und Rückstellungsgegenwerte erfolgen (vgl. Abbildung 6.6). Werden Gewinne im Unternehmen zurückbehalten, liegt Selbstfinanzierung vor. Werden Gewinne nicht ausgeschüttet und ist die Gewinneinbehaltung in der Bilanz ersichtlich, handelt es sich um eine offene Selbstfinanzierung. Die einbehaltenen Gewinne werden ausgewiesen und versteuert. Bei Personengesellschaften und Einzelunternehmungen geschieht die offene Selbstfinanzierung durch Gutschrift auf dem Kapitalkonto und Verzicht auf die Gewinnentnahme. Kapitalgesellschaften führen den einbehaltenen Gewinn den offenen Rücklagen oder dem Gewinnvortrag zu. Das Eigenkapital und der Zahlungsmittelbestand des Unternehmens werden erhöht.

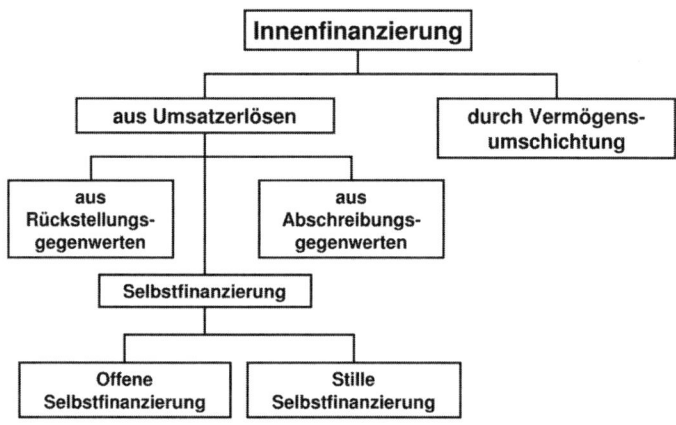

Abbildung 6.6. Formen der Innenfinanzierung

Die stille Selbstfinanzierung erfolgt durch die Bildung von stillen Reserven, die nicht in der Bilanz ersichtlich sind. Handels- und steuerrechtliche Gestaltungsspielräume können genutzt werden, um einen Gewinnanteil nicht auszuweisen und einzubehalten. Das kann sich durch die Unterbewertung von Vermögenspositionen oder die Überbewertung von Schulden vollziehen. Stille Rücklagen können jedoch nur für einen begrenzten Zeitraum gebildet werden, da die Rücklagen in der Zukunft aufgelöst werden. Der Effekt der stillen Selbstfinanzierung besteht in dem Zahlungsaufschub von Steuern bzw. der Gewinnausschüttung. Für den Zeitraum zwischen Bildung und Auflösung der Rücklagen erhält das Unternehmen einen zinslosen Zahlungsaufschub beim Finanzamt und den Gesellschaftern.

Die Selbstfinanzierung weist folgende Vorteile auf:

- Vermeidung von Zins- und Tilgungszahlungen,

- Finanzierung ohne Stellung von Sicherheiten möglich,

- erhöhte Kreditwürdigkeit bei Fremdfinanzierungen,

- Stabilisierung der Mehrheitsverhältnisse,

- Mittel aus der Selbstfinanzierung können ohne Zweckbindung investiert werden,

- das Unternehmen wird unabhängiger von Kapitalgebern und vom Kapitalmarkt.

Aus den fehlenden Zinszahlungen ist jedoch nicht zu schlussfolgern, dass die Selbstfinanzierung eine kostenlose Finanzierungsart darstellt, sondern es sind andere Alternativen für die Gewinnverwendung zu prüfen. Bei Einbehaltung der Gewinne sind die entgehenden Erträge von alternativen Verwendungen als Kosten der Selbstfinanzierung zu betrachten. Anteilseigner und Gesellschafter der Unternehmen erfahren durch die Selbstfinanzierung kurzfristig einen Einkommensverlust. Langfristig hingegen verzeichnen die Anteilseigner bzw. Gesellschafter Wertsteigerungen der Unternehmensanteile.

Abschreibungen dienen dazu, den Werteverzehr von langlebigen, abnutzbaren Vermögensgegenständen abzubilden und stellen in der Verrechnungsperiode Aufwand dar.[9] In der Kalkulation der Produkte werden Abschreibungen verrechnet und durch den Produktverkauf erwirtschaftet. Sachanlagevermögen wird durch die Verrechnung von Abschreibungen in Umlaufvermögen (Halb- und Fertigfabrikate) oder Geldvermögen (beim Verkauf der Produkte in derselben Periode) umgewandelt. Dieser Prozess findet zeitstetig mit der Erwirtschaftung von Umsätzen statt. Die Abschreibungsverrechnung gewährleistet, dass am Ende der Nutzungsdauer einer Anlage die Nachfolgeanlage beschafft werden kann. Die aus den Abschreibungsgegenwerten zufließenden liquiden Mittel stehen dem Unternehmen bis zur Beschaffung der Nachfolgeanlage zur Verfügung. Diese Gegenwerte können zur Schuldentilgung eingesetzt, extern investiert (z. B. festverzinslich angelegt) oder zur Beschaffung von Erweiterungsinvestitionen verwendet werden.

Rückstellungen sind für ungewisse, zukünftige Verpflichtungen zu bilden.[10] Ein Finanzierungseffekt der Rückstellungsbildung ergibt sich aus dem vorübergehenden Verbleib von finanziellen Mitteln im Unternehmen, die im Umsatzprozess erzielt wurden. Fällt der Grund für die Bildung der Rückstellung weg, sind diese erfolgswirksam aufzulösen, der Finanzierungseffekt endet zu diesem Zeitpunkt. Für den Finanzierungseffekt ist die Höhe und Fristigkeit

---

[9] Vgl. S. 131.
[10] Vgl. S. 129.

der Rückstellungen entscheidend. Die Mehrzahl der Anlässe für die Rückstellungsbildung ist kurzfristiger Natur, wie z. B. Rückstellungen für Steuernachzahlungen oder für Garantieleistungen. Bei kurzfristigen Rückstellungen können sich die jährliche Neubildung und Auflösung zeitlich überschneiden, weshalb ein Bodensatz an kurzfristigen Rückstellungen zur Finanzierung im Unternehmen verbleibt. Langfristiger Natur und deshalb für die Unternehmensfinanzierung von besonderem Interesse sind Pensionsrückstellungen. Als Pensionsrückstellungen gelten Lohn- und Gehaltsbestandteile, die im Unternehmen einbehalten und angesammelt werden. Vom Zeitpunkt der Zusage einer Alters-, Invaliden- bzw. Hinterbliebenenversorgung bis zum Eintritt des Versorgungsfalls verbleiben die finanziellen Mittel im Unternehmen. Dieser Zeitraum kann mehrere Jahre bzw. Jahrzehnte betragen. Die Bildung von Rückstellungen setzt die Existenz eines Gewinns voraus, d. h. die Rückstellungen müssen in Form von Umsätzen dem Unternehmen zugeflossen sein.

Neben diesen aus Umsätzen des Unternehmens verdienten Finanzierungsformen ist die Umschichtung von Vermögensgegenständen zur Finanzierung möglich. Im Prozess der Leistungserstellung des Unternehmens werden zeitstetig Vermögensbestandteile umgewandelt (z. B. Erzeugnisse in Forderungen). Wenn außerhalb des betriebsgewöhnlichen Leistungserstellungsprozesses Bestandteile des Anlage- oder Umlaufvermögens verkauft und auf diese Weise finanzielle Mittel freigesetzt werden, handelt es sich um eine Finanzierung aus Vermögensumschichtung. Im Normalfall werden dazu Gegenstände des nicht betriebsnotwendigen Vermögens (z. B. Wertpapiere des Umlaufvermögens) veräußert. In finanziellen Notsituationen können auch Gegenstände des betriebsnotwendigen Vermögens veräußert werden, was jedoch die Betriebsbereitschaft gefährden kann.

Ein hoher Innenfinanzierungssaldo stellt nicht in jedem Fall ein Zeichen für die finanzielle Stärke eines Unternehmens dar. Im Einzelfall kann ein solcher Saldo gar ein Hinweis auf eine Gefährdung des Unternehmens sein, wenn die Innenfinanzierung z. B. auf Vermögensumschichtungen (Abbau von Vorräten und Forderungen) beruht und aufgrund fehlender Zukunftsperspektiven keine Investitionen in das Anlagevermögen stattfinden.

Aus den Darstellungen wird deutlich, dass die Freisetzung gebundener Mittel durch die Erwirtschaftung von Umsatzüberschüssen aus dem Geschäftsbetrieb erfolgt. Maßnahmen zur Stärkung der Innenfinanzierungskraft können sowohl in der Erhöhung der Umsatzüberschüsse, als auch in der Verringerung der Kapitalbindung bestehen. Möglichkeiten für eine Freisetzung gebundener Mittel im Anlagevermögen liegen neben der Veräußerung von Gegenständen des Anlagevermögens in einer effizienteren Nutzung vorhandener Vermögensgegenstände. Eine Verringerung der Kapitalbindung im Umlaufvermögen ist durch die Reduktion von Vorräten und Kundenforderungen möglich.

6.4 Übungsaufgaben

1. Zur Erweiterung Ihres Unternehmens planen Sie die Aufnahme eines Annuitätendarlehens. Folgende Informationen erhalten Sie bei Ihrer Hausbank:

   Nominalbetrag: 250.000,- €
   Nominalzinssatz: 5 % p.a.
   Laufzeit: 5 Jahre

   a) Ermitteln Sie die Annuität!

   b) Erstellen Sie einen Zins- und Tilgungsplan!

   c) Von einem anderen Kreditinstitut haben Sie sich ebenfalls ein Angebot eingeholt. Laufzeit und Nominalbetrag sind identisch. Im Gegensatz zum Angebot Ihrer Hausbank beträgt der Nominalzinssatz nur 4,5 % p.a., jedoch erhalten Sie das Darlehen nur zu 95 % ausgezahlt. Für welches Angebot entscheiden Sie sich? Begründen Sie Ihre Entscheidung quantitativ!

2. Zur Teilfinanzierung des Erwerbs einer Fertigungsanlage liegt Ihnen folgendes Angebot Ihrer Hausbank vor:

   Nominalbetrag: 120.000,- €
   Nominalzinssatz: 5 % p.a.
   Laufzeit: 5 Jahre

   Stellen Sie die drei Rückzahlungsformen mit den Jahresbeträgen von Zins- und Tilgungsanteil graphisch an einem Zeitstrahl dar!

3. Sie haben am 01.01.2002 Fondsanteile im Wert von 20.000,- € erworben. Zum Stichtag 31.12.2005 beträgt der Rücknahmekurs dieser Anteile 27.500,- €. Welche jährliche Verzinsung haben Sie erzielt?

4. Für Ihr Unternehmen wollen Sie einen Firmenwagen kaufen. Das Angebot des Autohauses für den Kaufpreis von 20.000,- € beläuft sich auf 370,26 € pro Monat für eine Laufzeit von 72 Monaten. Ihre Hausbank bietet Ihnen einen Kredit mit einer jährlichen Effektivverzinsung von 5 % an. Für welches Angebot entscheiden Sie sich, wenn keine steuerlichen Effekte zu berücksichtigen sind? Begründen Sie Ihre Wahl quantitativ!

5. Die Vereinbarung von Skonti im Rahmen der Zahlungsbedingungen ist gängige Geschäftspraxis.

   a) Ermitteln Sie die jährliche Skontoverzinsung für folgende Grundkonstellation: Zahlung nach 10 Tagen unter Abzug von Skonto, Zahlung nach 30 Tagen netto.

Skontosatz	Jährliche Skontoverzinsung
1 %	
2 %	
3 %	
5 %	

b) Für welchen Skontosatz aus der Aufgabe a) bietet sich, mangelnde Eigenmittel vorausgesetzt, die Aufnahme eines kurzfristigen Bankkredites mit einer Verzinsung von 10 % p.a. an?

6. Aktien können nach unterschiedlichen Kriterien in verschiedene Arten unterteilt werden.

a) Vervollständigen Sie die folgende Darstellung!

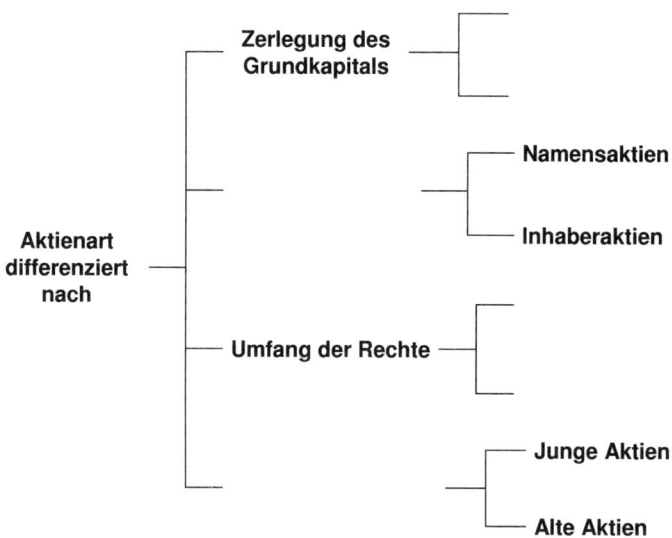

b) Erläutern Sie die Gattungen Inhaber- und Namensaktien!

7. Wandelschuldverschreibungen und Optionsanleihen sind wichtige Instrumente der langfristigen Kreditfinanzierung.

   a) Kennzeichnen Sie die folgenden Aussagen in Bezug auf Wandelschuldverschreibungen als richtig (r) oder falsch (f)! Der Inhaber einer Wandelschuldverschreibung hat die Möglichkeit,

   - im Tausch Aktien der Gesellschaft zu erwerben.   (   )
   - im Tausch Anleihen der Gesellschaft zu erwerben.   (   )

   b) Kennzeichnen Sie die folgenden Aussagen in Bezug auf Optionsanleihen als richtig (r) oder falsch (f)! Der Inhaber einer Optionsanleihe hat die Möglichkeit,

   - im Tausch Aktien der Gesellschaft zu erwerben.   (   )
   - im Tausch Anleihen der Gesellschaft zu erwerben.   (   )

8. Zur Gewährung von Krediten ist die Stellung von Sicherheiten üblich.

   a) Erläutern Sie den Unterschied zwischen Kreditfähigkeit und Kreditwürdigkeit!

   b) In welche Kategorien werden Kreditsicherheiten unterteilt?

   c) Nennen und erläutern Sie jeweils zwei Vertreter von Kreditsicherheiten!

6.5 Zitierte und weiterführende Literatur

Däumler, K.-D. (2002): Betriebliche Finanzwirtschaft. Herne/Berlin: nwb.

Drukarczyk, J. (2003): Finanzierung. Stuttgart: Lucius & Lucius.

Franke, G./Hax, H. (2004): Finanzwirtschaft des Unternehmens und Kapitalmarkt. Berlin u.a.: Springer.

Grill, W./Perczynski, H. (2005): Wirtschaftslehre des Kreditwesens. Troisdorf: Bildungsverlag EINS.

Perridon, L./Steiner, M. (2004): Finanzwirtschaft der Unternehmung. München: Vahlen.

Schäfer, H. (2002): Unternehmensfinanzen. Heidelberg: Physica.

7

Unternehmensführung

7.1 Grundlagen

7.1.1 Unternehmensführung als Institution und Prozess

Führung bezeichnet die Willensbildung und Willensdurchsetzung gegenüber anderen Personen durch die soziale Beeinflussung zur Zielerreichung bei gleichzeitiger Übernahme der damit verbundenen Verantwortung. Der Begriff „Führung" als zentraler Bestandteil der Unternehmensführung ist mit zwei Bedeutungen verbunden: Führung als Prozess der Willensbildung und -durchsetzung sowie Führung als Institution.

Wird Führung als Institution betrachtet, ist zwischen einer Führungs-, einer Leitungs- und einer Ausführungsebene zu unterscheiden. Die Führungsebene bildet das oberste Entscheidungszentrum des Unternehmens. Aufgabe der Unternehmensleitung ist es, durch Anordnen, Anleiten und Kontrollieren die von der Unternehmensführung vorgegebenen Ziele zu erreichen. Entscheidungen der Unternehmensleitung sind aus den Entscheidungen der Unternehmensführung abgeleitete Entscheidungen.

Träger von Führungsentscheidungen sind entweder die Unternehmenseigentümer selbst oder die von den Eigentümern bestellten Führungsorgane. Bei Eigentümer-Unternehmen liegen Eigentum und Unternehmensführung in einer Hand. Fallen Anteilbesitz und Geschäftsführungsfunktion auseinander, so handelt es sich um Manager-Unternehmen. Die Teilung der beiden Unternehmerfunktionen in Eigentümer und Manager ist vor allem dadurch bedingt, dass Großunternehmen Kapitalbeträge benötigen, die eine oder wenige Personen nicht aufbringen können. Gesellschaften dieser Art müssen schon wegen der großen Anzahl der Entscheidungsträger ein handlungsfähiges Führungsgremium wählen. Arbeitnehmer als Träger des Mitbestimmungsrechts können ebenfalls eine Komponente der Unternehmensführung darstellen. Betriebsräte, die Entsendung von Arbeitnehmervertretern in die Aufsichtsräte und Arbeitsdirektoren bilden die Institutionen des Mitbestimmungsrechts.

Führung als Prozess verstanden beschreibt die Vorbereitung zielgerichteten Handelns durch Auswahl einer als zweckoptimal betrachteten Alternative und deren Realisierung sowie Kontrolle. Der Führungsprozess wird in die Phasen der Willensbildung (mit den Stufen Anregung, Zielbildung, Problemanalyse, Alternativensuche, Prognose, Bewertung, Entscheidung) und der Willensdurchsetzung (mit den Bereichen Realisierung und Kontrolle) aufgeteilt (vgl. Abbildung 7.1).

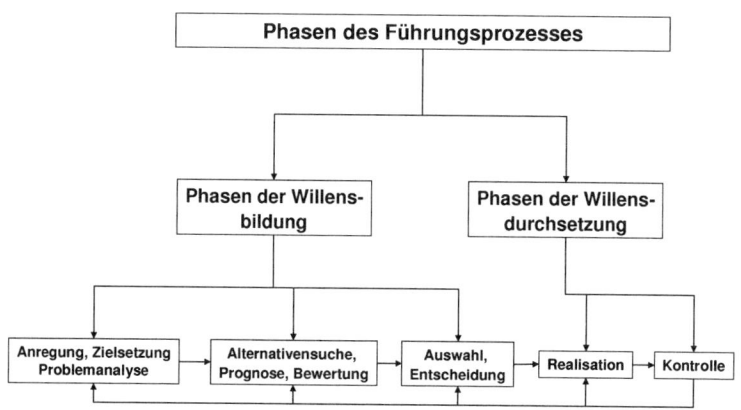

Abbildung 7.1. Phasen des Führungsprozesses

Führungsprozesse werden durch externe oder interne Anregungsinformationen initiiert. Die anschließende Zielsetzung definiert das konkrete Ziel und analysiert und verdichtet die bei der Zielfindung auftretenden Probleme. Durch Informationsgewinnung wird die Suche nach mehreren Wegen zur Problemlösung vorbereitet und gleichzeitig sichergestellt, dass nicht der erstbesten Alternative der Vorzug gegeben wird. Tätigkeiten und Phasen der Willensbildung werden unter dem Begriff der Planung zusammengefasst. Die Unternehmensplanung wird als systematische Vorbereitung der Zukunftsgestaltung des Unternehmens zum Zweck der Risikoerkennung und -reduktion, der Zielorientierung, der Komplexitätsreduktion und der Flexibilitätserhöhung betrachtet.

Die Entscheidung folgt zeitlich nach der Planung. Den Führungsprozess kennzeichnen Rückkopplungen zwischen den einzelnen Phasen der Willensbildung und -durchsetzung (z. B. durch Kontrollen schon während der Planung), so dass einzelne Stufen mehrfach und parallel durchlaufen werden. Die gesamte Planungsphase ist mit Entscheidungen und Kontrollen durchsetzt, was ebenso auf die Phasen Realisation und Kontrolle zutrifft (so z. B. die Entscheidung über eine Vorauswahl im Rahmen der Alternativensuche und -bewertung).[1] Zusätzlich ist festzustellen, dass Entscheidungen auch ungeplant getroffen werden können. Eine Gleichsetzung von Planung und Entscheidung ist demzufolge nicht angebracht.

Während die Zielsetzung, die Planung und die Entscheidung der Willensbildung dienen, steht bei der Realisation die Willensdurchsetzung im Vordergrund, also die praktische Umsetzung des Gewollten. Generelle Regelungen für die Verteilungs- und Arbeitsplatzbeziehungen (Organisation) und ein Einwirken auf die Mitarbeiter (Mitarbeiterführung) sollen die Umsetzung der Planung sicherstellen.

Die Kontrolle stellt das abschließende Element der Führungsfunktion dar. Aufgabe der Kontrolle ist es, die angestrebten Ergebnisse mit den tatsächlich realisierten Ergebnissen zu vergleichen. Die Kontrollergebnisse führen wiederum zu neuen Entscheidungsprozessen.

7.1.2 Unternehmensziele und Unternehmenskultur

Am Anfang der unternehmerischen Tätigkeit steht eine Vision, die mehr auf die Richtungsweisung abzielt, denn auf die Grenzziehung. Aus der Vision werden die Unternehmensziele abgeleitet, die die Unternehmensführung vorgibt und mit der Unternehmenskultur in Übereinstimmung zu bringen anstrebt. Langfristig intendiert ein Unternehmen die Erhaltung und erfolgreiche Weiterentwicklung des Unternehmens, also die langfristige Existenzsicherung. Unternehmensziele sind Fundamentalziele, aus denen Instrumentalziele abzuleiten sind. So können aus dem abstrakten Fundamentalziel „langfristige Existenzsicherung" z. B. die Instrumentalziele Gewinn, Umsatz oder Kundenzufriedenheit abgeleitet werden. Das auf diese Weise entwickelte Zielsystem (auch als Zielkonzeption bezeichnet) hat folgende Ansprüche zu erfüllen:

- Vollständigkeit,
- Redundanzfreiheit,
- Messbarkeit,
- Widerspruchsfreiheit,
- Präferenzunabhängigkeit und
- Einfachheit.

---

[1] Vgl. die Führungsprozesse von Investitionen, S. 216.

Es sind alle relevanten Ziele einzubeziehen, wobei gleichzeitig zu verhindern ist, dass mehrere Ziele mit der gleichen Bedeutung enthalten sind bzw. Ziele sich widersprechen. Zur Feststellung der Zielerreichung und der Vergleichbarkeit von Alternativen ist deren Messbarkeit anzustreben. Je weniger Ziele das System umfasst, desto einfacher und kostengünstiger gestalten sich die folgenden Phasen. Der Anspruch der Präferenzunabhängigkeit besagt, dass dem Entscheidungsträger die Bewertung eines Zieles ohne Rücksicht auf die Ausprägung eines anderen Zieles möglich ist. Das Zielsystem ist so komplex wie nötig und so einfach wie möglich zu gestalten.

Ein Unternehmen kann als Interessenzentrum verschiedener Anspruchsgruppen interpretiert werden. Diese Gruppierungen werden vom Verhalten des Unternehmens beeinflusst, können es jedoch selbst auch beeinflussen. Dazu gehören Lieferanten, Eigen- und Fremdkapitalgeber, Kunden, Mitarbeiter, Staat u. a.[2] Diese Anspruchsgruppen versuchen, ihre Interessen im und am Unternehmen zu verwirklichen, so dass sie auf die Zielsetzungen des Unternehmens einwirken bzw. ihre Reaktionen bei der Zielformulierung zu berücksichtigen sind. Die Festlegung von Unternehmenszielen ist deshalb immer mit Werturteilen verbunden, welche die Entscheidungsträger treffen müssen. Als in letzter Zeit kontrovers diskutiertes Unternehmensziel sei hier die Maximierung des Shareholder-Value genannt. Ziel des Shareholder-Value-Ansatzes ist die Maximierung des Wertes des Eigenkapitals eines Unternehmens. Dieses Konzept entspricht der langfristigen Gewinnmaximierung, verwendet jedoch als Zielgröße einen Übergewinn (Überschuss nach Abzug von Mindestverzinsungsansprüchen der Eigenkapitalgeber) und konzentriert dabei auf die Interessen der Eigenkapitalgeber als einer Anspruchsgruppe. Ob und wie die Ziele von Eigenkapitalgebern mit den Zielen anderer Anspruchsgruppen in Einklang gebracht werden, ist eine Frage, welche jedes Unternehmen selbst beantworten muss.

In engem Zusammenhang mit den Unternehmenszielen steht die Unternehmenskultur. Kultur ist in zwei Dimensionen für Unternehmen relevant: einerseits existieren Unternehmen in einer nationalen Kultur und andererseits verfügen Unternehmen über eine interne Kultur. Die Gesamtheit von Normen, Wertvorstellungen und Denkhaltungen wird als Kultur bezeichnet. Sie besteht bewusst und unbewusst, gilt als überliefert, verweist also auf die Vergangenheit, ist jedoch nicht statisch, sondern dynamisch. Nationale Kulturen werden durch folgende Dimensionen gekennzeichnet:

- Machtdistanz: Ausmaß, bis zu welchem die weniger mächtigen Mitglieder von Institutionen und Organisationen eines Landes erwarten und akzeptieren, dass Macht ungleich verteilt ist. Aspekte der Machtdistanz äußern sich in der Familie (Gehorsam gegenüber Eltern und älteren Geschwistern), am Arbeitsplatz (Hierarchien und Statussymbole), in der Arbeitsweise (wenig

---

[2] Vgl. S. 8.

eigene Initiative ohne Autorisierung) und in der Form der Konfliktlösung (Revolution statt Reform).

- Individualismus vs. Kollektivismus: In individualistischen Gesellschaften sind die Bindungen zwischen den Individuen eher locker. Es wird von jedem erwartet, dass er für sich selbst und seine unmittelbare Familie sorgt. Kollektivistische Gesellschaften zeichnen sich dadurch aus, dass der Mensch von Geburt an in starke, geschlossene Wir-Gruppen integriert ist, die das Individuum ein Leben lang schützen und dafür bedingungslose Loyalität erwarten.

- Maskulinität vs. Femininität: In maskulin orientierten Gesellschaften sind die Rollen der Geschlechter klar gegeneinander abgegrenzt. Männer haben bestimmt, hart und materiell orientiert zu sein. Frauen hingegen müssen bescheidener und sensibler sein und Wert auf Lebensqualität legen. Gesellschaften, in denen sich die Rollen der Geschlechter überschneiden, sind eher feminin geprägt, und sowohl Frauen als auch Männer sollen die femininen Werte leben.

- Langfristige vs. kurzfristige Orientierung: Das Ausmaß der Berücksichtigung weit in der Zukunft liegender Ereignisse sowie langfristige Folgen aktueller Aktionen bestimmen die Orientierung. Langfristig orientierte Gesellschaften sind durch Ausdauer und Beharrlichkeit von Zielen, am Status orientierte Rangordnungen sowie ein ausgeprägtes Schamgefühl gekennzeichnet.

Die nationale Kultur beeinflusst das Verhalten der Invidiuen in erheblichem Maße und erfüllt folgende Funktionen:

- Vermittlung einer Orientierung, die den Personen darlegt, was richtig und was falsch ist.

- Sinnstiftung, da den Handlungen der Individuen eine tiefere Bedeutung zugewiesen wird.

- Identitätsstiftung durch die Vermittlung einer inneren Einheit und der Abgrenzung gegenüber anderen Kulturen.

- Erzeugung von Motivation durch gemeinsame Ausrichtung und Wertvorstellungen.

- Komplexitätsreduktion, da bestimmte Handlungen, welche komplexe Ursachen und Wirkungen haben, durch einen kulturellen Filter besser verstanden und verarbeitet werden.

Geprägt von der nationalen Kultur entwickeln Unternehmen ihre jeweils eigene Unternehmenskultur. Diese erfüllt im Wesentlichen dieselben Funktionen wie die nationale Kultur, jedoch ist sie durch andere Beschreibungsmerkmale gekennzeichnet (vgl. Tabelle 7.1).

Tabelle 7.1. Beschreibungsmerkmale von Unternehmenskulturen[3]

Beschreibungsmerkmale	Ausprägungen
Persönlichkeitsprofile der Führungskräfte	- Lebensläufe: Soziale Herkunft; berufliche Entwicklung; Dienstalter. - Werte und Einstellungen: Prägung durch nationale Kultur; Innovationsbereitschaft; Ausdauer, Lernbereitschaft; Frustrationstoleranz.
Rituale und Symbole	- Rituelles Verhalten der Führungskräfte: Sitzungsverhalten; Entscheidungsverhalten; Nachwuchs- und Kaderselektion. - Rituelles Verhalten der Mitarbeiter: Besucherempfang; Umgang mit Reklamationen; Wertschätzung des Kunden. - Räumliche und gestalterische Symbole: Berufskleidung; Firmenwagen; Zustand und Ausstattung der Gebäude; Anordnung, Gestaltung und Lage der Büros; Kasinogestaltung. - Rituale und Konventionen: Parkplatzordnung; Unternehmensfeiern.
Kommunikation	- Kommunikationsstil: Informations- und Kommunikationsverhalten; Konsens- und Kompromissbereitschaft. - Interne und externe Kommunikation: Dienstwege; Öffentlichkeitsarbeit; Vorschlagswesen.

Neben den als positiv zu bezeichnenden Funktionen der Unternehmenskultur sind jedoch auch negative Effekte festzustellen. So können starke Unternehmenskulturen dazu tendieren, Konformität zu erzwingen sowie interne Kritik und konträre Meinungen zu behindern, da die Motivation, den kulturellen Rahmen zu erhalten, größer ist als die Bereitschaft, internen Widerstand zuzulassen. Ebenso kann in starken Unternehmenskulturen eine Tendenz zur Abschottung entstehen, die externe Warnsignale und Kritiken unterdrückt bzw. nicht in die Entscheidungsprozesse des Unternehmens eindringen lässt.

Typen von Unternehmenskulturen können nach verschiedenen Kriterien eingeteilt werden. Im Folgenden wird eine Typologie auf Basis der Kriterien „Risiko bei Entscheidungen" und „Feedback über den Erfolg" vorgestellt (vgl. Tabelle 7.2). Wie alle Verallgemeinerungen ist auch diese Typologie lediglich ein Hilfsmittel, jedoch werden die Möglichkeiten zur Beschreibung und Erfassung kulturspezifischer Merkmale deutlich.

Wenn die Mitglieder des Unternehmens nur geringe Risiken tragen und gleichzeitig ein schnelles Feedback über den Erfolg der von ihnen getroffenen Entscheidungen erhalten, kann von einer Brot-und-Spiele-Kultur gesprochen werden. Charakteristisch für diesen Unternehmenskulturtyp sind die starke Außenorientierung und die unkomplizierte Teamarbeit. Es werden häufig lockere Unternehmensfeiern veranstaltet sowie Auszeichnungen und Preise verliehen (z. B. Verkäufer des Monats).

In einer Prozess-Unternehmenskultur ist das von den Mitarbeitern getragene Risiko gleichfalls niedrig, jedoch ist die Geschwindigkeit, mit der über den Erfolg oder Misserfolg informiert wird, gleichfalls gering. Der Prozess steht im

---

[3] Vgl. Thommen (2002, S. 96).

Tabelle 7.2. Typen von Unternehmenskulturen

Risiko bei Entscheidungen	Hoch	**Analytische-Projekt-Kultur**	**Macho-Kultur**
	Niedrig	**Prozess-Kultur**	**Brot-und-Spiele-Kultur**
		Langsam	Schnell
		Feedback über Erfolg	

Mittelpunkt, nicht das Gesamtziel. Einkommen, Größe der Büros sowie Umgangsformen sind streng hierarchisch geordnet. Misstrauen und Absicherung bestimmen die Handlungsweisen, Emotionen werden als negativ empfunden.

In einer Macho-Kultur sind Entscheidungsrisiken und Feedback-Geschwindigkeiten hoch. Es sind Individuen gefragt, die ein hohes Risiko eingehen und sich stetig beweisen wollen. Große Visionen und draufgängerisches Handeln werden sehr geschätzt, freundliche Zurückhaltung hingegen weniger. Erfolge und Misserfolge werden direkt und unmittelbar an den Personen festgemacht, weshalb Erfolge für einen schnellen Aufstieg in der Unternehmenshierarchie, Misserfolge zu einem ebenso schnellen Abstieg führen.

Unternehmen, in denen die Mitarbeiter ein hohes Entscheidungsrisiko tragen, die Einschätzung darüber, ob die Entscheidung erfolgreich oder nicht erfolgreich war, jedoch erst nach einem langen Zeitraum eintritt, zeichnen sich durch eine Analytische-Projekt-Kultur aus. Diese ist häufig in Bereichen anzutreffen, die langfristige Großprojekte bearbeiten, weswegen Entscheidungen lang und intensiv diskutiert werden und auch die verwendeten Zeithorizonte langfristig sind. Es herrscht eine ruhige und analytische Arbeitsweise vor, Hauptritual ist die Sitzung, an welcher zwar unterschiedliche hierarchische Ränge teilnehmen, dies jedoch nach einer strengen Sitz- und Redeordnung.

In der Unternehmenspraxis wird selten in einem Unternehmen nur einer dieser Kulturtypen anzutreffen sein. So wird z. B. in der F&E-Abteilung eines Großunternehmens die Analytische-Projekt-Kultur vorherschen, während in der Marketingabteilung desselben Unternehmens die Brot-und-Spiele-Kultur gepflegt wird.

Unternehmensziele sind im Zeitablauf veränderlich. Es leuchtet ein, dass die Unternehmensführung sehr großen Einfluss auf die Unternehmenskultur nehmen kann. Ziel einer Unternehmung wird es sein, ihre Unternehmenskultur so zu beeinflussen, dass sie mit den Unternehmenszielen übereinstimmt. Die

Analyse und Beeinflussung der Kultur erweist sich in Beziehung auf die nicht beobachtbaren und unbewussten Elemente als schwierig. Unternehmensziel und Unternehmenskultur stehen in ständiger Wechselwirkung. Als Beispiel wird auf den Shareholder-Value-Ansatz verwiesen, der in Deutschland unter dem Begriff wertorientierte Führung eine weite Verbreitung gefunden hat. Die von kontroversen Diskussionen begleitete Einführung dieses Bewertungsmaßstabs hat die Kultur vieler Unternehmen verändert.

7.2 Planung und Entscheidung

7.2.1 Rationalität, Formen und Ablauf der Planung

Die Hauptaufgabe der Planung besteht in der Festlegung der betrieblichen Ziele sowie der Aktivitäten, die zur Erreichung dieser Ziele notwendig sind. Im Rahmen der Planung werden das Entscheidungsfeld abgesteckt und Vorentscheidungen getroffen. Eine Grundanforderung an Planung besagt, dass diese rational sein soll. Dem Begriff der Rationalität kommt in der Betriebswirtschaftslehre eine zentrale Bedeutung zu. Die Idee der rationalen Entscheidung steht im Zentrum aller Bemühungen zur Entwicklung von Problemlösungsund Entscheidungsmethoden.

In Abhängigkeit vom Betrachtungskontext werden in der Betriebswirtschaftslehre zwei Arten von Rationalität unterschieden. Die instrumentelle bzw. prozedurale Rationalität ist auf die Mittel-Zweck-Beziehungen ausgerichtet und wird deshalb auch als Zweck- oder Formalrationalität bezeichnet. Diese Form der Rationalität ist mit jedem beliebigen Zielsystem vereinbar und wird im Zusammenhang wirtschaftlichen Handelns als ökonomisches Prinzip bezeichnet.[4] Im Gegensatz zu dieser wertfreien Rationalitätsform zeichnet sich die inhaltliche Rationalität dadurch aus, dass das verfolgte Ziel selbst einem definierten Zielsystem, welches als Beurteilungsmaßstab dienen kann, entsprechen muss. Diese normative Form der Rationalität legt also die Werturteile der Entscheidungsträger zugrunde. Für die hier darzustellenden Führungs- und Entscheidungsprozesse ist lediglich die prozedurale Rationalität von Interesse. Um den Entscheidungsprozess auf Rationalität prüfen zu können, sind Anforderungen grundsätzlicher Art an einen als rational zu bezeichnenden Prozess erforderlich. Um zu einer rationalen Entscheidung zu gelangen, sind folgende Kriterien zu erfüllen:

- Streben nach Rationalität,
- prozedurale Rationalität,
- Konsistenz.

---

[4] Vgl. S. 1.

Der Entscheidungsträger muss zu Beginn des Entscheidungsprozesses eine rationale Entscheidung anstreben. Nächster Schritt des Entscheidungsprozesses ist die exakte Problembeschreibung und die klare Darstellung des Problems, welches gelöst werden soll. Die Prozedur, die letztendlich zu einer Entscheidung führt, muss auf ihre Rationalität hin geprüft werden. Dazu zählt, dass der Akteur das richtige Problem löst und die Informationsbeschaffung und -verarbeitung auf effizientem Wege erfolgt. Die Bildung der vom Entscheidungsträger verwendeten Erwartungen ist darauf hin zu überprüfen, ob die für die Zukunft relevanten und objektiven Informationen eingeflossen sind und ob Wahrnehmungsverzerrungen vermieden wurden. Der Akteur stellt sich Ziele und definiert seine Präferenzen.

Die Konsistenz des Entscheidungsprozesses wird in die formale Konsistenz und die inhaltliche Konsistenz unterteilt. Die formale Konsistenz wird durch die Verwendung problemspezifisch geeigneter Methoden und Instrumente der Informationsverarbeitung sowie der Relevanz, Vollständigkeit und Zuverlässigkeit der verwendeten Informationen erreicht. Zur inhaltlichen Konsistenz zählen die

- Zukunftsorientierung,
- Vergleichbarkeit und Transitivität,
- Invarianz und
- Unabhängigkeit von irrelevanten Alternativen.

Die zu treffende Entscheidung wird nur nach den zukünftig aus ihr resultierenden Effekten beurteilt. Nicht mehr beeinflussbare Handlungen und Entscheidungen wirken nicht auf die anstehende Entscheidung ein. Die Präferenzen des Akteurs sind darauf hin zu überprüfen, ob sie konsistent geordnet sind und nicht beliebig verändert werden. Weitere Minimalforderungen an eine konsistente Entscheidungsfindung bestehen in der Vergleichbarkeit und der Transitivität von Präferenzen.[5] Weiterhin ist sicherzustellen, dass die Entscheidung nicht von der Darstellungsform der Konsequenzen von Alternativen abhängt, sondern dass der Entscheidungsträger bei substanziell identischen Entscheidungsszenarien und unterschiedlichen Darstellungsformen zu demselben Ergebnis gelangt. Zusätzlich ist darauf zu achten, dass Alternativen, die für die zu treffende Entscheidung nicht relevant sind, diese Entscheidung auch nicht beeinflussen.

Neben diesen Anforderungen an einen rationalen Planungsprozess sind folgende Planungsgrundsätze zu beachten:

---

[5] Transitivität bedeutet, dass bei einer Betrachtung der drei Alternativen a, b und c und einer Präferenzbeziehung des Akteurs von $a \geq b$ und $b \geq c$, auch $a \geq c$ gelten muss.

- Grundsatz der Vollständigkeit: In die Planung sind alle Ergebnisse, Tatbestände und Vorgänge mit einzubeziehen, die für die Lösung der jeweiligen Führungsaufgaben und damit für die Steuerung der Unternehmung von Bedeutung sind.

- Grundsatz der Genauigkeit: Pläne müssen einen Genauigkeitsgrad aufweisen, der dem zu lösenden Problem entspricht.

- Grundsatz der Eindeutigkeit, Einfachheit und Klarheit: Nicht eindeutige oder komplizierte und unklare Pläne führen zu Interpretationsschwierigkeiten und Missverständnissen. Pläne sind so zu formulieren, dass deren Adressaten diese auch verstehen können.

- Grundsatz der Stetigkeit: Planung darf nicht zu einem nur gelegentlich eingesetzten Hilfsmittel abgewertet werden. Nur eine systematische, langfristige und kontinuierliche Planung kann für das Unternehmen hilfreich sein.

- Grundsatz der Elastizität bzw. Flexibilität: Ein Plan muss so flexibel gestaltet sein, dass eintretende Änderungen der Umweltbedingungen oder der betrieblichen Voraussetzungen berücksichtigt werden können. Dazu können Planungsreserven vorgehalten oder Alternativpläne entwickelt werden.

- Grundsatz der Wirtschaftlichkeit: Jede Planung findet dort ihre Grenzen, wo der durch Planung erzielte Ertrag von dem dadurch verursachten Planungsaufwand überkompensiert wird.

In Abhängigkeit vom Betrachtungsstandpunkt und der jeweiligen Unternehmenssituation werden verschiedene Arten der Planung unterschieden. Nach dem betrachteten Zeitraum bzw. Wirkungshorizont wird zwischen strategischer, taktischer und operativer Planung differenziert.[6] Je nachdem, von welcher Unternehmensebene die Pläne der vor- oder nachgelagerten Planungsebene abgeleitet werden, wird in Top-down, Bottom-up oder Gegenstromplanung unterschieden. Bei der Top-down-Planung verläuft die Planung von der oberen zur unteren Führungsebene. Die von der obersten Führungsebene vorgegebenen Rahmenpläne werden von den untergeordneten Führungsebenen in Teilplänen präzisiert. Vorteil dieser Vorgehensweise ist, dass die Teilpläne in hohem Maße der Zielsetzung des Gesamtunternehmens entsprechen. Es besteht jedoch die Gefahr, dass die vorgegebenen Planwerte nicht erfüllbar sind und es durch die fehlende Beteiligung untergeordneter Stellen zu deren Demotivation kommen kann.

Stellen Führungskräfte untergeordneter Ebenen die Pläne für ihren Verantwortungsbereich zusammen und geben sie den übergeordneten Ebenen weiter, handelt es sich um eine Bottom-up-Planung. Dieses Verfahren hat den Vorteil, dass hier die Planung direkt von den Betroffenen ausgeht und damit auch

---

[6] Vgl. Abschnitt 7.2.2, S. 306 sowie Abschnitt 7.2.3, S. 316.

realistische Pläne erstellt werden. Die Motivation der Beteiligten wird durch die Identifizierung mit dem von ihnen erstellten Plan gefördert. Nachteilig hingegen ist, dass sich die Pläne einzelner Bereiche überschneiden oder auch widersprechen können.

Mit dem Gegenstromverfahren können die Nachteile der beiden Verfahren verringert werden. Bei diesem Verfahren stellt dic oberste Planungsebene einen vorläufigen Rahmenplan auf, von welchem die vorläufigen Teilpläne abgeleitet werden. Von der untersten bis hin zur obersten Planungsebene werden dann die Planungsvorgaben überprüft.

Ausgangspunkt einer Planung sind zu erreichende Ziele. Diese beschreiben einen erwünschten zukünftigen Zustand und üben folgende Funktionen aus:

- Rechtfertigung von Handlungen,

- Information von Unternehmensmitgliedern und Nichtmitgliedern über Absichten des Unternehmens,

- Handlungsanleitung,

- Motivation und

- Maßstab der Leistungsbeurteilung.

Existieren mehrere Ziele, so können diese einander ergänzen, in Konkurrenz zueinander stehen oder einander ausschließen. Im Rahmen der Standortwahl wurde schon die Möglichkeit von konkurrierenden Zielen erwähnt.[7] Zur Lösung von Zielkonflikten bieten sich folgende Vorgehensweisen an:

- Das als dominant erkannte Ziel wird unter Vernachlässigung der anderen Ziele minimiert bzw. maximiert (**Zieldominanz**).

- Das als dominant erkannte Ziel wird bei Mindesterfüllung der anderen Ziele minimiert bzw. maximiert (**Zielrestriktion**).

- Je nach Entscheidungssituation wird einem Ziel der Vorrang vor den anderen Zielen eingeräumt (**Zielschisma**).

Als Beispiel für sich ausschließende Ziele wird die ökonomische Betrachtung von Drehprozessen herangezogen. Die Fertigungszeit je Werkstück t_F ergibt sich als Summe aus der Hauptzeit t_H und der Nebenzeit t_N mit

$$t_F = t_H + t_N$$

Mit $\quad t_H = \dfrac{ld\pi}{1000v_c f} \quad$ und $\quad t_N = \dfrac{t_W t_H}{T} \quad$ resultiert:[8]

---

[7] Vgl. S. 20.
[8] Vgl. S. 35.

$$t_F = \frac{ld\pi}{1000v_cf} + \frac{ld\pi t_W}{1000v_cfT}$$

Wird der Term $\dfrac{ld\pi}{1000f}$ als konstant angesehen und mit M_0 bezeichnet folgt:

$$t_H = \frac{M_0}{v_c}. \quad \text{Mit} \quad v_c = \frac{C}{T^{\frac{1}{y}}} \quad \text{resultiert:} \quad t_H = \frac{M_0 T^{\frac{1}{y}}}{C}.$$

Damit ergibt sich die Fertigungszeit aus:

$$t_F = \frac{M_0 T^{\frac{1}{y}}}{C} + \frac{t_W M_0 T^{\frac{1}{y}}}{C \ T}.$$

Ableiten nach der Standzeit führt zu:

$$\frac{dt_F}{dT} = \frac{1}{y}T^{\left(\frac{1}{y}-1\right)} + \left(\frac{1}{y}-1\right)T^{\left(\frac{1}{y}-2\right)}t_W$$

Null setzen und Umstellen nach T ergibt die zeitoptimale Standzeit:

$$T_{opt,t} = (y-1)t_W.$$

In Verbindung mit der einfachen Taylorgleichung resultiert die zeitoptimale Schnittgeschwindigkeit aus:

$$v_{opt,t} = \sqrt[y]{\frac{C}{(y-1)t_W}}.$$

Im Vergleich dazu gilt für die kostenoptimale Standzeit

$$T_{opt,k} = (y-1)\left(t_W + \frac{K_{WT}}{K_{ML}}\right)$$

und die daraus resultierende Schnittgeschwindigkeit

$$v_{opt,k} = \sqrt[y]{\frac{C}{(y-1)\left(t_W + \frac{K_{WT}}{K_{ML}}\right)}}$$

Zur Veranschaulichung wird das Beispiel aus Kapitel 2.1.1 fortgeführt. Es werden die Werkstoff-Schneidstoff-Kombination 41Cr4 - P10, P20 und folgende Eingangswerte betrachtet:

$f\ [mm/U]$	$K_{WT}\ [\text{€}]$	$K_{ML}\ [\text{€}/min]$	$l\ [mm]$	$d\ [mm]$	y	$t_W\ [min]$	C
1	3,00	1,00	500	20	4,0107	5	$4,576 \cdot 10^8$

Die kostenoptimale Standzeit ergibt sich mit:[9]

$$T_{opt,k} = (y - 1) \left(t_W + \frac{K_{WT}}{K_{ML}} \right)$$
$$= 3,0107 \left(5 \; min + \frac{3,00 \; €}{1,00 \; €} \right) = 24,086 \; min$$

Die kostenoptimale Schnittgeschwindigkeit resultiert aus:

$$v_{opt,t} = \sqrt[y]{\frac{C}{T_{opt,k}}}$$
$$= \sqrt[4,0107]{\frac{4,576 \cdot 10^8}{24,086}} = 65,29 \; m/min.$$

Aus den Ausführungen folgt die zeitoptimale Standzeit

$$T_{opt,t} = (y - 1)t_W = 3,0107 \cdot 5 \; min = 15,05 \; min.$$

Daraus resultiert die zeitoptimale Schnittgeschwindigkeit:

$$v_{opt,t} = \sqrt[y]{\frac{C}{T_{opt,t}}}$$
$$= \sqrt[4,0107]{\frac{4,576 \cdot 10^8}{15,05}} = 73,40 \; m/min.$$

Die Beziehung von kostenoptimaler und zeitoptimaler Schnittgeschwindigkeit gibt Abbildung 7.2 wieder.

Die Unmöglichkeit der gleichzeitigen Erreichung beider Ziele erfordert eine fallweise Entscheidung über die Rangordnung der Ziele ‚Zeitminimierung' und ‚Kostenminimierung'. Diese Entscheidung ist von Rahmenbedingungen (wie z. B. Auslastung der Kapazitäten oder Möglichkeit der Weitergabe von Kostenerhöhungen an den Kunden) abhängig zu machen.

---

[9] Vgl. S. 37.

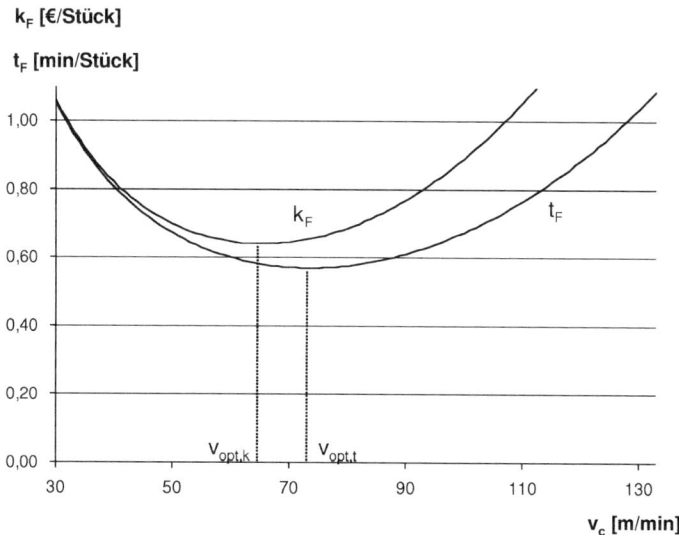

Abbildung 7.2. Verhältnis von kostenoptimaler und zeitoptimaler Schnittgeschwindigkeit

Planung bezieht sich auf zukünftige Zustände. Rahmendaten und Eingangsinformationen über die Zukunft können sicher oder unsicher sein. Sicherheit liegt vor, wenn dem Akteur bekannt ist, welche Umweltsituation eintreten wird bzw. eingetreten ist. Das Ergebnis der Planung hängt nur noch vom Entscheidungsträger ab. Der Planungshorizont entspricht der Lebensdauer des Unternehmens, alle Handlungsalternativen sind mit ihren Konsequenzen bekannt, so dass ein geschlossenes Entscheidungsfeld vorliegt. Da es sich bei einer solchen Konstruktion zukünftiger Umweltzustände[10] nur um eine Modellannahme handeln kann, muss diese interpretiert werden als Planung einer einzigen Zukunftslage unter vorläufiger Vernachlässigung aller anderen. Die Datenbasis betrieblicher Planung ist nur dann sicher, wenn man annimmt, dass sie sicher wäre und nur diese eine Datenkonstellation, unter Ignoranz der anderen möglichen Umweltzustände, der Planung zugrunde legt. Im Zeitablauf treten jedoch immer neue Handlungsalternativen in das Entscheidungsfeld ein und der Informationsstand bezüglich bekannter Alternativen ändert sich, das Entscheidungsfeld ist offen. Ist die Planung dadurch charakterisiert, dass bei mindestens einer Alternative mehrere Umweltzustände möglich sind, so ist dies eine Planung unter Unsicherheit. Die Verwendung der Begriffe „Unsicher-

---

[10] Der Begriff „Umweltzustände" wird in der Entscheidungs- und Investitionstheorie für die Zustände der gesamten Umwelt, nicht nur der ökologischen Umwelt, verwendet.

heit" und „Ungewissheit" ist in der Literatur sehr unterschiedlich. Abbildung 7.3 zeigt eine Übersicht zum grundsätzlichen Verständnis der Begriffe.

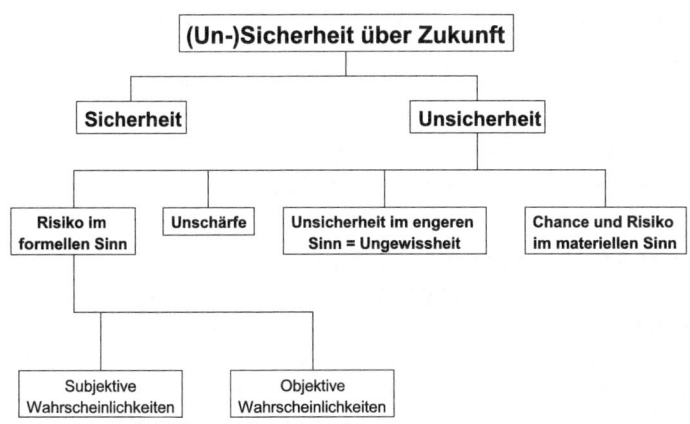

Abbildung 7.3. (Un-)Sicherheit in der Planung

Hält der Entscheidungsträger mehrere zukünftige Umweltzustände für möglich, sind aber die Eintrittswahrscheinlichkeiten der einzelnen Umweltzustände unbekannt, liegt eine Entscheidung unter Unsicherheit im engeren Sinne vor, die auch als Ungewissheit bezeichnet wird. Lassen sich die Wahrscheinlichkeiten der möglichen zukünftigen Konstellationen quantifizieren, liegt ein Risiko im formellen Verständnis vor. In diesem Fall ist festzustellen, ob die Wahrscheinlichkeiten auf persönlicher Erfahrung basieren, also subjektiver Natur sind, oder ob sich durch eine große Zahl gleichartiger Fälle Häufigkeitsverteilungen für den Eintritt einer Situation ermitteln lassen, also objektive Wahrscheinlichkeiten verfügbar sind.

Dem formellen Risikobegriff liegt die Vorstellung der Schwankung von zukünftigen Umweltzuständen um einen Erwartungswert in die positive und in die negative Richtung zugrunde. Davon zu unterscheiden ist das materielle Risikoverständnis, welches einzig auf die negativen Wirkungen von Entscheidungen abstellt und das umgangssprachlich eine weite Verbreitung gefunden hat.

Unschärfe als eine weitere Form der Unsicherheit liegt vor, wenn sich die Menge der Elemente, für die eine Aussage zutrifft, nicht exakt von der Menge abgrenzen lässt, für die diese Aussage nicht gilt. Es lassen sich unscharfe Relationen oder unscharfe Beschreibungen von Phänomenen feststellen. Mit Hilfe der Theorie der unscharfen Mengen (Fuzzy-Sets) lassen sich unscharfe Beschreibungen oder Relationen erfassen.

Nach der Zielsetzung findet die Suche und Bewertung unterschiedlicher Wege der Zielerreichung statt, die als Entscheidungsalternativen bezeichnet werden. Die Generierung und der Einbezug aller relevanten Alternativen sind umso wichtiger, je größer das Entscheidungsfeld ist. Der Erfolg der Zielerreichung ist häufig durch eine unzureichende Basis von Handlungsvorschlägen und damit durch mangelnde Alternativen beschränkt. In vielen Fällen grenzt der Akteur die Zahl der Alternativen aus Unkenntnis oder auf Grund scheinbarer Abwegigkeit als unzulässig ein. Dadurch und/oder durch zu spät begonnene Planungsmaßnahmen können Zwangssituationen künstlich hervorgerufen werden, da der Zeitpunkt für die Generierung und Prüfung von Alternativen verstrichen ist bzw. keine Alternativen zur Wahl stehen.

Nachdem verschiedene Alternativen gefunden wurden, sind aussichtsreiche Varianten zu identifizieren. Dazu ist eine Vorauswahl und eine vorläufige Einordnung und Bewertung durch den Entscheidungsträger notwendig. Diese Festlegung kann auch Probleme bergen: Es muss ohne vollständige Bewertung festgestellt werden, ob eine Alternative aussichtsreich genug ist, um eine detaillierte Analyse zu rechtfertigen. Der Übergang der Phasen ‚Alternativensuche' sowie ‚Bewertung und Entscheidung' ist nicht so klar und scharf, wie es die gewählte Gliederung suggeriert. Vielmehr sind Alternativen generierende Such- und Bewertungsprozesse durch Vor- und Rückkopplungen miteinander verbunden.

Als letzte Phase der Willensbildung erfolgen die Beurteilung der vorausgewählten Handlungsalternativen und eine Auswahl der favorisierten Variante. Mit der Beurteilung wird die Eignung der Alternativen zur Zielerreichung festgestellt. Für die Entscheidungsbewertung steht eine Vielzahl von Bewertungsverfahren zur Verfügung.[11] Nach der Bewertung ist eine Entscheidung zu fällen, mit der idealtypisch der Prozess der Willensbildung abgeschlossen und der Entscheidungsprozess in die Phase der Realisierung übergeleitet wird.

7.2.2 Strategische Ebene

Mit den Unternehmenszielen ist der Rahmen für die Unternehmensstrategie festgelegt. Strategisch ist eine Handlung bzw. eine Planung dann, wenn durch sie das Handlungsfeld des Gegenspielers beeinflusst wird. Damit ist das Einwirken auf die Wettbewerbssituation gemeint, d. h. unter strategischem Handeln wird die Beeinflussung von anderen Marktteilnehmern verstanden. Im Vordergrund der strategischen Betrachtungen stehen die Beziehungen des Unternehmens zur Umwelt sowie der Aufbau neuer Beziehungen und die damit verbundene Analyse der Stärken und Schwächen sowie Chancen und Risiken.

Die Strategie legt die Ziel- und Aktionsräume eines Unternehmens zur Nutzung und Erhaltung bestehender und zur Schaffung neuer Erfolgspotenziale

---

[11] Vgl. Kapitel 5.1.2, S. 218.

bzw. Kapazitäten fest. Erfolgspotenziale stellen langfristig wirksame Erfolgs-voraussetzungen dar. Aufbauend auf der Unternehmensvision und den festge-legten Zielen werden in der strategischen Planung die weiteren Schritte wie folgt konkretisiert:

- Geschäftsfeldplanung: Diese umfasst Schrumpfungs-, Wachstums- bzw. Umstrukturierungsprozesse mit dem Ziel, den ergebnisoptimalen Entwick-lungspfad des Unternehmens aufzufinden und zu realisieren. Dazu zählen die Planung zukünftig herzustellender Produktarten und -programme und die zu deren Erstellung notwendigen Potenziale. Der Produktpro-grammplan führt zur Ermittlung der benötigten Kapazitäten, woraus die Investitions- und Liquidationspläne hervorgehen.

- Zusätzlich zu der Geschäftsfeldplanung ist die Organisations-, Rechtsform-und Rechtsstrukturplanung sowie

- die Führungssystemplanung mit den dazugehörigen Führungskräfte- und Anreizsystemplänen durchzuführen.

Die strategische Planung besteht aus den Elementen Umweltanalyse, Un-ternehmensanalyse und Strategiebestimmung. Anregungsinformationen als Auslöser von strategischen Planungsprozessen stammen aus der strategischen Frühaufklärung, einer Form der strategischen Kontrolle.[12] Dies verdeutlicht, wie eng Planung und Kontrolle miteinander verbunden sind.

Aufgabe der Umweltanalyse ist es, die Unternehmensumwelt darauf hin zu untersuchen, ob Anzeichen für eine Bedrohung des Unternehmens existieren bzw. ob sich dem Unternehmen Chancen für die weitere Entwicklung bieten. Die Umwelt ist in der strategischen Sichtweise Restriktion des Handlungs-feldes und Gegenstand der Handlungen zugleich. Die Unternehmensumwelt wird in die Wettbewerbsumwelt (Geschäftsfeld) und die allgemeine Umwelt (makro-ökonomische, technologische, politisch-rechtliche, sozio-kulturelle so-wie ökologische Umwelt) unterteilt.

Zur Analyse der allgemeinen Umwelt werden Daten aus den einzelnen Umwelt-bereichen gesammelt, und je nach Unternehmen und Branche Informationen aus folgenden Bereichen ausgewählt:

- Wirtschaft: Bruttoinlandsprodukt, Inflation, Arbeitslosenquote, Wechsel-kursrelationen, Zinsniveau, Einkommensverteilung, Energieversorgung etc.

- Demografie: Zahl und Struktur der Bevölkerung, Migrationstendenzen, sozialpsychologische Tendenzen (z. B. Freizeitverhalten, Gesundheitsbe-wusstsein, Arbeitseinstellung) etc.

- Technologie: Produktions- bzw. Substitutionstechnologien und Produkt-innovationen.

---

[12] Vgl. S. 356.

- Politik und Recht: nationale Gesetzgebung (z. B. Steuerrecht, Umweltrecht, Gesellschaftsrecht), internationale Abkommen, politische Entwicklungen im Heimatstaat und in den Absatzstaaten etc.
- Ökologie: Jahresdurchschnittstemperaturen, Naturkatastrophen, Niederschlagsmengen, Vegetationsperioden etc.

Einen weiteren Bestandteil der strategischen Analyse bildet die Analyse des eigenen Unternehmens. Um in diesem Zusammenhang die Stärken und Schwächen des Unternehmens festzustellen, sind Tätigkeitsgebiete und Fähigkeiten sowie die Unternehmenspolitik und die Unternehmenskultur zu untersuchen. Für einen Leistungsvergleich des eigenen mit anderen Unternehmen, kann neben isolierten Analysen auf das Benchmarking zurückgegriffen werden. Das Benchmarking wird durchgeführt, um Produkte, Dienstleistungen, Prozesse bzw. Methoden mit denen der besten Wettbewerber zu vergleichen. Ziel dieses Prozesses ist die Identifikation eigener Leistungslücken und deren Ursachen und die daraus resultierende Erarbeitung von Maßnahmen zur Leistungsverbesserung.

Im Ergebnis der Unternehmensanalyse identifiziert das Unternehmen eigene Stärken und Schwächen sowie deren Ursachen in verschiedenen Unternehmensbereichen. Diese können mit den Chancen und Risiken der Unternehmensumwelt derart zusammengefasst werden, dass sich verdeutlicht, welche Stärken zur Nutzung von Chancen und zur Abwehr von Risiken genutzt werden können und welche Schwächen zur Risikovermeidung bzw. Chancennutzung abgebaut werden müssen. Eine derartige Zusammenstellung wird als SWOT-Analyse bezeichnet (Strength-Weaknesses-Opportunities-Threats).

Als Beispiel für die Durchführung einer strategischen Analyse und der daraus abgeleiteten SWOT-Analyse wird die Landskron Brauerei Görlitz betrachtet. Bei dem Unternehmen handelt es sich um eine 1869 gegründete, mittelständische Brauerei an der deutsch-polnischen Grenze mit 8 Getränkemarken. Im Jahr 2004 übernahm die Carlsberg Breweries Dänemark die Mehrheitsanteile an der Brauerei.

Im Rahmen der Umweltanalyse wurde zuerst der Biermarkt in Deutschland analysiert. In Deutschland existieren ca. 1.300 Brauereien, die insgesamt ca. 5.000 Biermarken vertreiben. Damit herrscht in Deutschland die höchste Brauereidichte der Welt. Bier ist das meistgetrunkene abgefüllte Getränk in Deutschland. Trotzdem sind sowohl der Gesamtverbrauch als auch der Pro-Kopf-Verbrauch in Deutschland in den letzten 5 Jahren stark rückläufig, was zu einem steigenden Preis- und Margendruck führte. Ein Grund für den schrumpfenden Gesamtmarkt liegt in dem gestiegenen Gesundheitsbewusstsein der Konsumenten, welche auf Wellness-Produkte ausweichen. Charakteristisch für den Biermarkt und positiv für kleine Brauereien ist der starke Regionalbezug der Konsumenten. Das Absatzgebiet der Landskron Brauerei erstreckt sich von Ostsachsen und Südbrandenburg bis Mittel- bzw. Westsachsen und Mittelbrandenburg. Folgende Rahmendaten kennzeichnen die Bevölkerungs- und Einkommensstruktur im Absatzgebiet:

- Die Abwanderungsrate aus der Lausitz beträgt jährlich 2 % und wird voraussichtlich bis zum Jahr 2020 auf 5-7 % ansteigen.
- Niedrige Geburtenraten und Abwanderungstendenzen führen zu einer aktuell hohen und in Zukunft steigenden Überalterung.
- Die Arbeitslosenquote beträgt in der Lausitz ca. 20 %, wobei keine Änderungen erwartet werden.
- Die Kaufkraft in der Lausitz ist um 20 % niedriger als der Bundesdurchschnitt.

Im Rahmen der Unternehmensanalyse wurde festgestellt, dass der Markenname „Landskron" in der Region sehr tief verwurzelt ist und die Produktqualität durch jährliche Prämierung der Deutschen Landwirtschafts-Gesellschaft e.V. herausgehoben wird. Die 8 Marken (Landskron Pilsner/Hell, Pupen-Schultzes Schwarzes, Lausitzer Kindl, Landskron Maibock, Landskron Goldbock, Ein Schlesier, Landskron Winterhopfen, Landskron ApfelRadler) erreichen alle Teilbereiche der gesamten Zielgruppe und saisonale Differenzierung. Ertrag und Marktanteil konnten in den letzten Jahren kontinuierlich gesteigert werden. Als Schwächen gelten insbesondere der Rückzug aus Westsachsen und die Eingliederung von Landskron in das Gesamtportfolio des neuen Eigentümers nach der Übernahme. Tabelle 7.3 fasst die Ergebnisse der SWOT-Analyse zusammen.

Tabelle 7.3. SWOT-Analyse der Landskron Brauerei/Stand Anfang 2005

Stärken	Chancen
Produkt:	Markt:
• Jährlich DLG prämierte Produktqualität	• Cottbus ist das einzige Ballungszentrum im Kernabsatzgebiet mit wirtschaftlichem Potenzial. Da es keine Heimatbrauerei in Cottbus gibt, drängen viele Brauereien auf diesen attraktiven Markt.
• Erschließung von Absatzpotenzialen mit Schwarzbier	
Distribution:	
• Konzentration & weitere Erschließung des sog. ‚Kerngebietes': Lausitz = Ostsachsen & Südbrandenburg inkl. Cottbus	• Positive Entwicklung des Tourismus in der geteilten Stadt Görlitz/Zgorzelec - Aktivitäten im Rahmen der Bewerbung zur Kulturhauptstadt Europas 2010 steigern Bekanntheitsgrad und beleben Wirtschaft
Kommunikation:	Kunden:
• gut aufgestellte regionale alte Marke	• Bier polarisiert, Kunden kaufen Discount oder Premium.
• „traditionell handwerkliches Brauverfahren" ist relevantes Alleinstellungsmerkmal	• Chance für Landskron mit neuer Ausstattung in 2005 im lokalen Premiumsegment.
• Hauptsponsoring FC Energie Cottbus (2. Fußball-Bundesliga)	
Preise/ Konditionen:	Wettbewerber:
• Preispositionierung knapp unter den ‚TV-Bieren' ist auch im engsten Kern-Markt gelungen.	• EU-Beitritt ermöglicht Ausweitung des Absatzgebietes nach Polen
• Preisspreizungen wurden minimiert.	
Ertragskraft:	
• stabiler & wachsender Ertrag	
• Steigerung des Absatzes seit 2002 führt zu überproportionalem Marktanteilswachstum	
Schwächen	Risiken
Produkt:	Markt:
• 13 Jahre alter Kasten führt zur Verschlechterung des Landskron Markenwertes	• 2 % jährliche Abwanderungsrate (Tendenz steigend)
Distribution:	• Bevölkerungskonzentration in Ballungsgebieten, -schwund auf dem Land
• Kommunikativer ‚Rückzug' aus Westsachsen und Dresden	• niedrige Geburtenrate & Überalterung
• bisher Randlage im polnischen Grenzgebiet mit geringem Vermarktungsradius	• Arbeitslosigkeit über 20 %
	• Kaufkraft ca. 20 % geringer als Bundesdurchschnitt
Kommunikation:	• Biermarkt schrumpft um 5-6 % p.a.
• Eingliederung der Marke in Holsten-Portfoliovermarktung mit nachrangiger Priorität führte zu Kürzungen des Marketingetats	Kunden:
	• Gesundheits- & Wellnesstrend führt zu Nachfrage in den Bereichen Mineralwasser und/oder Wein zu Lasten von Bier
Preise/ Konditionen:	Wettbewerber:
• 13 Jahre alter Kasten führt zur Verschlechterung des Preis-Leistungs-Verhältnisses	• Insbesondere Freiberger, aber auch Hasseröder, Radeberger sowie Lübzer & Altenburger (in Cottbus) drängen aggressiv in die angestammten Absatzgebiete Görlitz und Cottbus.
• z. Z. keine Preiserhöhungen ohne hohe Absatzeinbußen durchsetzbar	
Ertragskraft:	
• Gefahr von Imageschäden & rückläufiger Entwicklung der Ertragskraft der Marke durch weitere Budgetkürzungen	

Neben der Analyse der globalen Umwelt ist die Geschäftsfeldanalyse von großer Bedeutung. Ein strategisches Geschäftsfeld stellt eine Produkt-Markt-Kombination dar, welche ein Segment des Absatzmarktes beschreibt, das durch ein Produkt bzw. eine Produktgruppe (z. B. PKW oder LKW), eine Region (z. B. Europa oder Asien) oder durch die Charakteristik der Abnehmer (z. B. Unternehmen oder Privatkunden) gekennzeichnet ist. Die Bearbeitung eines strategischen Geschäftsfeldes geschieht durch eine strategische Geschäftseinheit (SGE), welche durch folgende Merkmale gekennzeichnet ist:

- Die SGE nimmt mit eigenen Produkten bzw. Produktgruppen eine eigenständige Marktaufgabe wahr.

- Die SGE konkurriert mit externen Wettbewerbern.

- Die SGE ist als Ergebniseinheit mit relativ autonomer Absatz-, Entwicklungs-, Produktions-, Personal- sowie Investitionsverantwortung ausgestattet.

Die Definition der strategischen Geschäftsfelder und auch die Kriterien für deren Bestimmung und Abgrenzung sind im Zeitverlauf variabel. So war die Deutsche Telekom z. B. bis zum Jahr 2004 nach vier strategischen Geschäftsfeldern gegliedert (Festnetzsparte „T-Com", Mobilfunksparte „T-Mobile", Internetsparte „T-Online" und Systemsparte „T-Systems"). Diese Gliederung des Marktumfeldes und des Unternehmens wurde im Jahr 2005 geändert (das Geschäftsfeld „Breitband/Festnetz" aus den vormaligen Sparten „T-Com" und „T-Online", das Geschäftsfeld „Mobilfunk" aus dem früheren Geschäftsfeld „T-Mobile" sowie das Geschäftsfeld „Geschäftskunden" aus dem ehemaligen Geschäftsfeld „T-Systems").

Im Rahmen der Geschäftsfeldanalyse werden die Geschäftsfelder in Bezug auf deren Attraktivität und geplante Entwicklung untersucht. Für die Attraktivität eines Geschäftsfeldes sind folgende Faktoren von Bedeutung:

- Potenzielle Neuanbieter: Je geringer die Wahrscheinlichkeit des Eintritts eines Neuanbieters, desto attraktiver ist das Geschäftsfeld. Markteintrittsbarrieren für Neuanbieter bestehen in den Betriebsgrößenersparnissen und absoluten Kostenvorteilen der stärksten Anbieter, dem erforderlichen Kapitalbedarf für den Markteintritt, den Umstellungskosten für Abnehmer, der Käuferloyalität und dem Zugang zu Vertriebskanälen.

- Kunden: Das Kaufverhalten, die Entwicklung der Käuferbedürfnisse und die Verhandlungsstärke der Kunden stehen im Mittelpunkt der Kundenanalyse.

- Lieferanten: Lieferanten beeinflussen mit ihrer Verhandlungsstärke (z. B. Gestaltung von Preisen, Service und Qualität) die Geschäftsfeldattraktivität.

- Substitutionsprodukte: Die Existenz von Substitutionsprodukten begrenzt das Gewinnpotenzial des Unternehmens. Für die Einschätzung des Substitutionseffektes ist der Verwendungszusammenhang des Kunden zu berücksichtigen.

- Wettbewerb: Der Wettbewerb der Konkurrenten wird durch die Anzahl der Anbieter, die Marktsättigung, die Wettbewerbskultur in dem Geschäftsfeld und die Marktaustrittsbarrieren bestimmt. Marktaustrittsbarrieren können in spezifischen, bei einem Marktaustritt nicht mehr amortisierbaren Investitionen oder in strategischen Verbindungen zu anderen Unternehmen bestehen.

Ein Instrument zur Veranschaulichung der aktuellen Situation der einzelnen Geschäftseinheiten und der möglichen zukünftigen Entwicklung bietet die Portfolio-Technik. Ein Portfolio beschreibt die Zusammenstellung verschiedener Investitionsobjekte (z. B. Produkte, Standorte, regionale Märkte). Im Rahmen der Unternehmensstrategie bilden die einzelnen Geschäftsfelder anhand unterschiedlicher Merkmale die Investitions- bzw. Liquidationsobjekte. Ein Portfolio lässt sich in einer zweidimensionalen Matrix darstellen, in welcher auf der Abszisse eine vom Unternehmen beeinflussbare Größe und auf der Ordinate eine vom Unternehmen nicht beeinflussbare Größe aufgetragen wird. Die bekanntesten Arten von Portfolios sind das Marktwachstum-Marktantcil-Portfolio und das Marktattraktivität-Wettbewerbsvorteil-Portfolio. Im Marktwachstum-Marktanteil-Portfolio werden auf der Abszisse der relative Marktanteil des Unternehmens und auf der Ordinate das Marktwachstum des Geschäftsfeldes abgetragen und als hoch oder niedrig eingestuft. Der relative Marktanteil ergibt sich aus dem Quotienten des Marktanteils des analysierenden Unternehmens und dem Anteil des nächstgrößten bzw. größten Wettbewerbers. Ein Marktanteil größer als der Wert eins wird als hoch bezeichnet, Marktanteile unter diesem Wert werden als niedrig eingestuft. Auf diese Weise ergeben sich vier Felder, die als Stars, Cash-Cows, Question Marks und Dogs bezeichnet werden (vgl. Tabelle 7.4) und in die die Geschäftsfelder eingezeichnet werden. Aus dieser Matrix lassen sich folgende Normstrategien ableiten:

- Question Marks sind Produkte, die erst seit kurzer Zeit auf dem Markt sind, weshalb der Markterfolg noch nicht feststeht. Eine Erhöhung des Marktanteils erfordert hohe Investitionen in Marketingmaßnahmen und Absatzkapazitäten. Der Anteil der von Produkten aus diesem Segment erwirtschafteten Rückflüsse zur Finanzierung dieser Investitionen ist wesentlich geringer als dies bei Produkten aus dem Star-Segment der Fall ist.

- Stars sind Produkte mit hohem Marktanteil und wachsendem Marktvolumen. Das Unternehmen sollte in Produktions- und Absatzkapazitäten für Produkte aus diesem Segment investieren, um die Position zu festigen und weiter von dem Wachstum profitieren zu können. Produkte aus diesem Segment können lediglich einen Teil der erforderlichen Investitionen selbst erwirtschaften.

- Bei den Cash-Cows handelt es sich um Produkte, die in einem gering wachsenden Markt einen hohen relativen Marktanteil aufweisen. Das geringe Wachstum erfordert keine weiteren Investitionen, weshalb die mit Produkten aus diesem Segment erwirtschafteten Rückflüsse für Investitionen in anderen Segmenten verwendet werden können.

- Produkte aus dem Dog-Segment sind durch einen geringen Marktanteil in einem schrumpfenden Geschäftsfeld gekennzeichnet. Wenn Rückflüsse vorhanden sind, sollten diese so lange erzielt werden, wie dies ohne weitere Investitionen möglich ist.

Tabelle 7.4. Marktanteils-Marktwachstums-Portfolio

Marktwachstum in % p.a.		Question Marks	Stars
	Hoch		
	Niedrig 5	Dogs	Cash-Cows
		Niedrig 1 Hoch	
		Relativer Marktanteil	

Der idealtypische Entwicklungsweg eines Produktes beginnt in dem Question-Mark-Segment, geht weiter über das Star-Segment zum Cash-Cow-Segment und endet schließlich im Dog-Segment. Ziel des Unternehmens sollte es sein, ein ausgewogenes Produkt-Portfolio zu erreichen, in dem Produkte aus dem Cash-Cow-Segment Rückflüsse in einer Höhe erzielen, die ausreicht, um erforderliche Investitionsaktivitäten von Produkten aus anderen Segmenten zu finanzieren. Zu kritisieren ist an den Portfolio-Konzepten:

- Die Reduktion der komplexen Sachverhalte auf zwei Dimensionen: Die Eigenschaften und Bestimmungsfaktoren von Geschäftsbereichen oder Produkten lassen sich nur unter Vernachlässigung anderer Merkmale auf zwei Dimensionen reduzieren.

- Die pauschale Ableitung von Strategien: Strategien sind immer unter Berücksichtigung der speziellen Situation eines bestimmten Unternehmens zu entwickeln, weshalb die Ableitung von „Normstrategien" problematisch ist.

Zusätzlich zu der Portfolioanalyse ist die Analyse des Produktlebenszyklus durchzuführen. Der Lebenszyklus beschreibt das Zeitintervall zwischen der Konzipierung und Aussonderung eines Produktes.[13] Ausgangspunkt des Produktlebenszyklus ist die These, dass Produkte, Branchen und auch Märkte einer gesetzmäßigen Entwicklung folgen, welche idealtypisch in bestimmte Phasen eingeteilt werden kann. Produkte bzw. Märkte weisen eine begrenzte Lebensdauer auf und durchlaufen in der Entwicklung jede dieser Phasen.[14]

Die Einordnung eines Produktes in den Lebenszyklus kann als zusätzliches strategisches Analyseinstrument verwendet werden. Aus der Relation von Einzahlungen und Auszahlungen und der aktuellen Position des Produktes lassen sich Prognosen über die zukünftige Entwicklung ableiten. Kritisch anzumerken sind die Annahme eines Normlebens von Produkten sowie die Vernachlässigung konjunktureller Effekte bzw. Aktivitäten von Wettbewerbern. Als Beispiel für Produkte, welche die Ausnahme von diesem idealtypischen Zyklus darstellen, gelten z. B. Nivea-Creme, Maggi-Würze und Tempo-Taschentücher.

Nach der Analyse von Unternehmen und Umwelt ist die Geschäftsfeldstrategie zu entwickeln. Kern der Strategieplanung und -entwicklung ist die Bestimmung von Wettbewerbsvorteilen. Für eine Geschäftseinheit ergibt sich dann ein Wettbewerbsvorteil, wenn diese im Vergleich zur Konkurrenz eine bessere Leistung erzielt, und wenn diese Leistung durch Merkmale gekennzeichnet ist, die:

- vom Kunden wahrgenommen werden,
- für den Kunden wichtig sind,
- von der Konkurrenz nicht ohne weiteres imitiert werden können.

Ein solcher Wettbewerbsvorteil ist nur dann wertvoll, wenn der damit erzielbare Preis höher ist als die damit verbundenen Kosten. Wettbewerbsvorteile können entweder aus einer gegenüber den Konkurrenten überlegenen Kostenposition resultieren oder auf einem Nutzenvorteil im Verhältnis zu den Konkurrenten beruhen. In Abhängigkeit davon, welche Wettbewerbsvorteile im Unternehmen vorliegen bzw. erzielt werden sollen, können folgende drei Strategien unterschieden werden:

- Kostenführerschafts- bzw. Volumenstrategie,
- Differenzierungsstrategie,
- Nischenstrategie.

---

[13] Vgl. DIN EN 60300-3-3:2004.
[14] Vgl. Kapitel 4.16, S. 198.

Ein Unternehmen, welches die Kostenführerschaftsstrategie verfolgt, stellt ein Produkt her, das sich materiell kaum von den Konkurrenzprodukten unterscheidet, jedoch zu einem wesentlich günstigeren Preis angeboten wird. Der Preisvorteil soll den Kunden veranlassen, das Produkt verstärkt nachzufragen. Um die günstige Preisposition dauerhaft halten zu können, muss das Unternehmen zugleich Kostenführer sein. Der Vorteil wird für den Kunden jedoch nur dann wirksam, wenn das Unternehmen den Kostenvorteil auch durch günstige Preise weitergibt. Beispiele für die Kostenführerschaftsstrategie sind in Deutschland die Unternehmen Fielmann (Brillen), Lidl (Lebensmittelhandel) oder Ryan Air (Luftverkehr). Kostenführerschaft lässt sich erreichen durch:

- Ausnutzen struktureller Kostenunterschiede: Die Unternehmensgröße, die Erfahrung bezuglich der Produktionsgestaltung und abwicklung sowie Verbundeffekte stellen strukturelle Bestimmungsgrößen eines Unternehmens dar und können zur Erzielung von Kostenvorteilen genutzt werden.

- Kostenmanagement: Wenn sich Wettbewerber hinsichtlich ihrer Struktur kaum unterscheiden, entfällt die Möglichkeit zur Erreichung struktureller Kostenvorteile. Deshalb ist in diesen Fällen die frühzeitige und aktive Beeinflussung der Entwicklungs-, Produktions- und Vertriebskosten erforderlich. Dazu können unterschiedliche Kostenmanagementansätze herangezogen werden.[15]

Versucht das Unternehmen, seinen Kunden durch bestimmte, einzigartige Produkteigenschaften einen höheren Produktnutzen anzubieten, welcher höhere Preise rechtfertigt, handelt es sich um die Differenzierungsstrategie. Die Alleinstellung des Produktes aufgrund seiner Einzigartigkeit aus Sicht des Kunden begründet den Wettbewerbsvorteil. Quelle der Einzigartigkeit können unterschiedliche Faktoren sein. Dazu zählen objektiv messbare wie z. B. die technische Leistung oder der Energieverbrauch aber auch schwer messbare Faktoren wie z. B. das Design oder das Image von Produkten. Differenzierung kann von Unternehmen über die Faktoren Qualität, Zeit, Marke und Kundenbeziehung erreicht werden. Unternehmen, welche die Differenzierungsstrategie verfolgen, sind z. B. Miele (Küchengeräte) mit dem Alleinstellungsmerkmal Qualität, Bang & Olufsen (Elektronikhersteller) mit dem Merkmal Design oder UPS (Logistik) mit dem Faktor Service. Auch die Marke ist ein Alleinstellungsmerkmal, auf welchem eine Differenzierungsstrategie beruhen kann. Obwohl sich eine Marke lediglich subjektiv erfassen lässt, weist sie einen ökonomischen Wert auf (vgl. Tabelle 7.5).

Im Gegensatz zu diesen beiden Strategien zielt die Nischenstrategie lediglich auf ein bestimmtes Marktsegment. Die Spezialisierung richtet sich auf ein begrenztes Marktsegment, welches durch homogene Kundenwünsche gekennzeichnet ist, wie z. B. eine Berufsgruppe oder eine Region. Beispiele dafür sind

---

[15] Vgl. Kapitel 4.5, S. 185 ff.

Karmann (Automobilindustrie), Pustefix (Seifenblasen) oder Hiscox (Versicherungsunternehmen). Die Nischenstrategie lässt sich als fokussierte Kostenführerschaft oder als fokussierte Differenzierung realisieren, da der Wettbewerbsvorteil entweder über den Kosten- oder den Nutzenvorteil in einem klar abgegrenzten Segment erzielt wird.

Tabelle 7.5. Ökonomischer Wert ausgewählter Marken im Jahr 2005[16]

Marke	Markenwert in Mio. $	Marke	Markenwert in Mio. $
Coca-Cola	67,53	BMW	17,13
Microsoft	59,94	Nescafé	12,24
McDonalds	26,01	Nike	10,11
Mercedes-Benz	20,00	Adidas	4,03

Nach der Entwicklung unterschiedlicher Strategiealternativen sind diese zu bewerten, wobei die vorteilhafteste Variante auszuwählen ist. Zur Bewertung von Strategien bieten sich dynamische Investitionsrechenverfahren an.[17] Maßstab für die Auswahl von Strategiealternativen sind stets die Unternehmensziele, weshalb bei der Strategieauswahl diejenige mit der bestmöglichen Zielerreichung zu wählen ist. Nach der Bewertung und Auswahl der Strategie folgt deren Umsetzung, die eine operativ-taktische Planung erfordert, welche Gegenstand des folgenden Abschnitts ist.

7.2.3 Operativ-taktische Ebene

Die in der Strategie gefällten Grundsatzentscheidungen werden in der operativtaktischen Ebene konkretisiert, die sich durch einen geringeren Grad an Planungsdefekten auszeichnet. Die Quantifizierungsprobleme im taktischen Bereich sind geringer als auf der strategischen Ebene, es lassen sich vermehrt quantitative Modelle anwenden, und der Grad der Unsicherheit nimmt ab. Wie bei der strategischen Planung liegen auch bei der taktischen Planung keine exakten Informationen über die Wirkung von Entscheidungen vor, und auch hier weisen die Variablen eine hohe Aggregationsstufe auf. Im sich anschließenden operativen Bereich erfolgt die Umsetzung der strategischen und taktischen Maßnahmen, wobei der Rahmen für die operativen Entscheidungen und Handlungen durch die Strategie und Taktik weitgehend determiniert ist. Die bestmögliche, effektive und effiziente Nutzung der vorhandenen Erfolgspotenziale zählt zur originären Aufgabenstellung der operativen Planung. Operative Maßnahmen zeichnen sich durch eine vergleichsweise geringe, kurzfristige und relativ sichere Erfolgswirkung aus.

---

[16] Vgl. BusinessWeek (2005, July, S. 86-93).
[17] Vgl. Kapitel 5.2.2, S. 229.

Aus der strategischen Geschäftsfeldplanung wird die Programm- und Aktionsplanung abgeleitet. Ausgehend von dem Geschäftsfeld, den vorhandenen Kapazitäten und Mitarbeitern sowie der gegebenen Organisations- und Rechtsform werden das langfristige Produktprogramm festgelegt sowie die Ziele und Maßnahmen innerhalb der Funktionsbereiche Absatz, Beschaffung und Produktion abgeleitet. Bei der Produktionsprogrammplanung auf operativer Ebene wird die Art und Menge der in mittel- und kurzfristiger Sicht zu fertigenden und abzusetzenden Produkte festgelegt. In Abhängigkeit vom Produktionstyp ergeben sich unterschiedliche operative Problemstellungen. Im Fall eines Einproduktunternehmens mit Massenproduktion ergibt sich das optimale Produktprogramm aus der maximal absetzbaren Menge unter Berücksichtigung vorhandener Kapazitäten. Bei anderen Produktionsverfahren sind die Produktionsprogramme bei Berücksichtigung von Kapazitätsgrenzen durch unterschiedliche Optimierungsverfahren zu ermitteln.[18]

Aus dem strategischen Gesamtplan werden somit operative Teilpläne erstellt, welche die Umsetzung der Strategie ermöglichen. Eine Gefahr bei der Ableitung der Teilpläne besteht darin, dass aus den strategischen Fundamentalzielen keine adäquaten operativen Instrumentalziele abgeleitet werden und die operativen Teilpläne deshalb nicht zur Strategieumsetzung beitragen. Als ein Instrument für die Umsetzung von strategischen Maßnahmen in der operativen Ebene wird hier die Balanced Scorecard (BSC) vorgestellt. Dieses Instrument wird sowohl in privaten Unternehmen, als auch in Non-Profit-Organisationen oder Sportvereinen (z. B. VfB Stuttgart) eingesetzt. Die BSC wird oft als ein erweitertes Kennzahlensystem interpretiert, stellt jedoch ein Instrument dar, das durch die Berücksichtigung von Markt- und Kundensicht die Leistung und Strategie des Unternehmens transparent und den Erfolg der Strategieumsetzung messbar macht. Der Schwerpunkt liegt also auf der Kommunikation und Umsetzung der Strategie.

Die auf abstrakter Ebene formulierten strategischen Ziele werden in operationale Ziele und Kennzahlen übersetzt und in vier Perspektiven unterteilt: die finanzwirtschaftliche Perspektive, die Kundenperspektive, die interne Prozessperspektive und die Lern- und Entwicklungsperspektive (vgl. Abbildung 7.4).

In der finanzwirtschaftlichen Perspektive sind die zentralen Ziele auf Unternehmensebene festgeschrieben, wie z. B. Umsatz, Jahresüberschuss, Wertbeitrag, ROI und Cashflow. Diese stellen Fundamentalziele dar, die Ziele der übrigen Perspektiven demzufolge Instrumentalziele. Für die strategischen Geschäftseinheiten werden die Zahlen der Gesamtunternehmensebene spezifiziert, da sich die Geschäftseinheiten in unterschiedlichen Phasen des Lebenszyklus befinden können. Für Einheiten in der Wachstumsphase können Ziele wie prozentuale Ergebnis- oder Umsatzwachstumsraten definiert werden. Dagegen ist für Geschäftseinheiten, die sich in der Reifephase befinden, eine hohe

---

[18] Vgl. Kapitel 2.1.3, S. 48.

Rentabilität und Kostensenkung anzustreben. Bei Geschäftseinheiten, die sich in der Erntephase befinden, liegt der Akzent auf der Maximierung des Cashflow. Für die einzelnen Produkte einer Geschäftseinheit können aber je nach Lebenszyklusphase durchaus unterschiedliche Strategien, Ziele und Kennzahlen definiert werden.

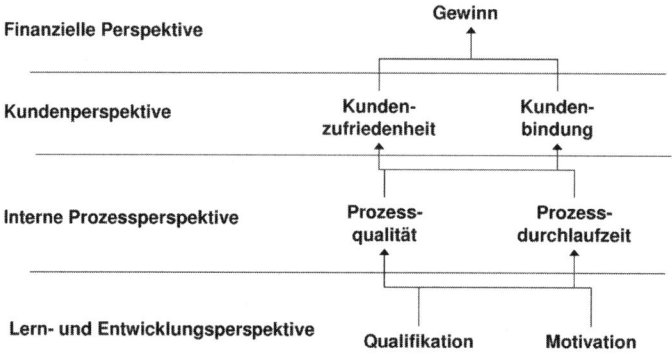

Abbildung 7.4. Ursache-Wirkungs-Postulat der BSC

In der Kundenperspektive werden Kunden- und Marktsegmente, die für das Unternehmen wichtig sind, sowie Kennzahlen zur Leistungsmessung in diesen Segmenten identifiziert. Kennzahlen sind z. B. Kundenzufriedenheit, Kundenrentabilität, Kundentreue, Kundenakquisition. Zu diesem Zweck können segmentspezifische Leistungstreiber, wie z. B. kurze Durchlaufzeiten und pünktliche Lieferung, ständige Innovationen oder die Beachtung der Kundenwünsche, die für die Kundentreue ausschlaggebend sind, hinzugezogen werden. Neben Spätindikatoren sind auch Frühindikatoren zu berücksichtigen, wie z. B. die Erfüllung von Produkt- und Serviceeigenschaften. Jeder Kunde hat Erwartungen an ein Produkt, vor allem was dessen Funktionalität und Qualität betrifft. In dieser Hinsicht müssen aus der festgelegten Strategie (Differenzierung, Kostenführerschaft oder Nischenstrategie) Kennzahlen der Produkt- und Serviceeigenschaften abgeleitet werden. Zu den Serviceeigenschaften gehören u. a. die Lieferfähigkeit, Pünktlichkeit und das Angebotsspektrum. Des Weiteren kann zum Beispiel das Image und der Markenwert als Frühindikator betrachtet werden oder die Qualität der Kundenbeziehungen (z. B. Wartezeit bei der Auftragsannahme).

Die Prozessperspektive der BSC ist eng mit der Kundenperspektive und der finanzwirtschaftlichen Perspektive verknüpft und identifiziert die internen Geschäftsprozesse, die für die Erreichung der Ziele der anderen beiden Perspektiven am wichtigsten sind. Unternehmen müssen festlegen, wie sie die internen Prozesse zu gestalten beabsichtigen, um die Erwartungen ihrer Kunden erfüllen zu können. Es empfiehlt sich, eine vollständige Wertschöpfungskette der internen Geschäftsprozesse zu definieren, angefangen bei den Innovationen über den Produktionsprozess bis hin zum Kundendienst. Die Ableitung von Kennzahlen muss auf Prozesse wie z. B. Beschaffung, Produktionsplanung und -steuerung oder Auftragsabwicklung bezogen stattfinden. Die Prozesssichtweise führt dazu, dass nicht ausschließlich monetäre Größen gemessen werden. Bezüglich des Produktionsprozesses sind vor allem Qualitätsziele und kurze Durchlaufzeiten festzulegen. Die Prozessqualität misst die Anzahl der Produkte, bei denen keine Nachbesserung erforderlich ist. Kennzahlen für den Kundendienst (z. B. Garantieleistungen und Reklamationen) vervollständigen die Prozessperspektive.

Die Mitarbeiterperspektive schafft die notwendige Basis für die ersten drei Perspektiven. Die Ziele der finanzwirtschaftlichen Perspektive sowie der Prozess- und Kundenperspektive geben vor, wo die Organisation investieren muss, um langfristig hohe Leistungen erbringen zu können. Diese Perspektive, die am Anfang der Ursachen-Wirkungs-Kette steht und auch Lern- und Entwicklungsperspektive oder Potenzialperspektive genannt wird, fördert die Entstehung einer lernenden Organisation. Als Hauptkategorien dieser Perspektive gelten Mitarbeiter, Potenziale von Informationssystemen sowie Motivation, Entscheidungsfreiheit und organisationale Vernetzung. Die Kernkennzahlen der Mitarbeiterperspektive sind Mitarbeiterzufriedenheit, Personaltreue und Mitarbeiterproduktivität.

7.3 Organisation

Organisation bedeutet die zweckhafte Gestaltung einer Einheit aus einer Vielfalt von einzelnen Faktoren. Organisation dient dem betrieblichen Vollzug von geplanten Aktivitäten. Während Planung das künftige Geschehens gedanklich vorweg nimmt, stellt die Organisation die materielle Vorbereitung des künftigen Handelns dar.[19] Organisation bezeichnet einmal ein System betriebsgestaltender Regelungen in Form von Anweisungen, Richtlinien und Übereinkommen bis hin zu gesetzlichen Bestimmungen und Vorschriften (z. B. aktienrechtliche Vorschriften für einzelne Organe), nach denen sich das Geplante in der Unternehmung vollziehen soll. Darüber hinaus führt Organisation auch durch bestimmte Regeln und Richtlinien die am Produktionsprozess beteiligten Produktionsfaktoren zusammen. Im Mittelpunkt der Organisation steht demzufolge die Frage, welche Aufgabe von welcher Stelle erfüllt werden soll.

---

[19] Vgl. S. 293.

Die drei Grundelemente einer Organisation sind

- Aufgabe,
- Stelle und
- Verbindungswege zwischen Stellen.

Eine Stelle ist die kleinste organisatorische Einheit im Unternehmen. Sie umfasst Aufgaben und Teilaufgaben und wird für eine abstrakte Person geschaffen. Verbindungswege zwischen den Stellen können Transport- bzw. Kommunikationswege sein, wobei letztere in reine Mitteilungswege und Entscheidungswege unterschieden werden können.

Als Grundprinzipien der Organisation existieren die zentrale und die dezentrale Organisation. Wenn alle gleichartigen oder ähnlichen Arbeiten einheitlich von einer Stelle aus erledigt werden, liegt eine zentrale Organisation vor. Vorteile dieser sind u. a. der Einsatz hochqualifizierter Arbeitskräfte und hochleistungsfähiger maschineller Organisationsmittel, Konzentration der Interessen und die Einheitlichkeit von Entscheidungen. Nachteile bestehen vorrangig in überlasteten und meist bürokratisch arbeitenden Führungs- und Leitungsstellen sowie in der Beeinträchtigung von Eigeninitiative und Verantwortungsfreudigkeit untergeordneter Stellen.

In dezentralisierten Organisationen werden Aufgaben, Entscheidungs- und Befehlsbefugnisse an untergeordnete Funktionsträger übertragen. Vorteile der Dezentralisation bestehen vorwiegend in einer höheren Flexibilität, einer Entlastung der übergeordneten Instanzen sowie einer Selbständigkeit der dezentralen Funktionsträger. Nachteile dieser Organisationsform liegen in der Möglichkeit von Kompetenzstreitigkeiten sowie der unterschiedlichen Entwicklung und Auslegung identischer Entscheidungsfragen. Die Vorteilhaftigkeit der Organisationsprinzipien ist abhängig von der Branche, der Unternehmensgröße und den personellen Ressourcen.

Neben der Differenzierung in zentrale und dezentrale Organisation sind generelle und fallweise Regelungen zu unterscheiden. Gelten Entscheidungen über bestimmte Fragen der Unternehmensorganisation immer nur für einen einmaligen Vorgang oder Tatbestand, liegt eine fallweise Regelung vor. Komplizierte, unregelmäßige und ungleichartige Organisationsaufgaben erfordern meist fallweise Regelungen und Augenblicksentscheidungen. Das Vorliegen gleichartiger Vorgänge, die in mehr oder minder regelmäßigen Abständen wiederkehrende, gleichartige Organisationsaufgaben enthalten, macht die Verwendung genereller Regelungen möglich. Generelle Regelungen bestehen meist in Form von schriftlich fixierten Geschäftsgrundsätzen, die in Verbindung mit den Aufgabenverteilungsplänen aufgestellt werden. Im Folgenden werden die zwei zentralen Aufgabenbereiche der Organisation, die Aufbau- und die Ablauforganisation vorgestellt.

7.3.1 Aufbauorganisation

Ausgehend vom Unternehmensziel leiten sich unterschiedliche Hauptaufgaben ab, welche so in Teilaufgaben zerlegt werden, dass diese erfüllbar sind. Dieser Vorgang führt zur Stellenbildung. Zweck der Aufbauorganisation ist es, eine arbeitsteilige Gliederung und Ordnung des Leistungserstellungsprozesses durch die Bildung und Verteilung von Stellen zu erreichen. Ziel der Aufbauorganisation ist die möglichst exakte Abgrenzung von Unternehmensbereichen, Zuständigkeiten und Verantwortung. Die Vorgehensweise bei der Bildung der Aufbauorganisation ist folgende:

1. Aufgabenanalyse: Diese stellt die Vorbedingung des Organisierens dar. Erst wenn eine Gesamtaufgabe in Teilaufgaben zerlegt ist, kann sie auf verschiedene Stellen übergehen. Zur Analyse werden die Bestimmungselemente einer Aufgabe untersucht:
   - Was ist durch welche Art von Tätigkeit zu erreichen?
   - Durch wen soll die Aufgabe gelöst werden?
   - Mit welchen Sach- und Arbeitsmitteln?
   - An welchem Ort?
   - Bis zu welcher Zeit ist die Aufgabe zu erfüllen?

2. Aufgabensynthese: Wenn die Teilaufgaben analysiert wurden, sind diese so zusammenzufassen, dass arbeitsteilige Einheiten entstehen. Die Aufgabensynthese bereitet die Stellenbildung unmittelbar vor.

3. Stellenbildung: Eine Stelle kann aus einer oder mehreren Teilaufgaben bestehen und sollte für das normale Leistungsvermögen einer imaginären Person gebildet werden. Mit der Stellenbeschreibung wird die klare Zuständigkeitsordnung festgeschrieben und die Stellenbildung abgeschlossen.

4. Abteilungsbildung: Mehrere Stellen eines Aufgabenbereiches können zu einer Abteilung zusammengefasst werden. Dies geschieht dann, wenn eine Stelle Leitungsaufgaben im Verhältnis zu anderen Ausführungsarbeiten beinhaltet, welche eigenständig ausgeführt werden können. Jede mit Befehlsgewalt ausgestattete Stelle ist eine Instanz, welche mit einer bestimmten Kompetenz, der sachlichen Zuständigkeit für eine Aufgabe, ausgestattet ist.

Die hierarchische Rangordnung der einzelnen Abteilungen und die Verbindungswege zwischen diesen bestimmen die Organisationsform. Grundsätzlich kann zwischen einer funktionalen und einer divisionalen Organisationsstruktur unterschieden werden. Werden nachgeordnete Einheiten den übergeordneten Instanzen dem Verrichtungsprinzip folgend zugeordnet, handelt es sich um eine funktionale Struktur. Erfolgt diese Zuordnung nach dem Objektprinzip, liegt eine divisionale Organisationsstruktur vor. Die wichtigsten Grundformen sind das Liniensystem mit den Teilformen Einlinien-, Stablinien- und Mehrliniensystem sowie die Spartenorganisation und die Matrixorganisation.

Wenn alle Organisationsstellen in einen einheitlichen Befehlsweg (in einer Linie) gegliedert sind, der von der obersten Instanz bis zur untersten Stelle reicht, handelt es sich um ein Liniensystem. Erhält jeder nachgeordnete Entscheidungsträger seine Weisungen nur von einer übergeordneten Instanz, liegt ein Einliniensystem vor (vgl. Abbildung 7.5). In diesem System bestehen Weisungsrecht und Folgepflicht ausschließlich zwischen zwei unmittelbar aufeinander folgenden Stufen.

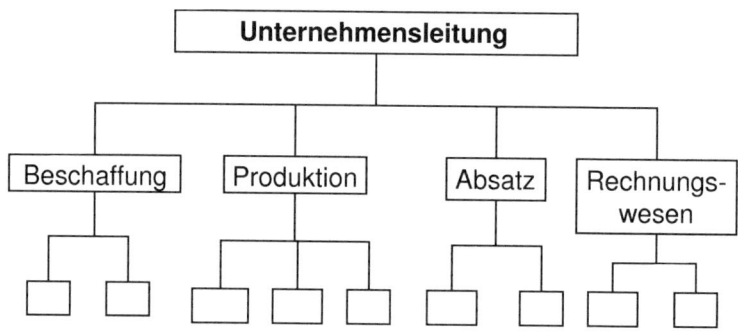

Abbildung 7.5. Grundform des Einliniensystems

Vorteile dieser Organisationsform bestehen in den klar und eindeutig abgegrenzten Verantwortungsbereichen sowie den guten Kontrollmöglichkeiten. Dem stehen nachteilig die Gefahr der Überlastung der Zwischeninstanzen, die Länge und Umständlichkeit der Instanzenwege und die daraus resultierende Schwerfälligkeit der Organisation gegenüber.

Wenn sich abzeichnet, dass die Zwischeninstanzen von Routinearbeiten überlastet sind und diesen deshalb zur Bearbeitung strategischer bzw. außerordentlicher Aufgaben nur unzureichende Kapazitäten zur Verfügung stehen, kann eine Unterstützung dieser Instanzen durch die Einrichtung von Stabsstellen angestrebt werden (vgl. Abbildung 7.6). Ein Stab unterstützt eine Instanz bei der Vorbereitung und Kontrolle von Entscheidungen, verfügt selbst jedoch über keine Weisungskompetenz. Vorteile diese Organisationsform bestehen in der Einschaltung von Spezialisten, der dadurch erreichten Entlastung der Instanzen und den trotzdem beibehaltenen klaren Zuständigkeitsverhältnissen. Aus der besonderen Position des Stabes können jedoch auch tiefgreifende Konflikte resultieren: Aufgrund des Informations- und Qualifikationsvorteils der Stäbe üben diese einen erheblichen Einfluss auf die Entscheidungen der Instanz aus, die sie jedoch nicht verantworten müssen. Die mangelnde Weisungskompetenz des Stabes kann andererseits in Verbindung mit eben diesen Informations- und Qualifikationsvorteilen zur Demotivation der Stabsmitarbeiter führen.

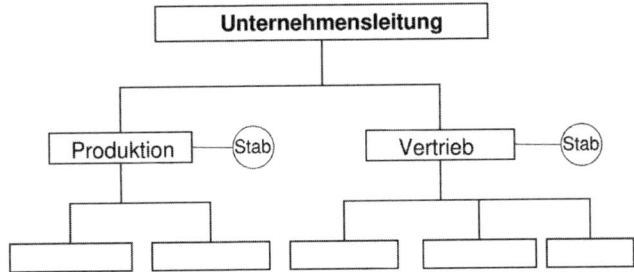

Abbildung 7.6. Grundstruktur des Stabliniensystems

Bei einem Mehrliniensystem sind nachgeordnete Entscheidungsträger mindestens zwei übergeordneten Instanzen unterstellt (vgl. Abbildung 7.7). Dieses System soll die Spezialisierung der Vorgesetzten und verkürzte Verbindungswege zwischen den Instanzen ermöglichen. Zusätzlich sorgt es für eine größere Beweglichkeit der Führungskräfte. Voraussetzung für einen reibungslosen Arbeitsablauf bildet bei einem Mehrliniensystem die konkrete Abgrenzung der einzelnen Aufgabenbereiche und Kompetenzen sowie die konsequente Koordinierung durch übergeordnete Instanzen.

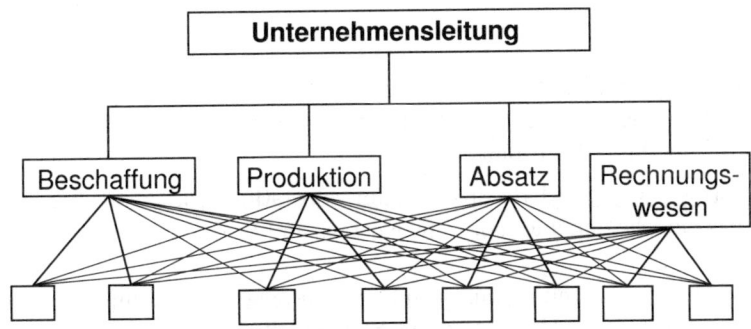

Abbildung 7.7. Grundform des Mehrliniensystems

Neben den vorwiegend funktional geprägten Organisationsstrukturen der Linienorganisation sind in Großunternehmen aufgrund der inhaltlich und geographisch komplexen Aufgabenstruktur die divisionalen Organisationsstrukturen der Sparten- und Matrixorganisation entstanden. Grundgedanke der Spartenorganisation ist die Komplexitätsreduktion durch Aufteilung des Unternehmens in selbstständig agierende, flexible Sparten bzw. Divisionen (vgl. Abbildung 7.8).

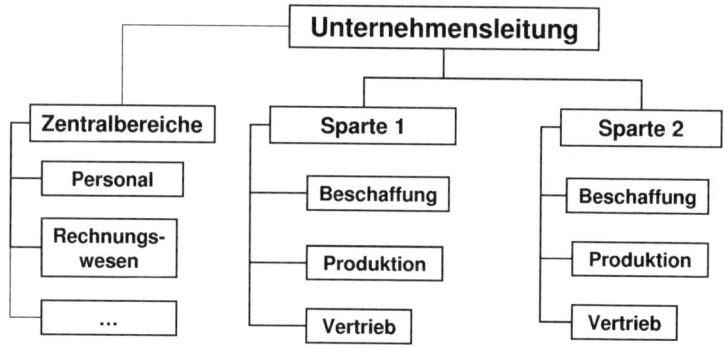

Abbildung 7.8. Grundform einer Spartenorganisation

Bei der divisionalen Organisation gliedert sich das Unternehmen in mehrere Teilbereiche, wobei jede Sparte einen teilautonomen Bereich mit eigener verantwortlicher Führungsspitze und verschiedenen Funktionsbereichen (z. B. Beschaffung, Produktion und Absatz) repräsentiert. Die Koordination der Sparten erfolgt durch zentrale Stabsabteilungen und durch Zentralabteilungen (z. B. Personalwesen, Rechnungswesen). In Abhängigkeit von der Verantwortung, die den Sparten übertragen wird, lassen sich folgende Ausprägungen feststellen:

- Cost-Center-Organisation: Sparten sind nur für die Kosten verantwortlich.

- Profit-Center: Sparten sind für Kosten und Erlöse verantwortlich, nicht jedoch für die Investitionstätigkeit.

- Investment-Center: Jede Sparte kann selbstständig über die Investitionspolitik entscheiden und damit die Kosten- und Erlösstrukturen bestimmen.

Die Vorteile der Spartenorganisation bestehen neben der Komplexitätsreduktion in einer erhöhten Motivation der Spartenleiter, in einer eindeutigen Abgrenzung der Verantwortung sowie in der guten Vergleichbarkeit der Spartenergebnisse. Dem stehen Koordinationsprobleme und negative Effekte des Wettbewerbs zwischen den Sparten gegenüber.

Bei einer Matrixorganisation wird eine nach Funktionen gegliederte (vertikale) Organisation von einer objektorientierten (horizontalen) Organisation ergänzt (vgl. Abbildung 7.9). Die funktionsorientierten Gesamtbereiche übernehmen vor allem die Aufgaben, die einzelnen Unternehmensbereiche zu koordinieren und Planungskonzepte und Entscheidungsgrundlagen für den Vorstand zu entwerfen. Der Vorstand besteht in der Regel aus den Leitern der Gesamtbereiche und der Unternehmensbereiche. Gegenüber traditionellen Organisationsformen wird bei der Matrixorganisation eine Kompetenzüberschreitung planmäßig angestrebt. Mit dem Konzept der doppelten Verantwortung sollen die Nachteile einer rein funktionalen Gliederung aufgehoben werden. Durch einen ständigen Dialog zwischen Gesamtbereichen und Unternehmensbereichen sollen innovative Problemlösungen entstehen, die Aufgaben in einer umfassenden Betrachtungsweise gelöst und direkte Verbindungswege geschaffen werden. Aus der Verbindung einer vertikalen mit einer horizontalen Struktur resultieren hohe Anforderungen an die Informations- und Kommunikationsprozesse. Häufig sind Projekt- oder Produktmanagement als horizontale Organisation in eine funktionsorientierte Organisation eingebunden, woraus die Matrixorganisation resultiert.

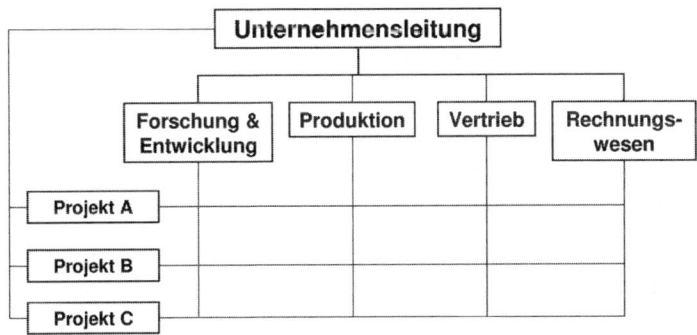

Abbildung 7.9. Beispiel einer Matrixorganisation

Nachteile der Matrixorganisation sind das Fehlen strenger Kompetenzregelungen sowie die Verzögerung von Entscheidungsprozessen. Zusätzlich kann der angestrebte ständige Dialog zu stetigen Konfliktsituationen führen.

7.3.2 Ablauforganisation

Die Ablauforganisation regelt die Festlegung der Arbeitsprozesse im Hinblick auf die Faktoren Raum, Zeit, Sachmittel und Personen und ergänzt damit die Aufbauorganisation, welche mit der Strukturierung des Unternehmens das organisatorische Gerüst liefert. Ziel der Ablauforganisation ist die möglichst effiziente Gestaltung des Arbeitsprozesses. Dazu werden die in der Aufgabenanalyse festgestellten Elementaraufgaben,[20] weiter in einzelne Arbeitsschritte unterteilt. Ergebnis ist ein Überblick über die gesamten Arbeitsteile, auf deren Basis dann in der Arbeitssynthese einzelne Arbeitsgänge zusammengestellt werden. Im Rahmen der Arbeitssynthese ist festzulegen, welcher Arbeitsträger

---

[20] Vgl. S. 321.

zu welchem Zeitpunkt an welchem Ort einen Arbeitsgang verrichtet. In diesem Zusammenhang erfolgt z. B. die Festlegung von Taktzeiten oder die Festlegung der Fertigungsorganisation.[21]

Eine steigende Arbeitsteilung führt zu einem sinkenden Spektrum des Arbeitsinhaltes. Im Zusammenhang mit der Einrichtung von Stellen durch die Organisation ist darauf zu achten, dass motivierende Arbeitsinhalte geschaffen werden.[22] Demzufolge sind Arbeitsaufgaben so zu gestalten, dass:[23]

- eine Vielfalt von Fertigkeiten, Begabungen und Tätigkeiten eingesetzt werden kann,

- die durchgeführten Arbeitsaufgaben als ganze Einheiten und nicht nur als Teilstücke erkennbar sind,

- die Arbeitsaufgaben einen wesentlichen Beitrag zum Gesamtziel leisten und das von dem Mitarbeiter auch erkannt wird,

- der Mitarbeiter einen angemessenen Grad an Entscheidungsfreiheit erhält,

- Möglichkeiten zur Entwicklung bestehender Fertigkeiten und den Erwerb neuer Fertigkeiten bestehen,

- eine Über- als auch Unterforderung des Mitarbeiters vermieden wird, welche zu unnötiger oder übermäßiger Beanspruchung, Ermüdung oder zu Fehlern führt,

- isoliertes Arbeiten ohne soziale Kontakte vermieden wird.

Verschiedene Ansätze zur Gestaltung von Arbeitsinhalten (job rotation, job enlargement oder job enrichment) zielen darauf ab, die Arbeitsinhalte motivierender zu gestalten. Neben diesen Maßnahmen dient auch die Einrichtung von Arbeitsgruppen der besseren Gestaltung von Arbeitsinhalten.

Da sich Aufbau- und Ablauforganisation bedingen und ergänzen, ist die Festlegung der optimalen Struktur beider in einem stufenweisen Näherungsverfahren möglich. Entweder entsteht zuerst eine Rohform der Aufbauorganisation, auf deren Basis eine Strukturierung der Arbeitsabläufe aufbaut. In Abhängigkeit von den dabei erzielten Ergebnissen ist u. U. eine Anpassung der Aufbauorganisation erforderlich. Ebenso kann eine Rohform der Ablauforganisation den Ausgangspunkt des iterativen Lösungsverfahrens bilden.

---

[21] Vgl. S. 42.
[22] Vgl. S. 338.
[23] Vgl. DIN EN ISO 6385.

7.4 Personalwesen

Neben der Organisation macht die Ausführung der Entscheidungen und somit das Erreichen der Unternehmensziele den zielgerichteten Einsatz von Personen erforderlich, was Gegenstand des Personalwesens ist. Die Gesamtheit aller im Unternehmen eingesetzten Personen wird als Personal bezeichnet das aus folgenden Blickwinkeln zu betrachten ist:

- Personal als Leistungsfaktor: Personal ist sowohl Teil des elementaren Produktionsfaktors Arbeit als auch wesentlicher Bestandteil des dispositiven Faktors. Personen verrichten Arbeit, treffen Entscheidungen, führen Kontrollen durch, werden kontrolliert und erbringen dadurch Leistungen.

- Personal als Kostenfaktor: Aufgrund der Tätigkeit für das Unternehmen verfügen die Personen über einen Entgeltanspruch. Das Entgelt für menschliche Arbeit (z. B. Lohn, Gehalt) stellt für das Unternehmen Aufwand bzw. Kosten dar. Personalkosten von Unternehmen in Deutschland stellen einen erheblichen Bestandteil der Gesamtkosten dar.

- Personal als Individuen: Im Gegensatz zu den anderen Produktionsfaktoren zeichnen sich Personen durch Instinkte, Bedürfnisse, Werte, Einstellungen, Qualifikationen und Persönlichkeit aus.[24] All diese Aspekte einer Person in Verbindung mit der Motivation und der Situationswahrnehmung beeinflussen das Verhalten und somit die Leistung der Person. Die menschliche Arbeitsleistung ist keine Konstante, sondern von einer Reihe von Einflussfaktoren abhängig, die im Rahmen des Personalwesens zu berücksichtigen sind.

Aus diesen Sichtweisen resultiert die Unterteilung des Personalwesens in die Personalplanung auf der einen Seite sowie in die Personalführung und -motivation auf der anderen Seite. Entscheidungen zu Fragen des Personalwesens sind Ergebnis des Willensbildungsprozesses im Zusammenspiel von Geschäftsleitung, Personalabteilung, Vorgesetzten und Betriebsrat. In der Geschäftsleitung werden die personalpolitischen Ziele aus den Unternehmenszielen abgeleitet und formuliert. Die Personalabteilung übernimmt die Detailplanung dieser Fragen und ist für die Verwaltung des Personals zuständig. Vorgesetzte müssen die ihnen unterstellten Mitarbeiter so führen, dass die vorgegebenen fachlichen Ziele erreicht werden, aber auch soziale Ziele verfolgt bzw. soziale Randbedingungen eingehalten werden. Aufgrund des dem Betriebsrat zustehden Mitsprache- und Mitbestimmungsrechtes ist dieser an vielen Personalentscheidungen beteiligt. Das Personalwesen hat im wesentlichen sowohl wirtschaftliche als auch soziale Ziele zu verfolgen und zur Erreichung der Unternehmensziele, welche primär wirtschaftlicher Art sind, beizutragen. Zu

---

[24] Vgl. S. 333.

den wirtschaftlichen Zielen zählt die Bereitstellung des zur betrieblichen Leistungserstellung benötigten Personals nach quantitativen, qualitativen, zeitlichen und lokalen Erfordernissen. Wesentliches Ziel des Personalwesens ist deshalb die Erfolgsorientierung. Sämtliche Aktivitäten des Personalwesens sind vor dem Hintergrund des Zielbeitrags zum Unternehmenserfolg zu beurteilen. Neben den wirtschaftlichen sind soziale Zielstellungen für das Personalwesen von hoher Bedeutung. Soziale Zielstellungen orientieren sich an den Erwartungen, Bedürfnissen, Interessen und Forderungen der Mitarbeiter und können materiellen als auch immateriellen Charakters sein. Da die Bestimmungsfaktoren für soziale Ziele bei verschiedenen Personen unterschiedlich ausgeprägt sind, hat das Personalwesen schon innerhalb dieses Bereiches für einen Interessenausgleich zu sorgen. Zusätzlich muss das Personalwesen die wirtschaftlichen mit den sozialen Zielen abstimmen, da davon auszugehen ist, dass zwischen einzelnen Teilzielen dieser Zielgruppen Konflikte bestehen können. Ein erfolgsorientiertes Personalwesen trägt zum langfristigen Unternehmenserfolg notwendigerweise durch die Sicherung von Arbeitsplätzen und damit durch die Erreichung sozialer Ziele bei, in kurzfristiger Betrachtungsweise kann es jedoch zu Zielkonflikten kommen.

Menschliche Arbeitsleistung ist das Ergebnis des Zusammenspiels unterschiedlicher Bestimmungsfaktoren (vgl. Abbildung 7.10). Das Leistungspotenzial wird durch die grundsätzliche Fähigkeit einer Person zur Leistungserbringung determiniert und stellt die Obergrenze der tatsächlich realisierten Leistungsabgabe dar. Aktuell eingesetztes und sofort einsetzbares Leistungsvermögen bestimmen das aktuelle Leistungspotenzial. Davon ist das Potenzial zu unterscheiden, über welches eine Person zwar verfügt, das jedoch erst ausgebaut bzw. aktiviert werden muss und deshalb als Entwicklungspotenzial bezeichnet wird. Die tatsächlich realisierte Leistung wird durch die in der Stellenbeschreibung definierten Anforderungen, die Leistungsbedingungen, die Leistungsbereitschaft und das aktuelle Leistungspotenzial bestimmt.

Der Personalbestand eines Unternehmens wird demzufolge qualitativ durch das individuelle Leistungspotenzial und quantitativ durch die Anzahl der Mitarbeiter bestimmt. Kurzfristig können die Mitarbeiter lediglich das aktuelle Leistungspotenzial einsetzen, wodurch der kurzfristige Personalbestand des Unternehmens festgelegt ist. Langfristig kann das Leistungspotenzial und damit auch der Personalbestand verändert werden.

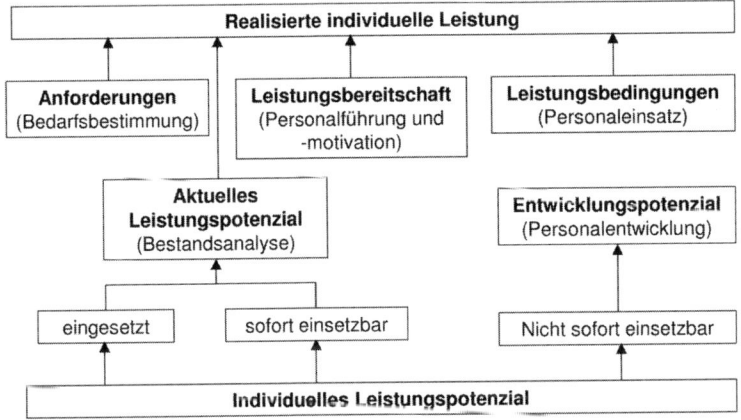

Abbildung 7.10. Bestimmungsfaktoren menschlicher Arbeitsleistung[25]

7.4.1 Personalplanung

Ausgehend von diesen Zusammenhängen kann Personalplanung beschrieben werden als die kurz-, mittel- und langfristige Anpassung des Personalbestands an den Personalbedarf. Bestandteile der Personalplanung sind die:

- Personalbedarfsplanung,
- Personalbestandsanalyse,
- Personalbeschaffungs- bzw. -abbauplanung
- Personaleinsatzplanung sowie
- Personalentwicklungsplanung.

Im Rahmen der Personalbedarfsplanung ist die Frage zu beantworten, wie viele Mitarbeiter welcher Qualifikation aufgrund der vorgegebenen Unternehmensziele zu welchem Zeitpunkt an welchem Ort benötigt werden. Der Personalbedarf wird durch externe Faktoren (z. B. rechtliche, politisch-soziale Bedingungen, Wirtschaftsentwicklung) sowie interne Faktoren (z. B. Leistungsprogramm, Fehlzeiten, Mitarbeiterstruktur, Fluktuation) bestimmt. Grundlage für die Personalbedarfsplanung ist die Planung des Produktprogramms und der Potenziale. Dabei wird auf der strategischen Ebene der Personalbedarf in Abhängigkeit vom Produktprogramm und der Unternehmensstrategie bestimmt. Im Anschluss daran erfolgt die Konkretisierung des Bedarfes auf der operativ-taktischen Ebene. Im nächsten Schritt der Personalplanung wird mittels der Personalbestandsanalyse festgestellt, wie viele Mitarbeiter welcher

---

[25] In Anlehnung an Scholz (2000, S. 333).

Qualifikation zu welchem Zeitpunkt und an welchem Ort verfügbar sind. Zu diesem Zweck wird auf strategischer Ebene die Personalstruktur analysiert, auf taktischer Ebene das Tätigkeits- und Qualifikationsfeld bestimmt und auf der operativen Ebene das Fähigkeitsprofil der Mitarbeiter abgeleitet.

Die Differenz zwischen Bedarfsanalyse und Bestandsanalyse stellt entweder einen Nettopersonalbedarf dar, der durch Personalbeschaffung zu decken ist, oder einen Nettopersonalüberschuss, der durch Personalabbau zu verringern ist. Personal kann innerhalb oder außerhalb des Unternehmens beschafft werden (vgl. Abbildung 7.11). Vorteile der internen Personalbeschaffung resultieren aus dem geringeren Zeitaufwand und den geringeren Such-, Auswahl- und Einarbeitungskosten im Vergleich zur externen Personalbeschaffung. Darüber hinaus sind die Mitarbeiter schon bekannt und die Mitarbeiter kennen das Unternehmen, womit die Gefahr von nicht erfüllten Erwartungen sinkt. Nachteilig bei der internen Personalbeschaffung ist, dass das Auswahlspektrum begrenzt ist und langjährige Mitarbeiter möglicherweise nicht mehr so viele Anregungen und Verbesserungspotenziale aufzeigen, wie externe Neuzugänge. Die externe Beschaffung weist den Vorteil einer großen Personalauswahl auf, womit die Chancen des Zugangs neuen Wissens, neuer Motivation und anders geprägter Erfahrungsstrukturen steigen. Mit diesen Chancen ist jedoch auch die Gefahr einer Fehlbesetzung verbunden, da Mitarbeiter und Unternehmen einander noch unbekannt sind.

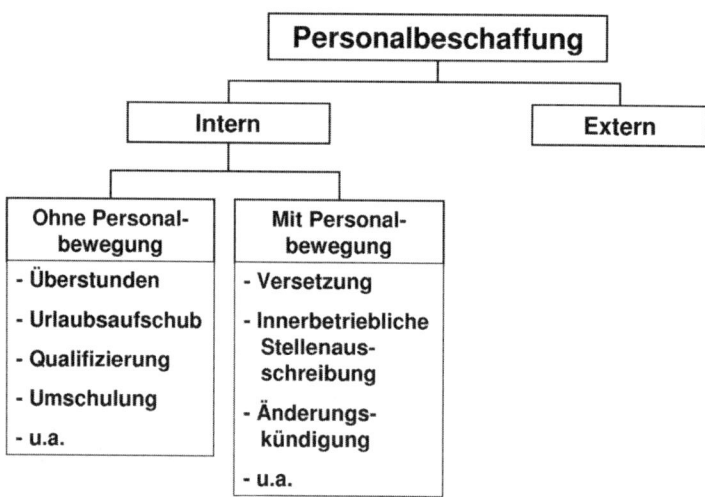

Abbildung 7.11. Formen der Personalbeschaffung[26]

---

[26] In Anlehnung an Jung (2001, S. 130-131).

Personalabbau kann ebenfalls unternehmensextern oder unternehmensintern stattfinden. Maßnahmen des internen Personalabbaus bilden dabei das Pendant zu Maßnahmen der internen Personalbeschaffung. So wird durch die Versetzung eines Mitarbeiters in dessen ehemaliger Abteilung eine Stelle abgebaut und in der zukünftigen Abteilung auf diese Weise ein Mitarbeiter einsetzbar. Personalabbau kann

- ohne Änderung bestehender Arbeitsverhältnisse (z. B. durch Überstundenabbau, Verzicht auf den Einsatz von Personalleihfirmen),

- durch Änderung bestehender Arbeitsverhältnisse (z. B. durch Arbeitszeitverkürzung oder Versetzung) oder

- durch Beendigung bestehender Arbeitsverhältnisse (z. B. Befristung und Beendigung, Kündigung)

zustande kommen.

Die quantitative, qualitative, zeitliche und räumliche Zuordnung des Personals zu den Stellen ist Gegenstand der Personaleinsatzplanung. Basis dieser Zuordnung sind

- das Anforderungsprofil der Stelle, das sich aus der Unternehmensorganisation, den Anforderungen des Arbeitsplatzes und der Arbeitsanalyse ableitet,

- das Fähigkeitsprofil der Mitarbeiter sowie

- das Bedürfnisprofil der Mitarbeiter.

Das Anforderungsprofil der Stelle wird entscheidend von dem Arbeitssystem bestimmt, welches aus der Arbeitsaufgabe sowie den Umgebungs- und den Umwelteinflüssen besteht. Zu den Arbeitsumgebungseinflüssen zählen

- Arbeitsplatz,

- Arbeitsmittel,

- Arbeitsablauf sowie

- zu verarbeitende Produktionsfaktoren.

Die Umgebungseinflüsse selbst werden von den Umweltfaktoren (physikalische, chemische, biologische, soziale und organisatorische Faktoren) beeinflusst. Die Gestaltung der Arbeitsaufgabe und des Arbeitsplatzes tragen erheblich zur Leistung des Mitarbeiters bei.[27] Im Gestaltungsprozess des Arbeitssystems müssen die Wechselwirkungen zwischen dem Mitarbeiter und

---

[27] Vgl. S. 338.

den Bestandteilen des Arbeitssystems berücksichtigt werden. Das Ziel der ergonomischen Gestaltung von Arbeitssystemen besteht in der Optimierung der Arbeitsbeanspruchung, der Vermeidung beeinträchtigender Auswirkungen sowie der Förderung erleichternder Auswirkungen. Ein Arbeitssystem ist in Bezug auf die Kategorien Gesundheit, Sicherheit und Leistung hin zu gestalten. Zu verrichtende Arbeit sollte dem Menschen angepasst werden. Der Gestaltungsprozess eines Arbeitssystems wird in folgende Phasen untergliedert:[28]

- Anforderungsanalyse,

- Analyse und Zuordnung der Funktionen,

- Gestaltungskonzeption,

- Gestaltung der einzelnen Elemente,

- Realisierung, Einführung und Validierung sowie

- Bewertung.

Die Arbeitsumgebung ist so zu gestalten, dass die physikalischen, chemischen, biologischen und sozialen Bedingungen keine nachteilige Wirkung auf den Mitarbeiter ausüben. Im Rahmen der Festlegungen von Arbeitsbedingungen sind sowohl objektive als auch subjektive Einschätzungen zu berücksichtigen. Wenn es möglich ist, sollte der Mitarbeiter die Bedingungen der Arbeitsumgebung selbst beeinflussen können. Bei der Gestaltung des Arbeitsplatzes müssen die Körpermaße, die Körperhaltung, die Muskelkraft und die Körperbewegungen berücksichtigt werden.[29] Nach der Gestaltung, Realisierung und Einführung des Arbeitssystems ist dieses zu validieren, um den Nachweis zu erbringen, dass das Arbeitssystem wie geplant funktioniert. Die Mitarbeiter sind in die Validierung mit einzubeziehen.

Aufgabe der Personalentwicklung ist es, die Mitarbeiter für die Bewältigung gegenwärtiger und zukünftiger Anforderungen zu qualifizieren. Der ständig zunehmende Wissensbestand und die sich permanent verändernde technologische Umwelt erfordern einen stetigen Lernprozess. In diesem Zusammenhang besteht zum einen die Möglichkeit, die Qualifikation in Übereinstimmung mit den gegenwärtigen Anforderungen zu bringen. Zum anderen ist es möglich, flexible Qualifikationen zu vermitteln, die nicht nur am gegenwärtigen Arbeitsplatz eingesetzt werden können. Die Personalentwicklung verfolgt sowohl unternehmensbezogene als auch mitarbeiterbezogene Ziele, welche in Einklang zu bringen sind. Dies kann am Arbeitsplatz (z. B. durch Unterweisung oder job rotation) oder außerhalb des Arbeitsplatzes (z. B. durch Seminar oder Konferenz) stattfinden.

---

[28] Vgl. DIN EN ISO 6385.
[29] Vgl. DIN 33411-5; DIN EN 547-1; DIN EN 614-2.

7.4.2 Personalführung und Motivation

Ausführung und Umsetzung von geplanten Aktivitäten geschieht durch Aufgabenübertragung an Mitarbeiter, welche nicht an der Entscheidungsfindung beteiligt sind. Um die mit der Aufgabenerfüllung betrauten Personen führen und steuern zu können, ist die Kenntnis der unterschiedlichen Verhaltensdeterminanten wichtig. Menschliches Verhalten ist auf Motive zurückführbar und auf Ziele orientiert. Personal ist so einzusetzen, zu motivieren und zu steuern, dass das angestrebte Ziel erreicht werden kann, was kurz als Personalführung bezeichnet wird. Der Führungserfolg ist abhängig von folgenden Komponenten:

- Vorgesetzter: Fuhrungsstil, Persönlichkeit, Motivation etc.

- Gruppe: Mitglieder, Größe, Struktur, Gruppenmoral, Zielstellungen etc.

- Situation: Aufgabenstruktur und -inhalt, Umwelt etc.

Objektiv identische Situationen können von verschiedenen Personen unterschiedlich wahrgenommen, verarbeitet und in unterschiedlichen Verhaltensweisen beantwortet werden. Deshalb wird im Folgenden das Verhalten von Individuen und Gruppen analysiert. Im ersten Abschnitt werden grundlegende Zusammenhänge des Verhaltens von Individuen vorgestellt. Da Individuen im Unternehmen nicht allein agieren, sondern in Gruppen eingebunden sind, wird im darauf folgenden Abschnitt das Verhalten von Gruppen analysiert. Die Führungskräfte von Individuen und Gruppen stehen im Mittelpunkt des dritten Abschnitts, der verschiedene Stile und Verhaltensweisen der Vorgesetzten vorstellt.

7.4.2.1 Verhalten von Individuen

Das Verhalten von Personen hängt von den Aspekten der Person, von der Wahrnehmung der Situation sowie von der Motivation der Person ab. Eine Person wird durch folgende Aspekte beschrieben:

- Instinkte/Triebe,
- Bedürfnisse/Motive,
- Werte,
- Einstellungen,
- Qualifikationen und
- Persönlichkeit.

Instinkte und Triebe

Als Trieb wird eine genetisch bedingte, elementare psychische Komponente bezeichnet, die einen Spannungszustand erzeugt. Instinkte und Triebe sind angeboren, können jedoch durch individuelle Erfahrung verändert werden. Bedürfnisse und Motive hingegen sind stärker kulturell beeinflusst und sozial gestaltet. Ausgangspunkt des immer an Zielen ausgerichteten menschlichen Verhaltens ist ein Bedürfnis (vgl. Abbildung 7.12).

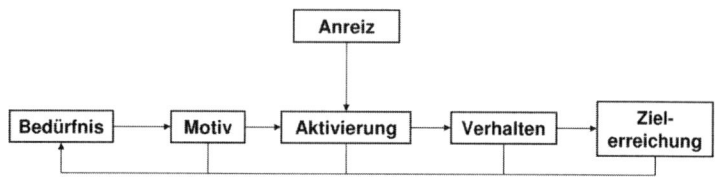

Abbildung 7.12. Einfaches Motivationsmodell[30]

Bedürfnisse und Motive

Ein Bedürfnis beschreibt ein Mangelempfinden, welches angeboren oder in frühester Kindheit übernommen wurde. Als Motiv wird eine latent vorhandene Verhaltensbereitschaft bezeichnet, die noch nicht aktiviert ist. Im Gegensatz zu den Bedürfnissen werden Motive während der Sozialisation erworben und durch Motivation aktualisiert. Durch einen internen oder externen Anreiz wird ein Motiv aktiviert und bis zur Zielerreichung oder zur Erreichung eines als befriedigend eingeschätzten Anspruchsniveaus beibehalten.[31] Die Aktivierung des Motivs löst ein Verhalten aus, dessen Ziel die Bedürfnisbefriedigung ist. Mit der Zielerreichung ist ein Erfolgserlebnis verbunden, welches wiederum zu einem erhöhten künftigen Anspruchsniveau führt.

Verschiedene Theorien versuchen, den Zusammenhang und den Einfluss von Bedürfnissen und Verhalten zu erklären. Ein sehr bekanntes Modell zur Hierarchisierung von Bedürfnissen und der von diesen Bedürfnissen ausgelösten Verhaltensweisen stammt von MASLOW. Grundlegende Bedürfnisse nach dieser Einordnung beziehen sich auf physische Gegebenheiten (z. B. Schlaf, Nahrung). Auf dieser Basis entsteht das Bedürfnis nach Sicherheit, gefolgt von sozialen Bedürfnissen (z. B. Liebe, Freundschaft). Inhalt der nächsthöheren Kategorie ist das Bedürfnis nach Wertschätzung. Die höchste Stufe der Hierarchie, die Selbstverwirklichung, bringt zum Ausdruck, dass der Mensch sein will, was er sein kann und machen will, wozu er fähig ist. Die Hierarchieebenen sind entsprechend ihrer relativen Dringlichkeit angeordnet (vgl.

---

[30] Vgl. Staehle (1999, S. 167).
[31] Vgl. die ausführliche Darstellung der Motivation auf S. 337.

Abbildung 7.13, S. 340). Wenn die Bedürfnisse einer Hierarchieebene relativ befriedigt sind, werden diejenigen der nächsthöheren Ebene dominant.

Werte und Einstellungen

Werte und Einstellungen eines Individuums prägen die Wahrnehmung der Umwelt und die Verhaltensweisen in hohem Maße. Werte als die Auffassung vom Gewünschten beschreiben die von einer Gesellschaft erwarteten bzw. hoch angesehenen Sicht- und Verhaltensweisen.[32] In Abhängigkeit von der Ausprägung der einzelnen Werte sind Gesellschaften und deren Individuen veranlagt. Werte erfüllen eine verhaltensbeeinflussende und -legitimierende Funktion bei der Wahl von Zielen und Mitteln. Werte prägen die Erwartungen der Mitarbeiter an das Unternehmen und die Ansprüche der Unternehmensleitung an Leistung und Verhalten der Mitarbeiter. Werte bestimmen, welche Denk- und Verhaltensweisen als wünschenswert gelten, und üben so einen starken Einfluss auf das Verhalten von Personen aus. Im Gegensatz zu Werten sind Einstellungen konkret auf bestimmte Objekte, Personen und Situationen gerichtet. Einstellungen können aus Vorurteilen, Stereotypen und Überzeugungen bestehen und stellen ein relativ stabiles System von Gedanken, Gefühlen und Handlungsprädispositionen dar, durch welches das menschliche Verhalten beeinflusst wird. Einstellungen werden durch Lernprozesse im Zuge langjähriger Erfahrung gebildet, woraus folgt, dass diese in Abhängigkeit vom Individuum veränderlich sind.

Qualifikation

Die Qualifikation eines Individuums beschreibt die Gesamtheit der Fähigkeiten, Fertigkeiten und des Wissens, die ihm zur Aufgabenerfüllung zur Verfügung stehen. Fähigkeiten beschreiben das gesamte Potenzial einer Person, ihre Umwelt zu beherrschen. Fertigkeiten sind die durch Übung entstandenen Potenzialbestandteile, die automatisiert gehandhabt werden. Diese können durch Trainingsmaßnahmen vervollkommnet werden. Als Wissen werden die auf verarbeiteten Daten und Informationen beruhenden Kenntnisse verstanden, die zur Problemlösung eingesetzt werden können. Wissen stellt damit eine Kompetenz zur Lösung spezifischer Probleme sowie die kognitive Befähigung zum Handeln dar.

Qualifikationen können in funktionale und in extrafunktionale Qualifikationen unterteilt werden. Spezifisch technisch-fachliche, prozessgebundene Qualifikationen sind funktionale Qualifikationen. Qualifikationen, die sich auf prozessunabhängige Komponenten beziehen, wie z. B. Flexibilität, Verantwortungsbereitschaft, Arbeitsdisziplin, sind extrafunktionale Qualifikationen. Diese können nicht in derselben Weise gelehrt und erlernt werden wie funktionale Qualifikationen. Sowohl Über- als auch Unterqualifikation von Mitarbeitern führt im Rahmen der Aufgabenübertragung langfristig zu sinkender Leistungsbereitschaft. Für die Motivation von Personen ist es wichtig, dass

---

[32] Vgl. die Darstellungen zur nationalen Kultur S. 294.

diese im Rahmen der Aufgabenerfüllung Qualifikationen einsetzen können, die sie selbst hoch einschätzen.

Persönlichkeit

Muster von charakteristischen Gedanken, Gefühlen und Verhaltensweisen, die eine Person von einer anderen unterscheiden und die über Zeit und Situationen fortdauern, beschreiben die Persönlichkeit. Dazu zählen das Temperament, als individuelle Eigenart der Reaktionen im Bereich des Gefühls-, Willens- und Trieblebens sowie der Charakter als Gesamtgefüge von konstanten Einstellungen, Gesinnungen und Handlungsweisen. Aus den Merkmalen der Persönlichkeit resultieren Bedürfnisse, die als Ansatzpunkte einer Motivation dienen können. Aufgrund der Vielfalt, Unterschiedlichkeit und Komplexität des Menschen sind unterschiedliche Persönlichkeitstypologien entstanden, welche durch Reduktion auf einige wenige Merkmale bzw. Verhaltensweisen versuchen, den Gesamtcharakter einer Persönlichkeit zu erfassen. Trotz der erheblichen Gefahren, die mit der generalisierenden Anwendung von Stereotypen verbunden sind, werden im Folgenden kurz einige Typologien vorgestellt. Dies soll helfen, die verschiedenen Einordnungsmerkmale und die grundsätzliche Problematik der Erfassung von Persönlichkeit deutlich zu machen.

Eine weit verbreitete Persönlichkeitstypologie stammt von HIPPOKRATES und klassifiziert Persönlichkeiten in den Sanguiniker (heiterer, lebhafter Mensch), den Phlegmatiker (heiterer, ruhiger Mensch), den Choleriker (reizbarer, ernster Mensch) sowie den Melancholiker (ernster, ruhiger Mensch).

Als weitere Persönlichkeitstypologie wird diejenige von RIEMANN vorgestellt, welche auf den vier Grundformen der Angst (Angst vor Selbsthingabe, Angst vor Selbstwerdung, Angst vor Wandlung sowie Angst vor Ordnung und Notwendigkeit) basiert. Aus diesen Reinformen der Angst leitet er die vier Neuroseformen Schizophrenie, Depression, Zwangsneurose oder Hysterie ab, welche die Basis für folgende Persönlichkeitstypen bilden:

• schizoide Persönlichkeit: Die Angst vor der Selbsthingabe an die Mitmenschen zwingt die Person, die Selbstbewahrung in den Vordergrund zu stellen. Im Umgang mit anderen Personen wird sich der schizoide Mensch eher unpersönlich verhalten und distanziert auftreten. Durch die fehlende Selbsthingabe wächst der Abstand zwischen der schizoiden Persönlichkeit und ihrer Umwelt, er weiß zu wenig von anderen Menschen und wird unsicher im Umgang mit ihnen.

• depressive Persönlichkeit: Im Gegensatz zur schizoiden Persönlichkeit hat der Depressive Angst vor der Ich-Werdung, weshalb er sich lieber in ein übergeordnetes Ganzes einfügt. Für den depressiven Menschen bedeutet Individualität und Unabhängigkeit von anderen Menschen Einsamkeit und Isolation.

- zwanghafte Persönlichkeit: Den zwanghaften Menschen belastet vor allem die Angst vor Risiko, Veränderung und Erneuerung, weshalb er an Erfahrungen, Grundsätzen und Gewohnheiten festhält. Er lebt vorsichtig, vorausschauend und mit langfristiger Planung. Der Widerstand gegen das Neue beansprucht einen Großteil der Kapazitäten und behindert die Persönlichkeitsentwicklung.

- hysterische Persönlichkeit: Das Wichtigste für derart veranlagte Personen ist das Gefühl der Freiheit, weshalb sie von Augenblick zu Augenblick leben, immer auf der Suche nach neuen Reizen, planlos und ohne klare Ziele. Dinge, die von vornherein durch Gesetze, Normen oder Vorgaben festgelegt sind, bereiten diesen Personen Probleme.

In jedem Menschen finden sich latent diese vier Grundformen der Angst und damit die Veranlagung zu den vier Persönlichkeitstypen. Je nachdem, wie, ob und in welcher Form diese ausgelebt werden, ergibt sich eine mehr oder weniger einseitige Persönlichkeit.

Alle diese Typologien unterliegen jedoch einer enormen Beschränktheit, weil Menschen in Abhängigkeit von der jeweiligen Situation unterschiedlich reagieren und verschiedenen Typen entsprechen, eine Klassifikation demzufolge kein geeignetes Instrument zur Persönlichkeitsbeurteilung ist.

Alle Personen handeln auf Basis dessen, was sie wahrnehmen, weshalb lediglich die subjektiv wahrgenommene Situation relevant für ihr Verhalten ist. Die gedankliche Verarbeitung von Reizen aus der Umwelt wird als Wahrnehmung bezeichnet. Diese Verarbeitung kann bewusst und auch unbewusst erfolgen. Im Prozess der Wahrnehmung werden bestimmte Reize herausgefiltert (Selektion) und fehlende Reize hinzugefügt (Organisation). Es lassen sich externe, subjektive und situationsabhängige Einflussfaktoren der Wahrnehmung feststellen.

Ein wesentlicher Einflussfaktor auf das Verhalten von Personen ist die Motivation, die die Voraussetzung für zielorientiertes Handeln darstellt. Unter Motivation wird die Aktivierung oder Erhöhung der Verhaltensbereitschaft eines Menschen verstanden, bestimmte auf die Bedürfnisbefriedigung ausgerichtete Ziele zu erreichen. Im Rahmen der Mitarbeiterführung ist von Interesse, durch welche Anreize und Prozesse die in den Individuen vorhandene Bedürfnisse und Motive aktiviert, aufrechterhalten, gelenkt und abgebrochen werden können. Motivation wird bestimmt durch die Dauer, Intensität und Richtung. Es sind unterschiedliche Theorien entstanden, deren Ziel es ist, Aufbau, Aufrechterhaltung und Abbau von Verhalten zu erklären. Gemeinsam ist diesen Theorien, dass sie die Zusammenhänge zwischen Bedürfnissen, Motiven, Leistung und Arbeitszufriedenheit analysieren.

Motive werden in intrinsische und extrinsische Motive unterteilt. Intrinsische Motive werden durch die Arbeitsleistung selbst befriedigt, extrinsische Motive hingegen durch die Folgen oder Begleitumstände der Arbeitsleistung. Die

Arbeitsleistung ist dann lediglich der Zweck zur Befriedigung anderer Motive. Für den Leistungsprozess wichtige intrinsische Motive sind das Leistungsmotiv, das Kompetenzmotiv und das Geselligkeitsmotiv. Geldmotiv, Sicherheitsmotiv und Prestigemotiv stellen für den Arbeitsprozess wichtige extrinsische Motive dar.

Das Leistungsmotiv äußert sich dadurch, dass der Mensch durch die Erreichung selbstgesetzter Leistungsziele befriedigt wird. Für leistungsmotivierte Menschen geht von der Aufgabenstellung selbst der größte Reiz aus, je schwieriger die Aufgabe, desto größer ist die Motivation. Dem Wunsch eines Menschen nach Beherrschung seiner Umwelt, nach beruflicher Entfaltung und nach Möglichkeiten, zukünftige Entwicklungen selbst gestalten zu können, entspringt das Kompetenzmotiv. Das Geselligkeitsmotiv resultiert aus dem Wunsch eines Menschen, mit anderen zusammenzuarbeiten zu können. Sichere, selbstbewusste Menschen haben in der Regel ein geringer ausgeprägtes Geselligkeitsbedürfnis als verunsicherte Personen.

Ein wichtiges Arbeitsmotiv ist das Geldmotiv. Die mit Geld verbundene Motivation richtet sich nach den Bedürfnissen und Erwartungen der Personen. Ist ein subjektiv als ausreichend eingestuftes Einkommen erreicht, wird die Motivation des Einkommens geringer. Jeder Mensch ist bestrebt, die Unsicherheit in Bezug auf zukünftige Zustände und damit verbundene Gefahren und Hindernisse seiner Existenz bis zu einem bestimmten Grad zu vermeiden bzw. zu reduzieren. Aus diesem Bestreben resultiert das Sicherheitsbedürfnis, welches z. B. durch Kündigungsschutzregelungen, betriebliche Altersvorsorge u. a. befriedigt werden kann. Mit der Leistungserstellung und der damit verbundenen Position ist ein bestimmtes Prestige verbunden, das ebenfalls das Verhalten von Personen motiviert.

Neben diesen Beweggründen beeinflusst auch die Arbeitsorganisation, also die Gestaltung von Arbeitsinhalten die Motivation in einem hohen Maß. In diesem Zusammenhang werden folgende fünf Bedürfnisdimensionen unterschieden, deren Befriedigung Ziel der menschlichen Tätigkeit ist:[33]

- Aufgabenvielfalt: Je mehr Fähigkeiten und Fertigkeiten zur Bewältigung der Aufgabe eingesetzt werden müssen, umso größer ist die Aufgabenvielfalt.

- Ganzheitscharakter der Aufgabe: Ausmaß, in welchem die Aufgabe eine abgeschlossene und eigenständig identifizierbare Einheit bildet.

- Bedeutungsgehalt der Aufgabe: Wahrnehmbarer Nutzen, welchen die Aufgabe für externe und interne Personen aufweist.

- Handlungsautonomie: Inhaltliche, personelle und zeitliche Unabhängigkeit im Rahmen der Aufgabenerledigung.

---

[33] Vgl. DIN EN ISO 6385.

- Rückkopplung: Qualität (Schnelligkeit und Informationsgehalt) der Rückmeldung über die Arbeitsergebnisse.

Mit diesen Dimensionen lässt sich das Motivationspotenzial einer Tätigkeit bestimmen. Auf die Erweiterung der einzelnen Dimensionen zielen die Programme job rotation, job enlargement und job enrichment. Durch einen systematischen Arbeitsplatzwechsel im Rahmen der job rotation wird die Aufgabenvielfalt erhöht. Dies ist auch beim job enlargement der Fall, jedoch mit dem Unterschied, dass an einem bestehenden Arbeitsplatz verschiedene, bisher aufgeteilte Aufgaben zusammengefasst werden. Kern des job enrichments ist die Ausweitung des Aufgabenfeldes nicht nur hinsichtlich des Handlungsspielraums, sondern zugleich auch des Entscheidungs- und Kontrollspielraums, indem rein ausführende Tätigkeiten eines Arbeitsplatzes um Elemente leitender Tätigkeiten erweitert werden.

Die Bedürfnishierarchie von MASLOW[34] wurde zu einer Motivationstheorie erweitert, indem aus der Stellung der Bedürfnisse sowohl Motivationsinhalte als auch eine Motivationsdynamik abgeleitet wurden. Motivationsinhalte sind durch die Rangordnung der Bedürfnisse vorgegeben, die Motivationsdynamik ensteht daraus, dass die Befriedigung niederer Bedürfnisse die Voraussetzung für die Erfüllung höherer Bedürfnisse schafft (Progressionsprinzip). Das niedere Bedürfnis braucht jedoch nicht vollständig befriedigt zu sein, häufig ist schon ein geringerer Grad ausreichend, um das nächsthöhere Bedürfnis zum Ausgangspunkt der Zielsetzung zu erheben. Diesem Ansatz zufolge ist eine Person durch den Drang nach Bedürfnisbefriedigung motivierbar (Defizitprinzip). Sobald die Bedürfnisse einer Hierarchieebene befriedigt sind, werden diejenigen Bedürfnisse der nächsthöheren Ebene dominant. Erfüllte Bedürfnisse dienen nicht mehr als Motivation, bilden aber die Basis für die Dominanz der nächsthöheren Motivebene. Die Einfachheit der Bedürfnishierarchie und die Linearität der daraus resultierenden Motivationsdynamik sind zwar auf den ersten Blick recht anschaulich, bieten jedoch bei genauerer Betrachtung nur selten eine geeignete Erklärung für Motivationsinhalte und -prozesse.

Eine andere Motivationstheorie entwickelte HERZBERG auf der Basis empirischer Studien. Zentrales Ergebnis der Studien und somit grundlegende Aussage der Theorie ist die Erkenntnis, dass Zufriedenheit und Unzufriedenheit zwei unabhängige Dimensionen sind. Das Gegenteil von Unzufriedenheit ist nicht Zufriedenheit, sondern das Fehlen von Unzufriedenheit. Unzufriedenheit wird durch externe Faktoren der Arbeitsumwelt (Hygienefaktoren) hervorgerufen. Dazu zählen z. B. Personalpolitik, Unternehmenspolitik, Arbeitsbedingungen, fachliche Kompetenz des Vorgesetzten, Beziehung zu Kollegen. Hygienefaktoren beziehen sich auf den Arbeitskontext. Die Verhaltenswirkung der Hygienefaktoren ist auf die Vermeidung von Arbeitsleid ausgerichtet. Eine positive Ausprägung dieser Merkmale führt nicht zur Zufriedenheit, son-

---

[34] Vgl. S. 334.

dern lediglich zum Verschwinden der Unzufriedenheit. Zufriedenheit kann nur durch die Inhalte und Ergebnisse der Tätigkeit erreicht werden. Diese Faktoren wie z. B. Leistung, Aufstieg, Anerkennung, Verantwortung, Arbeitsinhalte werden als Motivatoren bezeichnet. Aufgrund dieser Unterteilung der Einflussfaktoren in Hygienefaktoren und Motivatoren entstand die Bezeichnung Zwei-Faktoren-Theorie. Schlussfolgerung dieser Sichtweise ist, dass nur diejenigen Faktoren eine langfristige Motivation bewirken, welche sich auf Arbeitsinhalte und -ergebnisse beziehen und somit auf die Befriedigung persönlicher Wachstumsmotive. Um eine hohe Motivation zu erreichen, müssen Hygienefaktoren und Motivatoren zugleich eingesetzt werden. Im Gegensatz zum Ansatz von MASLOW besitzen nur die höchstrangigen Bedürfnisse Motivationspotenzial, die Befriedigung niederer Bedürfnisse motiviert nicht, sondern verhindert lediglich Unzufriedenheit. In Abb. 7.13 sind die Theorien von MASLOW und HERZBERG zusammengefasst dargestellt.

Abbildung 7.13. Motivationsmodelle von MASLOW und HERZBERG

7.4.2.2 Verhalten von Gruppen

In den Unternehmen sind Personen häufig in Gruppen eingebunden, was die Verhaltensweisen der Personen verändert. Aus diesem Grund ist die Analyse von Gruppenverhalten für die Unternehmensführung von Bedeutung. Um eine bestimmte Anzahl von Personen als Gruppe bezeichnen zu können, müssen folgende Voraussetzungen erfüllt sein:

- Zwischen mindestens zwei Personen ist Kommunikation möglich und wird über einen längeren Zeitraum praktiziert.

- Es existieren gemeinsame Ziele und Aufgaben.

- Die Personen nehmen sich selbst als Gruppe wahr („Wir-Gefühl") und erkennen einander als Gruppenmitglieder an.

- Es herrschen gemeinsame Normen und Standards.

- Es liegt eine Rollenverteilung vor.

Nach verschiedenen Gesichtspunkten können unterschiedliche Gruppenarten differenziert werden. Für die Unternehmensführung ist die Unterscheidung in formelle und informelle Gruppen wichtig. Formelle Gruppen ergeben sich aus der Organisation des Unternehmens, wie z. B. Abteilungen oder Projektgruppen. Von diesen im Hinblick auf die Aufgabenerfüllung geschaffenen Gruppen sind informelle Gruppen zu unterscheiden, die auf der Grundlage persönlicher Wünsche und Ziele entstehen. Informelle Gruppen können einen großen Einfluss haben und kaum wahrnehmbare, nicht vorgesehene Verbindungswege zwischen den Organisationseinheiten etablieren. Das Verhalten von Mitgliedern informeller Gruppen kann im Widerspruch zu den Aufgaben und Zielen der jeweiligen Mitglieder der formellen Gruppe stehen. Andererseits zeitigen informelle Gruppen auch positive Effekte, wenn z. B. Lücken in der Organisation geschlossen oder unbürokratische kurze Wege zur Aufgabenerfüllung genutzt werden, welche von formellen Gruppen nicht geschaffen werden können.

Auf das Gruppenverhalten nehmen die Gruppenmitglieder und die Organisationsumwelt der Gruppe im Unternehmen Einfluss. Jedes einzelne Gruppenmitglied wird durch Persönlichkeitsaspekte beschrieben. Der Grad der Übereinstimmung dieser Merkmale beschreibt die Homogenität bzw. Heterogenität der Gruppe, die sich durch die Interaktion der Gruppenmitglieder mit der

Organisationsumwelt formiert und entwickelt. Die idealtypischen Phasen der Gruppenbildung sind aus der Tabelle 7.6 ersichtlich.

Tabelle 7.6. Idealtypische Phasen der Gruppenentwicklung[35]

Phase	Merkmale
Kennenlernen	Unsicherheit bezüglich anderer Personen sowie der Aufnahme der eigenen Person
Orientierung	Feststellung der Aufgabe und der Vorgehensweise
Machtkampf	Macht- und Interessenkonflikte treten offen hervor
Organisation	Hierarchie wird etabliert, Positionen zugeteilt, Vorgehensweise abgestimmt
Produktion	Erfüllung der Aufgabe, Entstehen von Gruppenkohäsion und Zufriedenheit
Auflösung	Aufgabe ist erfüllt, persönliche Distanzierung

Innerhalb von Gruppen erfolgt in jedem Fall Kommunikation, also der gegenseitige Austausch von Signalen zwischen Sender und Empfänger. Dieser Austausch kann verbal oder nonverbal erfolgen, eine ausbleibende Reaktion auf eine Mitteilung ist selbst wieder eine Mitteilung. Jede Nachricht wird durch vier in gleichem Maße bedeutende Dimensionen gekennzeichnet:

- inhaltliche Dimension: Diese wird durch den Sachinhalt bzw. die Sachinformation bestimmt.

- Dimension der Selbstoffenbarung: Mit jeder Nachricht übermittelt der Sender, beabsichtigt und auch nicht, Informationen über seine eigene Persönlichkeit.

- Beziehungsdimension: Durch die Art der Formulierung, der Mimik und Gestik während der Informationsübermittlung gibt der Sender zu verstehen, wie er den Empfänger einschätzt. Zusätzlich macht der Sender deutlich, in welcher Beziehung er zu dem Empfänger steht.

- Appelldimension: Diese Dimension der Nachricht zielt auf die Einflussnahme des Empfängers.

Wenn der Empfänger in Abhängigkeit von seiner Persönlichkeit, der Beziehung zum Sender und der spezifischen Situation die einzelnen Dimensionen der Nachricht anders wahrnimmt und einstuft als vom Sender beabsichtigt, resultieren Kommunikationsstörungen. Diese sind deshalb so schwer zu erkennen und beheben, weil jede Person die vier Dimensionen unbewusst verwendet. Außerdem lässt sich ein Konsens in Bezug auf die Wertung der Dimensionen nur schwer herstellen.

---

[35] Vgl. Jung (2001, S. 480).

Beispiel: Ein Vorgesetzter fragt seinen Mitarbeiter: „Wie lange benötigen Sie noch für die Projektplanung?" Vermutlich stuft der Vorgesetzte die inhaltliche Dimension als am wichtigsten ein, also die Frage nach der zukünftigen Bearbeitungsdauer. Der Vorgesetzte gibt darüber hinaus zu erkennen, dass er selbst nicht weiß, wie lange der Mitarbeiter noch brauchen wird und fordert diesen auf, ihm die voraussichtliche Dauer mitzuteilen. Der Mitarbeiter antwortet: „Wenn es Ihnen zu lange dauert, machen Sie es doch selber!" Offensichtlich liegt beim Mitarbeiter der Hauptinhalt der empfangenen Nachricht auf der Selbstoffenbarungsebene. Er glaubt daher, die Planung dauere seinem Vorgesetzten zu lang und versteht demzufloge einen Appell, sich zu beeilen. Glcichzeitig offenbart er, dass er selbst erkannt hat, mit der Planung im Verzug zu sein.

Neben der bei Sender und Empfänger unterschiedlichen Wahrnehmung und Verarbeitung dieser vier Dimensionen resultieren Kommunikationsstörungen aus dem Informationsverlust, welcher im Verlauf der Erzeugung, Übermittlung, Aufnahme und Verarbeitung von Informationen wie folgt auftreten kann:

Der Sender hat eine Idee, welche in eine Information umgewandelt werden muss. Im Rahmen dieser Umwandlung auftretende Fehler bewirken, dass die gemeinte von der gesagten Information abweicht. Wird diese gesendet, können wiederum Störungen (z. B. durch eine undeutliche Aussprache) auftreten. Der Empfänger erhält diese Information vollständig oder unvollständig, so dass die gesendete von der empfangenen Information abweichen kann. Danach verarbeitet der Empfänger die Information in der für ihn und die Situation möglichen Weise, was dazu führt, dass die letztendlich verstandene Information wiederum von der empfangenen Information abweichen kann. Durch eine möglichst schnelle Rückmeldung bezüglich des verstandenen Inhaltes der Information können Kommunikationsstörungen dieser Art erkannt und behoben werden.

Neben der Kommunikation sind folgende Beschreibungs- und Ausprägungsmerkmale für Gruppen relevant:

- Gruppenkohäsion,
- Normen und Standards,
- interne Sozialstruktur und
- kollektive Handlungsmuster.

Gruppenkohäsion (Zusammenhalt, Festigkeit) beschreibt die Fähigkeit der Gruppe, auch dann als Gruppe zu existieren, wenn deren Mitglieder Druck und Stress ausgesetzt sind. Gruppenkohäsion wird von folgenden Faktoren positiv beeinflusst:

- geringe Mitgliederzahl,

- demokratisches Führungsverhalten,

- große Homogenität der Mitglieder,

- hohe Abhängigkeit der Mitglieder voneinander,

- hohe Attraktivität der Gruppe,

- häufige Interaktion,

- Einigkeit über Gruppenziele und

- Erfolg.

Kohäsion beeinflusst auf unterschiedlichen Ebenen das Gruppenverhalten. Die Wirkung der Kohäsion auf die Gruppenleistung hängt vom Verhältnis zwischen den Zielen der Gruppe zu den Unternehmenszielen bzw. den Zielen des Aufgabenstellers ab. Wenn diese übereinstimmen, wirkt sich Kohäsion positiv auf die Gruppenleistung aus. Sind die Ziele konträr, beeinflusst eine hohe Kohäsion die Gruppenleistung negativ. Neben Auswirkungen auf das Leistungsverhalten sind psychische Folgen der Gruppenkohäsion festzustellen. So bewirkt eine hohe Kohäsion abnehmende Ängste und Spannungen sowie eine geringere wahrgenommene Belastung. Zusätzlich ist die Zufriedenheit der Mitglieder in hochkohäsiven Gruppen größer, was zu geringeren Fehlzeiten und niedrigerer Mitarbeiterfluktuation führt.

Die Herausbildung eigener Normen und Standards ergibt sich aus der Interaktion von Mitgliedern und Umwelt und bietet die Möglichkeit, sich von anderen Gruppen abzugrenzen. Gruppennormen formulieren Anforderungen der Gruppe in Bezug auf die Denk- und Verhaltensweise in bestimmten Situationen. Standards sind operationalisierte Verhaltenserwartungen, die durch informelle Richtlinien und Richtwerte ausgedrückt werden. Häufig setzten Gruppen eigene Leistungsstandards, an denen sich die Mitglieder orientieren bzw. nach denen diese sich verhalten müssen. Sowohl das Überschreiten (Normbrecher), als auch das Unterschreiten (Drückeberger) der Norm wird in diesen Fällen durch die übrigen Gruppenmitglieder sanktioniert (z. B. durch Kommunikationsausschluss, Beschimpfungen, Einschränkung der Kooperation).

Führungsaufgabe ist es, eine Konformität von Gruppennormen und Zielvorgaben zu erreichen. Dazu ist es erforderlich, dass die Ziele herausfordernd, aber erreichbar sind. Zusätzlich können Gruppenmitglieder an der Zielformulierung beteiligt werden und durch schnelle Rückmeldung über die Qualität der Arbeitsergebnisse informiert werden. Anreizsysteme, welche die Akzeptanz und Erfüllung der Zielvorgaben honorieren, können ebenfalls zur Konformitätserhöhung von Gruppennormen bzw. -zielen und Unternehmenszielen eingesetzt werden.

Von Gruppen wird eine eigene Struktur entwickelt, die interne Sozialstruktur, welche die Unterschiede innerhalb der Gruppe widerspiegelt und den einzelnen Mitgliedern die Zielerreichung und Bedürfnisbefriedigung ermöglicht. Die interne Sozialstruktur wird durch die:

- Statusstruktur,

- Rollenstruktur und

- Führungsstruktur

gekennzeichnet. Der Status beschreibt die Wertschätzung, welche die Mitglieder eines sozialen Systems einer Position zuweisen. Die Position beschreibt wertneutral die Einordnung der Stelle in der Organisation. Status ist eine soziale Konstruktion, die von den Personen abhängig ist, welche die Einstufung vornehmen, und von Organisation zu Organisation unterschiedlich sein kann. Durch den Status können sich Gruppenmitglieder gegenüber anderen Mitgliedern abgrenzen, Selbstwertgefühle verstärken und das Bedürfnis nach Fremdwertschätzung befriedigen. Mit dem Status sind die Handlungsfreiheiten und Umgangsformen von Personen vorgegeben, wodurch das Verhalten von Gruppenmitgliedern beeinflusst wird.

Während der Status das Ansehen einer Person beschreibt, umfasst die Rolle ein Bündel von Erwartungen, das vorgibt, wie sich der Inhaber einer Position zu verhalten hat. Rollen werden von allen Individuen an eine Person herangetragen, weshalb ein Positionsinhaber in einem Unternehmen i. d. R. mehrere Rollen einnimmt (z. B. in den Augen aktueller Kollegen, aus der Sicht des Vorgesetzten, aus der Sicht von ehemaligen Kollegen). Neben diesen Rollen im Unternehmen werden an Personen auch außerhalb des Unternehmens Rollen herangetragen (z. B. der Vorstandsvorsitzende als Vater, Bruder und Sohn innerhalb der Familie). Für das Verhalten in Gruppen sind die Rollenerwartungen und das Rollenverhalten von wesentlicher Bedeutung. Rollenanforderungen werden nicht explizit gegeben, sondern sind vom Rolleninhaber aus der Organisationsumwelt aufzunehmen und zu interpretieren. Tritt ein neues Mitglied in die Gruppe ein, kann es erst nach und nach die Rollenanforderungen erkennen, interpretieren und dann entscheiden, ob und wie es diesen Anforderungen gerecht wird. Die Vielzahl von Rollen, welche ein und derselben Person zugewiesen werden, kann zu Rollenkonflikten führen. Diese sind zwischen unterschiedlichen Rollen einer Person, aber auch zwischen der Person und der von ihr erwarteten Rolle möglich.

Einflüsse auf das Gruppenverhalten gehen sowohl von formellen, als auch informellen Gruppenführern aus. Der wesentliche Unterschied zwischen beiden besteht in der Legitimation. Während der formelle Gruppenführer durch seine Position in der Organisation legitimiert ist, wird dem informellen Gruppenführer aufgrund seiner Qualifikation oder anderer Persönlichkeitsmerkmale von der Gruppe Macht zuerkannt.

Ein für die Unternehmensführung wichtiges Verhaltensmerkmal von Gruppen sind kollektive Handlungsmuster. Dabei handelt es sich um Verhaltensweisen von Gruppenmitgliedern in Situationen, die sich durch bestimmte Merkmale auszeichnen. In zahlreichen Experimenten wurde nachgewiesen, dass sich Gruppen risikoreicher verhalten als der Durchschnitt der einzelnen Gruppenmitglieder (Risky-Shift-Phänomen). Dieser sog. Risikoschub kann durch die Verteilung von Verantwortung sowie durch das höhere Informationsniveau, welches sich in der Gruppe ergibt, erklärt werden. Ein anderes Phänomen, die Gruppenbefangenheit (groupthink), tritt in Gruppen mit einer hohen Kohäsion und in Situationen mit hohem gesellschaftlichen und zeitlichen Druck auf. Der Gruppenzwang führt zu einer stark reduzierten Problemerkennungs- und -lösungsfähigkeit. Beispiele für derartiges Gruppenverhalten sind u. a. die Reaktorkatastrophe von Tschernobyl 1986 und die gescheiterte Schweinebucht-Invasion 1961. Randbedingungen für die Entstehung von Gruppenbefangenheit sind:

- hohe Gruppenkohäsion,

- strukturelle Fehler der Organisation: Abschottung nach Außen, direktive Führung, Fehlen standardisierter Entscheidungsprozeduren, homogener sozialer und ideologischer Hintergrund,

- provokativer situationaler Kontext: hoher, extern bedingter Stress.

Die Symptome der Gruppenbefangenheit sind:

- Selbstüberschätzung der Gruppe: Illusion der Unverwundbarkeit sowie der Glaube, hohe moralische Standards zu vertreten.

- Engstirnigkeit: Kollektive Rationalisierungen in Verbindung mit der Abqualifizierung externer Kritik.

- Uniformitätsdruck: Selbstzensur der Mitglieder als Individuen und der Gruppe als ganzes, Illusion der Einmütigkeit.

Resultat ist eine selektive und auf Selbstbestätigung ausgerichtete Informationsverarbeitung, die Vernachlässigung von Handlungsalternativen und die Erstellung schlechter Realisierungspläne, so dass in der Konsequenz die Erfolgswahrscheinlichkeit äußerst gering ist. Um der Gefahr der Gruppenbefangenheit zu begegnen, sollte die Gruppenführung ausdrücklich Kritik einfordern und in der Frühphase der Entscheidungsfindung selbst keine Lösungsalternative eindeutig favorisieren. Zusätzlich kann eine Person zum Advocatus Diaboli bestimmt werden, deren Hauptaufgabe das Auffinden von Schwachstellen und Fehlern ist.

7.4.2.3 Führung von Individuen und Gruppen

Nachdem die verschiedenen Einflussfaktoren und Merkmale des Verhaltens von Individuen und Gruppen vorgestellt wurden, bleibt zu klären, wie diese Personen geführt, also so beeinflusst werden können, dass sie die ihnen übertragenen Aufgaben auch zielkonform erfüllen. Dazu werden Führungsstil, Führungstechniken sowie einige Aspekte der Macht erläutert.

Führungsstiltheorien

Der Führungsstil beschreibt die Art und Weise, in der ein Vorgesetzter die ihm unterstellten Mitarbeiter führt, um bei diesen ein gewünschtes Arbeitsverhalten zu erreichen. Es handelt sich dabei um ein zeitlich andauerndes und in Bezug auf bestimmte Situationen konsistentes Führungsverhalten. Im weiteren Verlauf werden folgende klassische Führungsstiltheorien vorgestellt:

- autoritärer Führungsstil
- charismatischer Führungsstil
- kooperativer Führungsstil
- autokratischer Führungsstil
- bürokratischer Führungsstil
- patriarchalischer Führungsstil

Autoritärer Führungsstil

Der autoritäre Vorgesetzte besitzt die alleinige Entscheidungs- und Anweisungskompetenz. Mitarbeiter haben die Entscheidungen zu akzeptieren und auszuführen und werden vom Vorgesetzten ohne Ankündigung kontrolliert. Der Vorteil autoritärer Führung liegt in der hohen Entscheidungs- und Umsetzungsgeschwindigkeit. Nachteilig sind hingegen die mangelnde Motivation, Selbständigkeit und Entwicklungsmöglichkeit der Mitarbeiter sowie die Gefahr von Fehlentscheidungen.

Kooperativer Führungsstil

Beim kooperativen Führungsstil werden Entscheidungen an diejenige betriebliche Ebene delegiert, welche die größte fachliche Kompetenz besitzt. Die Mitarbeiter kontrollieren sich selbst und üben außerdem Kontrollrechte gegenüber Vorgesetzten aus. Vorteile des kooperativen Führungsstils liegen vor allem in den sachgerechten Entscheidungen, der hohen Motivation der Mitarbeiter und der Entlastung der Vorgesetzten. Gleichzeitig werden die Mitarbeiter in ihrer Entwicklung gefördert. Der kooperative Führungsstil kann jedoch die Entscheidungsgeschwindigkeit verringern, was als Nachteil anzusehen ist.

Patriarchalischer Führungsstil

Die Autorität des Familienvaters (Patriarch) und dessen Anerkennung durch die Familienmitglieder ist das Vorbild für diesen Führungsstil. Der Alleinherrschaftsanspruch des Patriarchen wird mit dem Alters- und Wissensvorsprung gegenüber den Geführten begründet. Diesen ist er zur Treue und Fürsorge verpflichtet und erwartet dafür Gehorsam, Loyalität, Treue und Dankbarkeit.

Charismatischer Führungsstil

Der charismatische Führer begründet seinen Herrschaftsanspruch auf seine Einmaligkeit und Ausstrahlungskraft und akzeptiert keine Vorgänger, Nachfolger oder Stellvertreter. Charismatische Führer sind besonders in Krisen- und Notsituationen gefragt und können auf eine Unterstützung durch strukturelle Maßnahmen verzichten.

Autokratischer Führungsstil

Um Entscheidungen durchzusetzen, bedient sich der Autokrat eines hierarchisch gestaffelten Führungsapparates. Die klare Trennung von Entscheidung und Durchsetzung als das grundlegende Organisationsprinzip der Autokratie ermöglicht es, auch in großen Organisationen Entscheidungen exakt ausführen zu lassen. Der autokratische Führungsstil ist deshalb am ehesten in großen Unternehmen anzutreffen.

Bürokratischer Führungsstil

Der bürokratische Führungsstil zeichnet sich durch eine extreme Form der Strukturierung und Reglementierung organisatorischer Verhaltensweisen aus. An die Stelle der Willkür des Autokraten tritt die fachliche Kompetenz des Bürokraten. Es wird nicht einer Person, sondern einer gesetzten Ordnung gehorcht, an die sowohl Untergebene als auch Vorgesetzte gebunden sind.

Während der Führungsstil die grundsätzliche persönliche Umgangsweise des Vorgesetzten mit seinen Mitarbeitern beschreibt, können für jede Phase des Führungsprozesses unterschiedliche Techniken, sog. Managementtechniken, eingesetzt werden. Aus der Vielzahl werden lediglich drei Techniken ausführlich dargestellt, die eine weite Verbreitung gefunden haben.

Im Rahmen des Managements by Objectives erarbeiten Vorgesetzte und Untergebene die Zielsetzungen gemeinsam. Es werden nur Ziele festgelegt, jedoch keine Vorschriften zur Zielerreichung. Die Auswahl der Ressourcen fällt vollständig in den Bereich der Aufgabenträger. Grundlage dieses Führungsmodells ist der arbeitsteilige Aufgabenerfüllungsprozess und die Delegation von Entscheidungs- und Weisungsbefugnissen mit der dazugehörigen Verantwortung. Vorteile dieser Technik bestehen in der

- Mobilisierung der geistigen Ressourcen der Mitarbeiter (Förderung der Leistungsmotivation, Eigeninitiative und Verantwortungsbereitschaft),
- Entlastung der Führungsspitze,
- weitgehenden Zielkonvergenz zwischen Unternehmenszielen und Individual- bzw. Gruppenzielen,
- Ausrichtung aller Subziele und Sollwerte auf die Oberziele sowie
- Schaffung von Kriterien für eine leistungsgerechte Entlohnung, aber auch Förderung.

Zu kritisieren ist, dass die Gefahr der Konzentration auf quantitative Ziele besteht und nicht für jede Ebene operationale Ziele gefunden werden können. Zusätzlich besteht das Problem, dass die Mitarbeiter sich Ziele setzen könnten, die sie als leicht zu lösen einstufen, die jedoch aus Unternehmenssicht nicht ambitioniert genug sind.

Wenn Aufgaben mit den erforderlichen Kompetenzen und Ressourcen sowie der dazugehörigen Verantwortung auf diejenige Stelle der Organisation übertragen werden, welche die Aufgabe am besten erfüllen kann, liegt Management by Delegation vor. Die beauftragten Mitarbeiter arbeiten eigenverantwortlich und selbstständig und verfügen deshalb über einen großen Freiraum. Voraussetzung für diese Führungstechnik ist eine exakte Stellenbeschreibung sowie die Delegation des entscheidungsrelevanten Wissens. Die Mitarbeiter sind allein für ihre Entscheidungen verantwortlich, die Zuständigkeit des Vorgesetzten beschränkt sich auf Dienstaufsicht und Erfolgskontrolle. Vorteile sind:

- Erhöhung der Eigeninitiative, der Motivation und des Verantwortungsbewusstseins der Mitarbeiter,

- Entlastung des Vorgesetzten von Routineaufgaben,

- Tendenz zu einem kooperativen Führungsstil und zum Abbau von Hierarchieebenen.

Nachteilig ist diese Führungstechnik, wenn Vorgesetzte nur uninteressante Aufgaben delegieren.

Arbeitet der Mitarbeiter selbstständig auf die Erreichung klar vorgegebener Ziele hin und greift der Vorgesetzte nur dann in diesen Prozess ein, wenn vorgeschriebene Toleranzen überschritten werden oder nicht vorhergesehene Ereignisse auftreten, handelt es sich um Management by Exception. Die übergeordnete Instanz behält sich nur in Ausnahmefällen die Entscheidung vor, ansonsten werden Verantwortung und Kompetenz für die Durchführung aller normalen Aufgaben unter der Voraussetzung klar definierter Ziele delegiert. Diese Führungstechnik setzt einen hohen und erfolgreichen Delegationsgrad voraus und erfordert ein Informationssystem, welches den „Ausnahmefall" signalisiert und Zuständigkeiten klar regelt. Darüber hinaus müssen alle Organisationsmitglieder die Ziele und Abweichungstoleranzen kennen. Management by Exception ist die erfolgreiche Fortführung des Managements by Delegation. Vorteile dieser Technik sind

- Entlastung der Führungskräfte von Routineaufgaben.

- Sicherheit, dass Vorgesetzte über negative Entwicklungen informiert werden.

- Motivierung der Mitarbeiter durch Delegation von Verantwortung.

Nachteilig ist, dass die Mitarbeiter ausschließlich negative Abweichungen melden können, was zur Demotivierung führen kann.

Die Aufgabenübertragung und Verhaltensbeeinflussung von Mitarbeitern erfordert Macht. Macht ist die Form des Einflusses, bei der eine Person über die Möglichkeit verfügt, den eigenen Willen auch gegen den Willen der anderen Person durchzusetzen. Im Wesentlichen existieren folgende Grundlagen der Macht:

- Macht durch Amtsautorität,

- Macht durch Belohnung bzw. Bestrafung,

- Macht durch Persönlichkeitswirkung und

- Macht durch Wissen und Fähigkeiten.

Organisationen legitimieren die Macht von Personen durch deren Einordnung in die Hierarchie. Aufgrund ihrer Position verfügen sie über das Recht, Anweisungen zu erteilen und Folgebereitschaft zu erwarten. Die Mitarbeiter akzeptieren diese Weisungen, da sie das Recht der Vorgesetzten anzuerkennen haben, wenn sie Mitglied der Organisation bleiben wollen. Die Macht basiert also auf formalen Gegebenheiten.

Eine weitere Grundlage von Macht bietet die Möglichkeit, Mitarbeiter zu belohnen oder zu bestrafen. Ein Vorgesetzter verfügt mit Lohnerhöhung oder Beförderung über verhaltenssteuernde Anreize, die jedoch nur wirksam werden können, wenn Mitarbeiter diese auch als erstrebenswert einschätzen. Für die Erhaltung dieser Machtgrundlage ist jedoch auch die tatsächliche Gewährung der Belohnung im Erfolgsfall erforderlich. In enger Beziehung dazu steht die Macht durch Bestrafung. Diese resultiert aus der Möglichkeit, das Verhalten von Mitarbeitern durch die Androhung von Bestrafungen bei nicht konformer Aufgabenausübung zu beeinflussen. Im Unterschied zur Macht durch Belohnung basiert Macht durch Bestrafung auf Abschreckung. Der Vorgesetzte droht dem Mitarbeiter mit einer Strafe im Falle der Nichtbefolgung einer Anordnung. Um verhaltenswirksam zu werden, muss eine Drohung jedoch folgende Voraussetzungen erfüllen:

- Die Drohung muss glaubhaft und bestimmt sein.

- Die Drohung muss den Mitarbeiter rechtzeitig, d.h. vor dem zu sanktionierenden Verhalten erreichen und er muss diese auch verstehen.

- Der Mitarbeiter muss in der Lage sein, der Drohung durch eine Verhaltensänderung nachzukommen.

Indem Mitarbeiter nachweisen bzw. vorgeben, sie seien gar nicht in der Lage, der Drohung nachzukommen, versuchen sie die Drohung nicht wirksam werden zu lassen. Zusätzlich ist zu beachten, dass die unmittelbare Wirkung einer

Drohung die Befolgung der Anordnung selbst unmöglich machen kann. Das ist z. B. der Fall, wenn der Mitarbeiter durch die Drohung eine körperliche Beeinträchtigung (z. B. Panikattacke) erleidet. Macht durch Belohnung und Macht durch Bestrafung gehen ineinander über, da eine entgangene Belohnung wie eine Bestrafung wirken kann und umgekehrt.

Attraktive Persönlichkeitsmerkmale eines Vorgesetzten räumen diesem unter Umständen Macht ein, zumindest bei denjenigen Personen, welche den Vorgesetzten aufgrund dieser Merkmale schätzen bzw. verehren. Diese Macht durch Persönlichkeitswirkung ist eine Frage der persönlichen Empfindungen und deshalb schwer steuerbar bzw. herstellbar.

Expertenmacht gründet sich auf den von den Mitarbeitern wahrgenommenen Wissensvorsprung des Vorgesetzten, der i. d. R. auf einen Wissensbereich begrenzt ist. Je größer der Wissensvorsprung ist, umso größer ist die Bereitschaft der Mitarbeiter, seinen Anweisungen Folge zu leisten. Entscheidend für Expertenmacht ist, dass die Mitarbeiter den Wissensvorsprung auch als solchen wahrnehmen und anerkennen. Nicht jeder Wissensvorsprung führt automatisch zu Expertenmacht im Unternehmen, sondern nur der Vorsprung auf einem Wissensgebiet, welches von den Mitarbeitern als wesentlich eingeschätzt wird.

Im Rahmen von Gruppenarbeit treten unterschiedlichste Probleme auf, welche durch den Vorgesetzten zu erkennen und zu lösen sind. Wesentliches Element der Gruppenarbeit ist das Gruppengespräch (Sitzung, Meeting, Konferenz), im Rahmen dessen die verschiedenen Interessen und Ansichten der Gruppenmitglieder zu koordinieren und abzustimmen sind. Gruppengespräche zeichnen sich durch die folgenden drei Dimensionen aus:

- Inhalt: Der Gruppe ist die Bedeutung des Problems zu erläutern. Für die jeweilige Aufgabenstellung sind die Mitarbeiter nach Kompetenz, Kapazität und Informationsstand auszuwählen. Die Gruppe ist mit den erforderlichen Mitteln und Kompetenzen auszustatten.

- Methodik: Die Vorgehensweise ist auf die Gruppenzusammenstellung abzustimmen und besteht idealtypisch aus den Phasen Planung, Bildgestaltung, Urteil und Entschluss.

- Interaktion: Während der Gruppenarbeit interagieren die Mitglieder, jeder Beitrag ruft eine entsprechende Reaktion hervor. Entscheidend für die Art der Interaktion ist das Gesprächsklima, welches durch eine sachliche, konstruktive Vorgehensweise positiv beeinflusst wird.

Typische Ursachen für Probleme der Gruppenarbeit liegen in einer unklaren Zielsetzung, unzureichenden Beteiligung, mangelnden Kompetenz und unzureichenden internen Unterstützung. Folgende generelle Schritte bieten sich zur Lösung von Gruppenproblemen an:

1. Überprüfung der Ausrichtung: Der Vorgesetzte stellt Ziele und Vorgehensweisen nochmals zur Diskussion, wodurch Meinungsverschiedenheiten aufgedeckt und Missverständnisse behoben werden können.

2. Formulierung kurzfristiger Zwischenziele: Die Diskussion und Formulierung von kurzfristigen Zielen reduziert die Aufgabenkomplexität. Das Erreichen von Zwischenzielen ermöglicht Erfolgserlebnisse und erhöht die Motivation der Gruppe.

3. Neue Informationen und Vorgehensweise: Das Einbringen von neuen Informationen und eine Änderung der Vorgehensweise sind erforderlich, wenn mit den ersten zwei Schritten keine Problemlösung möglich war.

4. Veränderung der Gruppenzusammensetzung: Die Integration von zusätzlichen Experten oder auch der Austausch von einzelnen Mitgliedern stellt die gravierendste Form der Lösung von Gruppenproblemen dar.

Mit den bisher vorgestellten Phasen des Führungsprozesses - Planung, Organisation, Personalwesen - ist die Willensbildung und die Willensdurchsetzung abgeschlossen. Um die Qualität von Planung und Realisierung beurteilen zu können, sind sowohl während als auch nach diesen Phasen Kontrollen erforderlich. Kontrollen liefern somit Anregungen und Informationen für bestehende und zukünftige Führungsprozesse.

7.5 Kontrolle und Controlling

7.5.1 Kontrolle, Revision und Überwachung

Im Zusammenhang mit dem Führungsprozess sind die Begriffe Revision, Prüfung, Kontrolle und Überwachung zu unterscheiden. Revision und Prüfung stellen Synonyme dar. Überwachung ist der Vergleich eines angestrebten mit einem tatsächlichen Zustand und beschreibt die Gesamtheit von Kontrolle und Revision. Kontrolle ist von der Revision anhand der Kriterien

- Integration des Kontrollträgers in den untersuchten Prozess,

- Weisungsbefugnis des Kontrollträgers gegenüber dem Ausführenden und

- Einflussnahme auf das Verhalten des Ausführenden

abzugrenzen. Eine Revision liegt dann vor, wenn die Überwachungsmaßnahme von einer Person durchgeführt wird, welche von dem zu überwachenden Prozess unabhängig und gegenüber dem Ausführenden nicht weisungsbefugt ist. Auf das Verhalten des Ausführenden wird im Rahmen einer Revision dadurch eingewirkt, dass die Untersuchungsergebnisse den leitenden Unternehmensorganen mitgeteilt werden, welche weitere Maßnahmen veranlassen können. So ist die interne Revision als unabhängige Prüfungsinstitution in Form einer eigenständigen unabhängigen Abteilung tätig. Es erfolgt eine indirekte Einflussnahme.

Im Rahmen einer Kontrolle hingegen ist der Überwachende in den Führungsprozess eingebunden und gegenüber dem Ausführenden weisungsberechtigt. Die Einflussnahme geschieht direkt durch Anordnung von Korrekturmaßnahmen, Motivation oder auch Sanktion gegenüber dem Ausführenden. Die Kontrolle bildet einen wesentlichen Bestandteil des Führungsprozesses, da sie Informationen über die Zielerreichung liefert und gleichzeitig die Grundlage für Anpassungs- und Lernprozesse darstellt. Kontrolle wird überwiegend als Soll-Ist-Vergleich beschrieben, womit aber nicht die Gesamtheit der Kontrollen erfasst wird. Allgemeingültiger ist die Definition von Kontrolle als Lernprozess, der seinen Ursprung in antizipierten oder realisierten Abweichungen hat. Aufgabe der Kontrolle ist es, zu überwachen, ob die Ergebnisse des betrieblichen Handelns mit den Planungen übereinstimmen und ob die organisatorischen Regelungen effizient sind und auch eingehalten werden. Aus dieser allgemeinen Aufgabe leiten sich folgende Detailaufgaben der Kontrolle ab:

- Informationen für Anpassungsmaßnahmen: Die Kontrolle liefert Informationen über die Planerreichung oder Abweichung, mit deren Hilfe der Entscheidungsträger über die Notwendigkeit zu ergreifender Korrekturmaßnahmen urteilen und durch die Abweichungsanalyse Hinweise auf geeignete Maßnahmen erhalten kann.

- Grundlage für die Mitarbeiterbeurteilung: Abweichungen können beeinflussbare und nicht beeinflussbare Ursachen aufweisen. Für die Leistungsbeurteilung der Mitarbeiter ist die Unterscheidung zwischen diesen Ursachen von großer Bedeutung. Hätte der Mitarbeiter die Abweichungen vermeiden können, weil er die Ursache-Wirkungs-Zusammenhänge genau kannte und in der Lage war, die Ursache zu steuern, so ist seine Leistung anders zu beurteilen, als wenn er die Abweichungen hätte nicht beeinflussen können.

- Grundlage für Lernprozesse: Mängel in der Maßnahmenplanung und -realisierung werden aufgedeckt und können bei zukünftigen Projekten vermieden oder bei laufenden Projekten korrigiert werden. Zusätzlich tragen durch Kontrollen ausgelöste Lernprozesse (vergrößerte Erfahrung) zu einem Erkenntnisgewinn und damit zu einer Verringerung der Unsicherheit (objektbedingte, planungsprozessbedingte oder personenbedingte Unsicherheiten) für zukünftige ähnlich strukturierte Entscheidungsprobleme bei.

- Verhaltensbeeinflussung von Mitarbeitern: Das Verhalten der Mitarbeiter kann einerseits durch die bloße Wahrnehmung laufender Kontrollen oder auch insofern beeinflusst werden, als der Mitarbeiter die Folgen mangelhafter Arbeitsweise gedanklich antizipiert, wenn er weiß, dass das Ergebnis seiner Tätigkeit einer Kontrolle unterzogen wird.

Kontrollen zeichnen sich aus durch

- Kontrollträger,

- kontrolliertes Objekt bzw. kontrollierte Person sowie

- Kontrollprozess (Umfang, Zeitpunkte, Zeiträume, Ablauf).

Über die Zuordnung einzelner Kontrollaufgaben zu Stellen und Aufgabenträgern, also die Festlegung von kontrollierter Person und Kontrollträger, entscheidet die Organisation entsprechend verschiedener Kriterien (z. B. Bedeutung der zu kontrollierenden Prozesse für die Unternehmung, Art und Qualifikationsanforderungen der Kontrollaufgaben).

Darüber hinaus ist die inhaltliche Festlegung des Kontrollumfangs notwendig. Das Aufwand-Nutzen-Verhältnis besitzt zur Bestimmung des Kontrollumfangs erhebliche Bedeutung. Unter dem Kontrollnutzen werden Vorteile verstanden, die als Folge der Kontrolle entstehen. Daraus ergeben sich in Anlehnung an das ökonomische Prinzip zwei Möglichkeiten, einerseits die Optimierung des Nutzens bei gegebenem Mitteleinsatz und andererseits die Optimierung des Mitteleinsatzes bei gegebener Zielkonzeption der Kontrolle.

Nach der inhaltlichen Bestimmung des Kontrollumfangs ist dessen zeitliche Begrenzung festzulegen. Diese Dimension setzt sich aus der Kontrollhäufigkeit und den Kontrollzeitpunkten zusammen. Aus der Aufwand-Nutzen-Beziehung lässt sich ein zeitliches Optimum bezüglich der Kontrollhäufigkeit herleiten. Dem stehen aber auf der einen Seite die schwierige Messbarkeit von Aufwand und Nutzen entgegen. Auf der anderen Seite hängt der Nutzen der Kontrolle nicht nur von der Kontrollhäufigkeit, sondern auch von dem Kontrollzeitpunkt ab. Die Kontrollen sind dann durchzuführen, wenn die Wahrscheinlichkeit für das Auftreten von Unwirtschaftlichkeiten oder Fehlentwicklungen besonders groß ist.

Neben der Identifizierung von Anpassungsmaßnahmen sind Kontrollen die Grundlage für Mitarbeiterbeurteilung, Verhaltensbeeinflussung und den damit verbundenen Lernprozess. Das Erreichen dieser Ziele hängt in einem hohen Maße von der Reaktion des Kontrollierten ab, der Kontrollen häufig als Einschätzung seiner Persönlichkeit wertet, was zu einem großen Konfliktpotenzial sowie zur bewussten oder auch unbewussten Abneigung gegenüber Kontrollen führt. Faktoren, die das Verhalten des Kontrollierten beeinflussen, bestehen in den Merkmalen des Kontrollierten, des Kontrollträgers und des

Kontrollprozesses (vgl. Abbildung 7.14). Wesentlichen Einfluss auf die Wirkung von Kontrollen haben die Persönlichkeitsaspekte des Kontrollträgers und des Kontrollierten (Motivation, Qualifikation, etc.) sowie der Führungsstil.[36]

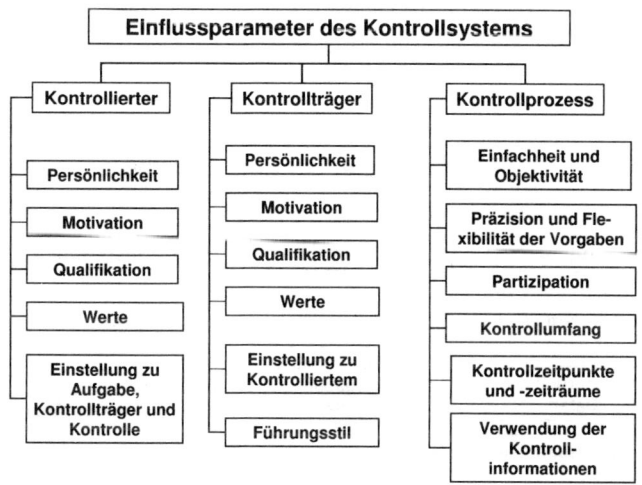

Abbildung 7.14. Einfluss des Kontrollsystems auf den Kontrollierten

Zusätzlich zu den Perönlichkeitsaspekten bestimmen die Merkmale des Kontrollprozesses das Verhalten des Kontrollierten. Einfache und objektive Kontrollen mit präzisen Vorgaben, die bei Bedarf an nicht geplante Zustände angepasst werden, erhöhen die Akzeptanz der Kontrolle beim Kontrollträger. Ebenso wird die Einbindung des Kontrollierten in den Kontrollprozess dessen Einsicht und Akzeptanz erhöhen. Wird der Beteiligte schon bei Festlegung der Normwerte integriert, steigert sich sein Wissen über die Folgen seiner Handlungen und die Werte erscheinen in seinen Augen nicht einfach von oben vorgegeben.

Ebenso wichtig für die Einstellung des Kontrollierten zur Kontrolle ist die Verwendung der in deren Rahmen gewonnenen Informationen. Dem Kontrollierten muss mitgeteilt werden, welchem Zweck die Kontrollinformationen dienen, ansonsten wird er der Kontrolle ablehnend gegenüberstehen.

Neben den bisher dargestellten Einflussgrößen ist die Kontrollumwelt als verhaltensbestimmend zu berücksichtigen. Je klarer die Struktur der zu erledigenden Aufgabe, je geringer die Unsicherheit in Bezug auf die Daten und Lösungsmöglichkeiten, je größer die Bedeutung der Aufgabe für das Unter-

---

[36] Vgl. S. 336.

nehmen und je größer die Beeinflussbarkeit des Ergebnisses durch den Kontrollierten, desto besser wird der Kontrollierte die Kontrolle akzeptieren. Neben den Normen und Einstellungen des Kontrollierten beeinflussen eventuell existierende Gruppennormen[37] das Verhalten des Kontrollierten. Die Ablehnung der Kontrolle durch andere Gruppenmitglieder führt i. d. R. auch zu einer Ablehnung durch die kontrollierte Person. Neben den Gruppennormen ist auch ein positives Betriebsklima für die positive Einstellung gegenüber der Kontrolle ausschlaggebend.

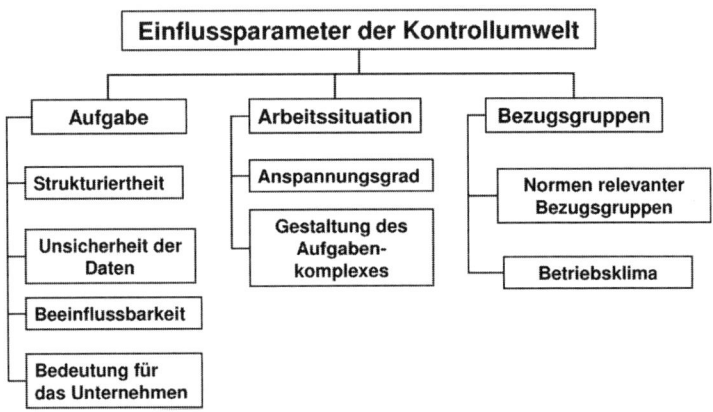

Abbildung 7.15. Einfluss der Kontrollumwelt auf den Kontrollierten

7.5.2 Strategische und operative Kontrolle

Entsprechend der Unterteilung des Planungs- und Umsetzungsprozesses in die strategische und die operative Ebene wird auch die Kontrolle in einen strategischen und einen operativen Bereich gegliedert. Die Umsetzung der Strategie erstreckt sich über einen längeren Zeitraum. Geschieht die Kontrolle erst nach der vollständigen Umsetzung, sind die Reaktionsmöglichkeiten des Unternehmens nur noch gering. Aus der Langfristigkeit von Strategien folgt darüber hinaus, dass wichtige Rahmendaten bei der Auswahl und Bewertung einer Strategie noch unsicher sind. Für eine erfolgreiche Umsetzung ist es erforderlich, die Entwicklung dieser Rahmenbedingungen im Zeitablauf zu kontrollieren. Aus diesen Gründen umfasst die strategische Kontrolle die Prämissen- und Konsistenzkontrolle, die Durchführungskontrolle, die Ergebniskontrolle und die strategische Überwachung (vgl. Tabelle 7.7).

---

[37] Vgl. S. 344.

Tabelle 7.7. Strategische Kontrollfelder

Kontrollart	Kontrollobjekt	Kontrollzeitpunkt
Prämissen- und Konsistenzkontrolle	Planannahmen, -methodik und -inhalte	Kontinuierlich, beginnend mit der Planung der Maßnahme
Planfortschrittskontrolle	Aktuelle und zukünftige Erreichung von Zwischenzielen	Kontinuierlich, beginnend mit der Realisierung der Maßnahme
Strategische Überwachung (Frühaufklärung)	Unternehmen und dessen Umwelt	Kontinuierlich, beginnend mit der Planung der Maßnahme
Ergebniskontrolle	Abschließende Zielerreichung	Nach Abschluss der Maßnahme

Gegenstand der Prämissenkontrolle sind die im Rahmen der strategischen Planung eingesetzten Annahmen. Da sich die als Prämissen verwendeten Ausgangsdaten im Zeitablauf ändern können, ist zu kontrollieren, ob die verwendeten Prämissen noch gültig sind. Dabei sind nur die für die Zielerreichung relevanten Prämissen von Bedeutung. Zur Feststellung zielkritischer Prämissen sind folgende Fragen zu beantworten:

- In welchem Maße ist die betrachtete Prämisse entscheidungsrelevant? Wie groß ist bei einer Abweichung die mögliche Auswirkung auf die ursprünglich gefasste Entscheidung?

- Mit welcher Wahrscheinlichkeit wird die zukünftige Entwicklung vom prognostizierten Wert abweichen?

- Über welche Zeiträume und Ressourcen verfügt der Entscheidungsträger, um auf die Änderung der Prämissen zu reagieren?

Darüber hinaus ist die Konsistenz der gewählten Strategie zu kontrollieren.[38] Die Strategie muss mit den Unternehmenszielen und den Strategien anderer Geschäftsfelder übereinstimmen. Daraus ergibt sich, dass Prämissen- und Konsistenzkontrolle schon mit Beginn der strategischen Planung durchzuführen sind.

Die Strategieumsetzung ist Gegenstand der Planfortschrittskontrolle. Dazu zählen die vorausschauende und die aktuelle Planfortschrittskontrolle. Im Rahmen der vorausschauenden Planfortschrittskontrolle ist die Soll-Wird-Gegenüberstellung zu verwenden, welche dem frühzeitigen Erkennen wahrscheinlich in Zukunft auftretender Abweichungen dient. Diese Kontrollform besitzt in dynamischen Umfeldentwicklungen mit großen Unsicherheiten eine

---

[38] Vgl. zur strategischen Planung S. 306.

hohe Bedeutung, die in der Frühzeitigkeit der Ergebnisse liegt. Die Abweichungserkennung sollte zu einem Zeitpunkt erfolgen, zu dem der Akteur noch über ausreichend Zeit und Ressourcen zur Realisierung von Anpassungsmaßnahmen verfügt. Neben der Soll-Wird-Kontrolle ist die Soll-Ist-Kontrolle von bereits umgesetzten Maßnahmen durchzuführen, um zu überprüfen, ob die Zwischenziele erreicht worden sind.

Sowohl das Unternehmensumfeld als auch das Unternehmen selbst entwickeln sich im Zeitverlauf ständig weiter. Aus dieser Entwicklung können sich für das Unternehmen Chancen und Risiken ergeben. Die Kontrolle von Unternehmen und Umfeld auf bedrohende oder erfolgversprechende Entwicklungen steht im Mittelpunkt der strategischen Überwachung oder Frühaufklärung. Deren Aufgabe liegt in der kontinuierlichen Beobachtung der externen und internen Unternehmensumwelt. Die strategische Frühaufklärung bildet den Ausgangspunkt für die strategische Planung,.

Frühwarnsysteme basieren auf der Annahme, dass Veränderungen der Unternehmensumwelt nicht plötzlich auftreten, sondern sich durch Frühwarnindikatoren ankündigen. Aufgabe der Frühaufklärung ist deshalb die Auswahl und Kontrolle entsprechender Frühwarnindikatoren. Informationen über zukünftige Entwicklungen können als starke oder schwache Signale vorliegen. Starke Signale bezeichnen Informationen, deren Wirkungszusammenhang bekannt und eindeutig ist, so dass konkrete Anforderungen an die strategische Planung abgeleitet werden können. Schwache Signale hingegen sind Informationen, deren strategische Konsequenzen schlecht einschätzbar sind. Schwache Signale treten zeitlich vor den starken Signalen auf und geben Hinweise auf bestimmte künftige Umweltzustände lange vor deren Eintreten. Je früher und eindeutiger neuartige Entwicklungen erkannt werden, desto größer ist der mögliche Handlungsspielraum. Es stellt sich jedoch die Frage, was schwache Signale überhaupt sind und wie diese zwischen irrelevanten Informationen, die sich bei Recherchen ergeben, erkannt werden können. Zusätzlich können viele schwache Signale erst im Nachhinein als Hinweise auf eine neuartige Entwicklung, also als schwache Signale erkannt werden.

Der Soll-Ist-Vergleich nach der Strategieumsetzung ist Gegenstand der Ergebniskontrolle. Zieldefinition und Zielerreichung werden verglichen und bestehende Abweichungen analysiert. Ziel der strategischen Kontrolle ist die Sicherstellung der Effektivität („die richtigen Dinge tun"). Im Gegensatz dazu liegt das Hauptaugenmerk der operativen Kontrolle auf der Sicherstellung der Effizienz („die Dinge richtig tun") also auf der Durchführungskontrolle durch den Soll-Ist-Vergleich. Werden Abweichungen festgestellt, sind deren Ursachen zu analysieren. Aus Wirtschaftlichkeitsgründen ist es nicht möglich und auch nicht sinnvoll, jede festgestellte Abweichung detailliert zu untersuchen. Aus diesem Grund sind zielkritische Abweichungsarten und analyserelevante Toleranzbereiche festzulegen. Als Orientierung zur Auswahl der zu untersuchenden Abweichungen dienen die absolute Abweichungshöhe oder die relativen Abweichungen. Hohe absolute Abweichungen enthalten ein höheres Korrekturpotenzial und beinhalten demzufolge einen höheren zielkonformen Nutzen, sind häufig aber komplexer Natur und deshalb mit einem höheren Analyseaufwand verbunden.

Die Abweichungsanalyse zielt darauf ab, durch einen Soll-Ist-Vergleich die Abweichungsursachen festzustellen und so zu beeinflussen, dass die Differenzen in Zukunft verringert werden können. Eine exakte Bestimmung der Abweichungsursachen stellt die Voraussetzung zur Einleitung von Anpassungsmaßnahmen dar. Ursachen von Abweichungen können nicht nur im kontrollierten Prozess, sondern auch in der fehlerhaften Ermittlung der Prüfgröße bzw. der Normgröße liegen (vgl. Abbildung 7.16).

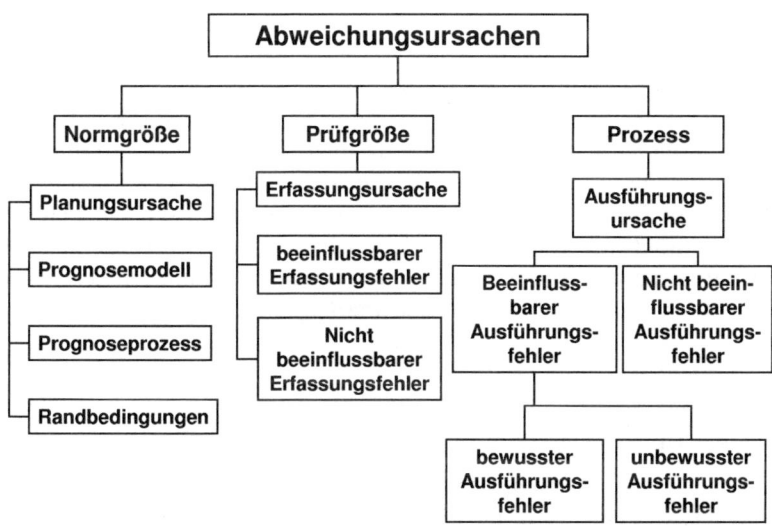

Abbildung 7.16. Mögliche Ursachen für Abweichungen[39]

Normgrößen können durch fehlerhafte Prognosemodelle, Verwendung unzutreffender Rahmenbedingungen sowie einen fehlerhaften Prognoseprozess falsch ermittelt worden sein. Die Prüfgröße kann durch Erfassungsfehler ebenfalls falsch ermittelt worden sein, wobei zwischen vermeidbaren und nicht vermeidbaren Erfassungsfehlern zu unterscheiden ist. Als letzte Abweichungsursache ist der Prozess der Aufgabenerstellung selbst zu untersuchen und zu analysieren, ob der Aufgabenträger Fehler bei der Ausführung verursachte

---

[39] Vgl. Küpper (2001, S. 186).

und ob diese Fehler vermeidbar sind. Wenn es sich um vermeidbare Fehler handelt, ist zu klären, ob sich der Aufgabenträger der fehlerhaften Erledigung bewusst war oder nicht. Diese Frage ist sowohl im Hinblick auf die zukünftige Formulierung der Aufgabenstellung als auch im Hinblick auf die Leistungsbeurteilung des Aufgabenträgers von Interesse.

Zu einer möglichst unmittelbaren Anpassung der Vorgaben, der Aufgabenstellung und der Ausführungsprozesse sind die Kontrollinformationen schnellstmöglich auszuwerten und an die Entscheidungsträger weiterzuleiten. Nur dann kann der Kontrollzweck auch erreicht werden.

7.5.3 Controlling

Controlling wird definiert als Unterstützung der Unternehmensführung durch die Koordination der Teilsysteme des Unternehmens (Planung, Organisation, Kontrolle, Mitarbeiterführung) und die entscheidungsbezogene Informationsbereitstellung und -verarbeitung. Je komplexer und dynamischer die Unternehmensumwelt ist und je stärker die einzelnen Teilsysteme des Unternehmens ausdifferenziert sind, umso größer ist die Notwendigkeit der zielorientierten Steuerung. Der Vergleich des Controllings mit dem Schiffslotsen, welcher die Unternehmensleitung (Kapitän) bei der Zielerreichung (Unternehmenserfolg) unterstützt, kann die grundsätzliche Einordnung und Funktion veranschaulichen. Aus dieser allgemeinen Funktion werden folgende Einzelfunktionen abgeleitet:

- Anpassungs- und Innovationsfunktion: Diese Aufgabe dient der Anpassung der Unternehmensführung an die Unternehmensumwelt.

- Zielausrichtungsfunktion: Mit der Steuerung der einzelnen Teilbereiche wird deren Ausrichtung an den Unternehmenszielen erreicht. Das Controlling sorgt für eine Koordination, die sowohl bereichsübergreifend ist als auch strategische und operativ-taktische Zielstellungen integriert.

- Beratungs- und Dienstleistungsfunktion: Das Controlling unterstützt die Unternehmensleitung bei der problembezogenen Instrumentenauswahl und der problembezogenen Informationsbereitstellung und -verarbeitung.

Aufgrund der Vielfältigkeit der Funktionen ist das Controlling häufig als Stabstelle in die Organisation eingegliedert. Zwar greift Controlling u. a. auf Ergebnisse und Informationen des Rechnungswesens zurück, es ist jedoch streng von diesem zu unterscheiden. Das Rechnungswesen ist rein deskriptiv, also beschreibend, wohingegen das Controlling die Informationen des Rechnungswesens zukunftsorientiert und problembezogen aufbereitet, verarbeitet und Lösungsvorschläge bereitstellt.

Zur Erfüllung dieser Aufgaben werden unterschiedliche Instrumente eingesetzt. Dazu zählen neben auch von anderen Bereichen verwendeten Instrumenten (z. B. Investitionsrechenverfahren, Kostenrechnungssysteme) Kennzahlensysteme, Budgetierungssysteme sowie Verrechnungs- und Lenkungspreissysteme. Die Budgetierung bewirkt eine sachliche und personelle Koordination der verschiedenen Unternehmensbereiche. Das Budget ist eine Wertgröße, die in einem bestimmten Zeitraum durch die Entscheidungen und Handlungen eines Bereiches einzuhalten ist. Mit der Budgetvergabe an die Unternehmensbereiche erhalten deren Aktivitäten einen Rahmen und werden so aufeinander abgestimmt. Zusätzlich verfügen Budgets über eine Motivationsfunktion und stellen die Grundlage für die Leistungsbeurteilung von Bereichsleitern dar.

Im Unternehmen ermittelte Zahlen werden als Kennzahlen bezeichnet, wenn diese dazu dienen, quantitativ erfassbare Sachverhalte kompakt darzustellen. Eine Kennzahl ist eine verdichtete Information betriebswirtschaftlicher Tatbestände in Zahlen bzw. Zahlenverhältnissen. Werden mehrere Kennzahlen rechentechnisch miteinander verknüpft oder wird zwischen diesen ein anderer Systematisierungszusammenhang hergestellt, entsteht ein Kennzahlensystem, durch das die Informationen verdichtet und übersichtlicher dargestellt werden sollen. Um in den Unternehmen eingesetzt werden zu können, sind folgende Anforderungen an Kennzahlensysteme zu beachten:

- Die Struktur muss klar und hierarchisch sein.

- Kennzahlen müssen für die abzubildenden Prozesse Indikatorcharakter haben.

- Die Einbindung von Mitarbeitern schon bei der Erstellung des Kennzahlensystems erhöht dessen Akzeptanz.

Im Folgenden werden das DuPont-Kennzahlensystem[40] und das ZVEI-Kennzahlensystem vorgestellt. Zentrale Betrachtungsgröße des DuPont-Kennzahlensystems ist die Gesamtkapitalrentabilität. Diese wird in die einzelnen Bestimmungsgrößen aufgespalten (vgl. Abbildung 7.17). Mit dieser Darstellung können die Einflussgrößen der Gesamtkapitalrentabilität herausgestellt und analysiert werden.

Das ZVEI-Kennzahlensystem ist ein vom Zentralverband der Elektrotechnik- und Elektronikindustrie entwickeltes Kennzahlensystem und beinhaltet 88 Haupt- und 122 Hilfskennzahlen. Obwohl das Kennzahlensystem von einem Industrieverband entwickelt wurde, wird es von Unternehmen unterschiedlichster Wirtschaftszweige eingesetzt. Das ZVEI-Kennzahlensystem erlaubt eine Wachstums- und eine Strukturanalyse (vgl. Abbildung 7.18). Die Spitzenkennzahl des ZVEI-Kennzahlensystems bildet die Eigenkapitalrentabilität, beim DuPont-Kennzahlensystem hingegen die Gesamtkapitalrentabilität.

---

[40] In Anlehnung an die Firma DuPont, welche das Kennzahlensystem erstmals 1919 einsetzte.

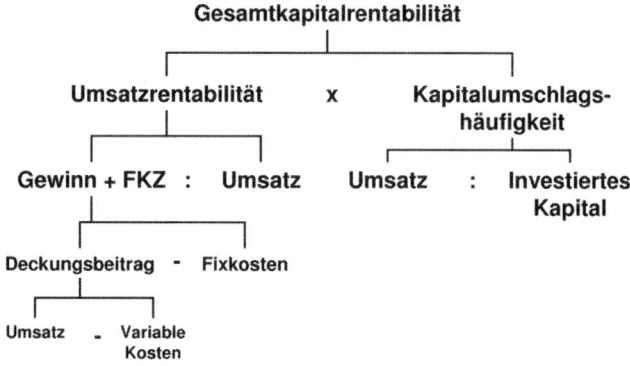

Abbildung 7.17. DuPont-Kennzahlensystem[41]

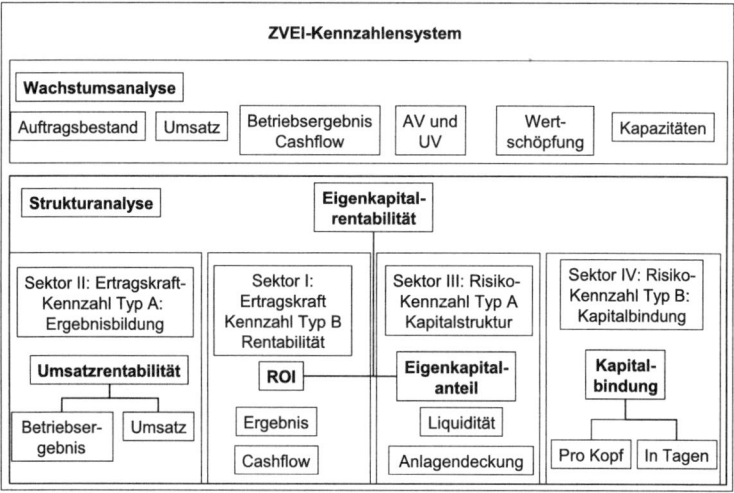

Abbildung 7.18. ZVEI-Kennzahlensystem

---

[41] Vgl. Reichmann (2001, S. 26).

Die Wachstumsanalyse vermittelt einen Überblick über das betriebliche Geschehen, die bisherige Entwicklung und die künftigen Erwartungen. Sie besteht aus den Analysegruppen: Vertrieb, Ergebnis, Kapitalbindung, Wertschöpfung und Beschäftigung. Anhand absoluter Zahlen verdeutlicht diese Analyse die Entwicklung zu den Vorperioden.

Die Strukturanalyse geht von der Eigenkapitalrentabilität als Spitzenkennzahl aus und betrachtet die Rentabilität, Ergebnisbildung, Kapitalstruktur und Kapitalbildung mittels der Bilanz-Kennziffern bzw. der Ertragskraft- und Risiko-Kennzahlen.

Bei der Aufstellung, Ermittlung und Auswertung von Kennzahlen und Kennzahlensystemen sind folgende Kritikpunkte zu beachten:

- Kennzahlen können nur so gut sein wie die Ausgangszahlen. Damit unterliegt die Kennzahlenanalyse denselben Einschränkungen wie das betriebliche Rechnungswesen (z. B. Vergangenheitsbezogenheit, Stichtagsbezogenheit).

- Kennzahlen lassen sich manipulieren oder bauen auf Werten auf, welche bereits bilanzpolitisch beeinflusst sind.

- Durch die Verdichtung von Sachverhalten können wichtige Details verloren gehen. Kennzahlen zerreißen u. U. innere Zusammenhänge.

- Zielpluralismus kann oft durch eine einzige Spitzenkennzahl nicht ausreichend dargestellt werden.

- Einschränkung auf zahlenmäßig erfassbare Daten, welche meist noch ausschließlich Finanzdaten sind.

Als dritte Gruppe der Koordinationsinstrumente des Controllings sind die Verrechnungspreise zu nennen. Diese werden in Unternehmen eingesetzt, welche funktional oder divisional in verschiedene Bereiche mit eigener Entscheidungskompetenz gegliedert sind. Der Verrechnungspreis ist der Wertansatz für innerbetrieblich erstellte Leistungen, welche von anderen, rechnerisch abgegrenzten Unternehmensbereichen bezogen werden. Die Bedeutung der Verrechnungspreise hängt von der Intensität der innerbetrieblichen Leistungsverflechtung ab. Da es sich um Unternehmensbereiche mit eigener Entscheidungskompetenz handelt, versucht der leistungsabgebende Bereich möglichst hohe, der leistungsempfangende Bereich hingegen möglichst niedrige Preise zu erzielen. Die Verrechnungspreise können entweder von der Zentrale vorgegeben werden oder zwischen den Bereichen ausgehandelt werden. Als Mischform ist das durch die Zentrale moderierte Aushandeln möglich. Zur Ermittlung der Verrechnungspreise stehen folgende Verfahren zur Auswahl:

- Marktorientierte Verrechnungspreise: Wenn ein externer Markt für die innerbetrieblichen Leistungen existiert, können die dort erzielbaren Preise als Verrechnungspreise verwendet werden.

- Kostenorientierte Verrechnungspreise: Die Verrechnungspreise werden auf Basis der Kosten der Leistungserstellung ermittelt. Dafür können Grenzkosten oder Vollkosten mit oder ohne Gewinnaufschlag zum Einsatz kommen.

- Verhandelte Verrechnungspreise: Verzichtet die Zentrale auf die Vorgabe von Verrechnungspreisen, so können diese ausgehandelt werden. Das Aushandeln hat den Vorteil, dass die Bereiche hoch motiviert sind, da diese meist besser über die Kostensituation informiert sind als die Zentrale. Als nachteilig hingegen erweist sich das Konfliktpotenzial, das mit dieser Ermittlungsvariante verbunden ist.

7.6 Übungsaufgaben

1. Ein wichtiges Beschreibungsmerkmal von Unternehmen ist die Unternehmenskultur.

   a) Was ist Unternehmenskultur und durch welche Kernfaktoren wird diese beschrieben?

   b) Welche Typologie von Unternehmenskulturen ergibt sich unter Verwendung der Dimensionen „Risiko der Entscheidung" und „Geschwindigkeit der Rückmeldung"

   c) Erläutern Sie die unter b) abgegrenzten Typen von Unternehmenskulturen und gebe Sie jeweils eine typische Branche an!

   d) Welche Kritikpunkte sind an dieser Typologie festzustellen?

2. Unternehmenskulturen sind in nationale Kulturen eingebunden.

   a) Welche Aufgaben erfüllt Kultur?

   b) Welche Beschreibungsdimensionen von nationalen Kulturen gibt es?

   c) Erläutern Sie drei Dimensionen nationaler Kulturen und daraus resultierende Schlussfolgerungen für die Unternehmensführung!

3. Grundlage für rationale Entscheidungen sind Ziele.

   a) Welche Anforderungen hat ein Zielsystem zu erfüllen?

   b) In welcher Beziehung können Ziele zueinander stehen?

   c) Welche Funktionen erfüllen Ziele?

4. Bei der Führung von Individuen und Gruppen sind verschiedene Führungsstile möglich.

   a) Was ist ein Führungsstil?

   b) Beschreiben Sie die Hauptmerkmale des autoritären und des patriarchalischen Führungsstils!

5. Eine Vielzahl von Aufgaben kann nur in Gruppenarbeit gelöst werden.

   a) Beschreiben Sie die idealtypischen Phasen der Gruppenentwicklung und deren Merkmale!

   b) Wie wird Gruppenkohäsion beschrieben und welche Auswirkungen hat diese auf die Gruppenleistung?

   c) Welche Faktoren beeinflussen Gruppenkohäsion positiv?

6. Als Assistent der Geschäftsführung der Cybob Corp. erstellen Sie folgendes Organigramm des Unternehmens:

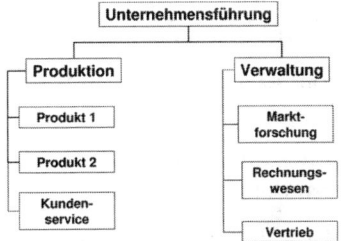

   a) Welche Mängel weist die vorgefundene Struktur auf?

   b) Entwerfen Sie unter Verwendung der vorhandenen Abteilungen einen Verbesserungsvorschlag!

7. Das Unternehmen, in welchem Sie tätig sind, produziert und vertreibt drei Produktgruppen. Der Geschäftsführer Ihres Unternehmens bittet Sie, zur nächsten Bereichsleiterversammlung als Diskussionsgrundlage die Form einer Matrix-Organisation im Organigramm vorzustellen. Dabei können Sie von den folgenden Unternehmensbereichen ausgehen: Materialwirtschaft, Produktion, Unternehmensplanung, Rechnungswesen, Vertrieb. Welche Vor- und Nachteile weist eine Matrix-Struktur auf?

8. Personen sind zentrale Bestandteile von Unternehmen.

   a) Durch welche Aspekte werden Personen beschrieben?

   b) Was wird unter der Persönlichkeit einer Person verstanden?

9. Die Gesamtheit aller im Unternehmen eingesetzten Personen wird als Personal bezeichnet.

   a) Nennen Sie drei Betrachtungsweisen von Personal!

   b) Erläutern Sie die zwei grundlegenden Zielkategorien des Personalwesens!

10. Menschliche Arbeitsleistung ist das Ergebnis des Zusammenspiels unterschiedlicher Bestimmungsfaktoren. Welche Faktoren beeinflussen die tatsächlich erzielte Leistung von Personen?

11. Ein Gestaltungsparameter der Personalführung ist die Motivation der Mitarbeiter.

   a) Wie wird Motivation definiert?

   b) Durch welche Faktoren wird Motivation bestimmt?

   c) Erläutern Sie die Begriffe „intrinsische Motive" und „extrinsische Motive" und führen Sie jeweils drei Motive an.

   d) Skizzieren Sie die Motivationstheorie von MASLOW und von HERZBERG! Erläutern Sie die Kritikpunkte dieser Theorien!

12. Die Arbeitsorganisation beeinflusst die Motivation von Individuen in erheblichem Maße.

   a) Welche fünf Bedürfnisdimensionen werden in diesem Zusammenhang unterschieden, deren Befriedigung Ziel der menschlichen Tätigkeit ist?

   b) Nennen Sie drei Gestaltungsmaßnahmen, mit denen die Motivation durch die Veränderung der Arbeitsinhalte erhöht werden kann!

13. Die Aufgabenübertragung und Verhaltensbeeinflussung von Mitarbeitern erfordert Macht.

   a) Was wird unter Macht verstanden?

   b) Erläutern Sie drei Grundlagen der Macht!

14. Eine negative Ausprägung der Gruppenkohäsion ist die Gruppenbefangenheit.

   a) Welche Randbedingungen ermöglichen die Bildung von Gruppenbefangenheit?

   b) Welche Symptome kennzeichnen Gruppenbefangenheit?

15. Im Rahmen der strategischen Planung werden die grundsätzlichen Entscheidungen der Unternehmensentwicklung festgelegt.

   a) Was wird unter einer Strategie verstanden?

   b) Welche Teilplanungen werden im Rahmen der strategischen Planung erstellt?

   c) Aus welchen Elementen besteht die strategische Planung?

16. Im Zusammenhang mit der Strategieentwicklung werden strategische Geschäftseinheiten gebildet und Strategien ausgearbeitet.

   a) Was wird unter einer strategischen Geschäftseinheit verstanden?

   b) Welche Faktoren bestimmen die Attraktivität eines Geschäftsfeldes?

   c) Kennzeichnen Sie die drei grundlegenden Strategien!

17. Ein Unternehmen stellt 4 Produkte her. Diese sind wie folgt am Markt platziert:

Produkt	Marktanteil des Unternehmens	Marktanteil des größten Wettbewerbers	Nominales Marktwachstum in %/a	Marktvolumen in Mio. €
A	20	15	5	100
B	20	15	10	50
C	5	20	7	175
D	25	30	3	10

Die durchschnittliche jährliche Preissteigerung beträgt 3 %.

   a) Erstellen Sie das Marktwachstums-Marktanteils-Portfolio!

   b) Interpretieren Sie die Einordnung der einzelnen Produkte!

   c) Verbinden Sie die Einordnung der Produkte mit dem Lebenszykluskonzept!

   d) Geben Sie jeweils drei Kritikpunkte für das Marktwachstums-Marktanteils-Portfolio und das Lebenszykluskonzept an!

18. Die Balanced Scorecard dient zur Transformation strategischer Ziele in operative Maßnahmen.

   a) Welche Dimensionen bzw. Perspektiven kennzeichnen die Balanced Scorecard?

   b) Welche Kennzahlenbeziehungen werden ausgewogen dargestellt?

19. Kontrolle bildet einen zentralen Bestandteil des Führungsprozesses.

   a) Welche Aufgaben erfüllt Kontrolle?

   b) Nennen Sie wesentliche Einflussparameter des Kontrollsystems auf das Verhalten des Kontrollierten!

   c) Nennen Sie wesentliche Einflussparameter der Kontrollumwelt auf das Verhalten des Kontrollierten!

20. Ein wesentliches Instrument des Controllings sind Kennzahlensysteme.

   a) Welche Funktionen erfüllt das Controlling?

   b) Skizzieren Sie das DuPont-Kennzahlensystem!

   c) Welche Kritikpunkte sind bei der Aufstellung, Ermittlung und Auswertung von Kennzahlen und Kennzahlensystemen zu beachten?

7.7 Zitierte und weiterführende Literatur

Adam, D. (1996): Planung und Entscheidung. Wiesbaden: Gabler.

Eisenführ, F./Weber, M. (2003): Rationales Entscheiden. Berlin, u. a.: Springer.

Hahn, D./Hungenberg, H. (2001): PuK - Planung und Kontrolle. Wiesbaden: Gabler.

Hungenberg, H. (2004): Strategisches Management in Unternehmen. Wiesbaden: Gabler.

Jung, H. (2001): Personalwirtschaft. München, u. a.: Oldenbourg.

Küpper, H.-U. (2001) Controlling: Konzeption, Aufgaben und Instrumente. Stuttgart: Schäffer-Poeschel.

Kutschker, M./Schmid, S. (2004): Internationales Management. München, u. a.: Oldenbourg.

Laux, H./Liermann, F. (2005): Grundlagen der Organisation: Die Steuerung von Entscheidungen als Grundproblem der Betriebswirtschaftslehre. Berlin, u. a.: Springer.

Pfohl, H-C./Stölzle, W. (1997): Planung und Kontrolle. München: Vahlen.

Reichmann, T. (2001): Controlling mit Kennzahlen und Managementberichten: Grundlagen einer systemgestützten Controlling-Konzeption. München: Vahlen.

Riezler, S. (1996): Lebenszyklusrechnung: Instrument des Controlling strategischer Projekte. Wiesbaden: Gabler.

Scholz, C. (2000): Personalmanagement: informationsorientierte und verhaltenstheoretische Grundlagen. München: Vahlen.

Staehle, W. (1999): Management: eine verhaltenswissenschaftliche Perspektive. München: Vahlen.

Steinmann, H./Schreyögg, G. (2000): Management: Grundlagen der Unternehmensführung. Wiesbaden: Gabler.

Thommen, J.-P. (2002): Management und Organisation: Konzepte, Instrumente, Umsetzung. Zürich: Versus.

Voigt, K.-I. (1992): Strategische Planung und Unsicherheit. Wiesbaden: Gabler.

Wunderer, R. (2000): Führung und Zusammenarbeit: eine unternehmerische Führungslehre. Neuwied: Luchterhand.

Normen und Richtlinien

DIN EN ISO 6385: Grundsätze der Ergonomie für die Gestaltung von Arbeitssystemen

DIN EN 547-1: Sicherheit von Maschinen. Körpermaße des Menschen. Teil 1: Grundlagen zur Bestimmung von Abmessungen für Ganzkörper-Zugänge an Maschinenarbeitsplätzen

DIN EN 614-2: Ergonomische Gestaltungsgrundsätze. Teil 2: Wechselwirkungen zwischen der Gestaltung von Maschinen und den Arbeitsaufgaben

DIN EN 60300-3-3:2004: Zuverlässigkeitsmanagement. Teil 3-3: Anwendungsleitfaden Lebenszykluskosten (gültig ab 01.03.2005)

DIN 33404-2: Klima am Arbeitsplatz und in der Arbeitsumgebung

DIN 33411-1: Körperkräfte des Menschen. Teil 1: Begriffe, Zusammenhänge, Bestimmungsgrößen

DIN 33411-5: Körperkräfte des Menschen. Teil 5: Maximale statische Aktionskräfte, Werte

Abbildungsverzeichnis

Tabellenverzeichnis

Sachverzeichnis

Druck und Bindung: Strauss GmbH, Mörlenbach